基于大模型的RAG应用开发与优化

构建企业级LLM应用

严灿平 / 著

電子工業出版社
Publishing House of Electronics Industry
北京 · BEIJING

内 容 简 介

本书是一本全面介绍基于大语言模型的 RAG 应用开发的专业图书。本书共分为 3 篇：预备篇、基础篇和高级篇。预备篇旨在帮助你建立起对大模型与 RAG 的基本认识，并引导你搭建起 RAG 应用开发的基础环境；基础篇聚焦于经典 RAG 应用开发的核心要素与阶段，介绍关键模块的开发过程，剖析相关的技术原理，为后面的深入学习打下坚实的基础；高级篇聚焦于 RAG 应用开发的高阶模块与技巧，特别是在企业级 RAG 应用开发中的优化策略与技术实现，并探索了一些新型的 RAG 工作流与范式，旨在帮助你了解最新的 RAG 应用技术发展，掌握 RAG 应用的全方位开发能力。

本书适合对大模型及 RAG 技术感兴趣的开发者、研究人员、产品经理及希望了解并掌握 RAG 应用开发能力的人阅读。无论你是进入 AI 领域的初学者，还是已经有一定基础的进阶者，都能从本书中找到适合自己的内容。

图书在版编目（CIP）数据

基于大模型的 RAG 应用开发与优化 ： 构建企业级 LLM 应用 / 严灿平著. -- 北京 ： 电子工业出版社，2024. 11. -- ISBN 978-7-121-49038-5

Ⅰ. TP391

中国国家版本馆 CIP 数据核字第 2024GA0760 号

责任编辑：石 悦
印 刷：三河市双峰印刷装订有限公司
装 订：三河市双峰印刷装订有限公司
出版发行：电子工业出版社
北京市海淀区万寿路 173 信箱 邮编：100036
开 本：720×1000 1/16 印张：32.75 字数：536 千字
版 次：2024 年 11 月第 1 版
印 次：2025 年 3 月第 6 次印刷
定 价：139.00 元

凡所购买电子工业出版社图书有缺损问题，请向购买书店调换。若书店售缺，请与本社发行部联系，联系及邮购电话：（010）88254888，88258888。

质量投诉请发邮件至 zlts@phei.com.cn，盗版侵权举报请发邮件至 dbqq@phei.com.cn。

本书咨询联系方式：faq@phei.com.cn。

前　　言

大语言模型（Large Language Model，LLM，也称为大模型）以卓越的自然语言处理能力，正引领着人工智能（Artificial Intelligence，AI）技术变革的新浪潮。作为大模型应用的一个重要分支与形态，检索增强生成（Retrieval-Augmented Generation，RAG）在智能搜索、智能问答、智能客服、数据分析及 AI 智能体等多个领域展现出了巨大的应用前景。

RAG 可以很简单。RAG 的基础技术原理可以用几句话简单进行描述。你可以使用低代码开发平台或者成熟的大模型应用开发框架在几分钟之内开发出一个可以演示的原型应用。RAG 也可以很复杂。当把一个 RAG 应用真正投入生产，特别是在企业级应用环境中业务需求与数据复杂性都有了数量级的提升，面临着更高的准确性与可用性等工程化要求时，你可能会发现原型应用与生产应用之间有巨大的鸿沟，会面临诸如数据形态多样、检索不够准确、模型输出时好时坏、用户提问千奇百怪、端到端响应性能不足等各种在原型应用演示中不会出现的问题。

所以，对于广大开发者而言，如何高效地设计、开发、部署并优化“生产就绪”的企业级 RAG 应用仍然充满挑战。因此，我衷心地希望本书为有志于探索大模型应用世界并充满热情的开发者抛砖引玉，提供一份较为详尽的开发 RAG 应用的指南，助力他们在这次技术变革中乘风破浪。

本书的内容基于 AI 开发的首选语言 Python，并选择侧重于 RAG 领域的主流开发框架 LlamaIndex 作为基础框架。两者丰富的工具资源和强大的社区支持，为 RAG 应用开发提供了得天独厚的条件，大大减少了“重复造轮子”的时间。需要说明的是，尽管我们的开发技术与样例是基于 Python 与 LlamaIndex 框架介绍的，但书中绝大部分关于 RAG 的思想、原理、架构与优化方法都是通用的，你完全可以使用其他语言与框架实现相同的功能。

当然，随着技术的不断进步和应用的深入拓展，新理论、新方法、新技术层出不穷。我衷心希望本书能够作为一个起点，激发你对大模型应用开发技术的兴趣与探索欲，也期待未来能够有更多的学者、专家从事这一领域的研究，共同推动大模型应用的落地与演进，为人工智能的未来贡献更多的智慧与力量。

严灿平

2024 年 7 月

目　　录

预 备 篇

基 础 篇

高 级 篇

预 备 篇

第 1 章　了解大模型与 RAG

毋庸置疑，大模型与生成式 AI（Generative AI，Gen-AI）是自 2023 年以来在全球科技界最受瞩目的计算机技术。RAG 随之成了一个被反复提及与研究的大模型应用范式与架构，也是当前在生成式 AI 领域最成熟的一类应用层解决方案。

在深入学习如何开发与优化 RAG 应用之前，本章先简单介绍一下 RAG 的前世今生。这将有助于你深入理解与构建 RAG 应用。

1.1　初识大模型

1.1.1　大模型时代：生成式 AI 应用的爆发

要说近两年最火的现象级信息科技应用，自然非横空出世的来自美国 OpenAI 公司的 ChatGPT 莫属，其不仅创造了最短时间内达到亿个级用户的世界纪录，还引发了整个科技界的“百模大战”，甚至“千模大战”，引领了 AI 大步迈入 2.0 时代，也向我们描绘了更加强大的通用人工智能（Artificial General Intelligence，AGI）的未来。

为什么大模型会忽然火爆？纵观之前的计算机技术发展史，曾有过不少革命性的技术忽然涌现，比如区块链、元宇宙都曾经是很多创业者与科技观察者的宠儿，但它们掀起的研究热潮远不如这次大模型掀起的研究热潮，而且这次热潮还远远没有结束。这其中的一个可能原因来自应用层，它带来了能够真正提供价值与生产力的应用，带来了能够贴近普通人且使用门槛极低的应用（见图 1-1）。尽管大模型底层技术来自复杂的深度学习与神经网络模型，但其在应用层以极度简洁的形式呈现在普通人的面前。

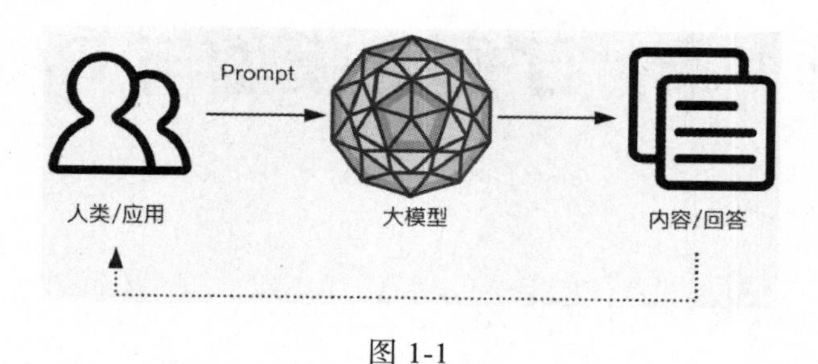

图 1-1

我们现在提到的大模型，无论是输出文本的模型，还是文生图或者文生视频的扩散模型，与之前专注于发现隐藏模式或者学习人类视觉语言处理能力的决策式 AI 相比，都更擅长推理与创造，因此基于大模型生成能力开发的应用也被称为生成式 AI 应用。这一类应用借助大模型生成的内容，无论是文本、图片还是音视频，无论是无固定格式的自然语言文本，还是具备指定格式的结构化信息，都可以被称为人工智能生成内容（AI Generated Content，AIGC）。

1.1.2 大模型应用的持续进化

无论技术原理与底层算法多么先进，大模型的价值都必须在真正的应用场景中才能体现。大模型不仅要在个人应用领域体现价值，还要在对工程化能力要求更高的企业级应用领域实现规模化的应用，并实现良性循环。

大模型最原始也是最为人所知的应用形式就是类似于 ChatGPT 最初版本的一个自然语言对话机器人。经过飞跃式发展，生成式 AI 应用无论是在数量、形式、创意上还是在赋能的领域都已经远远超越了最初的应用。

个人应用领域（To C）：人们可以借助大模型实现众多场景中的应用，如对话机器人（见图 1-2）、精确搜索、文字翻译、文档写作、文档辅助阅读、虚拟角色扮演、多媒体内容创作、设计助理、代码辅助生成（见图 1-3）等。这些应用有的以独立工具的形式出现，有的以嵌入式的 AI 辅助助手（AI Copilot）

的形式集成到各类通用软件中。

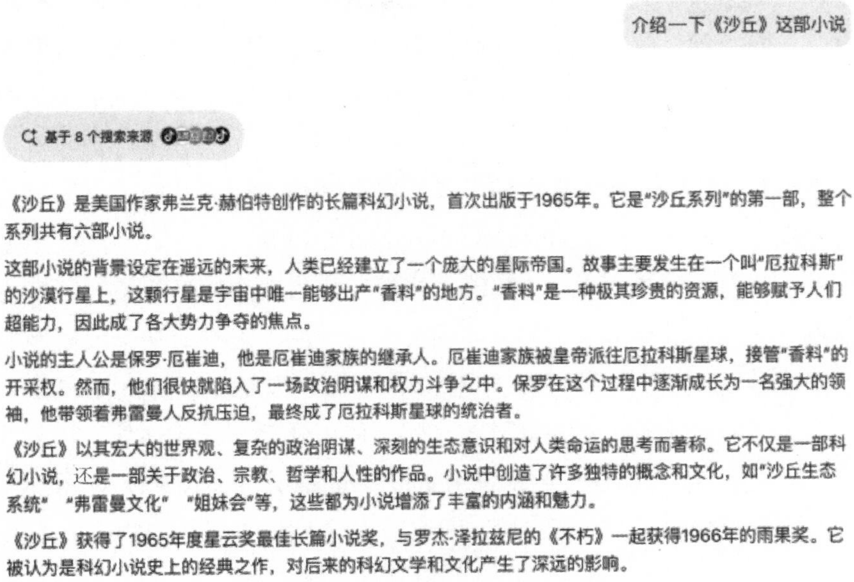

介绍一下《沙丘》这部小说

基于 8 个搜索来源

《沙丘》是美国作家弗兰克·赫伯特创作的长篇科幻小说，首次出版于1965年。它是"沙丘系列"的第一部，整个系列共有六部小说。

这部小说的背景设定在遥远的未来，人类已经建立了一个庞大的星际帝国。故事主要发生在一个叫"厄拉科斯"的沙漠行星上，这颗行星是宇宙中唯一能够出产"香料"的地方。"香料"是一种极其珍贵的资源，能够赋予人们超能力，因此成了各大势力争夺的焦点。

小说的主人公是保罗·厄崔迪，他是厄崔迪家族的继承人。厄崔迪家族被皇帝派往厄拉科斯星球，接管"香料"的开采权。然而，他们很快就陷入了一场政治阴谋和权力斗争之中。保罗在这个过程中逐渐成长为一名强大的领袖，他带领着弗雷曼人反抗压迫，最终成了厄拉科斯星球的统治者。

《沙丘》以其宏大的世界观、复杂的政治阴谋、深刻的生态意识和对人类命运的思考而著称。它不仅是一部科幻小说，还是一部关于政治、宗教、哲学和人性的作品。小说中创造了许多独特的概念和文化，如"沙丘生态系统" "弗雷曼文化" "姐妹会"等，这些都为小说增添了丰富的内涵和魅力。

《沙丘》获得了1965年度星云奖最佳长篇小说奖，与罗杰·泽拉兹尼的《不朽》一起获得1966年的雨果奖。它被认为是科幻小说史上的经典之作，对后来的科幻文学和文化产生了深远的影响。

图 1-2

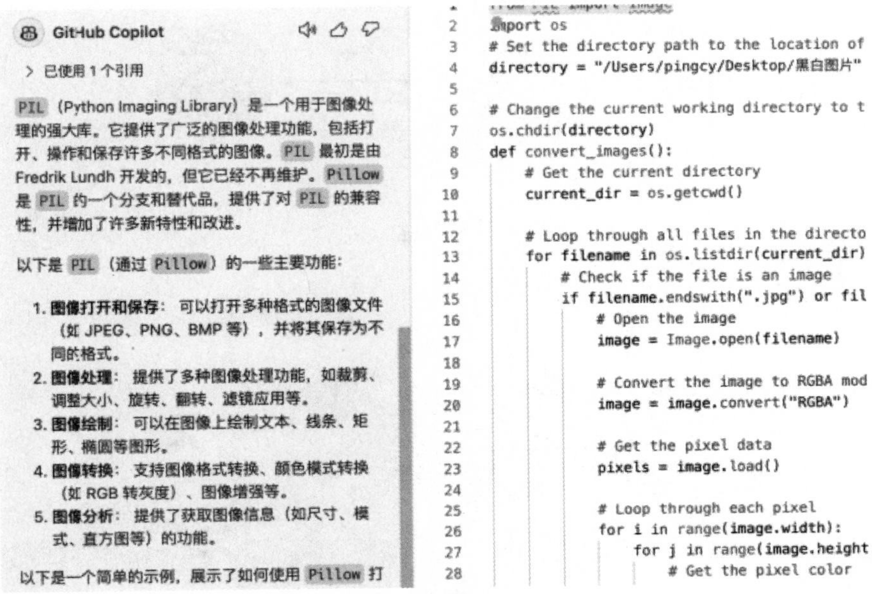

GitHub Copilot

> 已使用 1 个引用

PIL（Python Imaging Library）是一个用于图像处理的强大库。它提供了广泛的图像处理功能，包括打开、操作和保存许多不同格式的图像。PIL 最初是由 Fredrik Lundh 开发的，但它已经不再维护。Pillow 是 PIL 的一个分支和替代品，提供了对 PIL 的兼容性，并增加了许多新特性和改进。

以下是 PIL（通过 Pillow）的一些主要功能：

1. **图像打开和保存**：可以打开多种格式的图像文件（如 JPEG、PNG、BMP 等），并将其保存为不同的格式。
2. **图像处理**：提供了多种图像处理功能，如裁剪、调整大小、旋转、翻转、滤镜应用等。
3. **图像绘制**：可以在图像上绘制文本、线条、矩形、椭圆等图形。
4. **图像转换**：支持图像格式转换、颜色模式转换（如 RGB 转灰度）、图像增强等。
5. **图像分析**：提供了获取图像信息（如尺寸、模式、直方图等）的功能。

以下是一个简单的示例，展示了如何使用 Pillow 打

```
2   import os
3   # Set the directory path to the location of
4   directory = "/Users/pingcy/Desktop/黑白图片"
5
6   # Change the current working directory to t
7   os.chdir(directory)
8   def convert_images():
9       # Get the current directory
10      current_dir = os.getcwd()
11
12      # Loop through all files in the directo
13      for filename in os.listdir(current_dir)
14          # Check if the file is an image
15          if filename.endswith(".jpg") or fil
16              # Open the image
17              image = Image.open(filename)
18
19              # Convert the image to RGBA mod
20              image = image.convert("RGBA")
21
22              # Get the pixel data
23              pixels = image.load()
24
25              # Loop through each pixel
26              for i in range(image.width):
27                  for j in range(image.height
28                      # Get the pixel color
```

图 1-3

企业级应用领域（To B）：虽然受限于企业级应用场景中更严苛的业务环境与工程化能力要求，很多应用仍然处于原型与验证阶段，但我们能看到在智能客服、在线咨询、智能营销、交互式数据分析、智能企业搜索、机器人流程自动化（Robotic Process Automation，RPA）增强等领域有着越来越多的实验性的应用。

基于大模型的 AI 能力输出的形式可以有多种，比如我们可以简单地借助大模型的应用程序接口（Application Program Interface，API）将 AI 能力植入现有软件功能与流程中实现 AI 赋能。当然，能体现大模型价值的更多的形式仍然是独立的 AI 原生应用与工具。需要注意的是，现有的基于大模型的很多 AI 应用已经远远超越了以最初版本的 ChatGPT 为代表的简单对话机器人（见图 1-4），更多的是具备了自我规划与记忆、使用外部工具或插件，甚至自我反省与纠错能力的 AI 智能体（通常称为 AI Agent 或 AI Assistant，见图 1-5）。我们将要深入学习的 RAG 既可以是一种独立的应用形态，也可以是在开发更复杂的 AI 智能体时所依赖的一种常见的设计范式或架构。

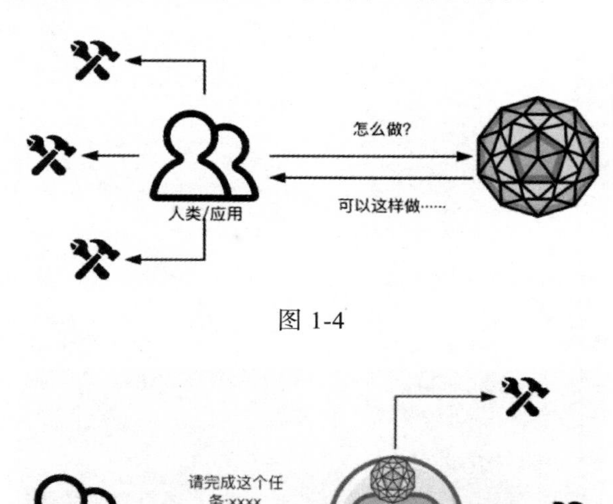

图 1-4

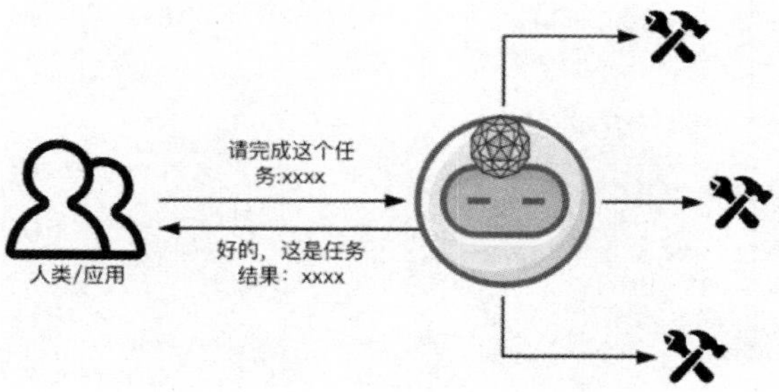

图 1-5

1.1.3　大模型是无所不能的吗

既然大模型已经如此强大，能够很好地理解人类的语言甚至人类所看到的世界，也具备了强大的推理与输出能力，是否就意味着我们可以跑步进入 AGI 时代了呢？答案显然是否定的。大模型的底层技术原理决定了其在自然语言理解与处理能力上带来了革命性提升，但也带来了一些天然存在，甚至“很难根治的疾病”。

1．知识的时效性问题

大模型是一个具有海量参数（通常从几百万个到几千亿个不等）、学习海量人类知识的神经网络模型。一个具有如此多的参数的模型在预训练与微调过程中需要耗费极大的财力、物力与时间成本，所以大模型的迭代周期通常短则几天，多则几个月。商业的通用大模型还需要进行各种安全测试与风险评估。所以，大模型存在一定的知识滞后（时效性）问题，即大模型掌握的知识很可能是过时的，它无法回答超出其训练知识时间点之后的问题（见图 1-6）。

XI　**You**

你如何评价美国最近通过对TikTok的新法案？要求中国投资方必须退出TikTok的控制方？

ChatGPT

截至我掌握的知识截止日期（2022年1月），尚未发生美国对TikTok的新法案通过的事件。然而，可以肯定的是，对于像TikTok这样在全球范围内广受欢迎的应用程序，其所涉及的政治、安全和隐私问题一直备受关注。过去几年中，美国政府曾对TikTok提出了安全和数据隐私方面的担忧，并采取了一些措施，试图解决这些问题，但是否会通过法案要求中国投资方退出TikTok的控制方，这需要查看最新的法律和政策发展。

图 1-6

2．输出难以解释的“黑盒子”问题

大模型简单易用的一个重要原因来自其“黑盒”运行的模式。除了大模型的输入提示词（通常简称为 Prompt），你无须关心，也无法观察到其内部的推理、决策与输出过程。这降低了使用者的使用门槛，但在一些深层的应用场景

中会给使用者带来困惑，或者给应用开发者带来调试上的麻烦。比如，在一些关键的应用场景中，当需要对大模型输出进行精确的调试与控制时，你可能会发现除了修改 Prompt 和几个简单的推理参数，在大部分时候需要靠点“运气”，或者说，有很大的随机性。

2023 年，Anthropic 公司（大模型 Claude 的开发公司）的研究团队发布了一篇研究报告“Towards Monosemanticity: Decomposing Language Models With Dictionary Learning”。该报告展示了在神经网络“模型黑箱”可解释性上的一些可喜的进展，但也揭示了要在更大规模的语言模型上实现可解释性，还面临着在技术、方法与工具上的极大挑战。

3. 输出的不确定性问题

如果你使用过基于大模型的 AI 对话机器人，那么应该对此深有体会：大模型的输出有很大的随机性与不确定性。当然，这并非总是坏事。正如前文所说，大模型的强大之处就在于其区别于之前 AI 模型的推理与生成，能够根据你的 Prompt 输出多样而富有创造性的内容。这在一些场景中恰恰是必需的，比如创意生成或者自媒体内容创作（见图 1-7），但是在一些需要更确定与可预测结果的场景中（比如智能家居应用需要精确地理解使用者的意图，或者在开发时需要一致地输出以便更好地调试与排除故障）就会面临挑战（见图 1-8）。

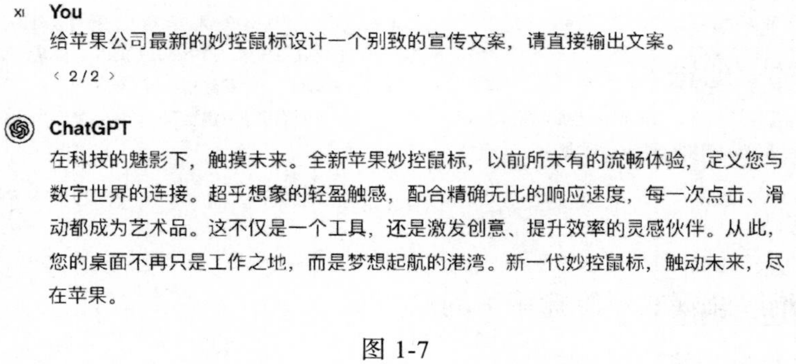

XI **You**

给苹果公司最新的妙控鼠标设计一个别致的宣传文案，请直接输出文案。

‹ 2/2 ›

ChatGPT

在科技的魅影下，触摸未来。全新苹果妙控鼠标，以前所未有的流畅体验，定义您与数字世界的连接。超乎想象的轻盈触感，配合精确无比的响应速度，每一次点击、滑动都成为艺术品。这不仅是一个工具，还是激发创意、提升效率的灵感伙伴。从此，您的桌面不再只是工作之地，而是梦想起航的港湾。新一代妙控鼠标，触动未来，尽在苹果。

图 1-7

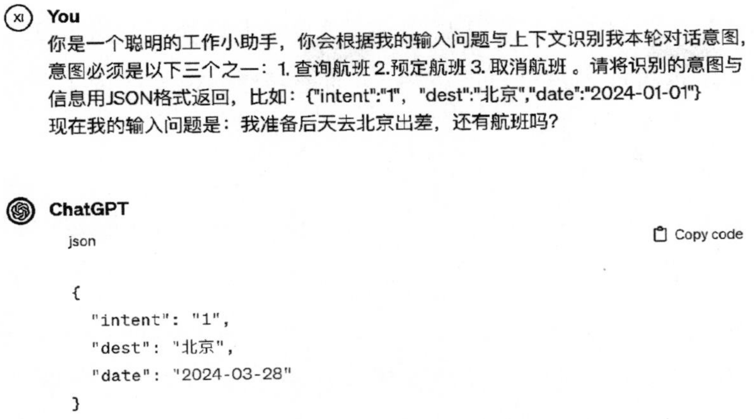

You
你是一个聪明的工作小助手，你会根据我的输入问题与上下文识别我本轮对话意图，意图必须是以下三个之一：1. 查询航班 2.预定航班 3. 取消航班 。请将识别的意图与信息用JSON格式返回，比如：{"intent":"1"，"dest":"北京","date":"2024-01-01"}
现在我的输入问题是：我准备后天去北京出差，还有航班吗？

ChatGPT
json　Copy code

```json
{
  "intent": "1",
  "dest": "北京",
  "date": "2024-03-28"
}
```

图 1-8

大模型输出不确定性的根本原因来自其本质上是一种基于所学知识统计规律的概率输出模型，是一种非线性模型。这意味着即使对于相同的上下文，也可能在不同的时间选择不同的下一个词（token）输出。因为大模型学习到的是一种基于概率分布的多个可能输出，而非“如果上个 token 是 X 那么下个 token 就是 Y”的明确规则。尽管大模型会提供“temperature”这样的参数来在一定程度上控制随机性，但该参数无法完全消除随机性。OpenAI 在后来的大模型更新中，还引入了 seed 参数，用于在相同输入的前提下尽量产生可重现的输出结果。

4. 著名的“幻觉”问题

这是一个耳熟能详的大模型的经典问题，指的是大模型在试图生成内容或回答问题时，输出的结果不完全正确甚至错误，即通常所说的“一本正经地胡说八道”。这被称为大模型的“幻觉”问题。这种“幻觉”可以体现为对事实的错误陈述与编造、错误的复杂推理或者在复杂语境下处理能力不足等。大模型产生“幻觉”的主要原因如下。

（1）训练知识存在偏差。在训练大模型时输入的海量知识可能包含错误、过时，甚至带有偏见的信息。这些信息在被大模型学习后，就可能在未来的输出中被重现。

（2）过度泛化地推理。大模型尝试通过大量的语料来学习人类语言的普遍规律与模式，这可能导致“过度泛化”，即把普通的模式推理用到某些特定场景，就会产生不准确的输出。

（3）理解存在局限性。大模型并没有真正“理解”训练知识的深层含义，也不具备人类普遍的常识与经验，因此可能会在一些需要深入理解与复杂推理的任务中出错。

（4）缺乏特定行业与垂直领域的知识。通用大模型就像一个掌握了大量人类通用知识且具备超强记忆与推理能力的优秀学生，但可能不是某个垂直领域的专家（比如，可能不是一个医学专家或者法律专家）。当面临一些知识复杂度较高的领域性问题，甚至与企业私有知识相关的问题时（比如，介绍企业的某个新产品），它就可能会编造信息并将其输出。

“幻觉”问题或许是大模型在企业领域得以大规模应用的最大拦路虎。这是因为企业级应用中对大模型输出的准确性与可靠性的要求相对更高。比如，你可以接受大模型每次给你创作不一样的文案，甚至为它的创造力而欢呼，也能接受大模型的回答偶尔不够全面甚至存在瑕疵，但是企业可能无法接受大模型在给客户介绍产品时胡编乱造，也无法接受大模型把错误的财务分析结果呈现给决策层，更无法接受大模型错误地理解客户意图，这可能会产生差之毫厘，谬以千里的灾难性后果。

所以，大模型的强大并不能掩盖其当前仍然存在的各种缺陷。当然，也正是这些不足进一步促进了人工智能不断发展与繁荣，比如研发更先进的模型架构、训练技术与训练算法，使用更高效的清洗与预处理方法提高训练数据质量，研发模型的解释技术与架构以提高模型输出透明度，制定一系列准则确保模型使用的安全性与合乎伦理。

本书的主题——RAG，正是为了尽可能地解决大模型在实际应用中面临的一些问题，特别是“幻觉”问题而诞生的，是该领域最重要的一种优化方案。

1.2 了解RAG

1.2.1 为什么需要 RAG

为了改善大模型输出在时效性、可靠性与准确性方面的不足（特别是“幻觉”问题），以便让其在更广泛的空间大展拳脚，特别是为了给有较高工程化能力要求的企业级应用做 AI 赋能，各种针对大模型应用的优化方法应运而生。RAG 就是其中一种被广泛研究与应用的优化架构。截至目前，RAG 在大量的场景中展示了强大的适应性与生命力。

RAG 的基本思想可以简单表述如下：将传统的生成式大模型与实时信息检索技术相结合，为大模型补充来自外部的相关数据与上下文，以帮助大模型生成更丰富、更准确、更可靠的内容。这允许大模型在生成内容时可以依赖实时与个性化的数据和知识，而不只是依赖训练知识（见图 1-9）。

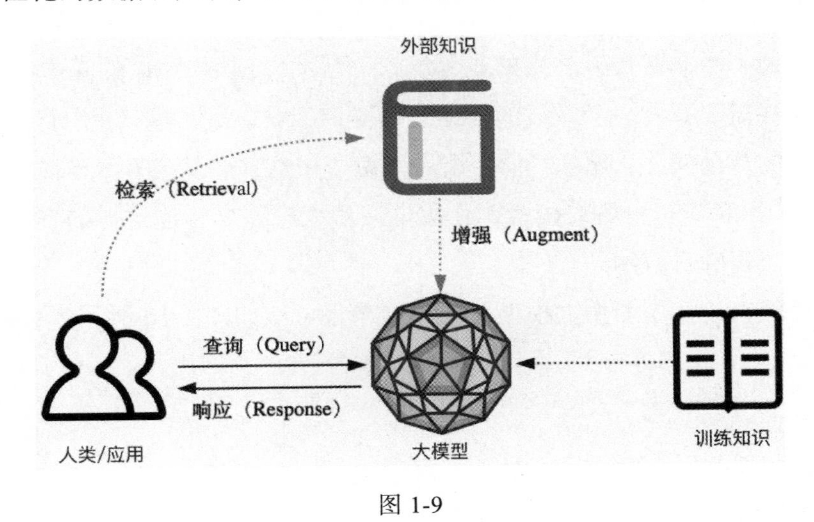

图 1-9

下面结合 RAG 的基本思想再次认识 RAG 的诞生动机与预期效果。

（1）尽管大模型在自然语言处理（Natural Language Processing，NLP）任务中表现出色，但在处理特定领域的复杂任务时会受限于训练知识的覆盖度。因此，借助额外的信息检索，大模型可以在生成时利用更广泛与更深入的知识。

（2）静态的语言模型不能反映出最新的信息。因此，结合实时的检索机制，利用 RAG 的大模型能够访问到最新的数据与知识，提供实时与更准确的内容。

（3）直接扩大模型的参数规模通常意味着更高的训练成本与更长的训练时间，而通过检索机制引入相关信息可以更高效地利用计算资源，在短期内达到提升大模型输出能力的目标。

如果把大模型比喻成一个经过大量知识与技能训练的优秀学生，把大模型响应的过程比喻成考试，那么这个优秀学生在考试时仍然可能会遇到没有掌握的知识，从而编造答案（幻觉）。RAG 就是在这个学生考试时临时给他的一本参考书。我们可以要求他在考试时尽量参考这本书作答，那么在遇到与这本书中的知识相关的问题时，他的得分是不是就高多了呢？

1.2.2 一个简单的 RAG 场景

下面用一个非常浅显易懂的业务场景来帮助你理解 RAG 的基本思想。

假如你需要开发一个在线的自助产品咨询工具，允许客户使用自然语言进行交互式的产品问答，比如“请介绍一下您公司这款产品与××产品的不同之处”。为了让客户有更好的体验，你决定使用大模型来构造这样的咨询功能并将其嵌入公司的官方网站。

如果你直接使用通用大模型，那么结果很可能如图 1-10 所示。

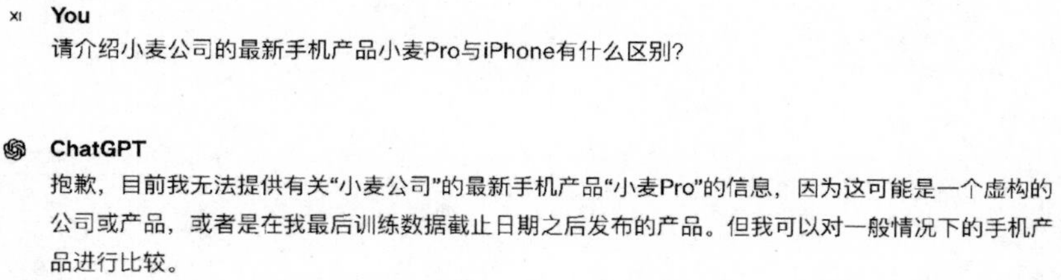

XI **You**

请介绍小麦公司的最新手机产品小麦Pro与iPhone有什么区别？

ChatGPT

抱歉，目前我无法提供有关“小麦公司”的最新手机产品“小麦Pro”的信息，因为这可能是一个虚构的公司或产品，或者是在我最后训练数据截止日期之后发布的产品。但我可以对一般情况下的手机产品进行比较。

图 1-10

不出意外，大模型显然不具备贵公司的最新手机产品知识，因此无法回答客户的问题（有时候可能会尝试编造答案）。现在，如果你使用 RAG 的思想，那么可以先从企业私有的知识库中检索出如图 1-11 所示的一段相关的补充知识。

小麦Pro手机参数简览：

- 系统：安卓最新版本
- 处理器：高性能八核处理器
- 显示屏：6.7英寸AMOLED全面屏，2K分辨率
- 后置摄像头：主摄像头6400万像素，四摄系统
- 前置摄像头：3200万像素，AI美颜、HDR功能
- 内存与存储：最高可选12GB运行内存，最高512GB存储空间
- 电池：5000mAh大容量电池，支持快速充电
- 网络：支持5G网络，Wi-Fi 6，蓝牙5.2
- 其他特性：IP68防水防尘，面部识别和指纹识别解锁

小麦Pro以其强大的性能、清晰的显示效果、出色的摄像能力以及长久续航等特点，为用户提供优质的手机体验。

图 1-11

你把检索出的补充知识组装到 Prompt 中，将其输入大模型，并要求大模型基于提供的知识来回答你的问题（见图 1-12）。

ChatGPT

小麦Pro手机与iPhone 12之间的主要区别可以从以下几个方面来比较：

操作系统：

- 小麦Pro采用安卓最新版本作为操作系统，而iPhone 12运行的是苹果自家的iOS操作系统。这意味着两者的用户界面、应用生态系统、功能和定制性可能会有所不同。

处理器性能：

- 小麦Pro配备了一款高性能的八核处理器，而iPhone 12搭载了苹果自家设计的A14仿生芯片。尽管具体的性能表现可能需要进行实际测试来比较，但两者都应该能够提供流畅的用户体验。

显示屏：

- 小麦Pro采用了6.7英寸的AMOLED全面屏，分辨率达到了2K级别，而iPhone 12则配备了6.1英寸

图 1-12

可以看到，大模型很聪明地“吸收”了补充的外部知识，并结合自己已经掌握的知识，成功推理并给出了答案。

如果你是一个首次接触 RAG 的开发者，可能会觉得“这不就是简单的提示工程吗”或者“这就是给大模型增加知识外挂而已”。是的，RAG 本质上就是一种借助“外挂”的提示工程，但绝不仅限于此。因为在这里简化了很多细节，只是为了展示 RAG 最核心的思想：给大模型补充外部知识以提高生成质量。但在实际应用中，RAG 应用会涉及众多的技术细节与挑战。比如，自然语言表达的输入问题可能千变万化，你从哪里检索对应的外部知识？你需要用

怎样的索引来查询外部知识？你怎样确保补充的外部知识是回答这个问题最需要的呢？就像上面例子中的学生，如果考试的知识点是一元二次方程，你却给他一本《微积分》，那显然是于事无补的。

1.3 RAG应用的技术架构

1.3.1 RAG 应用的经典架构与流程

在了解了 RAG 的一些基本概念与简单的应用场景后，我们从技术层来看一个最基础、最常见的 RAG 应用的逻辑架构与流程（见图 1-13）。注意：在这张图中仅展示了一个最小粒度的 RAG 应用的基础原理，而在当今的实际 RAG 应用中，对于不同的应用场景、客观条件、工程要求，会有更多的模块、架构与流程的优化设计，在后面的内容中将会进一步阐述。

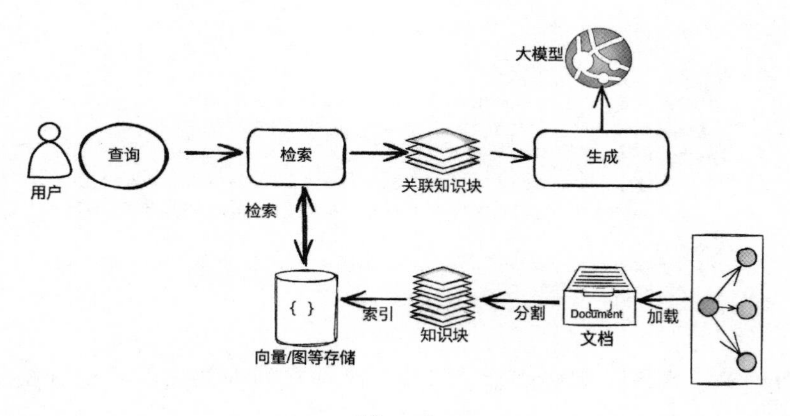

图 1-13

在通常情况下，可以把开发一个简单的 RAG 应用从整体上分为数据索引（Indexing）与数据查询（Query）两个大的阶段，在每个阶段都包含不同的处理阶段。这些主要的阶段用图 1-14 来表示。

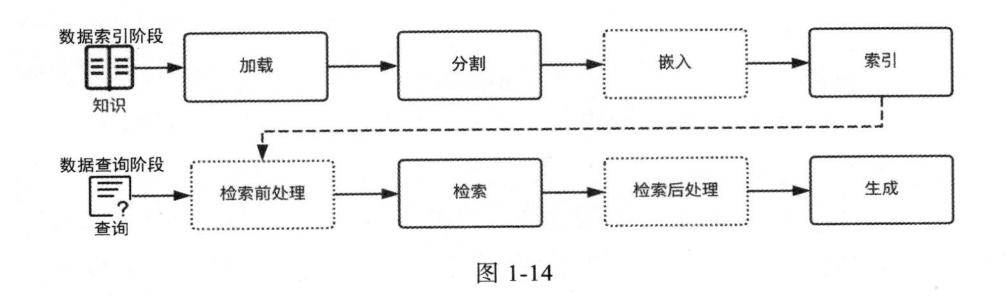

图 1-14

1. 数据索引阶段

既然 RAG 的核心之一是通过“检索”来增强生成，那么首先需要准备可以检索的内容。在传统的计算机检索技术中，最常用的是基于关键词的检索，比如传统的搜索引擎或者关系数据库，通过关键词的匹配程度来对知识库中的信息进行精确或模糊的检索，计算相关性，按照相关性的排序输出，但是在大模型的 RAG 应用中，最常见的检索方式是借助基于向量的语义检索来获得相关的数据块，并根据其相似度排序，最后输出最相关的前 *K* 个数据块（简称 top_K）。因此，向量存储索引就成了 RAG 应用中最常见的索引形式。

向量是一种数学表示方法，它将文本、图像、音频等复杂信息转换为高维空间中的点，每个维度都代表一种特征或属性。这种转换使得计算机可以理解和处理这些信息，因为它们都是连续的多个数值。向量保留了词汇之间的语义关系。例如，相似的词在向量空间中距离较近，这样就可以进行语义相似度计算或进行聚类分析。

自然语言处理中用于把各种形式的信息转换成向量表示的模型叫嵌入模型。

基于向量的语义检索就是通过计算查询词与已有信息向量的相似度（如余弦相似度），找出与查询词在语义上最接近的信息。

数据索引阶段通常包含以下几个关键阶段。

（1）加载（Loading）：RAG 应用需要的知识可能以不同的形式与模态存在，可以是结构化的、半结构化的、非结构化的、存在于互联网上或者企业内部的、普通文档或者问答对。因此，对这些知识，需要能够连接与读取内容。

（2）分割（Splitting）：为了更好地进行检索，需要把较大的知识内容（一个 Word/PDF 文档、一个 Excel 文档、一个网页或者数据库中的表等）进行分割，然后对这些分割的知识块（通常称为 Chunk）进行索引。当然，这就会涉及一系列的分割规则，比如知识块分割成多大最合适？在文档中用什么标记一个段落的结尾？

（3）嵌入（Embedding）：如果你需要开发 RAG 应用中最常见的向量存储索引，那么需要对分割后的知识块做嵌入。简单地说，就是把分割后的知识块转换为一个高维（比如 1024 维等）的向量。嵌入的过程需要借助商业或者开源的嵌入模型（Embedding Model）来完成，比如 OpenAI 的 text-embedding-3-small 模型。

（4）索引（Indexing）：对于向量存储索引来说，需要将嵌入阶段生成的向量存储到内存或者磁盘中做持久化存储。在实际应用中，通常建议使用功能全面的向量数据库（简称向量库）进行存储与索引。向量库会提供强大的向量检索算法与管理接口，这样可以很方便地对输入问题进行语义检索。注意：在高级的 RAG 应用中，索引形式往往并不只有向量存储索引这一种。因此，在这个阶段，很多应用会根据自身的需要来构造其他形式的索引，比如知识图谱索引、关键词表索引等。

2. 数据查询阶段

在数据索引准备完成后，RAG 应用在数据查询阶段的两大核心阶段是检索与生成（也称为合成）。

（1）检索（Retrieval）：检索的作用是借助数据索引（比如向量存储索引），从存储库（比如向量库）中检索出相关知识块，并按照相关性进行排序，经过排序后的知识块将作为参考上下文用于后面的生成。

（2）生成（Generation）：生成的核心是大模型，可以是本地部署的大模型，也可以是基于 API 访问的远程大模型。生成器根据检索阶段输出的相关知识块与用户原始的查询问题，借助精心设计的 Prompt，生成内容并输出结果。

以上是一个经典 RAG 应用所包含的主要阶段。随着 RAG 范式与架构的不断演进与优化，有一些新的处理阶段被纳入流程，其中典型的两个阶段为检索前处理与检索后处理。

（1）检索前处理（Pre-Retrieval）：顾名思义，这是检索之前的步骤。在一些优化的 RAG 应用流程中，检索前处理通常用于完成诸如查询转换、查询扩充、检索路由等处理工作，其目的是为后面的检索与检索后处理做必要准备，以提高检索阶段召回知识的精确度与最终生成的质量。

（2）检索后处理（Post-Retrieval）：与检索前处理相对应，这是在完成检索后对检索出的相关知识块做必要补充处理的阶段。比如，对检索的结果借助更专业的排序模型与算法进行重排序或者过滤掉一些不符合条件的知识块等，使得最需要、最合规的知识块处于上下文的最前端，这有助于提高大模型的输出质量。

1.3.2　RAG 应用面临的挑战

尽管 RAG 用一种非常简洁且易于理解的方法，在很大程度上提高了大模型在专业领域任务上的适应性，极大地增强了大模型在大量应用（特别是企业级应用）上的输出准确性，但是日益丰富的应用场景给 RAG 应用带来了更多的挑战。当然，这些挑战也是促进 RAG 应用不断出现新的架构与优化方法的动力。目前，传统的 RAG 应用面临的挑战如下。

1. 检索召回的精确度

RAG 思想是借助临时的语义检索来给大模型补充知识“营养”，以便让大模型能够更好地生成高质量结果。检索出的外部知识块足够精确与全面就是后面生成阶段的重要保障。自然语言具有天然的复杂性，检索技术具有模糊性，检索出的知识块如果带有大量的无用、噪声数据甚至矛盾的信息，就会影响大模型的生成质量。

2. 大模型自身对抗干扰的能力

对于检索出的上下文中携带的相关的外部知识块的干扰信息、多余信息、矛盾信息等，大模型需要能够尽量推理、识别与区分，并能够很好地按照 Prompt 进行输出，因此大模型本身的能力是影响最终生成质量的重要因素。

3. 上下文窗口的限制

大模型存在输入和输出上下文窗口的限制（最大 token 数量）。简单地说，你与大模型一次会话的数据量是存在大小限制的。如果你需要在一个大规模的外部知识库中检索出更多的相关知识块并将其交给大模型，就可能会打破这种窗口限制从而导致失败。如何在窗口限制内尽可能多地携带更多的知识块是 RAG 应用开发时需要注意的常见问题之一。

4. RAG 与微调的选择

模型微调（Fine-tuning）是一种让大模型更好地适应领域与行业环境的常见方法。与 RAG 相比，微调把垂直领域的知识变成大模型的训练语料，把生成优化的时间提前到大模型使用前，简化了应用架构。那么对于 RAG 与微调，应该如何选择、配合、协调以便最大限度地提高大模型的输出能力呢？这也是很多人经常纠结的问题之一。

5. 响应性能问题

与大模型直接输出相比，RAG 应用无疑增加了更多的处理步骤，且随着人们对 RAG 范式的研究深入，更复杂的 RAG 范式会带来更多的处理阶段（比如需要多次借助大模型完成迭代优化）。这样优化的 RAG 范式虽然会带来更优质的输出结果，但同时与端到端的响应性能下降是矛盾的。那么在一些对延迟时间较敏感的企业级应用场景中，如何兼顾最终输出的质量与较短的响应延迟时间就成了开发者的一大挑战。

1.3.3 RAG 应用架构的演进

正因为在实际应用中面临着诸多挑战，所以与很多 IT 技术一样，RAG 是一种可以快速上手，但是很难真正用好的大模型应用架构（如果你在很多学术网站中搜索 RAG，那么会发现大量关于 RAG 范式设计与优化的研究报告和论文）。下面简单了解一下 RAG 范式的最新发展与相关的研究成果。其中很多模块及其实现方法将在后面开发的章节详细论述。

（1）RAG 的概念与思想最早是在 2020 年由 Meta 公司（原 Facebook）的技术团队在文章“Retrieval-Augmented Generation for Knowledge-Intensive NLP Tasks”中正式提出的，用于给当时已经开始出现的大型预训练语言模型提供来自外部的“非参数化”（模型训练知识以外）信息与记忆，以改善语言生成任务。

（2）在 2022 年 OpenAI 的 ChatGPT 出现之前，RAG 并没有获得过多的关注，部分研究集中在提高外部知识的检索与效率上。随着 ChatGPT 的出现，大模型获得了空前的关注，对 RAG 的研究迎来拐点。大量的研究开始关注如何利用 RAG 来提升快速发展中的大模型的可控性并解决大模型在特定领域任务中的“幻觉”问题，优化大模型的推理与生成。

（3）随着 GPT-4、Gemini Pro 等更先进的语言模型出现，RAG 在更多的任务场景中得以应用。当然，随之而来的是传统的 RAG 范式在实际应用中的问题不断凸显。因此，更多的 RAG 范式优化理论与实践不断涌现。比如，将 RAG 与模型微调更好地结合以便优化检索与生成，将传统顺序型的 RAG 流程引入迭代以便实现自我反省，以及设计针对不同的 RAG 阶段与模块的深度优化算法等。

同济大学智能自主系统上海研究所等团队在 2024 年年初发表的一篇公开研究报告“Retrieval-Augmented Generation for Large Language Models: A Survey”中，将 RAG 范式与架构的演进分成了 3 个阶段。从这 3 个阶段中，可以很清晰地看出 RAG 范式与架构的进化路线和最新状态。

1. Naive RAG（朴素 RAG 或经典 RAG）阶段

这代表了最早的经典 RAG 思想。这个阶段的 RAG 遵循传统的基础顺序流程，包含 3 个主要的模块与阶段：索引、检索与生成。Naive RAG 的特点是只保留最简单的过程 Node（节点）且顺序式执行。

2. Advanced RAG（高级 RAG）阶段

Advanced RAG 在 Naive RAG 的基础上对索引、检索与生成这 3 个主要阶段进行了增强，特别是在检索阶段，增加了检索前处理与检索后处理。

3. Modular RAG（模块化 RAG）阶段

Native RAG 与 Advanced RAG 都是链式的、顺序式的 RAG 范式，而 Modular RAG 超越了这两种传统的 RAG 范式，展示了一种更灵活、更自由、具备高度扩展性的 RAG 范式。Modular RAG 的基本思想如下：

将 RAG 应用中的各个阶段细分成了多个模块类（代表 RAG 应用中的一个核心流程，比如预检索）、模块（代表一个核心流程中的功能模块，比如预检索中的查询转换）与算法（代表模块的一种实现方法，比如查询转换可以有普通重写、后退式重写、HyDE 重写等）。这些模块与算法之间不再有固定的选择与顺序流程，而是由使用者根据应用场景灵活组合，构造更适合自己的 RAG 工作流。

Modular RAG 的好处是具备了极强的扩展性与灵活性。一方面，随着研究的深入和更多优化理论的出现，可以出现更多的模块与算法；另一方面，使用者可以根据自身的需要灵活地组合不同的模块和算法，构造更灵活的 RAG 工作流。

第 13 章将会介绍一些新的 RAG 范式如何通过灵活地组合这些模块与算法来实现更复杂的 RAG 工作流，从而实现特定的优化目标。

1.4 关于RAG的两个话题

对 RAG 与微调的选择，以及 2024 年开始出现的 RAG 与一些具有理解超长上下文能力的大模型之间的关系，是经常被讨论甚至争论的话题，下面简单地介绍。

1.4.1 RAG与微调的选择

要想提高大模型在特定行业与场景中输出的适应性与准确性，除了使用RAG，还可以使用自己的数据对大模型进行微调。那么这两种方案的区别及选择的标准是什么呢？

我们首先简单了解一下大模型微调。以OpenAI公司的GPT大模型为例，一个GPT架构的大模型的训练通常需要经过以下几个阶段。

1. 预训练阶段

这是整个过程中最复杂的阶段，像GPT-4这样的模型在预训练阶段通常需要成千上万个GPU，在海量的无标记的数据上训练数月。这个阶段其实占用了全部阶段的大部分时间。预训练阶段的输出模型一般叫基座模型，有的基座模型会被发布（比如开源的Llama），而有的基座模型不会被发布（比如GPT-4）。

基座模型本身是可以直接使用的，但通常不是一个“回答问题”的模型，而是一个“补全文档”的模型。如果你想让基座模型来回答问题，就必须假装输出一个文档，然后让它来“补全”。比如，你必须提示“下面是一首赞美祖国的诗歌:”，然后让模型来补全，而不能直接要求它“写一首赞美祖国的诗歌”。如何让基座模型变成一个交互式的AI助手呢？那就需要进入后面的阶段:微调。

2. 微调阶段

在宏观上可以把后面的阶段都归到微调，即受监督微调、奖励模型+基于人类反馈的强化学习（Reinforcement Learning from Human Feedback，RLHF）阶段。简单地说，这个阶段就是对基座模型在少量（相对于预训练的数据量来说）的、已标注的数据上进行再次训练与强化学习，以使得模型更好地适应特定的场景与下游任务。比如：

（1）强化某个方面的应用能力（比如利用大模型进行情感检测）。

（2）适应特定的使用场景（比如针对人类对话，输出无害、安全的内容）。

（3）适应特定的知识领域（比如医疗或法律行业的特定术语或语义）。

（4）适应某些可标注数据相对稀缺的任务。

（5）适应特定的语言输出要求（比如适应某个场景的语言风格）。

与预训练相比，微调对算力的要求与成本都大大降低，这使得微调对于很多企业来说，在成本与技术上是相对可行的（当然，与 RAG 范式相比，成本仍然较高）。

大模型微调是一个相对专业的技术任务，涉及较多底层的深度学习的架构、参数及算法知识，以及多种技术（比如全量微调、Prompt Tuning，Prefix Tuning，P-tuning 等）。不同的方法对资源与成本、指令数据等有不同的要求，当然达到的效果也不一样。另外，为了简化微调工作，也有一系列用于微调的工具、框架甚至平台可以使用，比如 OpenAI 针对 GPT 模型提供的在线微调 API、重量级的大模型并行训练框架 DeepSpeed 等。

实施微调除了需要算力与算法、成熟的平台与工具，还需要生成与标注具有一定规模的高质量数据集，这通常由大量的指令与输出的样本来组成。对于一些行业特征特别突出的垂直领域，数据集的准备是最大的挑战。这些挑战如下。

（1）数据从哪里采集，如何确保专业性与有效性。

（2）对多形态的数据如何清洗与归一。

（3）怎么标注数据的提示、输入、输出等。

（4）处理老化数据，即知识过期后如何反馈到大模型。

继续以前面的例子来说明微调和 RAG 的区别。如果大模型是一个优秀学生，正在参加一门考试，那么 RAG 和微调的区别如下。

RAG: 在考试时给他提供某个领域的参考书，要求他现学现用，并给出答案。

微调：在考试前一天对他进行辅导，使他成为某个领域的专家，然后让他参加考试。

如何在 RAG 与微调之间选择适合自己的增强生成方案呢？在实际应用中，需要根据自身的环境（应用场景、行业特征、性能要求等）、条件（数据能力、技术能力、预计成本等）、测试结果（指令理解、输出准确性、输出稳定性等）等来选择（见图 1-15）。

图 1-15

与大部分的 IT 技术一样，无论是微调还是 RAG，都有优点，也都有缺点。下面简单地做一下对比供参考（见表 1-1，随着两种技术的发展，总结的一些优点和缺点可能会发生变化）。

表 1-1

	RAG	微调
优点	1．使用更灵活，可根据需要随时调整 Prompt 以获得期望输出。 2．技术上更简单。 3．可以输入知识增强的 Prompt 让大模型立即适应领域知识。 4．无额外的训练成本	1．大模型自身拥有特定知识的输出能力，或适应特定的输出格式。 2．对下游应用更友好，在特定的任务中使用更简单。 3．可以节约推理阶段使用的 token，推理成本更低
缺点	1．容易受限于上下文窗口的大小。 2．输入本地知识增强的 Prompt 在实现上下文连续对话时较困难。 3．大模型输出的不确定性在高准确性的场景中会增加失败概率。 4．输入带有上下文的、较长的 Prompt 会带来较高的推理成本。 5．随着模型的迭代，可能需要重新调整 Prompt	1．非开箱即用。 2．需要额外的数据准备、标注、清洗成本，以及必要的算力与训练成本。 3．需要足够的技术专家，特别是机器学习（Machine Learning，ML）专家、数据专家。 4．微调无法阻止出现“幻觉”问题，过度微调甚至可能导致某些能力下降。 5．模型迭代周期长，对实时性要求高的知识并不适用

无法确切地说在什么场景中必须使用 RAG、在什么场景中必须使用微调。结合当前的一些研究及普遍的测试结果，可以认为在以下场景中更适合考虑微调的方案（在不考虑成本的前提下）。

（1）需要注入较大数据量且相对稳定、迭代周期较长的领域知识；需要形成一个相对通用的领域大模型用于对外服务或者运营。

（2）执行需要极高准确率的部分关键任务，且其他手段无法满足要求，此时需要通过高效微调甚至全量微调来提高对这些任务的输出精度，比如医疗诊断。

（3）在采用提示工程、RAG 等技术后，无法达到需要的指令理解准确、输出稳定或其他业务目标。

在除此之外的很多场景中，可以优先考虑使用 RAG 来增强大模型生成。当然，在实际条件允许的前提下，两者的融合应用或许是未来更佳的选择。

1.4.2 RAG 与具有理解超长上下文能力的大模型

大模型的上下文窗口（Context Window）正在以不可思议的速度增大。与早期大模型的上下文窗口大小普遍在 4K ~ 8K[①]相比，如今超过 128K 甚至支持更大上下文窗口的大模型比比皆是。从 Claude 2 开始的 200K，到 Claude 3 与 Gemini 1.5 号称的 1M 上下文，似乎上下文窗口的大小已经不再成为我们使用大模型的顾虑，特别是在 Gemini 1.5 发布的技术报告中，关于其具备的“大海捞针”（在超长的上下文中精确检索出特定位置的某个事实性知识）能力的实验结果，带来了一个争议话题：如果在未来能够把几百个文档一股脑地塞入大模型的对话窗口，并且大模型能够在其中检索出事实性知识，那么我们还有必要做外部索引与检索，给大模型提供知识外挂（RAG 范式）吗？

尽管大模型厂家试图用各种测试结果来告诉我们大模型将搞定一切，技术狂热者也希望找到一颗简单优雅且能一劳永逸地解决问题的“银弹”，但至少在目前的条件下，很难想象当每次需要一根“针”时都要把整个“大海”交给大模型用于推理，无论是从效用、性能角度来看还是从成本角度来看都存在很多需要思考的问题，比如：

（1）1M 的上下文窗口是否真的已经足够？如果还不够呢？

（2）反复输入如此长的上下文，时间、网络与推理的成本上升值得吗？

（3）如何把企业级应用中大量实时变化、形式多样的知识每次都输入大模型？

（4）大模型的“大海捞针”能力可靠吗？与“针”的数量和位置有关系吗？

---

① 在大模型的上下文窗口中，K 表示 1000，M 表示 1 000 000。它们是 token（大模型的处理单位）的数量。

（5）知识密集型任务并不仅仅是简单的事实问答，大模型能否应对？

（6）过长的上下文是否会让大模型应用的跟踪、调试与评估等变得更困难？

（7）相对于 RAG 在应用层精确控制，把知识都输入大模型如何确保知识的安全性？

RAG 应用的核心能力之一是检索：结合各种方法精确检索出事实所在的知识块，然后将其交给大模型推理。所以，这让大模型流派认为，既然大模型已经可以在超长的上下文中精确检索，那么复杂的 RAG 应用自然就可以被替代。

事实上，有大量的测试表明，受限于主流大模型所依赖的底层 Transformer 架构的基础原理，当前大模型理解超长上下文的能力并不像宣传的那么出色。我们使用 LLMTest_NeedleInAHaystack 这个开源的测试工具对一些大模型进行测试后发现（见图 1-16），当前的大模型并不一定能在超长的上下文中准确地检索出某个事实性知识并完成推理，至少依赖以下内容。

（1）输入的上下文长度。输入 2K 与 128K 上下文时精确检索的能力并不一样。

（2）相关知识块在上下文中所处的位置。知识块在文档中所处的位置会影响检索的结果。

（3）完成任务所依赖的相关知识块数量。检索 1 个知识块与检索 10 个知识块的准确率是不一样的。

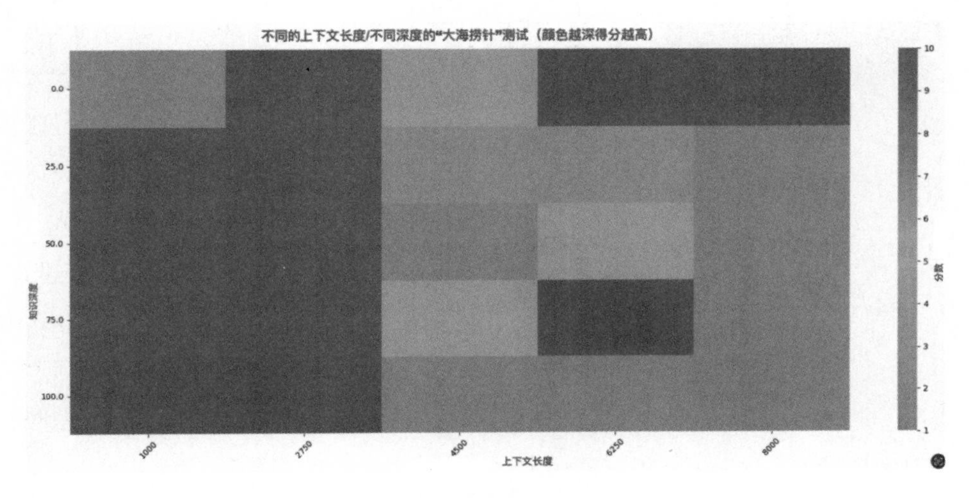

图 1-16

即使完全不考虑成本与响应速度问题，试图依赖具有理解超长上下文能力的大模型来准确检索与推理以完成知识密集型的任务，也是不太现实的。

所以，RAG 与具有理解超长上下文能力的大模型要相互结合、取长补短，大模型为 RAG 应用提供优化基础（比如，未来可以考虑以较大的文档为单位而不是以较小的知识块为单位作为检索与召回的基础），而 RAG 提供大模型所不具备的灵活性。两者在简洁性与灵活性之间取得平衡，或许是当下最合适的方案（见图 1-17）。

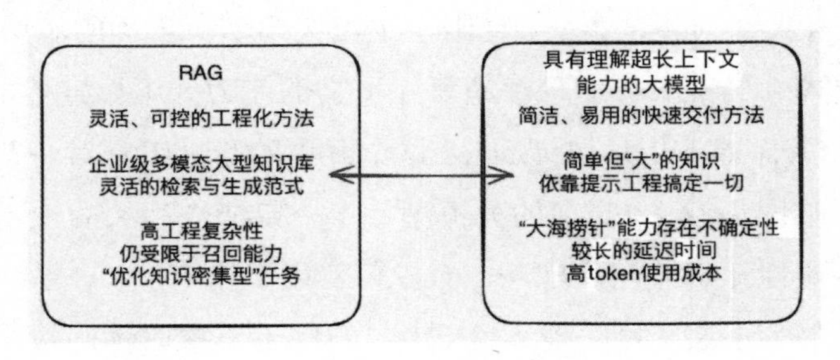

图 1-17

第 2 章 RAG 应用开发环境搭建

工欲善其事，必先利其器。在开发 RAG 应用之前，我们需要先了解 RAG 应用开发的常见方式，以及可能需要借助的工具与平台，并在此基础上安装适合自己的开发工具，搭建适合自己的开发环境。

由于技术选择的多样性，我们不会事无巨细地介绍如何搭建所有可能的开发环境。假设你具备了计算机软件开发与大模型的基础知识，这里只基于部分主流的技术，简单地介绍必要的环境准备工作。

后面的开发将在本章搭建的开发环境中进行。

2.1 开发RAG应用的两种方式

当前有两种主要的开发 RAG 应用的方式：一种是使用低代码开发平台，另一种是使用主流的大模型应用开发框架。

2.1.1 使用低代码开发平台

这类开发平台的代表是一些主流的商业大模型公司的开发平台，比如百度的 AppBuilder、阿里云的百炼大模型服务平台、字节跳动的 Coze 开发平台等，还有一些独立的大模型应用开发平台，比如开源的 FastGPT、Dify 等。这些平台的主要特点如下。

（1）使用简单、便捷。借助可视化的应用定义与配置，可以快速开发属于自己的 RAG 应用。

（2）通常包含完整的开发工具栈。比如，数据集与知识库的管理工具、应用测试工具、Web UI 应用或 API 发布工具。

（3）部分平台会支持 RAG 应用工作流设计。通过可视化拖曳与少量编码的方式，可以提供一定程度的应用流程编排，实现低代码开发。

（4）部分平台支持灵活地选择模型，包括嵌入模型与大模型。可以根据模型的特点与需求灵活搭配多种模型，从而实现更优的输出效果。

当然，软件开发的便捷性与灵活性往往是一对矛盾体。使用低代码开发平台快速开发 RAG 应用会存在以下问题。

（1）低代码开发平台一般需要在线开发与部署。由于 RAG 应用通常为知识密集型的应用，因此一些比较敏感的领域与企业可能会面临安全合规方面的挑战。

（2）低代码开发平台通常面向更通用的需求与场景而设计，比如简单的私有知识对话与搜索，但在面临一些企业级应用中更个性化的需求时会捉襟见肘，无能为力。

（3）在企业级应用领域，有更高的工程要求与更多样的个性化业务需求，在一些关键场景中有更灵活的 RAG 范式与流程设计。这时，通用的低代码开发平台可能会无能为力。

（4）使用低代码开发平台开发的 RAG 应用的主要形式是知识查询与对话类应用，但这并不是 RAG 应用的全部形式。比如，RAG 还可以与其他 AI 智能体结合在一起，优化智能体的输出，如开源的 Vanna 框架使用 RAG 思想向 Prompt 中注入检索出的数据结构描述信息，以便优化 Text-to-SQL（将文本转换为关系数据库的 SQL 语句）输出的准确性。在这些场景中可能无法直接使用低代码开发平台开发 RAG 应用。

（5）对于开发人员来说，使用低代码开发平台有助于降低工作量，但它屏蔽了很多技术细节，让开发人员无法了解更多的底层原理，这给后期的应用优化与提高开发人员的技术能力增加了难度。

总的来说，使用低代码开发平台开发 RAG 应用快速、简单且部署方便，基本不存在后期维护问题，但缺乏足够的灵活性与个性化，同时在安全性上会面临挑战，可能更适合开发面向个人与小微企业的知识型应用或 AI 智能体，而开发面向 B 端的主流 RAG 应用或许需要更灵活的技术。

2.1.2　使用大模型应用开发框架

除了使用低代码开发平台开发常规的 RAG 应用，另一种开发 RAG 应用的方式是使用当下主流的开源框架。当前主流的大模型应用开发框架有 LangChain 公司的 LangChain 系列框架、LlamaIndex 公司的 LlamaIndex 框架及微软公司的 AutoGen 框架，基本上都采用了开源结合少量商业服务的提供方式。这些框架的特点如下。

（1）具有易用的组件化与模块化设计、强大的功能、完善的开发文档。这些成熟的大模型应用开发框架经过了较长时间的发展与版本迭代，以及大量开发人员的使用与反馈，具备了较高的市场成熟度，在功能、性能、扩展性、第三方支持、使用文档、开发社区等方面都非常完善。

（2）屏蔽了底层的技术细节，帮助开发人员更专注于上层应用的逻辑与优化。成熟的大模型应用开发框架通常对基础设施的访问细节进行了屏蔽，提供了更易用的上层接口。比如，大模型的通信、各种格式文档的处理，以及一些复杂的底层算法等。

（3）大模型应用开发框架预置了大量的、可重用的封装组件，极大地提高了软件开发效率。应用开发无须重新“造轮子”，而是进化成使用搭积木式的组装模式。此外，常见的开发框架通常会内置对一些先进的范式与算法的支持，具体到 RAG 应用，开发框架通常会内置大量的模块化 RAG 应用中常用的运算符与算法，甚至支持 RAG 工作流的灵活编排与开发。比如，LangChain 框架的 LangGraph、LlamaIndex 框架的 Query Pipeline 就采用图（Graph）的思想来帮助构造更灵活与更复杂的工作流程。

（4）大模型应用开发框架通常具备极好的灵活性与扩展性设计。一方面，在使用时可以根据自身的需要来派生大量的开发组件并定制其在特定场景中的行为；另一方面，独立的大模型应用开发框架内置了对第三方的支持，包括不同的大模型、数据源、嵌入模型、向量库、第三方 API 工具等，极大地提升了应用扩展能力。

（5）目前的大模型应用开发框架不仅提供了开发阶段的各种开箱即用的组件，还提供了帮助把应用更快地投入生产使用的、覆盖软件全生命周期的工程化平台或工具。比如，LlamaIndex 框架内置了评估组件。在企业级应用场景中，这些组件、工程化平台和工具有助于原型应用快速地过渡到生产应用。

1. 了解 LangChain 框架

LangChain 是一个著名的大模型应用开发框架。LangChain 框架提供了一系列非常强大的组件与工具库，涵盖了应用的开发、测试、评估与部署的全生命周期。其中基础的 LangChain 开发库是完全开源免费的，可以用于从调用简单的大模型到开发复杂的 RAG 应用或 Agent 等各类应用。

LangChain 框架的结构如图 2-1 所示。

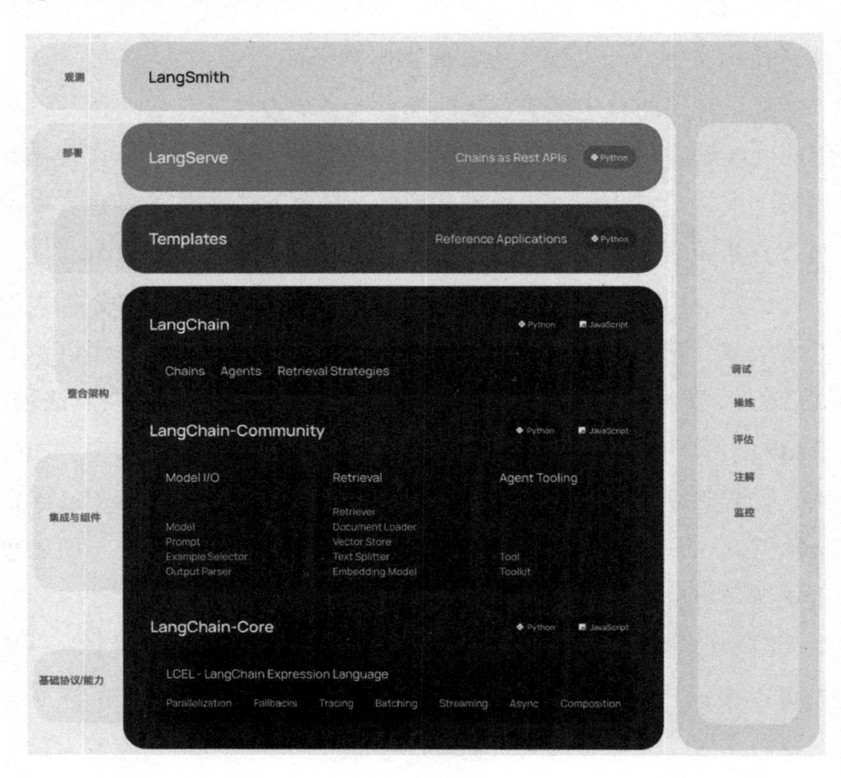

图 2-1

LangChain 框架由以下开发库组成。

（1）LangChain-Core：基础抽象和 LangChain 表达语言（LCEL）。

（2）LangChain-Community：组件及内置的大量第三方技术集成模块，一般被封装为合作伙伴模块（例如 LangChain-openai）。

（3）LangChain：构成应用架构的上层核心组件，包括 Chains、Agents 等。

（4）Templates：官方提供的一些常见的应用模板。

（5）LangServe：将 LangChain 链部署为 REST API 的平台。

（6）LangSmith：帮助开发者跟踪调试、测试、评估和监控大模型应用的在线平台。

此外，还有后期推出的用于构造更灵活、更复杂的 RAG/Agent 工作流的 LangGraph 组件等。总的来说，LangChain 开发库功能强大，几乎能够涵盖所有与大模型可能相关的应用类型，能够对接几乎所有第三方的大模型技术或服务，提供了强大的表达语言（LCEL）及 Chain 等各种简单而强大的组件。同时，LangChain 框架的技术学习门槛相对较高，组件结构庞大而复杂，而且由于版本快速迭代升级，某些部分存在过度封装或冗余设计之嫌。

截至本书完稿时，LangChain 框架的最新版本为 0.2.x。

2. 了解 LlamaIndex 框架

LlamaIndex 是 LlamaIndex 公司出品的用于连接客户数据与大模型，开发大模型应用的开源免费框架，具有简单、灵活与强大的特点。其整体的结构如图 2-2 所示。

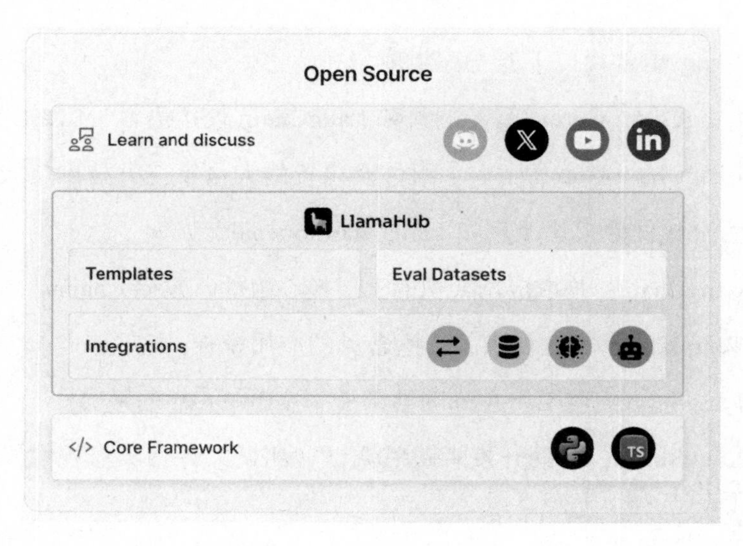

图 2-2

（1）Core Framework：这是 LlamaIndex 的核心框架，实现了 LlamaIndex 框架中大量可扩展的基础组件与工具组件。

（2）Integrations：这是在 Core Framework 基础上由官方或者第三方提供的大量扩展组件。这些组件大大扩充了 LlamaIndex 框架的兼容能力与应用场景，包括各种类型的数据加载器、大语言模型与嵌入模型、向量库、Agent 工具等。

（3）Templates：这是官方或者第三方提供的更上层的应用模板。开发者可以基于这些模板来修改和开发自己的应用。

（4）Eval Datasets：评估数据集。这是一些用于测试评估的现成数据集。一个数据集通常包含两个部分：一部分是用于开发 RAG 应用的原始知识数据集；另一部分是用于评估 RAG 应用的测试数据集。

在 LlamaIndex 框架中，核心框架以外的各类扩展组件、应用模板与数据集通常会放在 LlamaHub 网络平台上。这是 LlamaIndex 官方维护的一个存储库，用于发布、共享与使用开发大模型应用的各种组件与工具包。

LlamaIndex 是一个开发生产级应用的大模型应用开发框架，具备以下特点。

（1）面向生产级与企业级的应用。其基于成熟的 RAG 范式提供了大量易用、可靠与鲁棒的集成组件，用于数据加载、向量库访问、索引构造、模型访问等。

（2）灵活、可扩展、可定制化。尽管 LlamaIndex 框架提供了大量开箱即用的组件，但是开发者仍可以在其基础上派生与扩展，实现定制化组件。

（3）最适合开发 RAG 应用。相对于 LangChain 框架来说，LlamaIndex 框架最初主要面向 RAG 应用环境，因此内置了大量模块化 RAG 范式中的优化组件与算法，且在使用上比 LangChain 框架更简单。

（4）内置了强大的 Data Agent 开发功能。与 RAG 应用以数据查询为主相比，LlamaIndex 框架允许在此基础上开发更强大的数据智能体，能够智能规划与使用外部工具进行一定的数据操控。此外，最新版本的 LlamaIndex 框架推出了查询管道（Query Pipeline）这样基于图结构编排 RAG 工作流的开发组件。

与 LangChain 框架相比，LlamaIndex 框架的学习与使用门槛更低，更侧重于 RAG 应用开发，因此我们使用 LlamaIndex 框架作为本书的基础框架。

截至本书完稿时，LlamaIndex 的最新版本为 0.10.x。这也是我们在后面开发中使用的版本。

2.2　RAG应用开发环境准备

本节介绍常见的开发 RAG 应用的基础环境与需要准备的工具，并搭建一个可完全本地化运行与使用的开发环境。

2.2.1　硬件环境建议

如果你希望在开发阶段所有的工作都能够在一台电脑上完成（一个完整的 RAG 应用可能需要运行主程序、向量库、本地大模型，甚至关系数据库、前端 Web 应用等），那么建议准备一台性能强大的笔记本电脑或者台式电脑，建议的配置要求如下。

（1）MacOS（推荐）或者 Windows 10 或者 Linux 操作系统。

（2）内存不低于 16GB，如果需要运行本地大模型，则根据模型大小，内存需要 32GB 甚至更大。

（3）如果需要 GPU 做本地大模型推理，那么需要根据模型大小配置独立显卡。

（4）配备最新的 Intel CPU 或者 Apple M 系列芯片，以及足够的高速磁盘空间。

（5）高速以太网络，用于下载大模型或者访问大模型 API。

2.2.2 基础大模型

基础大模型是 RAG 应用的核心，也是 RAG 应用的智慧大脑。因此，我们需要准备好大模型的调用服务。通常可以根据条件的不同或需求，选择两种不同的方法使用大模型：通过 API 访问云端商业大模型或者部署本地开源大模型。

1. 通过 API 访问云端商业大模型

所有的商业大模型服务商都提供了开放 API 的访问［通常为软件开发工具包（Software Development Kit，SDK）与 HTTP API 访问两种形式］，并且有详细的使用文档说明。不同大模型的 API 协议大同小异，使用起来非常简单（使用大部分在线模型只需要一个 API Key）。你可以根据自身需要灵活选择。

下面以阿里云的通义千问大模型的 API 申请为例简单说明申请 API 的过程，其他厂商的大模型的 API 申请过程与此类似。可根据官方说明与引导自行完成（因为商业大模型服务商不断更新与调整申请 API 的过程，所以以下过程仅供参考，请以官方最新的操作说明为准）。

（1）登录阿里云官方的百炼大模型服务平台。

（2）点击页面中的“登录”按钮（请先自行注册），建议通过手机号码与验证码登录。

（3）成功登录后点击左边导航栏中的“模型广场”选项（见图 2-3）。

（4）点击“去开通”按钮，同意相关协议后，点击“确认开通”按钮即可成功开通大模型调用服务。首次开通的新用户可能会获得一定的免费福利，即获得部分大模型在一定时间范围内的体验额度。

图 2-3

（5）为了能够通过 API 调用大模型，点击页面右上方的账号管理图标，选择“API-KEY”选项，再点击“创建新的 API-KEY”按钮，即可获得新的 API Key[①]（见图 2-4）。

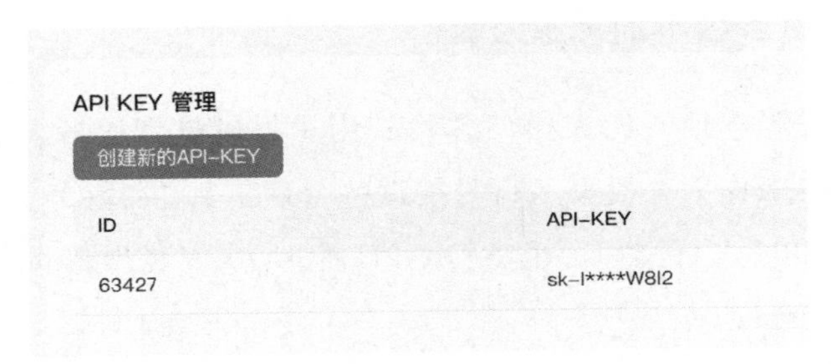

图 2-4

（6）点击页面右上方的“产品文档”选项，可以查看你可能关心的大多数信息，包括模型介绍、速率限制、API 文档、计费方式等。

① 本书图中 API Key 有多种形式，如 API KEY、API-KEY 等，正文中统一使用 API Key。

在获得基础大模型的 API 权限后，请记得保存你的 API Key，如果免费体验额度已经用完，那么确保你的账号有足够的使用余额。

此外，由于在后面的内容中会用到 OpenAI 的 GPT 系列模型 API，因此建议通过微软 Azure 云服务平台开通 OpenAI 大模型的 API 服务，通过审核后即可付费使用，具体方法请自行登录 Azure 平台查看。

由于商业大模型非常多，各个厂家的 API 协议与提供的 SDK 并不统一与通用，即使同一个厂家的 API，也可能在升级过程中出现版本不兼容的情况。如果我们需要上层应用在不同的商业大模型中进行切换，就会面临较多的适配与调试工作。一个有用的技巧是，构造一个对上层应用的统一 API 平台，通过简单的配置，即可自动适配多个不同的商业大模型的 API 协议。这种方式的好处显而易见，前端需要调用不同的大模型，通常只需要修改大模型的名称，而无须改动其他代码。此外，还可以实现多个大模型通道的流量与负载均衡，提高可用性。

这里推荐一个可以实现统一大模型 API 的开源项目：ONE-API。该项目把后端配置的不同大模型的 API 全部“OpenAI”化，即统一成 OpenAI 的 API 协议，极大地方便了前端应用对不同大模型的灵活调用与切换。

2. 基于 Ollama 部署本地开源大模型

如果需要部署本地开源大模型并将其用于提供推理服务，那么推荐使用 Ollama 这款工具来作为大模型运行与推理的管理工具。其好处是使用简单，且可以利用普通 CPU 进行推理（也支持 GPU 推理）。安装步骤非常简单。

1）安装 Ollama

（1）进入 Ollama 的官方网站，选择对应的操作系统，如图 2-5 所示。

Download Ollama
macOS
Linux
Windows
Download for macOS
Requires macOS 11 Big Sur or later

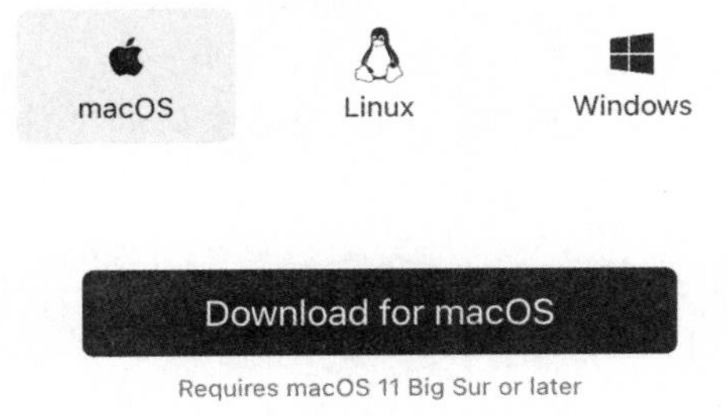

图 2-5

（2）选择你的操作系统后点击下方按钮，下载安装包。下载完成后，在本机找到安装包。双击安装包后，按照引导完成安装。Ollama 会在本机安装一个命令行工具（见图 2-6），用于后面的下载与启动大模型服务。

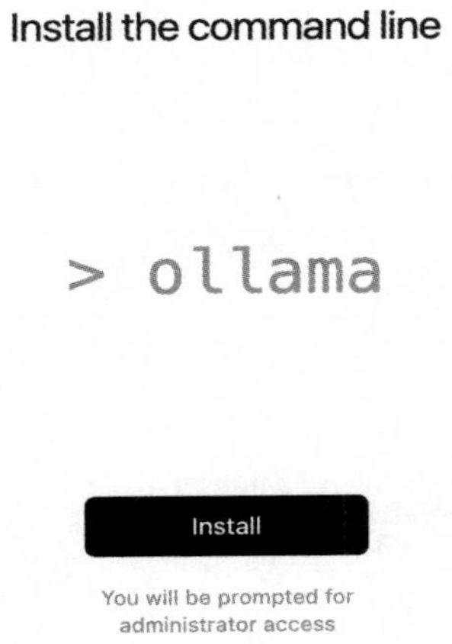

Install the command line
> ollama
Install
You will be prompted for administrator access

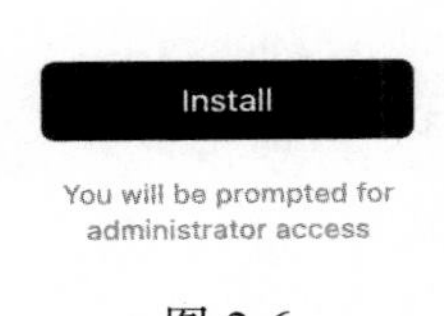

图 2-6

（3）完成安装后，进入终端进行测试，输入以下命令查看版本号（见图 2-7）。

```
> ollama --version
```

(base) pingcy@pingcy-macbook ~ % ollama --version
ollama version is 0.1.30
(base) pingcy@pingcy-macbook ~ %

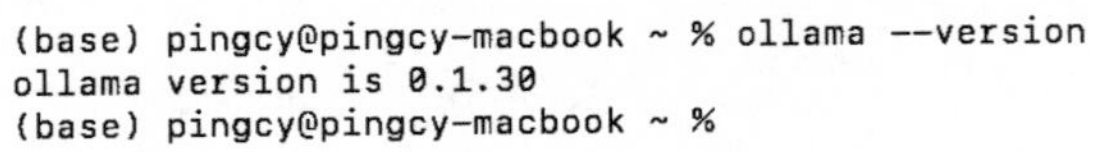

图 2-7

2）拉取与运行大模型

Ollama 安装完成后就可以在本地拉取与运行大模型。你通常可以按照以下步骤操作。

（1）登录 Ollama 的官方网站，查看当前支持的全部大模型（见图 2-8）。

Models
Filter by name...
Most popular
llama2
Llama 2 is a collection of foundation language models ranging from 7B to 70B parameters.
1.0M Pulls
102 Tags
Updated 8 weeks ago

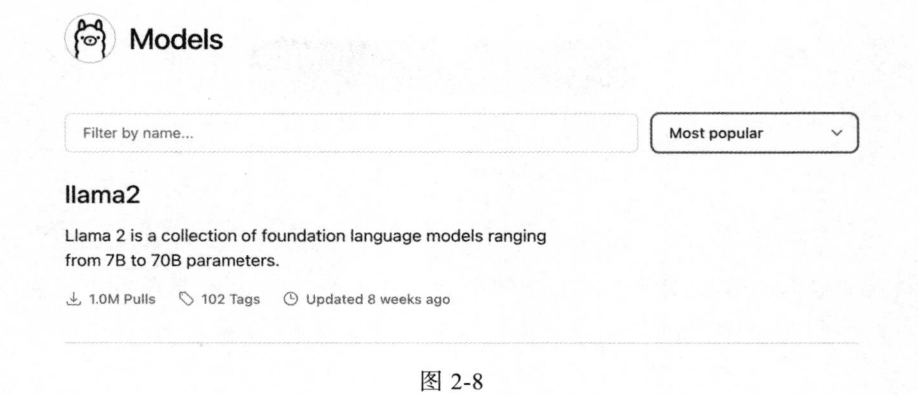

图 2-8

（2）选择一个大模型，比如选择阿里巴巴的通义千问开源大模型。点击列表中的 qwen 或者 qwen2 系列模型，可以看到各个参数的大模型介绍与运行命令，请根据自己的硬件环境选择合适参数的大模型。比如，选择“14b”这个参数（见图 2-9）。

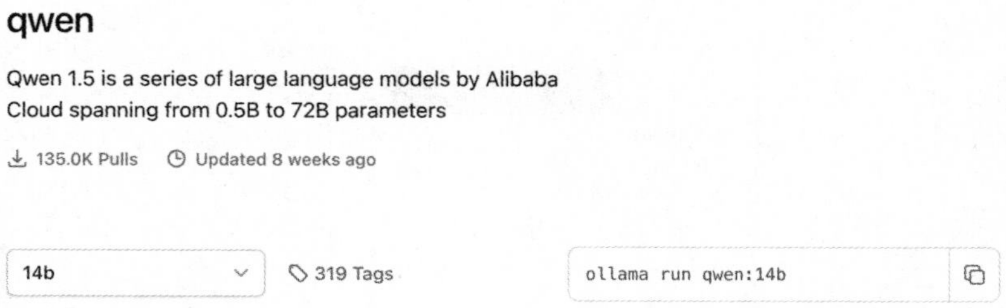

qwen
Qwen 1.5 is a series of large language models by Alibaba Cloud spanning from 0.5B to 72B parameters
135.0K Pulls
Updated 8 weeks ago
14b
319 Tags
ollama run qwen:14b

图 2-9

（3）拷贝后面的运行命令，启动本机的命令行终端，并粘贴拷贝的命令。此时可以看到 Ollama 开始自动拉取大模型到本地运行，并有进度提示（见图 2-10）。

```
(base) pingcy@pingcy-macbook ~ %
(base) pingcy@pingcy-macbook ~ % ollama run qwen:14b
pulling manifest
pulling de0334402b97...   19% ███                 | 1.5 GB/8.2 GB  107 MB/s    1m1s
```

图 2-10

大模型拉取完成后会在本机自动启动大模型的推理服务（见图 2-11）。

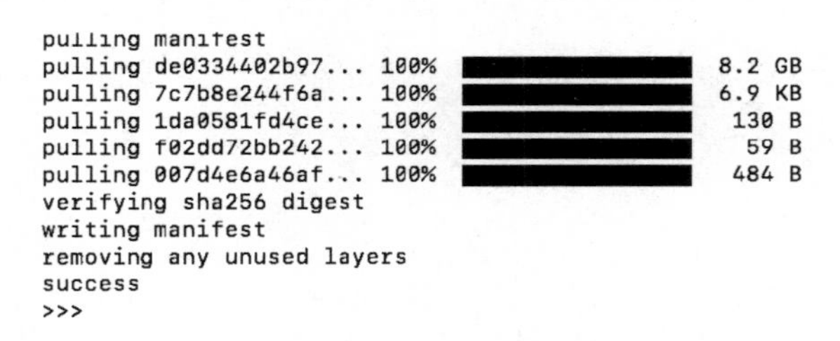

```
pulling manifest
pulling de0334402b97... 100% ████████████████ 8.2 GB
pulling 7c7b8e244f6a... 100% ████████████████ 6.9 KB
pulling 1da0581fd4ce... 100% ████████████████  130 B
pulling f02dd72bb242... 100% ████████████████   59 B
pulling 007d4e6a46af... 100% ████████████████  484 B
verifying sha256 digest
writing manifest
removing any unused layers
success
>>>
```

图 2-11

此时，你可以在命令提示符下与大模型进行交互式对话（见图 2-12）。

```
>>>
>>> 你好
你好！ 很高兴为你提供帮助。有什么问题可以问我吗？
```

图 2-12

至此可以说明你的 Ollama 安装与验证完成，输入“/bye”命令可退出 Ollama 命令行。

（4）如果你想重新启动与大模型的对话测试，那么可以再次执行运行命令（见图 2-13）。

```
(base) pingcy@pingcy-macbook ~ % ollama list
NAME            ID              SIZE     MODIFIED
qwen:14b        80362ced6553    8.2 GB   7 minutes ago
(base) pingcy@pingcy-macbook ~ % ollama run qwen:14b
>>>
>>>
>>>
>>> 创作一首清明的诗句
清明时节雨纷飞，
草色遥看近却无。
祭扫先人怀故土，
纸灰飞扬诉衷肠。
清风明月寄哀思，
春意盎然慰英魂。
```

图 2-13

3）使用API服务模式

对于应用开发来说，我们并不需要使用交互式命令行来对话（通常用于测试），而是需要使用API的形式调用大模型的服务接口。通过以下方式可以让Ollama管理的大模型以API服务模式工作。

（1）如果你还没有启动过Ollama，那么可以使用以下命令直接进入服务模式。在该模式下，Ollama启动本地API服务器对外提供服务（在MacOS系统上使用ollama run命令启动大模型会自动进入服务模式）。

```
> ollama serve
```

（2）Ollama默认的服务端口是11434。你可以通过设置环境变量更改默认的服务端口（比如在与其他服务端口发生冲突时）。

```
> OLLAMA_HOST=:11435 ollama serve
```

（3）验证Ollama的API服务器能否正常工作。因为Ollama提供多种API访问形式，所以这里采用Ollama提供的兼容OpenAI API协议的接口做测试，执行以下的curl命令即可。

```
curl http://localhost:11434/v1/chat/completions \
    -H "Content-Type: application/json" \
    -d '{
        "model": "qwen:14b",
        "messages": [
            {
                "role": "system",
                "content": "You are a helpful assistant."
            },
            {
                "role": "user",
                "content": "你好呀！"
            }
        ]
    }'
```

如果能够正常响应，那么说明Ollama的API服务运行正常。

现在，我们有了通义千问与 OpenAI 在线大模型的 API 服务，也有了部署在本地的 Ollama 系列开源大模型的 API 服务(可随时下载新的大模型做切换)。这些基础的 API 服务将在后面的开发中频繁使用。

2.2.3　嵌入模型

在 RAG 应用中，通常需要使用嵌入模型（ Embedding Model ）来实现对知识块的向量化从而实现基于语义相似度的检索能力，且嵌入模型的向量生成质量对后面检索的准确性有着重要的影响。嵌入模型包括基于商业大模型基座的向量模型（ 比如 OpenAI 的 Embedding 系列模型 ）与开源的向量模型（ 比如智源研究院的开源向量模型 BGE Embeddding ）。

1. 通过 API 访问云端嵌入模型

对于提供基础大模型服务的商业平台来说，其嵌入模型的接口一般无须单独申请，直接使用基础大模型服务的 API Key 即可。由于我们已经开通了通义千问与 OpenAI 大模型的 API 服务，因此可以直接使用通义千问与 OpenAI 的嵌入模型。表 2-1 为通义千问官方公布的可以使用的嵌入模型。

表 2-1

模型中文名	模型英文名	向量维度	单次请求文本最大行数	单行最大输入字符长度	支持语种
通用文本向量	text-embedding-v1	1536	25	2048	汉语、英语、西班牙语、法语、葡萄牙语、印度尼西亚语
	text-embedding-async-v1	1536	100 000	2048	汉语、英语、西班牙语、法语、葡萄牙语、印度尼西亚语
	text-embedding-v2	1536	25	2048	汉语、英语、西班牙语、法语、葡萄牙语、印度尼西亚语、日语、韩语、德语、俄罗斯语
	text-embedding-async-v2	1536	100 000	2048	汉语、英语、西班牙语、法语、葡萄牙语、印度尼西亚语、日语、韩语、德语、俄罗斯语

嵌入模型的具体使用方法可以参考官方的 API 说明。

2. 基于 Ollama 部署本地嵌入模型

之前借助 Ollama 部署了本地开源大模型提供推理服务。同样，Ollama 也可以基于部署的开源嵌入模型提供向量生成服务，比如我们可以拉取中文向量模型 milkey/dmeta-embedding-zh:f16 提供嵌入服务。

```
> ollama pull milkey/dmeta-embedding-zh:f16
> ollama serve
```

启动服务后，可以执行以下命令测试能否正确生成文本向量。

```
> curl http://localhost:11434/api/embeddings -d '{
  "model": "all-minilm",
  "prompt": "Here is an article about llamas..."
}'
```

3. 基于 TEI 部署本地嵌入模型

如果你觉得基于 Ollama 部署的本地嵌入模型无法满足需要，那么可以借助一种更强大的嵌入模型部署工具，即 Hugging Face 推出的 Text Embeddings Inference（TEI）。该工具主要用于部署嵌入模型（注意 TEI 本身不是模型，而是类似于 Ollama 的模型部署工具），也支持部署 Rerank 排序模型（排序模型也是 RAG 应用中可能需要的模型）。下面简单演示如何借助 TEI 以本地的方式部署与启动开源嵌入模型 bge-large-cn-1.5 的向量服务 API。

基本安装过程如下（以 MacOS 系统为例）：

```
#安装 rust，注意此处如果出现错误，需要修改.bash_profile 的权限
> curl --proto '=https' --tlsv1.2 -sSf https://sh.ru**up.rs | sh

#从 GitHub 网站上下载 TEI 代码，项目名称为 text-embeddings-inference
> git clone xxxx.git

#进入代码目录，安装 metal（如果是 Intel 芯片，则修改 metal 为 mkl）
> cd text-embeddings-inference
> cargo install --path router -F metal
```

```
#启动向量服务（对于 Linux 系统来说，可能需安装 gcc/openssl:
#sudo apt-get install libssl-dev gcc -y)
#拉取模型，并启动推理服务
> model=BAAI/bge-large-zh-v1.5
> text-embeddings-inference % text-embeddings-router --model-id
$model --port 8080
```

接下来，验证这个本地嵌入模型是否运行正常。由于模型服务使用 FastAPI 暴露 API，因此可以直接在浏览器中访问 http://localhost:8080/docs/以查看当前 TEI 的模型服务 API（见图 2-14）。

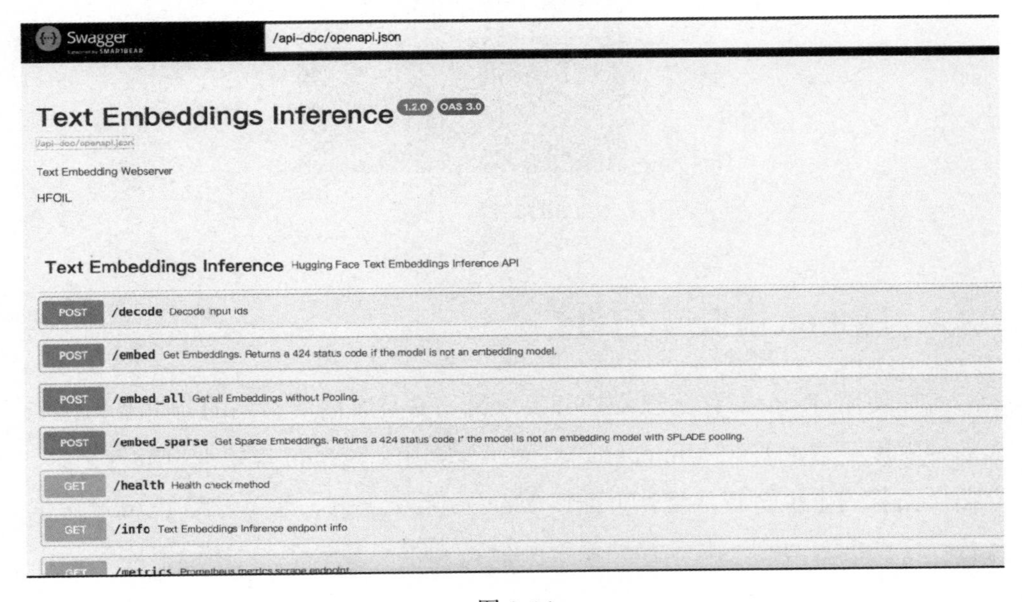

图 2-14

可以对其中的 embed 这个生成文本向量的 API 做简单测试，点击该 API，并在打开的页面中点击“Try it out”按钮，修改“Request Body”部分的测试参数，然后点击“Execute”按钮，观察输出结果。如果一切正常，就应该看到大量的向量生成（见图 2-15）。

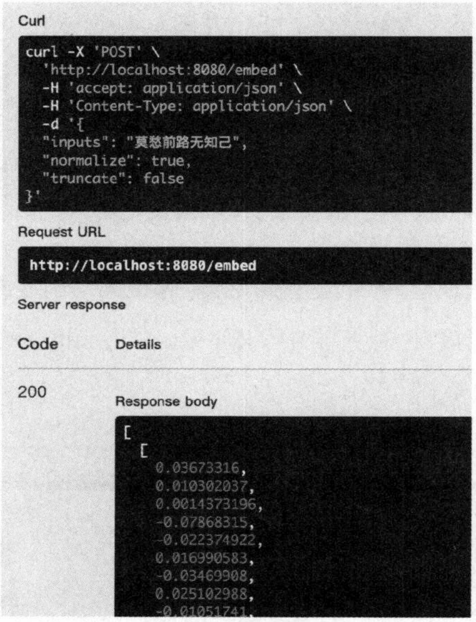

Curl

```
curl -X 'POST' \
  'http://localhost:8080/embed' \
  -H 'accept: application/json' \
  -H 'Content-Type: application/json' \
  -d '{
  "inputs": "莫愁前路无知己",
  "normalize": true,
  "truncate": false
}'
```

Request URL

```
http://localhost:8080/embed
```

Server response

Code Details

200

Response body

```
[
  [
    0.03673316,
    0.010302037,
    0.0014373196,
    -0.07868315,
    -0.022374922,
    0.016990583,
    -0.03469908,
    0.025102988,
    -0.01051741,
```

图 2-15

2.2.4 Python 虚拟运行环境

我们使用 Python 作为核心的开发语言，其具有简单易用的特点及无比强大的开发库。建议安装 Miniconda 这款小巧好用的 Python 虚拟运行环境工具，方便后面管理虚拟运行环境。下面以 MacOS 系统为例，简单介绍 Python 虚拟运行环境的准备过程（其他操作系统类似，具体请参考官方文档）。

1. 安装 Miniconda

Miniconda 的安装步骤如下。

（1）搜索并访问 Miniconda 的官方网站，进入下载中心。

（2）根据自身的硬件环境与操作系统选择并下载对应的安装程序，比如对于 MacOS 系统，需要选择“64-bit”，且根据 CPU 型号选择 Intel x86 或者 Apple M 系列芯片版本。

（3）下载.pkg 安装包或者.sh 安装脚本。

① 如果下载的是.pkg 安装包，那么双击.pkg 安装包并根据屏幕引导完成安装。

② 如果下载的是.sh 安装脚本，那么进入脚本下载的目录，运行对应的.sh 安装脚本，按照提示完成安装即可。

2. 验证安装

安装完成后，打开命令行终端（如果你使用的是.sh 安装脚本，那么可能需要关闭终端后重新打开，以便确保相关环境变量生效），运行以下命令：

```
> conda --version
> python --version
```

如果安装正常，那么应该可以看到 Miniconda 与 Python 的版本号。

3. 搭建虚拟运行环境

使用 Miniconda 的好处是可以为不同的项目搭建不同版本的 Python 虚拟运行环境，从而达到环境隔离的目的，减少项目间 Python 库潜在的版本冲突问题。我们搭建一个名为 rag 的虚拟运行环境，并且随后激活它。

```
#搭建名为 rag 的虚拟运行环境，采用默认的 Python 版本
> conda create -n rag python=3.12.1

#激活名为 rag 的虚拟运行环境
> conda activate rag
```

建议在此虚拟运行环境中安装 Python 第三方库，且优先使用 conda install 命令安装。

2.2.5 Python IDE 与开发插件

有了 Python 虚拟运行环境，还需要一个称手好用的 Python IDE（Integrated Development Environment，集成开发环境）来提高开发效率。我们采用具有强

大扩展能力的 Visual Studio Code（VS Code）作为开发环境，并以 MacOS 系统为例简单介绍 VS Code 的安装配置（其他操作系统类似）。

1. 安装 VS Code

（1）搜索并进入微软 VS Code 官方网站，根据自身的操作系统下载对应的版本，建议下载 Stable 版本。

（2）进入下载目录，找到下载成功的应用程序压缩包。

（3）解压缩应用程序压缩包，提取出应用程序，并将其拖动至 MacOS 系统的应用程序目录。

（4）双击应用程序图标，即可启动 VS Code。

2. 安装 Python 开发插件

VS Code 的强大之处在于其有丰富的插件库，可以根据开发需要灵活安装不同的插件来增强 VS Code 的功能以提高开发效率。同样，对于广大的 Python 开发者来说，VS Code 提供了大量的插件用于简化开发过程中的编码、提示、调试等过程。为了后面的开发需要，我们推荐至少安装以下几类插件。

（1）Chinese（Simplified）（简体中文）Language Pack for Visual Studio Code：这是开发环境的汉化中文包。

（2）Python：这是 Python 开发的扩展插件，用于 Python 代码的高亮显示、提示、检查、重构与调试等。

（3）Jupyter：这是用于支持在 VS Code 中做交互式编码与调试的 jupyter notebook 扩展插件。

（4）GitHub Copilot：这是基于 ChatGPT 的强大的 AI 编码助手，可以根据实时上下文和注释信息等给自动编写代码提供建议、解释代码、修复代码等。

插件的基本安装过程如下。

（1）点击 VS Code 主页面左边导航栏的“扩展”选项，打开“扩展”面板。

（2）在“扩展”面板上方的搜索框中输入前面介绍的插件名称，进行搜索。

（3）在“扩展”面板下方的搜索结果列表中找到需要安装的插件，点击“安装”按钮，稍做等待后完成安装。

（4）对于已经安装的插件，不会出现“安装”按钮，但会出现“禁用”与“卸载”按钮。

2.2.6　向量库

通常需要持久化存储并使用嵌入模型生成的文本向量。这在 RAG 应用中建议通过向量库来完成。向量库提供了快速的、基于相似度的语义检索功能，因此是检索阶段的重要基础设施。在开发一个 RAG 应用时，首先需要考虑向量库的技术选择与环境安装。向量库通常有以下几种类型。

（1）基于内存的嵌入式向量库：一般仅用于测试或原型应用，比如 FAISS。

（2）本地管理的向量库：部署在本地，由自己管理的向量库。这类向量库有 Chroma、Milvus 和 PostgreSQL（带有 pgvector 插件）等。这类向量库还可以细分为支持嵌入式使用的向量库与支持 Client/Server 模式使用的向量库。

（3）云端管理的向量库：这类向量库与数据托管在云服务商。可以通过提供的控制台与 API 访问云端向量数据，比如腾讯的 Tencent Cloud VectorDB、Pinecone 等。

我们选择两款开源的向量库 Chroma 和 PostgreSQL（带有 pgvector 插件），简单介绍安装与测试过程。

1. 安装 Chroma

Chroma 是一款强大的、高性能的开源嵌入式向量库，提供了方便的接口用于存储与检索向量和相关的元数据。Chroma 提供了 Python 与 JavaScript 的 SDK，可以直接用 pip 或者 npm 命令安装 Chroma 包。由于我们采用 Python 作为虚拟运行环境，因此在终端运行以下命令进行安装：

```
> pip install chromadb
```

接下来验证安装的 Chroma 是否可以正常使用。Chroma 提供了两种使用方式：一种是嵌入式的使用方式，直接使用 SDK 访问即可；另一种是 Client/Server 模式的使用方式，需要启动 Chroma 的 Server。

1）嵌入式的使用方式

直接执行以下简单的 Python 测试代码：

```
#测试 Chroma
import chromadb
client = chromadb.PersistentClient(path="./chroma_db")
client.heartbeat()
```

如果返回正常（一串纳秒数字），那么说明 Chroma 工作正常。

2）Client/Server 模式的使用方式

首先启动 Server：

```
> chroma run --path ./chroma_db
```

如果出现以下提示，那么说明启动正常，且服务端口为本机的 8000 端口。

```
Running Chroma
Saving data to: ./chroma_db
Connect to chroma at: http://localhost:8000
```

此时，用以下客户端代码进行测试：

```
#测试 Chroma，Client/Server 模式
import chromadb
chroma_client = chromadb.HttpClient(host='localhost', port=8000)
chroma_client.heartbeat()
```

如果返回正常，那么说明 Chroma 工作正常。

2. 安装 PostgreSQL 与 pgvector

PostgreSQL 是一款强大的开源关系数据库，而 pgvector 是基于 PostgreSQL 数据库存储与检索向量的扩展插件，因此需要先安装 PostgreSQL 数据库。安装 PostgreSQL 数据库可以有多种方式。下面以 MacOS 系统为例，对于其他操

作系统，可参考官方文档自行安装。

1）图形页面安装

（1）搜索并进入 PostgreSQL 数据库的官方网站，下载对应的 installer 安装介质。

（2）进入本机的下载目录，找到安装介质并运行，根据提示完成安装。在安装过程中，你需要选择数据目录，设置默认的用户密码和端口等，可根据情况自行设置。在确认安装前，你需要确认 PostgreSQL 信息（见图 2-16）。

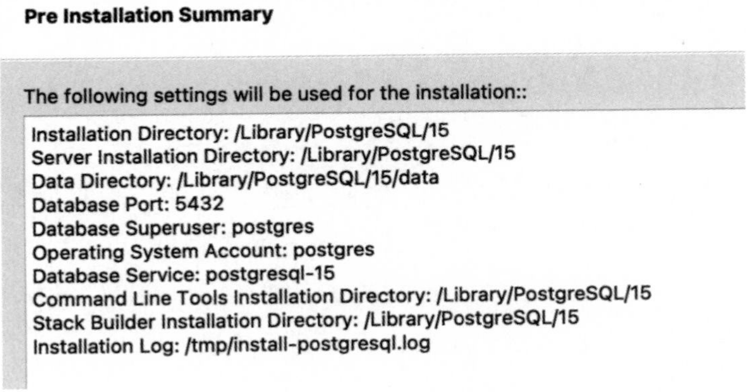

Pre Installation Summary

The following settings will be used for the installation::

Installation Directory: /Library/PostgreSQL/15
Server Installation Directory: /Library/PostgreSQL/15
Data Directory: /Library/PostgreSQL/15/data
Database Port: 5432
Database Superuser: postgres
Operating System Account: postgres
Database Service: postgresql-15
Command Line Tools Installation Directory: /Library/PostgreSQL/15
Stack Builder Installation Directory: /Library/PostgreSQL/15
Installation Log: /tmp/install-postgresql.log

图 2-16

（3）安装完成后将会自动启动 PostgreSQL 数据库。

（4）设置环境变量，将 PostgreSQL 数据库的可执行文件加入系统路径。

```
> echo'export PATH="/Library/PostgreSQL/15/bin:$PATH"' >> ~/.zshrc
> source ~/.zshrc
```

（5）使用 psql -U postgres 命令登录数据库，输入安装过程中设置的密码，如果登录正常，那么说明数据库安装与运行正常。

2）brew 工具安装

在 MacOS 系统上还可以通过 brew 工具安装 PostgreSQL 数据库，其安装过程如下：

```
# 安装 brew 工具，如果已经安装，那么忽略，否则请自行安装 brew 工具
```

```
#查看 PostgreSQL 数据库的最新可安装版本，并安装，此处选择 15
> brew search postgresql
> brew install postgresql@15

#设置环境变量
>
echo 'export PATH="/opt/homebrew/opt/postgresql@15/bin:$PATH"' >>
 ~/.zshrc
> source ~/.zshrc

#启动数据库服务
> brew services start postgresql@15
```

安装完成后使用 psql -d postgres 命令登录数据库，检查是否登录正常。

3）安装 pgvector

为了让 PostgreSQL 数据库能够存储与检索向量，我们最后需要安装 pgvector 这个扩展插件，过程如下（以 MacOS 系统为例）。

（1）确保 MacOS 系统已经安装了 Xcode 的 Command Line Tools，如没有安装，那么请使用 xcode-select --install 命令进行安装。

（2）依次在终端执行以下命令，安装 pgvector。

```
> cd /tmp
> git clone --branch v0.6.2 https://git***.com/pgvector/pgvector.git
> cd pgvector
> make
> sudo make install # may need sudo
```

（3）登录 PostgreSQL 数据库，如使用命令：psql -U postgres。

（4）输入密码后登录成功，执行以下命令启用 pgvector 扩展插件：

```
psql> create extension vector;
```

（5）如果没有错误提示，那么代表启用扩展插件成功。我们简单构造一个带有向量的表，执行以下命令，其中 embedding 字段为 vector：

```
psql> create table mystore(id bigserial PRIMARY KEY, embedding
vector(3));
```

（6）向其中的向量字段 embedding 中插入一个简单的向量，执行以下 insert 语句：

```
psql> insert into mystore(embedding) VALUES ('[1.1,0.2,3.8]');
```

（7）如果一切正常，就可以执行以下 select 语句来查看是否插入成功：

```
psql> select * from mystore
```

如果没有异常，就代表大功告成！

2.2.7　LlamaIndex 框架

因为我们将使用 LlamaIndex 作为主要的开发框架，所以使用以下命令快速安装 LlamaIndex 框架的基础包（可能还会根据需要安装其他的独立开发包）：

```
> pip install llama-index
```

2.3　关于本书开发环境的约定

至此，搭建了 RAG 应用开发环境，包括基础大模型、嵌入模型、Python 虚拟运行环境、Python IDE 与开发插件、向量库、LlamaIndex 框架等。此外，在开发过程中需要借助的其他 Python 库会在使用时通过 conda install 或 pip install 命令按需安装，不在此一一详述。

表 2-2 为本书的开发环境。当然，你完全可以根据自己的实际条件或需要做部分调整，比如选择自己的大模型、更改向量库等。

表 2-2

类别	环境配置	备用环境
硬件	苹果 Macbook Pro（M3 处理器+36GB 内存）	—
操作系统	MacOS Sonoma 14.3	—
基础大模型	Ollama 部署的本地模型（Llama3、Qwen1.5、Qwen2 等）	OpenAI 的大模型 阿里云通义千问
嵌入模型	Ollama 部署的本地模型（dmeta-embedding-zh 等）	OpenAI 的大模型 TEI 的 bge-large-zh
Python 运行环境	Python 版本：3.12.2 Miniconda 版本：24.1.2	—
IDE	VS Code 版本：1.88.0	—
向量库	本地部署的 Chroma 向量库，访问信息： 服务器：localhost 端口：8000	PostgreSQL+pgvector
开发框架	LlamaIndex 0.10.x	—

【预备篇小结】

在预备篇中，我们先简单回顾了大模型的发展与现状，并对基于大模型的 RAG 应用的诞生动机、原理与技术架构做了较详细的介绍与分析，也对一些前沿的热门话题做了简单介绍，旨在介绍 RAG 应用的基本概念，建立对 RAG 应用的宏观印象。

然后，我们搭建了需要的开发环境，并决定采用 LlamaIndex 这个主流的大模型应用开发框架开发 RAG 应用。

现在，让我们一起进入 RAG 应用开发的世界吧！

基 础 篇

第3章　初识 RAG 应用开发

我们已经了解了 RAG 应用的需求场景，也看到了随着更多应用在实际生产中面临挑战，逐渐演化出更复杂的模块化架构与先进的 RAG 工作流思想。那么如何把这些架构与思想转换为可以运行与生产的软件呢？

从现在开始，我将介绍如何利用现有的平台、工具与框架来开发真正的 RAG 应用，这里的应用不仅是一个简单的符合 RAG 经典范式的原型应用，而且是最终能够满足企业级业务需求与工程化要求的“生产就绪”的应用。这样的应用不仅要能够满足复杂多变的功能需求，还需要在投入生产前进行完整的测试与评估，也要借助一些模块、算法等不断地优化，最终具备生产条件。

本章将从开发、跟踪与调试 RAG 应用开始介绍，从技术层建立对 RAG 应用开发的初步认识。

3.1　开发一个最简单的RAG应用

为了帮助你更深入地理解 RAG 应用的原理，我们将使用 3 种不同的方法来开发一个简单的 RAG 应用。

（1）使用原生代码开发。

（2）使用 LlamaIndex 框架开发。

（3）使用 LangChain 框架开发。

首先，为 RAG 应用设计一个简单的技术场景：从本地目录中加载若干 TXT 文档（模拟用于增强生成的知识），将其分割、嵌入后存储到向量库 Chroma 中，然后借助大模型进行增强生成。代码文档的目录结构如图 3-1 所示。

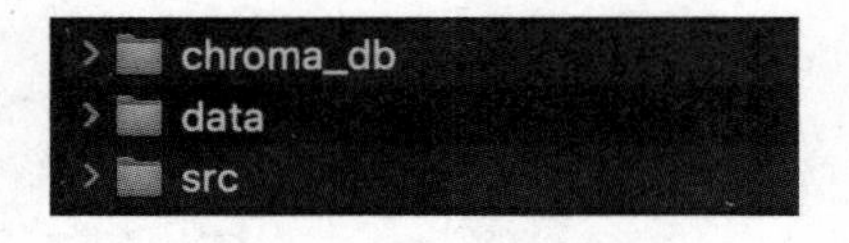

图 3-1

（1）chroma_db：向量库 Chroma 的存储目录。

（2）data：存储代表本地知识的 TXT 文档（关于文心一言的简单介绍）。

（3）src：RAG 应用的 Python 代码目录。

3.1.1 使用原生代码开发

如果不借助任何第三方的开发框架，就需要自行实现 RAG 应用中必须具备的几个模块功能，包括加载与读取文档、分割文档、嵌入、向量存储与索引、检索与生成，并实现简单地模拟最终用户使用的查询或对话功能。

1. 加载与读取文档

定义一个简单地读取 TXT 文档的加载器，其唯一的功能就是根据输入的路径做必要的检查，读取文档内容后输出。这里实现两个函数：

```
#加载与读取文档
import mimetypes
import os,configparser

def loadtext(path):
  path = path.rstrip()
  path = path.replace(' \n', '')

  #转换绝对路径
  filename = os.path.abspath(path)

  #判断文档存在，并获得文档类型
  filetype = ''
  if os.path.isfile(filename):
```

```
        filetype = mimetypes.guess_type(filename)[0]
    else:
        print(f"File {filename} not found")
        return None

    #读取文档内容
    text = ""
    if filetype != 'text/plain':
        return None
    else:
        with open(filename, 'rb') as f:
            text = f.read().decode('utf-8')

    return text

#这里配置了一个简单的配置器，用于读取模型名称的配置，后面要用
def getconfig():
    config = configparser.ConfigParser()
    config.read('config.ini')
    return dict(config.items("main"))
```

2. 分割文档

为了更精确地实现基于向量的语义检索，我们不能简单地嵌入文档的内容，而是需要分割：将其分割成最合适大小的多个知识块（Chunk）后做向量化。当然，这里的分割不是用固定大小的规则来分割，那样很容易造成语义中断。这里简单地把文本在换行与句子结束的地方做分割，然后在一个知识块中放若干个句子。

```
#把文档分割成知识块
import jieba,re

def split_text_by_sentences(source_text: str,
                            sentences_per_chunk: int,
                            overlap: int) -> List[str]:
    """
    简单地把文档分割为多个知识块，每个知识块都包含指定数量的句子
    """
    if sentences_per_chunk < 2:
```

```
        raise ValueError("一个句子至少要有 2 个 chunk! ")
    if overlap < 0 or overlap >= sentences_per_chunk - 1:
        raise ValueError("overlap 参数必须大于等于 0，且小于
sentences_per_chunk")

    #简单化处理，用正则表达式分割句子
    sentences = re.split('(?<=[。！？])\s+', source_text)
    sentences = [sentence.strip() for sentence in sentences if
sentence.strip() != '']

    if not sentences:
        print("Nothing to chunk")
        return []

    #处理 overlap 参数
    chunks = []
    i = 0
    while i < len(sentences):

        end = min(i + sentences_per_chunk, len(sentences))
        chunk = ' '.join(sentences[i:end])

        if overlap > 0 and i > 1:
            overlap_start = max(0, i - overlap)
            overlap_end = i
            overlap_chunk = '
'.join(sentences[overlap_start:overlap_end])
            chunk = overlap_chunk + ' ' + chunk

        chunks.append(chunk.strip())
        i += sentences_per_chunk

    return chunks
```

注意：这里有一个 overlap 参数。顾名思义，在把文档分割成多个知识块时，这个参数可以允许不同的知识块之间有重叠的部分（代码中通过重叠句子的数量来实现），这是为了能够更好地实现语义覆盖。

分割文档是 RAG 应用中非常重要的阶段，知识块的大小、分割的方式等都会在很大程度上影响检索与生成的质量，后面还会对此进行更多探讨。

3. 嵌入、向量存储与索引

这是索引准备的最后阶段，即把分割的知识块用嵌入模型生成向量，并存储到向量库中建立索引。这里使用上面实现的加载与分割函数进行完整的索引准备。

```
import ollama, chromadb

#引入自定义模块
from load import loadtext, getconfig
from splitter import split_text_by_sentences

#向量模型
embedmodel = getconfig()["embedmodel"]

#向量库
chroma = chromadb.HttpClient(host="localhost", port=8000)
chroma.delete_collection(name="ragdb")
collection = chroma.get_or_create_collection(name="ragdb")

#读取文档列表，依次处理
with open('docs.txt') as f:

  lines = f.readlines()
  for filename in lines:

    #加载文档内容
    text = loadtext(filename)

    #把文档分割成知识块
    chunks = split_text_by_sentences(source_text=text,
                                     sentences_per_chunk=8,
                                     overlap=0)

    #对知识块依次处理
    for index, chunk in enumerate(chunks):

      #借助基于Ollama部署的本地嵌入模型生成向量
      embed = ollama.embeddings(model=embedmodel,
prompt=chunk)['embedding']
```

```
        #存储到向量库 Chroma 中，注意这里的参数

collection.add([filename+str(index)],[embed],documents=[chunk],me
tadatas={"source": filename})
```

我们把所有需要加载的 TXT 文档列表放到一个独立的 docs.txt 文档中，然后依次处理（之所以不直接读取 data 目录中的文档，是为了方便增加不同的、更多的数据源。比如，可以在 docs.txt 文档中配置一个网络的 URL 用于从网络中加载对应的 HTML 网页内容）。

在实现前端查询与对话之前，要确认到目前为止工作是否正常。我们可以用一段简单的代码来测试向量库能否进行语义检索。

首先，配置好 config.ini 文档中的模型：

```
[main]
embedmodel=milkey/dmeta-embedding-zh:f16
mainmodel=qwen:32b
```

然后，直接在前面的索引准备代码的下面增加测试代码：

```
if __name__ == "__main__":
    while True:
        query = input("Enter your query: ")
        if query.lower() == 'quit':
            break
        else:
            #从向量库 Chroma 中查询与向量相似的知识块
            results = \
collection.query(query_embeddings=[ollama.embeddings(model=embedm
odel, prompt=query)['embedding']], n_results=3)

            #打印文档内容（Chunk）
            for result in results["documents"][0]:

print("--------------------------------------------------------")
                print(result)
```

在终端运行前面编写的索引准备代码（注意切换到虚拟运行环境），比如：

```
> python index.py
```

稍做等待后，将会出现交互式的提示，输入一个与 TXT 文档内容（关于文心一言的简单介绍）相关的问题，检查是否有相关的知识出现，如图 3-2 所示。[①]

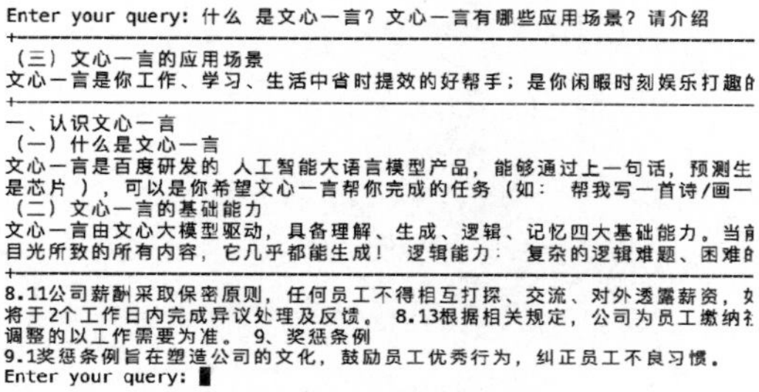

```
Enter your query: 什么 是文心一言？文心一言有哪些应用场景？请介绍
+------------------------------------------------------------------
（三）文心一言的应用场景
文心一言是你工作、学习、生活中省时提效的好帮手；是你闲暇时刻娱乐打趣
+------------------------------------------------------------------
一、认识文心一言
（一）什么是文心一言
文心一言是百度研发的 人工智能大语言模型产品，能够通过上一句话，预测生
是芯片 ），可以是你希望文心一言帮你完成的任务（如： 帮我写一首诗/画一
（二）文心一言的基础能力
文心一言由文心大模型驱动，具备理解、生成、逻辑、记忆四大基础能力。当
目光所致的所有内容，它几乎都能生成！ 逻辑能力： 复杂的逻辑难题、困难
+------------------------------------------------------------------
8.11公司薪酬采取保密原则，任何员工不得相互打探、交流、对外透露薪资，
将于2个工作日内完成异议处理及反馈。 8.13根据相关规定，公司为员工缴纳
调整的以工作需要为准。 9、奖惩条例
9.1奖惩条例旨在塑造公司的文化，鼓励员工优秀行为，纠正员工不良习惯。
Enter your query: █
```

图 3-2

不错，目前看起来一切正常！

4. 检索与生成

下面实现一个简单的交互式查询程序：根据输入问题从已经导入的向量化私有知识库中进行语义检索，将相关的知识块作为上下文交给大模型生成答案：

```
import ollama, sys, chromadb
from load import getconfig

#嵌入模型与大模型
embedmodel = getconfig()["embedmodel"]
llmmodel = getconfig()["llmmodel"]

#向量库
chroma = chromadb.HttpClient(host="localhost", port=8000)
collection = chroma.get_or_create_collection("ragdb")

while True:
  query = input("Enter your query: ")
```

① 有的程序的输出结果过多，不能完全截图展示，只截取重要部分。

```
 if query.lower() == 'quit':
   break
 else:

   #生成查询向量
   queryembed = ollama.embeddings(model=embedmodel,
                                  prompt=query)['embedding']

   #用查询向量检索上下文
   relevantdocs = collection.query(query_embeddings=[queryembed],
                                  n_results=5)["documents"][0]
   docs = "\n\n".join(relevantdocs)

   #生成 Prompt
   modelquery = f"""
   请基于以下的上下文回答问题，如果上下文中不包含足够的回答问题的信息，请回答'
我暂时无法回答该问题'，不要编造。

   上下文:
   ====
   {docs}
   ====

   我的问题是：{query}
   """

   #交给大模型进行生成
   stream = ollama.generate(model=llmmodel, prompt=modelquery,
stream=True)

   #流式输出生成的结果
   for chunk in stream:
       if chunk["response"]:
           print(chunk['response'], end='', flush=True)
```

检索与生成阶段的处理逻辑如下。

（1）获得输入问题后，借助向量模型生成查询向量。此处借助ollama.embeddings方法调用本地嵌入模型获得输入问题。

（2）用生成的查询向量做语义检索，获得与输入问题相关的知识块。这也是向量库的能力。这里使用向量库Chroma的query方法进行检索，通常需要携带的参数包括需要检索的向量、返回结果的数量、近似算法等。

（3）在检索到相关的知识块（这里保存到 docs 变量中）后，将其与原始问题（query）一起组装到 Prompt 中。

（4）调用大模型的生成接口获得生成的结果。此处调用 ollama.generate 方法获得生成的结果。大模型的生成接口参数通常包括模型名称、提示词、是否流式输出、temperature 等。具体可参考各个大模型的说明文档。

至此，我们没有借助第三方的大模型应用开发框架，用完全原生的 Python 代码开发了一个“朴素”的 RAG 应用，演示了 RAG 应用的基本工作模块与流程，包括加载与读取文档、分割文档、嵌入、向量存储与索引、检索与生成等。

在终端运行这个简单的交互式查询程序，如：

```
> python chat.py
```

输入你的查询问题：

```
Enter your query: 百度文心一言的主要应用场景有哪些呢？
```

如果一切顺利，那么应该可以看到类似于图 3-3 所示的输出内容。

```
文心一言 (Wenxin Yiyan) 主要应用于以下几个场景：
1. **在线写作与编辑**：提供丰富的词汇和句子结构，帮助用户快速、精准地表达思想。
2. **学术研究与论文撰写**：支持专业领域的术语和概念，适用于学术论文的准备阶段。
3. **新闻稿与媒体内容创作**：为新闻工作者或媒体创作者提供快速生成新闻报道或专题稿件的功能。
4. **教育辅助工具**：可用于课堂教学中的即时反馈、学生讨论组等场景，提高教学效率。
5. **跨语言沟通**：对于需要翻译或者理解不同语言文字的用户，文心一言可以提供便利的服务。

Enter your query: █
```

图 3-3

这里开发的只是一个简单的基于终端交互的演示 RAG 原型应用，与实际的生产级应用，特别是企业级应用还有相当大的距离。你可以考虑以下问题。

（1）知识索引的准备与使用往往是分离、异步的过程，而不是顺序的过程。这如何实现？

（2）知识的获取、加载与索引是否需要用可视化的、功能完整的管理工具？

（3）原始文档与分割后的知识块如何对应？后面的知识维护和更新如何实现同步？

（4）在检索与生成的过程中可能需要通过API与外部系统实现集成与对接。这如何实现？

（5）所有的管理与使用都需要支持并发多个用户而非单个用户。这如何实现？

（6）用户基于UI页面而非命令行使用与交互。如何保存交互的历史记录？

（7）如何从生成的结果溯源到其参考的知识块或知识文档？

对于这些在真实的生产中面临的问题，有的将在本书后面的内容中解决，有的由于与RAG核心技术并无特别关联，因此需要根据自身需要在实际开发中解决。

前面没有使用大模型应用开发框架开发最简单的RAG应用，目的是从底层更清楚地看到并了解RAG应用的基本原理，这有助于更好地理解与使用专业的大模型应用开发框架，以及更高阶的RAG范式与优化技巧。很显然，这里开发的应用的鲁棒性、可扩展性、可维护性等各方面都比较初级，虽然作为一个演示原型应用没有问题，但无法作为真实的应用投入使用。

这也是我们需要借助主流的大模型应用开发框架来开发RAG应用的原因之一。

3.1.2 使用LlamaIndex框架开发

在LlamaIndex官方文档中，有一个经典的5行代码的RAG入门应用。我们从这个简单的应用开始介绍。

```
#经典的5行代码的RAG应用

#加载文档
documents = SimpleDirectoryReader("../data").load_data()

#构造向量存储索引
index = VectorStoreIndex.from_documents(documents)
```

```
#构造查询引擎
query_engine = index.as_query_engine()

#对查询引擎提问
response = query_engine.query('这里放入data目录中知识相关的问题')

#输出答案
print(response)
```

你可以运行这段代码，只需要在对应的data目录中放入一个或者几个测试知识文档（比如TXT或者PDF文档），就可以对文档中的知识进行提问。

虽然这只是一个极简的演示应用，但是的确展示了成熟的大模型应用开发框架的魅力：可以借助其强大的预置组件及集成框架快速开发RAG应用。分析这个简单的应用，可以看到它利用了很多封装的组件，从而屏蔽了大量技术细节，简化了开发过程。

（1）使用SimpleDirectoryReader组件从某个目录(../data)中加载与读取知识。

（2）使用VectorStoreIndex组件对从目录中加载的知识做嵌入与索引。

（3）基于向量存储构造了一个查询引擎query_engine，用于检索与生成查询输出。

（4）使用了默认的大模型（OpenAI的GPT-3.5-Turbo）、向量库（内存）、嵌入模型（OpenAI的text-embedding-3-small）配置。

LlamaIndex框架在没有任何显式配置的情况下默认使用OpenAI的系列模型，因此运行以上代码需要配置OPENAI_API_KEY环境信息。如果你使用ONE-API这样的统一接口分发平台，那么要将OPENAI_API_BASE环境指向接口分发的服务地址，并将OPENAI_API_KEY设置为接口平台提供的API Key。

现在，我们使用LlamaIndex框架来开发3.1.1节的最简单的RAG应用。你可以感受到这两种开发方式的不同之处。下面先直接给出代码：

```
import chromadb

from llama_index.core import VectorStoreIndex,StorageContext,
from llama_index.core import SimpleDirectoryReader,Settings
from llama_index.core.node_parser import SentenceSplitter
```

```
from llama_index.vector_stores.chroma import ChromaVectorStore
from llama_index.llms.ollama import Ollama
from llama_index.embeddings.ollama import OllamaEmbedding

#设置模型
Settings.llm = Ollama(model="qwen:14b")
Settings.embed_model = \
OllamaEmbedding(model_name="milkey/dmeta-embedding-zh:f16")

#加载与读取文档
reader =
SimpleDirectoryReader(input_files=["../../data/yiyan.txt","../../
data/HR.txt"])
documents = reader.load_data()

#分割文档
node_parser = SentenceSplitter(chunk_size=500, chunk_overlap=20)
nodes = node_parser.get_nodes_from_documents(documents,
show_progress=False)

#准备向量存储
chroma = chromadb.HttpClient(host="localhost", port=8000)
chroma.delete_collection(name="ragdb")
collection = chroma.get_or_create_collection(name="ragdb",
metadata={"hnsw:space": "cosine"})
vector_store = ChromaVectorStore(chroma_collection=collection)

#准备向量存储索引
storage_context =
StorageContext.from_defaults(vector_store=vector_store)
index = VectorStoreIndex(nodes,storage_context=storage_context)

#构造查询引擎
query_engine = index.as_query_engine()

while True:
    user_input = input("问题: ")
    if user_input.lower() == "exit":
        break

    response = query_engine.query(user_input)
    print("AI 助手: ", response.response)
```

下面对代码做简单说明（更多的开发细节将在后面介绍）。

（1）设置模型：在这个部分通过 LlamaIndex 框架的 Settings 组件（LlamaIndex 框架中全局的设置组件）设置全局使用大模型与嵌入模型（如果不设置，那么 LlamaIndex 框架默认使用 OpenAI 的模型），这里使用基于 Ollama 部署的两个本地模型：qwen:14b（大模型）与 dmeta-embedding-zh:f16（中文嵌入模型）。

（2）加载与读取文档：使用 LlamaIndex 框架的目录文档加载器加载两个 TXT 文档，读取 Document 对象（Document 是 LlamaIndex 框架中代表知识文档的对象类型）。

（3）分割文档：借助 LlamaIndex 框架的 SentenceSplitter 对象，无须自行实现文本内容分割的逻辑，直接将文档分割成 Node 对象（Node 是 LlamaIndex 框架中代表知识块的对象类型）。

（4）准备向量存储：由于这里采用向量存储索引，因此需要先构造向量库。与 3.1.1 节的应用类似，我们采用本地部署的向量库 Chroma，构造一个 collection（类似于关系数据库中的一个库），然后用 collection 构造一个 ChromaVectorStore 对象。

（5）准备向量存储索引：使用分割后的 Node 和 ChromaVectorStore 对象构造一个索引。在这个过程中，LlamaIndex 框架会自动对 Node 对象通过嵌入模型做嵌入，并将其存储到向量库 Chroma 中。这一切无须额外编码。

（6）构造查询引擎：只需使用 query_engine=index.as_query_engine()这一行代码就可以构造一个查询引擎，用于自动完成检索与生成阶段的一系列工作。

这里的代码量大概只有原生代码的 20%左右，而实现的功能完全一样。在实际应用中，其意义要远超过节省约 80%的代码量。因为借助成熟的框架开发还带来了极大的灵活性、可扩展性与可维护性。比如，你可以增加加载文档的格式、变更使用的大模型与向量存储、变更不同的文档分割方式与参数等，而不会因为频繁变更导致出现难以维护的“空心粉”式代码。

3.1.3 使用 LangChain 框架开发

虽然本书主要使用 LlamaIndex 框架开发 RAG 应用，但作为主流的大模型应用开发框架之一的 LangChain 也是非常强大的工具。所以，不妨借助本章的样例来了解与对比一下在 LangChain 框架中的代码实现，以便更好地了解开发框架的功能。

同样，先给出具体的 LangChain 代码：

```
import chromadb
from langchain_community.llms import Ollama
from langchain_community.embeddings import OllamaEmbeddings
from langchain import hub
from langchain_community.vectorstores import Chroma
from langchain_core.output_parsers import StrOutputParser
from langchain_core.runnables import RunnablePassthrough
from langchain_text_splitters import RecursiveCharacterTextSplitter
from langchain_community.document_loaders import DirectoryLoader
from langchain_community.document_loaders import TextLoader

#模型
llm = Ollama(model="qwen:14b")
embed_model =
OllamaEmbeddings(model="milkey/dmeta-embedding-zh:f16")

#加载与读取文档
loader = DirectoryLoader('../../data/',
glob="*.txt",exclude="*tips*.txt",loader_cls=TextLoader)
documents = loader.load()

#分割文档
text_splitter = RecursiveCharacterTextSplitter(chunk_size=500,
chunk_overlap=20)
splits = text_splitter.split_documents(documents)

#准备向量存储
chroma = chromadb.HttpClient(host="localhost", port=8000)
chroma.delete_collection(name="ragdb")
```

```
collection = chroma.get_or_create_collection(name="ragdb",
metadata={"hnsw:space": "cosine"})
db =\
Chroma(client=chroma,collection_name="ragdb",embedding_function=e
mbed_model)

#存储到向量库中，构造索引
db.add_documents(splits)

#使用检索器
retriever = db.as_retriever()

#构造一个 RAG“链”（使用 LangChain 框架特有的组件与表达语言）
prompt = hub.pull("rlm/rag-prompt")
rag_chain = (
    {"context": retriever | (lambda docs:
"\n\n".join(doc.page_content for doc in docs)), "question":
RunnablePassthrough()}
    | prompt
    | llm
    | StrOutputParser()
)

while True:
    user_input = input("问题: ")
    if user_input.lower() == "exit":
        break

    response = rag_chain.invoke(user_input)
    print("AI 助手: ", response)
```

有趣的是，我们可以看到，LangChain 框架与 LlamaIndex 框架在设计与使用上有很多异曲同工之处，但也有一些细节上的差异。LangChain 框架与 LlamaIndex 框架在加载与读取文档、分割文档、设置向量库的部分大同小异，LangChain 框架与 LlamaIndex 框架的主要差异体现在以下几个方面。

（1）在 LangChain 框架中可以直接使用向量库对象添加文档（add_documents）构造索引，无须使用独立的 VectorStoreIndex 对象。

（2）最主要的不同是 LangChain 框架最核心的组件之一：Chain。在检索与生成阶段的代码中，通过 LangChain 框架特有的 LCEL（LangChain 框架的表达语言）构造了一个 rag_chain，这个“链”从原始问题开始，到检索、组装提示、调用大模型、输出解析，完成了一系列链式动作，而在代码上只需要一个简单的表达式，其他则由框架来完成，非常简洁。

3.2 如何跟踪与调试RAG应用

后面的 RAG 应用开发主要基于成熟的 LlamaIndex 框架，虽然这能够在很大程度上提高开发效率，但由于框架的高度抽象与封装，隐藏了大量应用运行时的底层细节，因此有时候会给排除故障与调优带来不便。比如，在很多时候，我们需要直接观察大模型的真实输入信息和输出信息，以便了解检索的精确性或者大模型的输出能力。这些都需要有简单易用的框架内部跟踪机制。借助 LlamaIndex 框架内部的机制及一些集成的第三方平台，可以很方便地做到这些。

下面介绍两种跟踪与调试应用的方法，为后面的开发做准备。

3.2.1 借助 LlamaDebugHandler

LlamaIndex 框架允许在构造很多组件时指定多个回调类。这些回调类会在 LlamaIndex 框架中定义的关键事件发生（开始与结束）时被调用，用于记录必要的跟踪信息（执行步骤、时间戳、输入信息和输出信息等），而 LlamaDebugHandler 是用于记录调试信息的回调类。在 LlamaIndex 框架中，所有的回调类都通过全局组件 Settings 的 callback_manager 参数进行集中管理，因此我们只需要构造 LlamaDebugHandler 类型的回调，然后通过 callback_manager 参数指定给特定的组件或者进行全局指定，就可以达到生成跟踪信息的目的。

1. 设置调试处理器

首先，导入必要的模块：

```
from llama_index.core.callbacks import (
    CallbackManager,
    LlamaDebugHandler,
    CBEventType,
)
```

构造 LlamaDebugHandler：

```
llama_debug = LlamaDebugHandler(print_trace_on_end=True)
```

这里的 print_trace_on_end 代表是否需要在每次事件结束时立即打印出简单的跟踪信息。然后，把这个回调类加入 CallbackManager 对象中，并在 Settings 组件中进行指定，就可以设置全局的跟踪器：

```
callback_manager = CallbackManager([llama_debug])
Settings.callback_manager = callback_manager
```

当然，你也可以在某个组件的级别设置，比如在向量存储索引组件构造时指定跟踪器：

```
index = VectorStoreIndex.from_documents(
    docs, callback_manager=callback_manager
)
```

2. 使用跟踪与调试信息

在设置了调试的回调类后，在关键事件发生时，会自动调用回调类来记录跟踪与调试信息。在 LlamaIndex 框架中，目前主要的关键事件如下（在最新的版本中可能会被调整，请注意查看官方的说明文档）。

（1）CHUNKING：文本分割事件。

（2）NODE_PARSING：Node 解析事件。

（3）EMBEDDING：文本嵌入事件。

（4）LLM：调用大模型事件。

（5）QUERY：通过 query 引擎调用 query 方法事件。

（6）RETRIEVE：语义检索相关知识事件。

（7）SYNTHESIZE：组装 Prompt 并使用大模型生成结果事件。

（8）TREE：生成文本摘要信息事件。

（9）SUB_QUESTION：生成子问题事件。

因此，你可以借助 llama_debug 对象的接口，并指定你关注的相关事件来获得必要的跟踪与调试信息，比如获得事件的时间信息：

```
pprint.pprint(llama_debug.get_event_time_info(CBEventType.QUERY))
```

从输出结果中可以看到这个事件的时间信息（见图 3-4）。

```
EventStats(total_secs=27.604579, average_secs=27.604579, total_count=1)
```

图 3-4

你也可以使用 get_event_pairs 方法获得详细的事件跟踪信息：

```
pprint.pprint(llama_debug.get_event_pairs(CBEventType.QUERY))
```

然后，你可以看到事件开始与结束时框架所记录的详细跟踪信息（见图 3-5）。

```
[[CBEvent(event_type=<CBEventType.QUERY: 'query'>,
          payload={<EventPayload.QUERY_STR: 'query_str'>: '百度的文心一言有什么 场景可以应用'
          time='04/30/2024, 16:10:43.681420',
          id_='d7193c7e-b7a6-4414-9a9d-7cd0e1c3b39e'),
  CBEvent(event_type=<CBEventType.QUERY: 'query'>,
          payload={<EventPayload.RESPONSE: 'response'>: Response(response='百度研发的人工智能
                                                                 '\n'
                                                                 '1. '
                                                                 '工作学习：作为高效
                                                                 '\n'
                                                                 '2. '
                                                                 '内容创作：无论是写
                                                                 '\n'
                                                                 '3. '
                                                                 '娱乐休闲：在闲暇时
                                                                 '\n'
                                                                 '4. '
                                                                 '个人咨询陪伴：当你
                                                                 '\n'
                                                                 '总之，文心一言在工
                                                   source_nodes=[NodeWithScore
_date': '2024-04-21', 'last_modified_date': '2024-04-21'}, excluded_embed_metadata_keys=['fi
 'last_accessed_date'], relationships={<NodeRelationship.SOURCE: '1'>: RelatedNodeInfo(node_
eation_date': '2024-04-21', 'last_modified_date': '2024-04-21'}, hash='838be381a198d9bfa1e6a
fef1dfb17a3eded375960206c3d5a8b64934c7d184892f0fe871ebe')}, text='（一）什么是文心一言\n文心
prompt）：其实就是文字。它可以是你向文心一言提的问题（如： 帮我解释一下什么是芯片 ），可以是
```

图 3-5

你也可以使用 print_trace_map 方法打印出完整的事件发生堆栈及耗时信息：

```
llama_debug.print_trace_map()
```

你可以看到如图 3-6 所示的输出结果。

```
Trace: query
    |_CBEventType.QUERY -> 27.604579 seconds
      |_CBEventType.RETRIEVE -> 2.338504 seconds
        |_CBEventType.EMBEDDING -> 2.326668 seconds
      |_CBEventType.SYNTHESIZE -> 25.265179 seconds
        |_CBEventType.TEMPLATING -> 2.3e-05 seconds
        |_CBEventType.LLM -> 25.260246 seconds
..........
```

图 3-6

3.2.2 借助第三方的跟踪与调试平台

随着大模型应用不断涌现，很多帮助这些应用实现生产就绪的工程化平台出现了，主要用于对大模型应用进行跟踪、调试、测试、评估、管理数据集等。比如，LangChain 公司推出的 LangSmith 服务平台。主流的大模型应用开发框架 LlamaIndex 也得到了大量第三方工程化平台的支持。下面介绍其中一个常见的平台——Langfuse 的使用。

Langfuse 是一个开源的大模型工程化平台，提供跟踪、评估、提示管理等功能帮助调试大模型应用，以便让其尽快地投入生产。Langfuse 是一个包含前后端实现的完整平台：你的大模型应用可以借助简单的 SDK 无缝生成跟踪信息与性能指标，并可以将其自动化地发送到 Langfuse 平台。然后，你可以借助 Langfuse 平台前端的 UI 页面进行直观的跟踪与检查。

LlamaIndex 框架内部已经集成了对 Langfuse 平台的支持。你可以使用 Langfuse 在线服务平台（Langfuse Cloud，见图 3-7）或在本地搭建并使用 Langfuse 平台。

如果条件具备，那么建议下载 Langfuse 开放源码库在本地搭建并使用 Langfuse 平台。

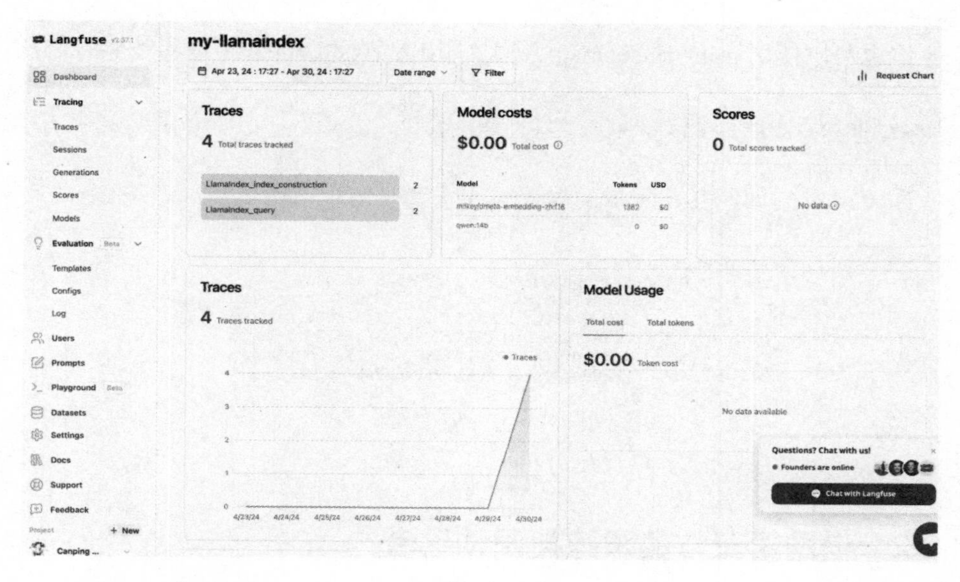

图 3-7

1. 申请 API Key

要想使用 Langfuse 平台，就需要先打开其前端服务网站（在线或者本地）。在完成注册和登录后，可以申请 API Key 以获得使用权限（见图 3-8）。

Host Name

When connecting to Langfuse, use this hostname / baseurl.

https://c...e.com

API keys

Created	Public Key	Secret Key
2024/4/30	...e5e-1c69ece5b3e0	sk-lf-...9294

+ Create new API keys

图 3-8

2. 应用开发集成

基于 LlamaIndex 的应用只需要简单的几行代码，就可以与 Langfuse 平台完成集成，方法类似于 3.2.1 节的 LlamaDebugHandler：

```
from llama_index.core.callbacks import CallbackManager
from langfuse.llama_index import LlamaIndexCallbackHandler

#设置 Langfuse 平台的 API Key，参考上方申请
os.environ["LANGFUSE_SECRET_KEY"] = "sk-****"
os.environ["LANGFUSE_PUBLIC_KEY"] = "pk-****"
os.environ["LANGFUSE_HOST"] = "https://xx.xx.xx"

#构造 Langfuse 平台的回调类
langfuse_callback_handler = LlamaIndexCallbackHandler()

#设置到全局的 callback_manager
Settings.callback_manager =
CallbackManager([langfuse_callback_handler])

……
#程序退出之前注意缓存，将缓存的跟踪信息发送到 Langfuse Server 端
langfuse_callback_handler.flush()
……
```

3. 使用 Langfuse UI 页面观察与跟踪

在完成简单的开发集成后，应用中各种事件（如 Index、Query）的跟踪信息与性能指标将会被自动集成到 Langfuse 平台。可以通过 Langfuse UI 页面方便地查看（见图 3-9）。

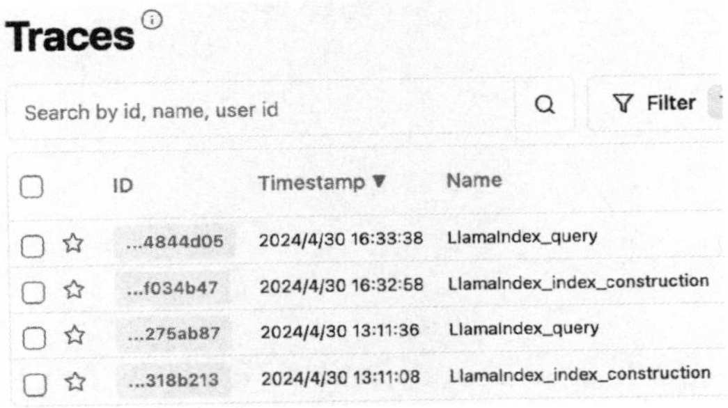

Traces

Search by id, name, user id　Filter

ID	Timestamp ▼	Name
...4844d05	2024/4/30 16:33:38	LlamaIndex_query
...f034b47	2024/4/30 16:32:58	LlamaIndex_index_construction
...275ab87	2024/4/30 13:11:36	LlamaIndex_query
...318b213	2024/4/30 13:11:08	LlamaIndex_index_construction

图 3-9

点击一个查询调用的跟踪信息，可以很清楚地看到查询的执行过程，以及每一步执行的内部细节。比如，可以看到在查询过程中检索出的参考知识块（见图 3-10）。

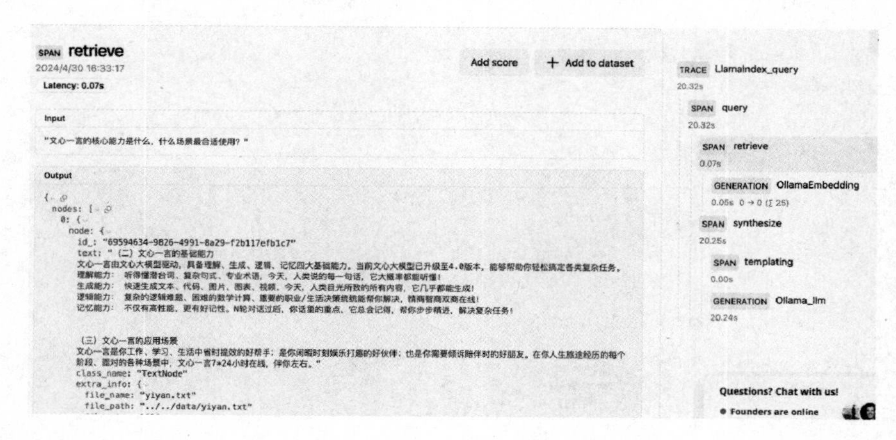

图 3-10

图 3-11 所示为一次大模型调用的完整的输入和输出信息。

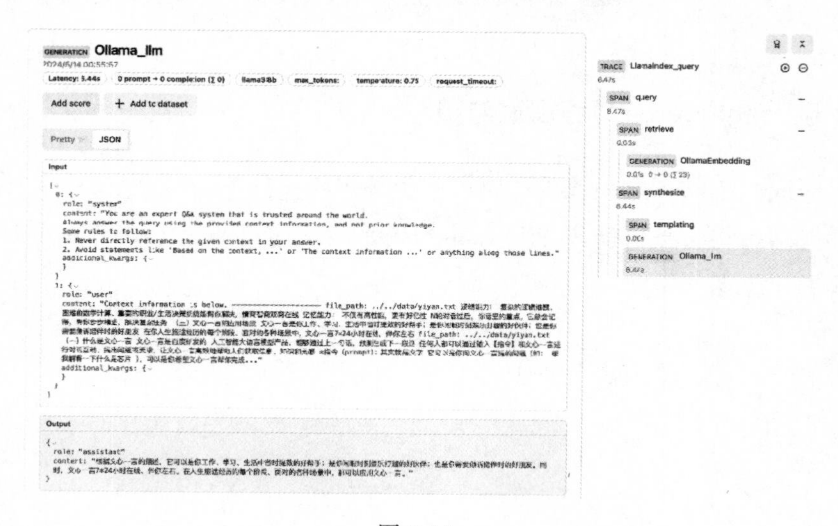

图 3-11

Langfuse 平台还支持更多的大模型应用开发的辅助管理功能，比如 Prompt 模板的管理、各类性能指标的生成、大模型调用成本的统计跟踪、大模型应用评估数据集的管理与在线评估等。你可以自行体验与测试。

3.3　准备：基于LlamaIndex框架的RAG应用开发核心组件

LlamaIndex 框架预置了大量具有良好封装与设计模式的 RAG 应用开发相关组件，涵盖了开发流程的不同阶段及不同场景中的需求。需要注意的是，这些组件并不仅仅是一些独立的软件模块的简单堆积，它们之间还通过各种形式的组合、派生与集成形成了一个完整的应用集成框架。这在使用上给了开发者极大的便捷性与灵活性。在很多时候，你既可以使用高度集成的上层组件或 API 快速开发应用，也可以使用底层组件或 API 来实现更灵活与更复杂的控制能力，或在内置组件上派生出属于自己的新组件。

当然，LlamaIndex 框架的强大与灵活性带来了一定的复杂性与学习门槛。我们对 LlamaIndex 框架的核心组件按照 RAG 应用的典型流程做简单分类，按照这样的结构介绍各种组件的应用与开发，并最终具备开发完整的端到端 RAG 应用的能力。

图 3-12 所示为 LlamaIndex 框架的核心组件的学习路线图。

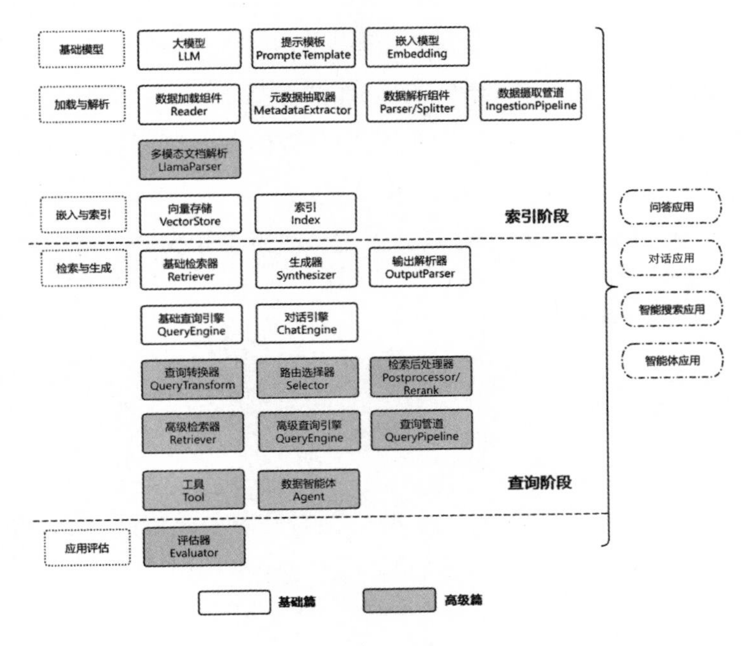

图 3-12

第4章　模型与 Prompt

在典型的 RAG 应用中，通常会用到两种模型：一种是大模型，它是 RAG 应用实现智能推理与生成的核心引擎，类似于“大脑”，也是开发任何大模型应用时需要首先考虑的基础设施；另一种是嵌入模型，用于实现文档的向量化与后面的语义检索。在一个复杂的 RAG 应用流程中，可能使用到一个或者多个模型。开发者可以根据模型的特点、擅长的任务、资源的要求等灵活使用不同的模型。

与大模型使用密切相关的最重要的输入是 Prompt。Prompt 是赋予大模型能力的基本输入。需要注意的是，大模型与 Prompt 并不只在最后生成结果时才需要，在 RAG 应用流程的很多阶段都需要用到它们，比如在生成摘要、查询转换、查询路由、智能体推理、响应评估等很多阶段，都需要利用设计的 Prompt 来让大模型完成任务。由于在不同的大模型、不同的场景中，甚至在不同的语言环境下对 Prompt 的响应都并非完全一致且可预测的，因此开发框架内置的默认 Prompt 模板并不总是最合适的，使用与修改 Prompt 也是需要关注的基础技术之一。

4.1　大模型

基本上所有的大模型应用开发框架都会对底层大模型的 API 进行抽象与封装，以便提供更简洁的使用与灵活的模型切换能力。

4.1.1 大模型在 RAG 应用中的作用

大模型具有强大的自然语言理解与生成能力。在 RAG 应用流程中，大模型应用的阶段如下。

（1）数据的前期准备。数据的准备是开发 RAG 应用最重要的准备工作之一。对大量的数据进行整理、清洗与抽取是繁重的工作。借助大模型的理解与生成能力做数据预处理可以大大提高处理效率。比如，对知识文档进行整理与总结、抽取知识问题、生成问答对、排除文档中的重复知识、知识格式的结构化与规范化等，都可以借助大模型来更智能地完成。

（2）加载与索引。在这个阶段，可以借助大模型来完成以下工作：

① 生成知识的补充元数据，比如标题、假设性问答对等。

② 对知识文本生成摘要用于构造基于摘要的索引。

③ 对复杂文档中的表格数据生成描述与总结文本。

④ 使用大模型来判断数据的相关性，确定是否需要索引。

（3）检索与生成。在这个阶段，可以借助大模型来完成以下工作：

① 实现查询路由。借助大模型来判断输入意图实现查询路由。

② 查询扩展或者重写。对输入问题进行扩展或者重写，以提高检索的准确率。

③ 答案生成。基于输入问题与上下文知识生成输出结果。

④ 响应合成。如果有多个子查询，那么可以借助大模型对子查询的答案进行合成。

（4）应用评估。在 RAG 应用投入生产之前，可以借助大模型对 RAG 应用做以下整体评估：

① 借助大模型生成评估使用的结构化数据集。

② 对生成的结果进行多维度评估，如相关性评估、正确性评估等。

4.1.2 大模型组件的统一接口

LlamaIndex 框架中的大模型组件既可以作为独立的模块用于简化对大模型的访问，也可以作为参数插入其他核心的 LlamaIndex 模块（索引、检索器、查询引擎等模块）中使用。LlamaIndex 框架中定义了大模型组件的统一接口。开发者在使用大模型组件时，可以通过统一的访问接口实现一致地调用。下面看一下 LlamaIndex 框架的大模型组件的接口定义：

```
class BaseLLM(ChainableMixin, BaseComponent):
    """BaseLLM interface."""

    @abstractmethod
    def metadata(self) -> LLMMetadata:

    @abstractmethod
    def chat(self, messages: Sequence[ChatMessage], **kwargs: Any) ->
ChatResponse:

    @abstractmethod
    def complete(
        self, prompt: str, formatted: bool = False, **kwargs: Any
    ) -> CompletionResponse:

    @abstractmethod
    def stream_chat(
        self, messages: Sequence[ChatMessage], **kwargs: Any
    ) -> ChatResponseGen:

    @abstractmethod
    def stream_complete(
        self, prompt: str, formatted: bool = False, **kwargs: Any
    ) -> CompletionResponseGen:

    # ===== Async Endpoints =====
    @abstractmethod
    async def achat(
        self, messages: Sequence[ChatMessage], **kwargs: Any
    ) -> ChatResponse:

    @abstractmethod
```

```
    async def acomplete(
        self, prompt: str, formatted: bool = False, **kwargs: Any
    ) -> CompletionResponse:

    @abstractmethod
    async def astream_chat(
        self, messages: Sequence[ChatMessage], **kwargs: Any
    ) -> ChatResponseAsyncGen:

    @abstractmethod
    async def astream_complete(
        self, prompt: str, formatted: bool = False, **kwargs: Any
    ) -> CompletionResponseAsyncGen:
```

这意味着一个具体的大模型组件必须实现的接口包括以下几个。

（1）获取元数据（通常包括大模型的一些描述信息）。

（2）支持文本预测（complete）与对话（chat）两种接口。

（3）支持流式（stream）与非流式输出两种类型接口。

（4）支持同步与异步（async）两种类型接口。

这样的接口会在具体的大模型组件中实现，查看 OpenAI 的大模型组件接口实现，可以看到下面这样的代码（省略了部分细节），其中的加粗部分就是使用 OpenAI 官方 SDK 进行大模型调用：

```
......
def _complete(self, prompt: str, **kwargs: Any) ->
CompletionResponse:
        client = self._get_client()
        all_kwargs = self._get_model_kwargs(**kwargs)
        self._update_max_tokens(all_kwargs, prompt)

        response = client.completions.create(
            prompt=prompt,
            stream=False,
            **all_kwargs,
        )
        text = response.choices[0].text
        ......
        return CompletionResponse(
```

```
            text=text,
            raw=response,
            logprobs=logprobs,

additional_kwargs=self._get_response_token_counts(response),
        )
```

4.1.3 大模型组件的单独使用

LlamaIndex 框架中的大模型组件支持单独使用，常常可以用于进行模型的测试，验证模型的可用性。我们可以使用以下例子中的代码测试 OpenAI 的 GPT 模型的连通性（需要设置环境变量 OPENAI_API_KEY）：

```
from llama_index.core.llms import ChatMessage
from llama_index.llms.openai import OpenAI

#测试 complete 接口
llm = OpenAI(model='gpt-3.5-turbo-1106')
resp = llm.complete("白居易是")
print(resp)

#测试 chat 接口
messages = [
    ChatMessage(
        role="system", content="你是一个聪明的 AI 助手"
    ),
    ChatMessage(role="user", content="你叫什么名字？"),
]
resp = llm.chat(messages)
print(resp)
```

我们可以简单地把模型切换为本地的 Ollama 模型，只需要做以下的部分替换即可：

```
from llama_index.llms.ollama import Ollama
llm = Ollama(model='qwen:14b')
```

这里体现了开发框架带来的极大的便利性：借助框架良好的设计模式可以

快速更改大模型，实现模型的配置化，而无须关注不同模型的API差异。

4.1.4 大模型组件的集成使用

在实际开发中，在大部分时候并不会直接使用大模型进行生成或者对话，而是需要将大模型的访问对象动态地插入其他的模块中，比如索引、检索器、查询引擎等模块，最终由这些模块负责按需使用大模型。

1. 更改默认的大模型

在LlamaIndex框架中，你可以通过设置Settings组件来更改使用的默认的大模型（如果不更改，那么默认为OpenAI的GPT模型）：

```
#通过设置 Settings 组件更改使用的默认的大模型
llm = OpenAI(model='gpt-3.5-turbo-1106')
Settings.llm = llm
```

2. 将大模型组件插入其他模块中

你也可以在使用其他模块时，插入构造好的大模型组件。比如，如果需要在最后查询时使用指定的大模型，那么可以在构造索引时插入对应的大模型组件（在通常情况下，如果一个组件的初始化方法或者构造方法中有llm参数，那么代表可以动态指定与更改使用的大模型）：

```
......
llm = OpenAI(temperature=0.1, model="gpt-4")
index = KeywordTableIndex.from_documents(documents, llm=llm)
query_engine = index.as_query_engine()  #后面查询将使用这里定义的大模型
......
```

4.1.5 了解与设置大模型的参数

在定义与调用不同的大模型时可以根据需要指定一些参数。通用的参数有模型名称、代表随机性的温度（temperature）、上下文窗口大小（用 token 数量计数）等。有的大模型有一些特殊的参数。大模型的参数可以分为以下两种类型：

（1）模型定义参数：比如，模型名称、模型文档路径、服务端口等。

（2）模型生成参数：比如，温度、上下文窗口大小等。

在 LlamaIndex 框架中有两个地方可以对这些参数进行设置。

1. 在大模型初始化时设置

在构造大模型对象时传入参数，比如:

```
from llama_index.llms.ollama import Ollama
_MODEL_KWARGS = {
   "base_url":"http://localhost:11434",
   "model":"qwen:14b" ,
   "context_window":4096,
   "request_timeout":60.0
}
llm = Ollama(**_MODEL_ARGS)
```

不同的接入方式（直接接入大模型或者借助 Ollama/Llama_cpp/vLLM 这样的推理工具）和不同的大模型支持的参数并不一样，具体可以参考官方的说明文档。比如，对一个 Llama_cpp 管理的大模型服务进行设置：

```
from llama_index.llms.llama_cpp import LlamaCPP
_MODEL_KWARGS = {"logits_all": True, "n_ctx": 2048, "n_gpu_layers":
-1}
_GENERATE_KWARGS = {"temperature": 0.0,"top_p": 1.0,"max_tokens":
500,
"logprobs": 32016,
}
model_path = Path(download_dir) / "selfrag_llama2_7b.q4_k_m.gguf"
llm = LlamaCPP(model_path=str(model_path),
```

```
model_kwargs=_MODEL_KWARGS,
generate_kwargs=_GENERATE_KWARGS,verbose=False)
```

2. 在 Settings 组件中设置

少量参数可以在 Settings 组件中进行设置，比如上下文窗口大小。这里设置的参数可以在后面构造具体的大模型组件时被覆盖：

```
from llama_index.core import Settings
Settings.context_window = 4096
Settings.num_output = 256
```

4.1.6　自定义大模型组件

前面介绍的 Llama_cpp 与 Ollama 接入使用的大模型组件，其实都属于自定义的组件。如果需要实现这样的大模型组件，那么只需要从基础的模型类 CustomLLM 派生，并实现相应的接口。在接口的实现中，你可以自由地访问属于自己的本地模型，调用自定义的 API 来实现模型输出。

下面是一个自定义的大模型组件的例子：

```
from typing import Any

from llama_index.core.llms import (
    CustomLLM,
    CompletionResponse,
    CompletionResponseGen,
    LLMMetadata,
)
from llama_index.core.llms.callbacks import llm_completion_callback

class MyLLM(CustomLLM):
    model_name: str = "custom"
    dummy_response = "你好，我是一个正在开发中的大模型……"

#实现 metadata 接口
    @property
```

```
    def metadata(self) -> LLMMetadata:
        return LLMMetadata(
            model_name=self.model_name,
        )

    #实现complete接口
    @llm_completion_callback()
    def complete(self, prompt: str, **kwargs: Any) ->
CompletionResponse:
        return CompletionResponse(text=self.dummy_response)

    #实现stream_complete接口
    @llm_completion_callback()
    def stream_complete(
        self, prompt: str, **kwargs: Any
    ) -> CompletionResponseGen:
        response = ""
        for token in self.dummy_response:
            response += token
            yield CompletionResponse(text=response, delta=token)
```

下面简单测试一下自定义的大模型组件：

```
llm = MyLLM()
resp = llm.complete('你好！')
print(resp)
```

运行这个简单的Python程序并看一下输出结果：

```
> python llms_cust.py
你好，我是一个正在开发中的大模型……
```

在构造自定义的大模型组件后，你就可以用它来替换之前使用的大模型组件：

```
#替换全局默认的大模型组件
Settings.llm = MyLLM()
```

4.1.7　使用 LangChain 框架中的大模型组件

LlamaIndex 框架中封装了很多常见的大模型组件，但为了兼容更多的大模型，也提供了对另一个主流开发框架 LangChain 中大模型组件的适配器。借助适配器，你可以很轻易地使用 LangChain 框架支持的大模型，从而扩大了大模型的使用范围。下面看一个通过 LangChain 框架中大模型组件适配器实现使用百度千帆大模型的例子：

```
from llama_index.llms.langchain import LangChainLLM
from langchain_community.llms import QianfanLLMEndpoint
llm = LangChainLLM(llm=QianfanLLMEndpoint(model='ERNIE-Bot-4'))
Settings.llm=llm
```

只需要使用 LlamaIndex 框架中的组件 LangChainLLM 将 LangChain 框架中声明的大模型适配成 LlamaIndex 框架的大模型组件接口，即可正常使用。

4.2　Prompt

RAG 应用和大模型是通过 Prompt 沟通的。Prompt 是获得大模型输出的基本输入。由于在开发 RAG 应用的各个阶段都可能使用大模型，因此涉及了众多的 Prompt，有必要先介绍 Prompt 的概念与使用。

4.2.1　使用 Prompt 模板

Prompt 模板是 LlamaIndex 或者 LangChain 这类框架中基础的组件之一，主要用于构造包含参数变量的 Prompt。这些变量会在运行时通过代码格式化，以形成真正的 Prompt。

先看一个典型的 RAG 应用中用于增强生成的 Prompt 模板及其格式化的方法：

```
from llama_index.core import PromptTemplate
```

```
from llama_index.llms.openai import OpenAI

template = (
    "以下是提供的上下文信息：\n"
    "---------------------\n"
    "{context_str}"
    "\n---------------------\n"
    "根据这些信息，请回答以下问题：{query_str}\n"
)
qa_template = PromptTemplate(template)

prompt = qa_template.format(context_str='小麦 15 PRO 是小麦公司最新推出的 6.7 寸大屏旗舰手机。', query_str='小麦 15pro 的屏幕尺寸是多少？')
print(prompt)

messages = qa_template.format_messages(context_str='小麦 15 PRO 是小麦公司最新推出的 6.7 寸大屏旗舰手机。', query_str='小麦 15pro 的屏幕尺寸是多少？')
print(messages)
```

通过 format 方法或者 format_messages 方法可以将模板进行“实例化”。format 方法会把模板转换为普通字符串，通常用于通过大模型做简单的一次性提问或查询，而 format_message 方法则会把模板转换为 ChatMessage 封装类型（至少包含消息产生的角色与内容两个属性），通常用于对话模型中的连续上下文多轮对话。

4.2.2 更改默认的 Prompt 模板

在实际使用框架开发大模型应用特别是 RAG 应用时，在大部分时候，我们并不会关心 Prompt 模板及其使用，原因如下。

（1）开发框架通常会内置大量的默认且经过测试的 Prompt 模板，可以大大简化工作量。

（2）Prompt 模板的格式化通常由框架在使用时自动完成，比如在响应时，自动注入相关的上下文与查询问题等。

在 LlamaIndex 框架中，你可以在 llama-index-core-prompts 模块的目录中

看到系统默认的 Prompt 模板。比如，如图 4-1 所示的常见的问答 Prompt 模板。

```
DEFAULT_TEXT_QA_PROMPT_TMPL = (
    "Context information is below.\n"
    "---------------------\n"
    "{context_str}\n"
    "---------------------\n"
    "Given the context information and not prior knowledge, "
    "answer the query.\n"
    "Query: {query_str}\n"
    "Answer: "
)
DEFAULT_TEXT_QA_PROMPT = PromptTemplate(
    DEFAULT_TEXT_QA_PROMPT_TMPL, prompt_type=PromptType.QUESTION_ANSWER
)
```

图 4-1

在一些情况下，我们需要对这些默认的 Prompt 模板进行更改。比如，我们想把默认的英文 Prompt 模板更改成中文 Prompt 模板以便更好地适应国内大模型，那么应该怎么做呢？由于一个 RAG 应用常常涉及众多前台与后台的工作流程，因此我们需要先确定的是需要更改 Prompt 模板的阶段，以及在这个阶段中涉及 Prompt 模板的组件，然后利用该组件的接口设置或更改 Prompt 模板。

LlamaIndex 框架中需要用到 Prompt 模板的组件都可以调用 get_prompts 与 update_prompts 接口来更改 Prompt 模板。以查询引擎这个组件为例，你可以这样了解其使用的查询 Prompt 模板：

```
......
query_engine = index.as_query_engine()
prompts_dict = query_engine.get_prompts()
pprint.pprint(prompts_dict.keys())
```

可以看到如图 4-2 所示的输出内容。

```
dict_keys(['response_synthesizer:text_qa_template', 'response_synthesizer:refine_template'])
```

图 4-2

输出内容是一个字典对象。这是因为在一个组件中可能使用多个 Prompt 模板。比如，查看输出内容中名为 text_qa_template 的模板：

```
pprint.pprint(prompts_dict["response_synthesizer:text_qa_template
```

```
"].get_template())
```

将会获得如图 4-3 所示的输出内容，这就是使用的默认的 Prompt 模板。

```
('Context information is below.\n'
 '---------------------\n'
 '{context_str}\n'
 '---------------------\n'
 'Given the context information and not prior knowledge, answer the query.\n'
 'Query: {query_str}\n'
 'Answer: ')
```

图 4-3

如果我们想更改这里的 Prompt 模板，比如将其更改成中文 Prompt 模板，那么可以这么做：

```
my_qa_prompt_tmpl_str = (
    "以下是上下文信息。\n"
    "---------------------\n"
    "{context_str}\n"
    "---------------------\n"
    "根据上下文信息回答问题，不要依赖预置知识，不要编造。\n"
    "问题：{query_str}\n"
    "回答："
)
my_qa_prompt_tmpl = PromptTemplate(my_qa_prompt_tmpl_str)
query_engine.update_prompts(
    {"response_synthesizer:text_qa_template": my_qa_prompt_tmpl}
)
```

我们通过调用 update_prompts 接口更改了查询引擎所使用的默认的 Prompt 模板。注意：context_str 与 query_str 这两个变量名称不能修改，否则将会导致运行时绑定变量失败。

除了调用 update_prompts 接口，我们还可以通过组件的初始化参数直接传入需要使用的 Prompt 模板，比如将查询引擎的代码修改为：

```
......
query_engine =
index.as_query_engine(text_qa_template=my_qa_prompt_tmpl)
```

这里达到的效果和调用 update_prompts 接口的效果是一样的。以此类推，在 LlamaIndex 框架中使用很多组件时都可以利用此方法来更改默认的 Prompt 模板，只需要查看该组件的初始化方法，然后决定需要更改的 Prompt 模板。

4.2.3　更改 Prompt 模板的变量

4.2.2 节中强调，在设置自己的个性化 Prompt 模板时，通常要注意不可以随意修改模板的变量名称。但是如果在一些情况下必须修改，比如希望用更有意义的变量名称,那么该怎么做呢？可以借助模板对象的 template_var_mappings 参数来完成，简单地说就是给自己的变量和要求的模板变量建立起映射关系：

```
my_qa_prompt_tmpl_str = (
    "以下是上下文信息。\n"
    "---------------------\n"
    "{my_context_str}\n"
    "---------------------\n"
    "根据上下文信息回答问题，不要依赖预置知识，不要编造。\n"
    "问题：{my_query_str}\n"
    "回答："
)
template_var_mappings = {"context_str": "my_context_str",
"query_str": "my_query_str"}
my_qa_prompt_tmpl = PromptTemplate(my_qa_prompt_tmpl_str,
template_var_mappings=template_var_mappings)

#使用自定义变量来格式化 Prompt 模板
print(my_qa_prompt_tmpl.format(my_context_str="……",
                               my_query_str="……"))
```

在上面的代码中，把官方要求的 context_str 变量映射到我们自己的 my_context_str 变量。我们还可以更进一步，把 context_str 变量通过 function_mappings 参数映射到一个函数上。这样，在进行格式化时，context_str 变量的实际值将通过调用这个函数获得，而函数的输入则是调用 format 方法时携带的关键词参数。代码实现如下：

```
......
#kwargs 为调用 format 方法时携带的关键词参数
def fn_context_str(**kwargs):
```

```
······自定义逻辑······
    return fmtted_context

prompt_tmpl = PromptTemplate(
    qa_prompt_tmpl_str,
function_mappings={"context_str":fn_context_str}
)

#format 参数传入 fn_context_str 变量中
prompt_tmpl.format(context_str="...", query_str="...")
```

4.3 嵌入模型

4.3.1 嵌入模型在 RAG 应用中的作用

嵌入模型在 RAG 应用中的作用是把分割后的知识块转换为向量。这也是人工智能计算中非常重要的一个处理阶段，也就是把自然语言转换为更容易被计算机理解、存储与计算，并能够表示自然语言语义的多个数值。

由于嵌入模型生成的向量能够捕获文本语义（在本书中以文本的嵌入模型为主，但实际上所有模态的知识都可以被嵌入，但需要借助特殊的模型），因此就可以被用于相似语义检索。与普通的关键词检索不同的是，基于向量的相似检索，并不仅仅是根据字符串匹配程度进行检索，而是根据计算出的向量的“相似程度”进行检索。通常会借助余弦相似度、点积等算法来计算向量相似度，这种在海量的向量中进行相似语义检索的能力是后面要介绍的向量库的核心能力之一。

嵌入模型在 RAG 应用的索引与生成阶段都会被使用。

（1）在索引阶段，将知识块转换为向量，并借助向量库进行存储。

（2）在生成阶段，将输入问题转换为向量，并借助向量库进行检索，获得相似语义的相关知识块，从而实现增强生成。

如果你想了解哪个嵌入模型更适合你，或者想查看不同嵌入模型的基准测试数据，甚至需要对自己的模型进行评估，那么可以参考 Hugging Face 平台上的大文本嵌入基准（Massive Text Embedding Benchmark，MTEB）测试的结果，及其在 GitHub 平台上的开源项目。

4.3.2　嵌入模型组件的接口

可以想象，嵌入模型组件的主要接口应该是生成文本向量接口。我们仍然借助 LlamaIndex 框架中嵌入模型组件的基础类来看一下其主要的接口：

```
# 用于保存嵌入后的向量
Embedding = List[float]
......

#相似度计算的 3 种算法：余弦相似度、点积、欧几里得距离
class SimilarityMode(str, Enum):
    """Modes for similarity/distance."""

    DEFAULT = "cosine"
    DOT_PRODUCT = "dot_product"
    EUCLIDEAN = "euclidean"

......

#辅助方法：两个向量相似度比较
def similarity(
    embedding1: Embedding,
    embedding2: Embedding,
    mode: SimilarityMode = SimilarityMode.DEFAULT,
) -> float:
......

#嵌入模型基础类
class BaseEmbedding(TransformComponent):

    ......
    @abstractmethod
    def _get_query_embedding(self, query: str) -> Embedding:

    @abstractmethod
    async def _aget_query_embedding(self, query: str) -> Embedding:
```

```
    @abstractmethod
    def _get_text_embedding(self, text: str) -> Embedding:

    @abstractmethod
    async def _aget_text_embedding(self, text: str) -> Embedding:

    ......
```

很显然，这里的几个主要的抽象方法需要在针对具体嵌入模型时进行定义，从名字中能推断其作用就是借助不同的嵌入模型的 API 来生成向量。不妨看一下对 OpenAI 的嵌入模型的具体实现类型：

```
#模块: llama-index-embedding-openai
class OpenAIEmbedding(BaseEmbedding):
......
    def _get_text_embedding(self, text: str) -> List[float]:
        """Get text embedding."""
        client = self._get_client()
        return get_embedding(
            client,
            text,
            engine=self._text_engine,
            **self.additional_kwargs,
        )
......
```

在这里 get_embedding 方法的实现如下：

```
......
def get_embedding(client: OpenAI, text: str, engine: str, **kwargs: Any) -> List[float]:
    text = text.replace("\n", " ")
    return (
        client.embeddings.create(input=[text],\
        model=engine, **kwargs).data[0].embedding
    )
```

这里的实现逻辑就是借助 OpenAI 官方 SDK 构造访问对象，并使用 create 方法生成向量。

4.3.3　嵌入模型组件的单独使用

嵌入模型组件可以单独使用（虽然在大部分时候并不需要）。下面基于几个典型的嵌入模型来单独使用嵌入模型组件。

1. OpenAI 嵌入模型

LlamaIndex 框架的默认嵌入模型是 OpenAI 的 text-embedding-ada-002，可以无须设置直接使用：

```
from llama_index.embeddings.openai import OpenAIEmbedding
from llama_index.core import Settings

embed_model = OpenAIEmbedding()
embeddings = embed_model.get_text_embedding(
    "中国的首都是北京"
)
print(embeddings)
```

运行并查看输出结果。输出结果是一个浮点数值向量的数组（未全部展示）：

```
> python embed_simple.py
[0.007398069836199284, -0.011682811193168163,
-0.021248308941721916, -0.004284741356968888······
```

也可以使用接口比较两个向量的相似度：

```
embeddings1 = embed_model.get_text_embedding(
    "中国的首都是北京"
)
embedding2 = embed_model.get_text_embedding(
    "中国的首都是哪里？ "
)
embedding3 = embed_model.get_text_embedding(
    "苹果是一种好吃的水果"
```

```
)
print(embed_model.similarity(embeddings1, embedding2))
print(embed_model.similarity(embeddings1, embedding3))
```

运行后观察输出结果，可以清楚地看到 embedding1 和 embedding2 向量的相似度更高：

```
> python embed_simple.py
0.9324159699236407
0.7942800233749084
```

2. Ollama 的本地嵌入模型

如果需要使用 Ollama 的本地嵌入模型，那么在启动本地 Ollama 服务后，只需要简单地替换部分代码即可：

```
from llama_index.embeddings.ollama import OllamaEmbedding
embed_model =
OllamaEmbedding(model_name="milkey/dmeta-embedding-zh:f16")
```

3. TEI 的本地嵌入模型

借助 Text Embeddings Inference 这个嵌入模型部署工具，可以利用 Hugging Face 平台上的一些著名的嵌入模型，比如优秀的中文嵌入模型 bge-large-zh。

首先，启动这个嵌入模型的服务：

```
> model=BAAI/bge-large-zh-v1.5
> text-embeddings-router --model-id $model --port 8080
```

然后，可以利用这个本地的 TEI 模型服务进行嵌入：

```
from llama_index.embeddings.text_embeddings_inference \
import TextEmbeddingsInference
embed_model = TextEmbeddingsInference(
   model_name="BAAI/bge-large-zh-v1.5",
   timeout=60,  # timeout in seconds
```

```
    embed_batch_size=10,  # batch size for embedding
)
```

可以看到，借助 LlamaIndex 框架，切换嵌入模型是非常便捷的。

4.3.4　嵌入模型组件的集成使用

与大模型组件一样，嵌入模型组件在很多时候也可以插入其他模块中使用。比如，插入索引模块中在构造知识索引时自动嵌入。

1. 更改默认的嵌入模型

通过设置 Settings 组件中的 embed_model 属性可以更改默认的嵌入模型：

```
Settings.embed_model = \
OllamaEmbedding(model_name="milkey/dmeta-embedding-zh:f16")
```

2. 将嵌入模型组件插入其他模块中

也可以在构造具体模块时插入嵌入模型组件，比如这里构造一个向量存储索引的对象：

```
......
embed_model=OllamaEmbedding(model_name="milkey/dmeta-embedding-zh
:f16")
index = VectorStoreIndex(nodes,embed_model=embed_model)
......
```

4.3.5　了解与设置嵌入模型的参数

嵌入模型也有相应的参数，常见的嵌入模型的参数如下。

（1）model_name：需要使用的模型名称。

（2）embed_batch_size：批量送入模型进行处理的窗口大小。

（3）timeout：处理超时时间。

（4）max_retries：最大尝试次数。

（5）dimensions：生成的向量维度，比如2048。

不同的嵌入模型支持的参数不一样，这取决于模型本身，而不是LlamaIndex框架。在使用时，需要参考具体的模型说明文档，或者查看LlamaIndex框架中对应的模型组件的初始化代码。

在构造嵌入模型组件时可以设置必要的参数，比如：

```
_MODEL_KWARGS={
    "model_name": "milkey/dmeta-embedding-zh:f16",
    "embed_batch_size": 50
}
embed_model = OllamaEmbedding(**_MODEL_KWARGS)
```

4.3.6 自定义嵌入模型组件

目前，公开发布的商业或者开源嵌入模型有上百个，并不是所有的嵌入模型在LlamaIndex框架中都已经进行了封装。你所在的机构可能也发布了自己专用的嵌入模型。此时，如果你需要在LlamaIndex框架中使用它，就需要自定义嵌入模型组件。你可以通过继承BaseEmbedding这个组件，并实现相应的接口来支持自己的嵌入模型。具体的实现逻辑需要参考对应模型的调用说明。模拟的代码例子如下：

```
from llama_index.core.embeddings import BaseEmbedding

#导入自己的嵌入模型提供的模块，实现embed方法
from ... import MyModel

class MyEmbeddng(BaseEmbedding):
    def __init__(
        self,
        model_name: str = 'MyEmbeddingModel'
        **kwargs: Any,
    ) -> None:
```

```
        #构造一个模型调用对象（模拟）
        self._model = MyModel(model_name)
        super().__init__(**kwargs)

        #生成向量（模拟）
        def _get_text_embedding(self, text: str) -> List[float]:
            embedding = self._model.embed(text)
            return embedding

        #批量生成向量（模拟）
        def _get_text_embeddings(self, texts: List[str]) ->
List[List[float]]:
            embeddings = self._model.embed(
                [text for text in texts]
            )
            return embeddings

……实现其他必需的接口……
```

在自定义嵌入模型组件后，你就可以像上文中一样使用它了。

第 5 章　数据加载与分割

开发 RAG 应用的首个重要阶段就是准备用于给大模型增强生成的知识。这个准备工作的第一步就是加载与分割数据，即连接不同类型的知识数据源进行读取与预处理，并为后面的存储与索引阶段做准备。这些典型的数据源如下。

（1）本地计算机文档，包括 TXT 文档、PDF 文档、Office 文档、Email、图片等。

（2）存储在各种类型的数据库中的结构化数据。

（3）可以通过互联网 URL 直接访问的网页或资源。

（4）在线云存储的文档。

（5）可以通过公开接口访问的网络数据，如社交媒体公开数据。

本章将介绍如何借助 LlamaIndex 框架的组件对这些不同来源的数据进行加载与分割。

5.1　理解两个概念：Document与Node

5.1.1　什么是 Document 与 Node

为了处理不同来源的数据，首先要了解 LlamaIndex 框架中的两个基础的数据层抽象类型：Document 类型与 Node 类型。

（1）文档类型 Document。一个 Document 类型的对象可以被看成一个通用的、不同来源的数据容器［注意：这里的文档并不一定是计算机中的物理文件

（File）]，如图 5-1 所示。可以把来自文档、数据库或者企业级应用系统中的数据放入 Document 对象中。基础的 Document 对象主要用于存储文本内容及相关的元数据。可以自行构造 Document 对象，也可以通过数据连接器从不同的数据源中读取并自动生成 Document 对象。

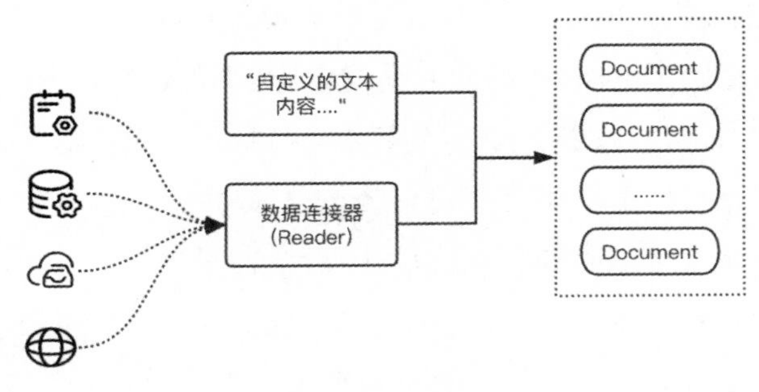

图 5-1

（2）节点类型 Node。为了便于理解，你可以把 Node 类型的对象想象成对应的 Document 对象分割后的一个"块"（Chunk），可以是文本块、图像块等。一个 Node 对象包含元数据和相关 Node 对象的信息。可以自行构造 Node 对象，也可以将 Document 对象分割成 Node 对象，且分割出来的 Node 对象会继承 Document 对象的元数据。

是不是感觉 Document 与 Node 很相似？其实如果查看 LlamaIndex 的实现，那么可以发现 Document 和 Node 本就是同根同源的。在 LlamaIndex 框架中，Node 类型来自 BaseNode 类型：

```
class BaseNode(BaseComponent):
   """Base node Object.
   Generic abstract interface for retrievable nodes
   """
```

Document 类型的定义是：

```
class TextNode(BaseNode):
......
class Document(TextNode):
......
```

在 BaseNode 类型中，定义了所有的 Node 类型都有的属性和接口，其中一些抽象接口将由更具体的 Node 类型来实现。一共有以下 4 种类型的 Node。

（1）TEXT：文本 Node，对应的类型为 TextNode。这是一种基本类型，是一个存储文本内容与元数据的容器类型。

（2）IMAGE：图片 Node，对应的类型为 ImageNode，继承自 TextNode 类型，在其中增加存储了 base64 格式的图像内容，以及图片 URL 等其他数据。

（3）DOCUMENT：文档，对应的类型为 Document，继承自 TextNode 类型。这就是前面介绍的文档类型。可以看到其本质上也是一个 Node 类型，只是包装起来用于表示从不同的数据源中加载的文档。

（4）INDEX：索引 Node，对应的类型为 IndexNode，继承自 TextNode 类型，在其中增加存储了对其他任意类型对象的引用，可以用于指向后面将要介绍的 Index、Retriever 对象。索引 Node 是用于完成递归检索等特殊功能的一种重要的 Node 类型。

所以，Document 和 Node 本质上都是存储文档数据及元数据的容器类型。Document 通常用于表示从数据源中读取的文档内容；Node 通常用于表示从 Document 中分割出来的数据块。

5.1.2 深入理解 Document 与 Node

下面通过一个简单的自定义的 Document 对象来直观了解其内部存储的数据结构：

```
from llama_index.core.schema import Document
import pprint
doc = Document(text='RAG是一种常见的大模型应用范式，它通过检索—排序—生成的方式生成文本。',metadata={'title':'RAG模型介绍
','author':'llama-index'})
pprint.pprint(doc.dict())
```

我们用 doc.dict 方法把其内部的数据生成字典对象，并打印出来：

```
{'class_name': 'Document',
```

```
'embedding': None,
'end_char_idx': None,
'excluded_embed_metadata_keys': [],
'excluded_llm_metadata_keys': [],
'id_': 'dbe95286-c380-4fb4-b77a-8ca0b85735df',
'metadata': {'author': 'llama-index', 'title': 'RAG模型介绍'},
'metadata_seperator': '\n',
'metadata_template': '{key}: {value}',
'relationships': {},
'start_char_idx': None,
'text': 'RAG是一种常见的大模型应用范式，它通过检索—排序—生成的方式生成文
本。',
'text_template': '{metadata_str}\n\n{content}'}
```

实际上，如果我们把这里的 Document 类型换成 TextNode 类型，就会发现打印出来的结果是完全一致的，因为 Document 对象本质上也是一个 TextNode 对象。

下面来认识一下在 Document 对象内部存储的重要属性。

（1）text：这是 Node 对象内部最基本的属性，保存了文本内容。

（2）metadata：元数据，是数据的描述信息，有非常重要的作用。

（3）id_：文档的唯一 id。可以自行设置，也可以在构造时自动生成。

（4）relationships：保存相关的文档或 Node 信息。比如，前后关系或者父子关系。

（5）embedding：嵌入模型生成的向量。类型是 List[float]，后面用于构造向量存储索引。

（6）start_char_idx/end_char_idx：表示数据在原始文档中的开始和结束位置。

5.1.3　深入理解 Node 对象的元数据

Document 对象或 Node 对象中保存了一个重要属性 metadata，及其相关的参数设置。metadata 又叫元数据，可以被理解成“描述数据的数据”，用于描述这个 Document 对象或 Node 对象所携带内容的其他相关信息，比如原始文

档、创建的时间、数据库表名、创建者信息等。比如，前面代码中的

```
{'x title':'RAG 模型介绍','author':'llama-index'})
```

就是给构造的 Document 对象设置的元数据。元数据具有以下特点。

（1）元数据类型是 dict 字典类型，由多个 key/value 对组成。

（2）在元数据中可以放入你需要的任何信息，但通常建议 value 为字符串或者数值。

（3）可以根据需要设置元数据，但有的元数据会由框架自动生成。

（4）Document 对象生成的 Node 对象会自动携带源 Document 对象的元数据。

（5）元数据会在生成向量（调用嵌入模型）或者响应（调用大模型）时和文本内容一起被输入，用于帮助模型更好地控制输出。

在后面的处理中，元数据和文本内容会被一起输入嵌入模型或者大模型中使用，那么如何输入呢？Document 类型或 Node 类型提供了一个单独的接口 get_content，用于生成将元数据和文本内容组合起来的内容。如何将元数据中的字典信息转换为字符串呢？这可以通过 Document 对象或 Node 对象的属性进行设置，这些属性如下。

（1）metadata_seperator：在构造元数据的字符串时，需要把元数据的多个 key/value 对连接起来。这是用于定义连接的分割符，默认为“\n”。

（2）metadata_template：在构造元数据的字符串时，元数据的每个 key/value 对的转换格式都用这个参数来定义，默认为“{key}:{value}”。你也可以将其修改为“{key}->{value}”。

（3）text_template：在构造元数据的字符串时，需要将该字符串与文本内容组合起来，最后发送给嵌入模型或者大模型。这个参数就是用来定义组合元数据与文本内容的，默认为{metadata_str}\n\n{content}。

（4）excluded_embed_metadata_keys：在发送给嵌入模型的内容中，元数据的哪些 key 字段需要被排除（不送入嵌入模型）。

（5）excluded_llm_metadata_keys：在发送给大模型的内容中，元数据的哪些 key 字段需要被排除（不送入大模型）。

下面构造一个相对复杂的 Document 对象来体会这几个与元数据相关的参数的意义：

```
......
doc4 = Document(
    text="百度是一家中国的搜索引擎公司。",
    metadata={
        "file_name": "test.txt",
        "category": "technology",
        "author": "random person",
    },
    excluded_llm_metadata_keys=["file_name"],
    excluded_embed_metadata_keys=["file_name",'author'],
    metadata_seperator=" | ",
    metadata_template="{key}=>{value}",
    text_template="Metadata: {metadata_str}\n-----\nContent:
{content}",
)

print("\n全部元数据：\n",
    doc4.get_content(metadata_mode=MetadataMode.ALL))
print("\n嵌入模型看到的 \n",
    doc4.get_content(metadata_mode=MetadataMode.EMBED))
print("\n大模型看到的：\n",
    doc4.get_content(metadata_mode=MetadataMode.LLM))
print("\n没有元数据：  \n",
    doc4.get_content(metadata_mode=MetadataMode.NONE))
```

这里的 Document 对象中设置了一些与元数据相关的参数，然后通过 get_content 方法来观察输出结果。首先，了解一下 get_content 方法：get_content 方法根据传入的元数据输出模式组合文本内容与元数据后输出内容，并遵循上述 text_template 等参数的设置。

有以下 4 种元数据输出模式：

```
class MetadataMode(str, Enum):
    ALL = "all"              #输出全部元数据
    EMBED = "embed"          #输出嵌入模型看到的元数据
    LLM = "llm"              #输出大模型看到的元数据
    NONE = "none"            #不需要输出元数据
```

观察上面代码中 4 种不同的元数据输出模式下的输出内容，可以很清楚地看到，在大模型和嵌入模型的输出模式下，会自动排除部分元数据（即 excluded_llm_metadata_keys 与 excluded_embed_metadata_keys 这两个参数定义的 key 所对应的内容）：

```
全部元数据：
 Metadata: file_name=>test.txt | category=>technology |
author=>random person
-----
Content: 百度是一家中国的搜索引擎公司。

嵌入模型看到的
 Metadata: category=>technology
-----
Content: 百度是一家中国的搜索引擎公司。

大模型看到的：
 Metadata: category=>technology | author=>random person
-----
Content: 百度是一家中国的搜索引擎公司。

没有元数据：
 百度是一家中国的搜索引擎公司。
```

5.1.4 生成 Document 对象

可以直接生成一个 Document 对象，也可以用数据连接器加载数据生成 Document 对象。

1. 直接生成 Document 对象

直接用文本内容作为参数，就可以生成最简单的 Document 对象，比如用多个文本片段来生成 Document 对象的数组。这在做一些测试时非常有用：

```
from llama_index.core.schema import Document,TextNode,MetadataMode
texts = ["This is a test","This is another test","This is a third test"]
```

```
docs = [Document(text=text) for text in texts]
```

2. 用数据连接器加载数据生成 Document 对象

在实际应用中，最常用的生成 Document 对象的方式是用各种数据连接器从不同的数据源中加载数据生成 Document 对象。比如，下面的代码利用简单的目录阅读器从某个目录中加载一个或者多个文档到 Document 对象数组中，并打印出生成的对象数量：

```
from llama_index.core import SimpleDirectoryReader

#加载一个 PDF 文档
docs2 = \
SimpleDirectoryReader(input_files=["../../data/Llama2PaperDataset
/source_files/llama2.pdf"]).load_data()
print("The number of documents in docs2 is: ", len(docs2))

#加载这个目录下的所有文档（共 48 个 TXT 文档）
docs3 = \
SimpleDirectoryReader("../../data/MiniTruthfulQADataset/source_fi
les").load_data()
print("The number of documents in docs3 is: ", len(docs3))
```

打印出最后生成的对象数量：

```
The number of documents in docs2 is:  77
The number of documents in docs3 is:  48
```

在这里能看到，Document 对象并不是简单地与目录中需要加载的文档一一对应，比如加载一个 PDF 文档，默认生成了 77 个 Document 对象，其实对应的是 PDF 文档的页数，而加载目录下的所有文档，生成的 Document 对象数量则和文档数量保持一致。

数据连接器将在 5.2 节详细介绍。

5.1.5　生成 Node 对象

一个 Node 对象通常代表一个 Document 对象中的一个块，这个块可以是文本（TextNode），也可以是图片（ImageNode）。Node 对象通常也有两种生成方式：直接生成或者用 Document 对象生成。

1. 直接生成 Node 对象

直接生成 Node 对象与直接生成 Document 对象几乎一样（Document 类型本来就继承自 TextNode 类型）：

```
texts = ["This is a chunk1","This is a chunk2"]
nodes = [TextNode(text=text) for text in texts]
pprint.pprint(nodes[0])
```

从输出信息中可以看到，TextNode 与 Document 本来就是同一种类型的：

```
[TextNode(id_='c5ddd431-ef5b-4126-b461-43c65beb7d67',
embedding=None, metadata={}, excluded_embed_metadata_keys=[],
excluded_llm_metadata_keys=[], relationships={}, text='This is a
chunk1', start_char_idx=None, end_char_idx=None,
text_template='{metadata_str}\n\n{content}',
metadata_template='{key}: {value}', metadata_seperator='\n')
```

2. 用 Document 对象生成 Node 对象

在实际开发中，大多数 Node 对象是用 Document 对象通过各种数据分割器（用于解析 Document 对象的内容并进行分割的组件，将在 5.3 节介绍）生成的。在下面的例子中，我们构造一个 Document 对象，然后使用基于分割符的数据分割器把其转换为多个 Node 对象：

```
......
docs = [Document(text='AIGC是一种利用人工智能技术自动生成内容的方法，这些内容可以包括文本、音频、图像、视频、代码等多种形式。\n AIGC的发展得益于深度学习技术的进步，特别是自然语言处理领域的成就，使得计算机能够更好地理解语言并实现自动化内容生成。')]

#构造一个简单的数据分割器
parser = TokenTextSplitter(chunk_size=100,
```

```
chunk_overlap=0,separator="\n")
nodes = parser.get_nodes_from_documents(docs)

for i, node in enumerate(nodes):
    print(f"Node {i}: {node.text}")
```

输出信息如下：

```
Node 0: AIGC是一种利用人工智能技术自动生成内容的方法，这些内容可以包括文本、音频、图像、视频、代码等多种形式。
Node 1: AIGC的发展得益于深度学习技术的进步，特别是自然语言处理领域的成就，使得计算机能够更好地理解语言并实现自动化内容生成。
```

由于我们设置了数据分割器使用换行符“\n”分割文本内容，因此这里的Document对象被分割成了两个Node对象。当然，在实际应用中，由于文档的格式与内容的形态非常多样，因此就存在多样的数据分割器组件和相关参数的设置，在5.3节会深入介绍。

3. 理解Node对象之间的关系

既然在通常情况下Node对象是用Document对象分割而来的，那么可以想象，分割出来的Node对象与Document对象之间、多个Node对象之间存在天然的父子或兄弟关系。LlamaIndex框架中共有5种Node对象的基础关系类型。

（1）SOURCE：代表源Node对象，比如一个Document对象。

（2）PREVIOUS：代表一个Document对象分割出的上一个Node对象。

（3）NEXT：代表一个Document对象分割出的下一个Node对象。

（4）PARENT：代表一个Node对象的父Node对象。

（5）CHILD：代表一个Node对象的子Node对象。

一个Node对象的相关Node对象的信息都存储在relationships属性中。该属性是一个字典对象，其中存储了每一种关系类型所对应的关系Node信息（RelatedNodeInfo）。下面看一个手工设置Node对象之间关系的例子：

```
nodes[0].relationships[NodeRelationship.NEXT] =
```

```
                    RelatedNodeInfo(node_id=nodes[1].node_id)
```

把第一个 Node 对象的下一个 Node 对象（NEXT 关系类型）设置成第二个 Node 对象：在 RelatedNodeInfo 对象中保存第二个 Node 对象的 node_id。

Node 对象之间的关系信息在很多时候是由框架自动生成的。比如，用 Document 对象生成多个 Node 对象时，就会在生成的 Node 对象中自动生成必要的关系信息。我们打印出生成的两个 Node 对象内的 relationships 属性：

```
Node 0 relationships:
{<NodeRelationship.SOURCE: '1'>:
RelatedNodeInfo(node_id='a66cbaa8-c6b1-4dbb-8a80-0e13534b9fe5',
node_type=<ObjectType.DOCUMENT: '4'>, metadata={},
hash='c26cd260a4ec35b565b1755e4a4ecae975a962c5cd8bf8b1ddc5c66dc40
04030'), <NodeRelationship.NEXT: '3'>:
RelatedNodeInfo(node_id='cd0aff6b-139b-4c69-8d25-4c5c0ab0356e',
node_type=<ObjectType.TEXT: '1'>, metadata={},
hash='c0f4a11d100ca248a094d055f700522350b0f7ba2b41c690a87be1d5ee4
adea0')}

Node 1 relationships:
{<NodeRelationship.SOURCE: '1'>:
RelatedNodeInfo(node_id='a66cbaa8-c6b1-4dbb-8a80-0e13534b9fe5',
node_type=<ObjectType.DOCUMENT: '4'>, metadata={},
hash='c26cd260a4ec35b565b1755e4a4ecae975a962c5cd8bf8b1ddc5c66dc40
04030'), <NodeRelationship.PREVIOUS: '2'>:
RelatedNodeInfo(node_id='72ea0260-b3d4-41cd-867e-e3410e4e20c4',
node_type=<ObjectType.TEXT: '1'>, metadata={},
hash='346fc26780860f0efbee0605bfe886ba2170c7f3acf09aa55c60c3edaa3
3602a')}
```

注意到了吗？在用 Document 对象生成 Node 对象的过程中，生成的 Node 对象中的关系信息被自动建立了。在这个例子中，第一个 Node 对象有两个关系 Node 对象：一个是 SOURCE 类型的，也就是源 Document 对象（别忘了 Document 类型也是 Node 类型）；另一个是 NEXT 类型的，也就是 Document 对象被分割成多个 Node 对象时，排在它后面的 Node 对象。第一个 Node 对象没有上一个 Node 对象（PREVIOUS 类型的）。同理，在第二个 Node 对象的输出中可以看到，它内部保存了一个 PREVIOUS 类型的关系 Node 对象，代表上一个 Node 对象，但是没有 NEXT 类型的关系 Node 对象。

5.1.6　元数据的生成与抽取

可以根据需要自行设置 Document 对象或者 Node 对象的元数据，也可以由框架在需要时自动生成 Document 对象或者 Node 对象的元数据，还可以借助框架提供的元数据抽取器来生成 Document 对象或者 Node 对象的元数据。

1. 设置与自动生成元数据

先看下面这段代码，了解如何自行设置元数据、系统如何生成元数据，以及元数据如何从 Document 对象继承到 Node 对象：

```
#手工设置元数据
doc1 = Document(text="百度是一家中国的搜索引擎公司。
",metadata={"file_name": "test.txt","category":
"technology","author": "random person",})
print(doc1.metadata)

#自动生成 Document 对象的元数据
doc2 =
SimpleDirectoryReader(input_files=["../../data/yiyan.txt"]).load_
data()
print(doc2[0].metadata)

#元数据自动继承到 Node 对象
parser = TokenTextSplitter(chunk_size=100,
chunk_overlap=0,separator="\n")
nodes = parser.get_nodes_from_documents(doc2)
print(nodes[0].metadata)
```

输出的结果如下：

```
{'file_name': 'test.txt', 'category': 'technology', 'author':
'random person'}

{'file_path': '../../data/yiyan.txt', 'file_name': 'yiyan.txt',
```

```
'file_type': 'text/plain', 'file_size': 1699, 'creation_date':
'2024-04-08', 'last_modified_date': '2024-04-07'}

{'file_path': '../../data/yiyan.txt', 'file_name': 'yiyan.txt',
'file_type': 'text/plain', 'file_size': 1699, 'creation_date':
'2024-04-08', 'last_modified_date': '2024-04-07'}
```

我们可以看到，在自动生成的 Document 对象与 Node 对象中，框架生成了基本的元数据，比如文档路径、文档名、文档类型、大小、日期等，而且用 Document 对象生成的 Node 对象会自动继承 Document 对象的元数据。

2. 使用元数据抽取器生成元数据

LlamaIndex 框架提供了一种叫元数据抽取器（MetadataExtractor）的组件，可以自动化抽取一些复杂的元数据。元数据抽取器通常会借助大模型或自定义算法来生成 Node 对象中与内容相关的额外信息，将其作为元数据。比如，内容摘要、总结性标题、抽取的内容中的一些实体信息（地点、人物等）、内容可以回答的假设性问题等。

那么抽取这类元数据的意义是什么呢？因为元数据在嵌入或者调用大模型生成时是可以携带的，所以抽取这类元数据的目的就是提供原始内容以外更丰富的语义或参考信息，用于提高检索与生成的能力。

下面介绍几个典型的元数据抽取器及其使用方法。

1）摘要抽取器：SummaryExtractor

这个抽取器用于从 Node 对象的文本内容中生成摘要。下面是例子代码：

```
from llama_index.core.extractors import SummaryExtractor
llm = Ollama(model='qwen:14b')

#自动生成 Document 对象的元数据
docs =
SimpleDirectoryReader(input_files=["../../data/yiyan.txt"]).load_
data()
summary_extractor = \
SummaryExtractor(llm=llm,
                show_progress=False,
```

```
                prompt_template="请生成以下内容的中文摘要：{context_str}
\n 摘要：",
                metadata_mode=MetadataMode.NONE)

print(summary_extractor.extract(docs))
```

上面的代码构造了一个 SummaryExtractor 类型的元数据抽取器。然后，我们用它抽取一个 Document 对象的文本摘要。控制台的输出结果如下：

```
[{'section_summary': '摘要：本文介绍了百度研发的人工智能大模型产品——文心一言。该模型具备理解、生成、逻辑和记忆四大基础能力，适用于工作、学习、生活中的各种场景，成为高效、便捷的助手和伙伴。'}]
```

简单了解一下这个元数据抽取器的几个参数。

（1）llm：我们需要借助大模型抽取摘要，因此需要传入一个大模型组件对象。

（2）prompt_template：这是在抽取摘要时给大模型的 Prompt 模板。在此处自行设置了中文 Prompt。

（3）metadata_mode：这是元数据输入模式。Node 对象的内容在输入大模型时，会携带元数据。我们要求在调用大模型生成摘要时，不要携带已有的元数据。

2）问答抽取器：QuestionsAnsweredExtractor

这个抽取器用于从给定的 Node 对象中生成其内容可以回答的问题列表（假设性问题）。我们把上面的 SummaryExtractor 函数替换成 QuestionsAnsweredExtractor 函数：

```
......
questions_extractor = \
QuestionsAnsweredExtractor(llm=llm,show_progress=False,metadata_m
ode=MetadataMode.NONE)
print(questions_extractor.extract(docs))
```

此时的输出结果变为：

```
[{'questions_this_excerpt_can_answer':'1. 文心一言的最新版本升级到了什么？这对我使用它的性能有何影响？\n\n2. 文心一言如何处理复杂的逻辑难题和数学计
```

```
算，它能提供哪些步骤或策略来帮助我解决这些问题？\n\n3. 对于需要长期记忆的任务，文心一言是如何保持信息的准确性和完整性的？\n\n4. 文心一言在生成文本时是否具有原创性？如果有，它的创意来源是什么？\n\n5. 我可以在哪些平台上找到并使用文心一言？它是否支持多种语言？'}]
```

可以看到，问答抽取器借助大模型生成了这个文档的内容所能回答的多个问题。

3）标题抽取器：TitleExtractor

这个抽取器用于给输入的 Node 对象的内容生成标题：

```
title_extractor =\
TitleExtractor(llm=llm,show_progress=False,metadata_mode=Metadata
Mode.NONE)
print(title_extractor.extract(docs))
```

从输出结果中可以看到标题抽取器借助大模型给文档内容抽取的标题：

```
[{'document_title': '"深入解析：百度文心一言——人工智能对话助手的革新功能与广泛应用研究"\n'}]
```

深入探索一下这个抽取器：如果把一个 Document 对象分割出来的多个 Node 对象传给它，结果会怎么样呢？

```
parser = TokenTextSplitter(chunk_size=300,
chunk_overlap=0,separator="\n")
nodes = parser.get_nodes_from_documents(docs)
for node in nodes:
   print(node.ref_doc_id)

title_extractor =
TitleExtractor(llm=llm,metadata_mode=MetadataMode.NONE)
print("\nTitle extracted:", title_extractor.extract(nodes))
```

我们把一个 Document 对象分割成多个 Node 对象，然后把它们传给标题抽取器。在此之前，打印出每个生成的 Node 对象所引用的 Document 对象的 ID（ref_doc_id)。打印的结果如下：

```
cc919439-8a2e-4770-8e9d-f2258ce3e5dd
```

```
cc919439-8a2e-4770-8e9d-f2258ce3e5dd
cc919439-8a2e-4770-8e9d-f2258ce3e5dd

Title extracted:
 [{'document_title': '"百度文心一言：人工智能语言助手的深度解析与功能展示"\n'}, {'document_title': '"百度文心一言：人工智能语言助手的深度解析与功能展示"\n'}, {'document_title': '"百度文心一言：人工智能语言助手的深度解析与功能展示"\n'}]
```

观察打印的结果，大致可以得出以下两个结论。

（1）打印的 ref_doc_id 是相同的，说明所有的 Node 对象都来自同一个 Document 对象。

（2）多个 Node 对象生成的标题是相同的，说明抽取器生成的标题是文档级别的，即具有相同 ref_doc_id 的不同 Node 对象输出的标题是一样的。

通过元数据抽取器获得的元数据可以自行设置到对应的 Node 对象的元数据中，如：

```
titles = extractor.extract(nodes)
for idx, node in enumerate(nodes):
    node.metadata.update(titles[idx])
```

5.1.7　初步了解 IndexNode 类型

IndexNode 是一种在 TextNode 类型的基础上扩展的 Node 类型。除了具备 TextNode 类型的基本属性，IndexNode 类型还可以带有指向其他 Node 类型或者对象的引用。这种指向可以通过以下两种方式实现。

（1）通过 index_id 属性：通过 index_id 属性保存其他对象的 id（比如 node id）来指向。

（2）通过 obj 属性：通过 obj 属性保存其他对象的引用（比如检索器）来指向。

IndexNode 类型与 TextNode 类型的继承与扩展关系如图 5-2 所示。

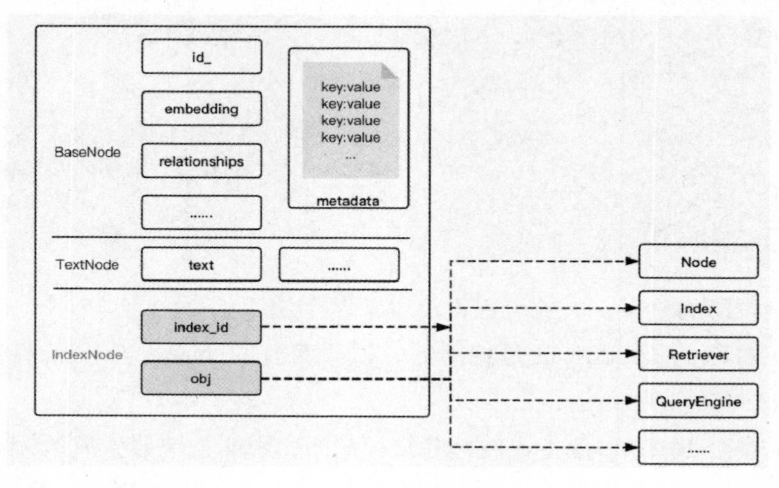

图 5-2

在 IndexNode 类型中通过 index_id 属性或者 obj 属性指向的对象可以是很多类型的，比如其他的 Node、Index、Retriever 或者 QueryEngine 类型的对象。其主要的作用是在检索器检索出 IndexNode 对象时，根据其中的 index_id 属性或者 obj 属性的指向进行递归操作，最典型的作用就是实现递归检索，其常用在以下两个方面。

（1）根据摘要 Node 找到完整的内容 Node。

（2）根据一级 Node 找到二级检索需要的检索器或者查询引擎。

IndexNode 类型与递归检索的应用将在高级篇中深入介绍。

5.2 数据加载

数据连接器（也可以称为数据阅读器或者数据加载器）的作用是加载不同来源、不同访问接口与协议、不同格式的数据，提取出包含内容与元数据的 Document 对象，用于后面的统一处理（嵌入、索引、检索等）。

5.2.1 从本地目录中加载

在之前构造 Document 对象时曾经使用过一种数据加载组件：SimpleDirectoryReader，即简单目录阅读器，用于从本地目录中加载不同格式的文档。除此之外，在 LlamaIndex 框架中还可以直接使用大量第三方提供的数据连接器。

使用 SimpleDirectoryReader 组件是将本地目录中的文档加载成 Document 对象的最简单方法。SimpleDirectoryReader 组件从给定的目录中读取全部或者部分文档，并自动根据扩展名检测文档类型，采用不同的读取组件完成加载。SimpleDirectoryReader 组件支持以下常见的文档类型（随着版本升级可能会增加）。

（1）.csv：逗号分隔字段的多条记录。

（2）.docx：Microsoft Word 格式的文档。

（3）.ipynb：Jupyter 笔记本。

（4）.jpeg/.jpg：JPEG 图像。

（5）.md：Markdown 格式的文档。

（6）.mp3/.mp4：音频和视频。

（7）.pdf：PDF 格式的文档。

（8）.png：便携式网络图形格式的文档。

（9）.ppt/.pptx：Microsoft PowerPoint 格式的文档。

SimpleDirectoryReader 是一种简单、强大的数据加载组件。我们有必要了解它的一些常用参数，以便更好地应用，见表 5-1。

表 5-1

参数	类型	说明
input_dir	str	需要加载的目录路径
input_files	List	需要加载的文档列表，会覆盖 input_dir、exclude
exclude	List	需要排除的文档列表，支持文档通配符语法
exclude_hidden	bool	是否排除隐藏的文档
encoding	str	编码方式，默认为 utf-8

续表

参数	类型	说明
recursive	bool	是否加载子目录，默认为 False
filename_as_id	bool	是否把源文档名作为 doc_id，默认为 False
required_exts	Optional[List[str]]	限制需要加载的文档扩展名列表
file_extractor	Optional[Dict[str, BaseReader]]	一个字典，用于根据文档扩展名指定对应的 BaseReader 类，用于把文档转换为文本
num_files_limit	Optional[int]	处理文档最大数量
file_metadata	Optional[Callable[str, Dict]]	一个处理函数，用于根据文档名生成指定的元数据
raise_on_error	bool	在遇到文档读取错误时是否抛出异常
fs	Optional[AbstractFileSystem]	文档系统，默认为本地文档系统，可以指定成网络文档系统

下面深入了解 SimpleDirectoryReader 组件的一些用法。

1. 快速加载不同类型的文档

下面看一下 SimpleDirectoryReader 组件对不同类型的文档的加载效果，使用以下核心代码：

```
......
#定义一个打印 Document 数组的方法，这个方法在后面经常使用
def print_docs(docs:list[Document]):
    print('Count of documents:',len(docs))
    for index,doc in enumerate(docs):
        print("-----")
        print(f"Document {index}")
        print(doc.get_content(metadata_mode=MetadataMode.ALL))
        print("-----")

#设置多种不同类型的原始文档
input_files = [
    "../../data/1-news.txt",
    "../../data/2-novels.docx",
    "../../data/3-taxquestions.csv",
    "../../data/4-taxquestions.pdf",
    "../../data/5-python.md",
    "../../data/6-chatdata.png",
]
```

```
reader = SimpleDirectoryReader(input_files=input_files)
print_docs(reader.load_data())
```

这里的代码使用几种最常见类型的本地文档作为 SimpleDirectoryReader 组件的输入，然后打印出加载后生成的 Document 对象的内容（包含元数据）。观察输出的结果，可以得到以下结论。

（1）默认只会读取输入文档中的文本内容，并设置 Document 对象的 text 属性。

（2）原始的输入文档并不总是与 Document 对象直接对应的（虽然在大部分时候是对应的）。

（3）加载的 PDF 文档会默认按照页数分成多个 Document 对象。

（4）加载的 Markdown 文档会默认在标题处分割成多个 Document 对象。

（5）图片在默认的情况下不会生成 Base64 的字符串编码，也不会做光学字符识别（Optical Character Recognition，OCR）技术解析。

2. 控制底层文档读取行为的参数

大部分 SimpleDirectoryReader 组件的输入参数都比较容易理解，但是需要特别解释 file_extractor 参数。这是一个用于控制底层文档读取行为的可插入的组件。通过设置这个参数，你可以控制 SimpleDirectoryReader 组件的底层文档读取行为。

比如，在默认的情况下，SimpleDirectoryReader 组件对图片不会做任何额外的智能处理，只会生成基本的元数据，比如文档路径、创建与修改时间等，但是这样的信息对于 RAG 应用的价值是有限的。比如，在后期如果想借助多模态大模型生成图片向量并用于检索，那么可能需要先把图片转换为 Base64 编码的。又如，一张图片中带有大量有价值的文字信息，在加载时希望借助 OCR 技术来提取文本，就需要指定专门的阅读器或者定制自己的阅读器。

比如，要针对上面的图片，指定一个阅读器，可以这么做：

```
#从阅读器中导入 ImageReader 组件
from llama_index.readers.file import ImageReader
```

```
#图片阅读器
image_reader = ImageReader(keep_image=True)
reader = \
SimpleDirectoryReader(input_files=[input_files[5]],
                      file_extractor={".png":image_reader})
print(reader.load_data()[0].image)
```

在代码中选择了一个 PNG 文档进行加载，并且通过 file_extractor 参数指定了 PNG 文档的阅读器为 image_reader，而这个阅读器设置了参数 keep_image=True。这代表要求其在生成的 Document 对象中保留原始图片的完整 Base64 编码内容。

打印生成的 Document 对象中的图片属性的详细内容，可以看到其成功保存了图 5-3 所示的完整的 Base64 编码内容。

/9j/4AAQSkZJRgABAQAAAQABAAD/2wBDAAgGBgcGBQgHBwcJCQgKDBQNDAsLDBkSEw8UHRo
wBDAQkJCQwLDBgNDRgyIRwhMjIyMjIyMjIyMjIyMjIyMjIyMjIyMjIyMjIyMjIyMjIyMjIy
AAAQUBAQEBAQEAAAAAAAAAAAECAwQFBgcICQoL/8QAtRAAAgEDAwIEAwUFBAQAAAF9AQIDA
YGRolJicoKSo0NTY3ODk6Q0RFRkdISUpTVFVWV1hZWmNkZWZnaGlqc3R1dnd4eXqDhIWGh4
ytLT1NXW19jZ2uHi4+Tl5ufo6erx8vP09fb3+Pn6/8QAHwEAAwEBAQEBAQEBAQAAAAAAAAE
SExBhJBUQdhcRMiMoEIFEKRobHBCSMzUvAVYnLRChYkNOEl8RcYGRomJygpKjU2Nzg5OkNE
mKkpOUlZaXmJmaoq0kpaanqKmqsrO0tba3uLm6wsPExcbHyMnK0tPU1dbX2Nna4uPk5ebn6
oooAKKKKACiiigAooooAKKKKAEopaMUCEopcUUAFFFJQAtFJRQAUUUUxCUUuKKAEpaKKACi
KKACiiigAooooAKKKKACiiigAooooAKKKKACiiigAooooAKKKKACiiigAooooAKKKKACiii
wooooEFFFFAXCiiigoKKKKACiiigAooooAKKKKACiiigAooooAKKKKACiiigAooooAKKKKA
0AFJmloxQAUUUUAFFFFAwzS5pKKACiiigApaSlpAFFFFAwooooAKKKKACiiigAooooAKKKK

图 5-3

如果你需要阅读器能够使用 OCR 技术识别图片中的文字，那么可以设置 parse_text = True（需要下载必需的 OCR 库）并自行测试。

关于图片与多模态文档的加载与检索涉及较多复杂的问题，将在高级篇中深入介绍。

3. 自定义文档阅读器

前面对内置的 ImageReader 图片阅读器进行参数设置以后，改变了底层文档读取行为。那么如果碰到一个不支持的文档类型或者需要对某种文档类型定义特殊的读取行为怎么办呢?

设计一个有趣的场景：假设有一个.psql 文档。这个文档中存储了一个

PostgreSQL 数据库的执行语句。现在你需要设计一个阅读器来读取这个文档，而且要求读取时自动执行这个文档中的 SQL 语句，并将结果作为生成的 Document 对象的内容，那么应该如何处理呢？

你需要构造一个特殊的 PSQLReader 类，这个阅读器必须从 BaseReader 类中派生，并实现 load_data 这个核心接口。下面看一下主要的代码：

```
......
class PSQLReader(BaseReader):
def __init__(self,*args: Any,**kwargs: Any,) -> None:
        super().__init__(*args, **kwargs)

    def load_data(self,file:Path,extra_info: Optional[Dict]=None) ->
List[Document]:
        with open(file) as f:
            content = f.read()

    #执行这个文档中的 SQL 语句，获得"result"
        result = execute_sql_and_return_results(content)

        metadata={'file_suffix':'SQL'}
        if extra_info:
            metadata = {**metadata, **extra_info}

        #将"result"作为"text"生成 Document 对象
        return [Document(text=result, metadata=metadata)]
```

这里需要实现一个简单的 execute_sql_and_return_results 辅助函数：

```
import psycopg2
def execute_sql_and_return_results(sql: str) -> str:
    conn = psycopg2.connect(
        host="localhost",
        user="postgres",
        password="******",
        database="postgres"
    )
    cur = conn.cursor()
    cur.execute(sql)
```

```
    results = []
    for result in cur:
        results.append(str(result))

    conn.close()
    return "\n".join(results)
```

现在，你就可以使用这个自定义的文档读取器来加载.psql 文档了，而且在加载时会自动把 SQL 语句转换成执行结果：

```
reader = SimpleDirectoryReader(
    input_files=['../../data/9-test.psql'],
file_extractor={".psql": PSQLReader()}
)
documents = reader.load_data()
print_docs(documents)
```

打印并观察输出结果，注意 Document 对象的内容部分是 SQL 语句的执行结果：

```
Count of documents: 1
-----
Document 0
file_suffix: SQL
file_path: ../../data/9-test.psql
file_name: 9-test.psql
file_size: 25
creation_date: 2024-04-18
last_modified_date: 2024-04-18

(1, 'tom')
(2, 'george')
-----
```

4. 自定义元数据的生成

我们再来看一下 SimpleDirectoryReader 组件的另一个重要参数 file_metadata。这是一个可选的函数类型：你可以用函数来指定某一批文档加载时的元数据生成逻辑，而不是让框架默认生成（如果你使用的是自定义的文档读取器，那么可以在 load_data 方法中自由设置 metadata 属性，无须设置这个参数）。

下面是一个简单的功能演示的例子：

```
#元数据生成函数
def gen_metadata(file):
    return {"catagory": "technology", "author": "random person",
"file_name": file}

reader = \

SimpleDirectoryReader(input_files=[input_files[0]],file_metadata=
gen_metadata)
print_docs(reader.load_data())
```

这里的 gen_metadata 函数中自定义了元数据的结构，因此最后生成的 Document 对象中的元数据将采用这个结构。打印出内部的元数据如下：

```
Count of documents: 1
-----
Document 0
catagory: technology
author: random person
file_name: ../../data/1-news.txt
```

5.2.2　从网络中加载数据

除了从本地目录中加载数据，借助各种数据连接器从外部数据源中加载数据是另一种常见的业务场景。对于企业级应用来说，这些数据源可以是数据库、网络云、网站、SaaS 应用、第三方大数据提供商等。LlamaIndex 框架通过 LlamaHub 网络平台统一提供这类数据连接器。你可以自行查看不同的数据连接器及其用法，并将其集成到自己的应用中。你也可以自己开发新的数据连接器并将其共享到 LlamaHub 网络平台。

开发新的数据连接器需要从框架中的 BaseReader 类派生，并实现 load_data 方法。下面看一下在常见的场景中如何从网络中加载数据。

1. 从 Web 网站上加载网页内容和知识

从 Web 网站上加载网页内容和知识是一种很常见的业务场景。比如，读取门户网站上的产品内容、内部知识库网站的内容，或者从互联网上加载共享的数据等。借助 Python 强大的网络爬虫开发库，实现从 Web 网站上加载网页内容和知识并不复杂。LlamaIndex 框架中也封装了常见的 Web 网络加载组件，无须自行开发。

下面介绍几个最常见的 Web 网页加载组件的使用。

1）SimpleWebPageReader

该组件用于简单地读取网页。输入 URL 的列表后，会输出 HTML 网页或者文本（可以通过 html_to_text 参数进行设置）：

```
from llama_index.readers.web import SimpleWebPageReader
web_loader = SimpleWebPageReader(html_to_text=True)
docs = \
web_loader.load_data(urls=["https://cloud.bai**.com/doc/COMATE/s/
rlnvnio4a"])
print_docs(docs)     #自定义的打印 docs 变量的方法
```

执行上面的代码后，会抓取全部对应 URL 的网页内容，并将其转换为文本。

2）BeautifulSoupWebReader

BeautifulSoup 是一个有名的从 HTML 网页上提取数据的 Python 库。它可以轻易地把一个网页上的内容解析成 BeautifulSoup 对象，然后通过多种方式来灵活地解析与提取网页内容，因此更适合需要自定义网页内容提取方式的场合，毕竟 SimpleWebPageReader 组件只能简单地提取全部网页内容，缺乏足够的灵活性。

下面是一个使用 BeautifulSoupWebReader 组件提取网页内容的例子：

```
from llama_index.readers.web import BeautifulSoupWebReader
```

```
#定义一个个性化的网页内容提取方式
def _baidu_reader(soup: Any, url: str, include_url_in_text: bool =
True) ->
    Tuple[str, Dict[str, Any]]:
    main_content = soup.find(class_='main')
    if main_content:
       text = main_content.get_text()
    else:
       text = ''
    return text, {"title":
soup.find(class_="post__title").get_text()}

web_loader = \
BeautifulSoupWebReader(website_extractor={"cloud.bai**.com":_baid
u_reader})

docs = \
web_loader.load_data(urls=["https://cloud.baidu.com/doc/COMATE/s/
rlnvnio4a"])
print_docs(docs)
```

这里使用 BeautifulSoupWebReader 组件作为 Web 网页的加载器，指定了 website_extractor 这样一个参数。这个参数允许你对不同网站设置不同的网页内容提取方式。比如，这里要求针对来自 cloud.baidu.com 的网页，使用 _baidu_reader 这个阅读器来提取内容。

阅读器会获得一个 BeautifulSoup 类型的对象，然后可以使用其支持的各种方式来解析网页元素与提取内容。比如，这里要求提取 class="main"的元素 Node 下面的文本，以去除网页上的多余内容。

自定义的提取方式还可以返回个性化的元数据信息，注意代码中提取了 class="post__title"的元素内容作为元数据的一项信息。

从最后的打印结果中可以看到已经将网页标题成功提取到元数据中。

```
Count of documents: 1
-----
Document 0
URL: https://cloud.bai**.com/doc/COMATE/s/rlnvnio4a
title: 产品定价
文档中心智能代码助手公有云 COMATE 产品定价……
……
```

2. 加载数据库的数据

在企业级应用，特别是以数据为中心的应用中，大量的数据或知识会存储在关系数据库中，那么如何直接从这些数据库中读取数据并将其提取成 Document 对象呢？下面先看一个现成的 DatabaseReader 组件的用法：

```
from llama_index.readers.database import DatabaseReader
from llama_index.core.schema import Document,TextNode,MetadataMode
db = DatabaseReader(
    scheme="postgresql",  # Database Scheme
    host="localhost",  # Database Host
    port="5432",  # Database Port
    user="postgres",  # Database User
    password="*****",  # Database Password
    dbname="postgres",  # Database Name
)
docs = db.load_data(query="select * from questions")
print_docs(docs)
```

DatabaseReader 组件的使用非常简单，只需要构造一个实例（提供多种方式），然后调用 load_data 方法即可。这里使用 SQL 语句查询了数据库的 questions 表中的数据，并将其构造成 Document 对象，输出如下：

```
Count of documents: 2
-----
Document 0
id: 1, question: 文心一言是什么？, answer: 文心一言是百度公司的大模型产品，用于提供 AI 智能文本生成、对话与推理的能力., createtime: 2024-01-01
-----
-----
Document 1
id: 2, question: LlamaIndex 框架有什么用？, answer: LlamaIndex 可以用于开发基于大模型的应用程序，提供了大量可用的开发组件与工具，简化开发过程，提高开发效率, createtime: 2024-01-02
-----
```

下面深入了解 DatabaseReader 组件的源代码，看一看发生了什么：

```
......
from llama_index.core.utilities.sql_wrapper import SQLDatabase
from sqlalchemy import text
from sqlalchemy.engine import Engine
class DatabaseReader(BaseReader):
    ......省略初始化代码......

    def load_data(self, query: str) -> List[Document]:
        """
        查询数据库，返回 Document 对象
        Args:
            query (str): SQL 语句
        Returns:
            List[Document]: Document 对象的列表
        """
        documents = []
        with self.sql_database.engine.connect() as connection:
            if query is None:
                raise ValueError("A query parameter is necessary to
filter the data")
            else:
                #执行 SQL 语句，获得结果
                result = connection.execute(text(query))

            for item in result.fetchall():
                doc_str = ", ".join(
                    [f"{col}: {entry}" for col, entry in
zip(result.keys(), item)]
                )
                documents.append(Document(text=doc_str))
        return documents
```

我们看到 DatabaseReader 组件借助 Python 的 sqlalchemy 库来封装数据库访问的引擎，然后在 load_data 方法中通过引擎连接数据库并执行 SQL 语句，最后把返回的结果通过固定的格式形成 Document 对象进行输出。

3. 自定义网络数据加载器

假如你的数据放在国内阿里云的对象存储服务（Object Storage Service，

OSS）上，而 LlamaIndex 框架中又没有开箱即用的 OSS 连接器，那么你可以自行设计并实现一个 OSSReader 从 OSS 中直接读取数据并将其提取成 Document 对象，从而省略麻烦的手工导入过程。

下面看一下简单的代码实现：

```
......
class AliOSSReader(BaseReader):
    def __init__(
        self,
        bucket_name: str,
        access_key_id: Optional[str] = None,
        access_key_secret: Optional[str] = None,
        endpoint: Optional[str] = None,
        *args: Any,
        **kwargs: Any,
) -> None:

        #参考 OSS SDK 的规范初始化 bucket 对象
        access_key_id = access_key_id or os.getenv('ACCESS_KEY_ID')
        access_key_secret = \
                        access_key_secret or
os.getenv('ACCESS_KEY_SECRET')
        endpoint = endpoint or os.getenv('ENDPOINT')

        if access_key_id and access_key_secret and endpoint and
bucket_name:
            auth = oss2.Auth(access_key_id, access_key_secret)
            self.bucket = oss2.Bucket(auth, endpoint, bucket_name)
        else:
            raise ValueError("Please provide access_key_id,
access_key_secret, endpoint and bucket_name")

    #加载文档，这里支持文档通配符
    def load_data(self, object_names: List[str]) -> List[Document]:
        documents = []
        for object_pattern in object_names:
            for object_info in oss2.ObjectIterator(self.bucket):
                if fnmatch.fnmatch(object_info.key, object_pattern):
                    content =
self.bucket.get_object(object_info.key).read()
```

```
                document = Document(text=content,
metadata={"file_name": object_info.key})
                documents.append(document)
        return documents
......
```

我们从BaseReader类中派生构造了一个新的AliOSSReader。AliOSSReader通过阿里云官方的OSS SDK进行文档读取，并且支持一次传入多个文档及文档通配符。当然，这里仅支持直接读取文本格式的云上数据，如果需要支持更复杂的格式（比如Excel文档/图片），那么可以把文档先下载到本地再借助框架内的阅读器来完成，此处不再实现。

5.3 数据分割

在数据连接器将不同来源的文档加载并提取成Document对象以后，我们需要对这些Document对象进一步解析与分割，形成更小粒度的数据块，即Node对象。这些Node对象将会作为后面索引与检索等阶段的基本处理单元。这种对文档进行解析与分割的组件通常被称为分割器（Splitter）或者解析器（Parser）。我们接触得最多的是文本分割器（TextSplitter）。

为什么不直接用Document对象作为索引与检索的单位呢？

尽管较大的数据块具备与携带了更完备的内容与语义信息，但是降低了检索时召回数据块的精确性（就好像在关系数据库中把所有的数据都存储在一条记录中一样），进而会影响后面响应并生成的质量。因此，需要把加载生成的Document对象与分割形成的Node对象在两个层区分，以提供更大的灵活性。在不同的场景中，需要根据实际情况更好地控制数据分割的方法与粒度。

5.3.1 如何使用数据分割器

数据分割器的使用方法与很多组件的使用方法类似。数据分割器既可以独立使用，也可以插入其他组件中被自动调用。数据分割器的输入通常是一个

Document 对象的列表，其输出则是一个 Node 对象的列表，而输出的每个 Node 对象都是来自 Document 对象的一个特定子块，而且会自动继承 Document 对象的元数据。

1. 独立使用

用以下代码快速构造一个数据分割器，就可以对文档进行分割，比如：

```
from llama_index.core.node_parser import SentenceSplitter
splitter = SentenceSplitter()
nodes = splitter.get_nodes_from_documents([Document(text="This is a test.\n haha!")])
```

代码里的 SentenceSplitter 是常用的一种数据分割器，没有传入任何初始化参数，全部使用了默认设置，这是最简单的用法。更多的参数设置将在后面介绍。

简单了解 LlamaIndex 框架中数据分割器的继承链（以 SentenceSplitter 为例，如图 5-4 所示）。

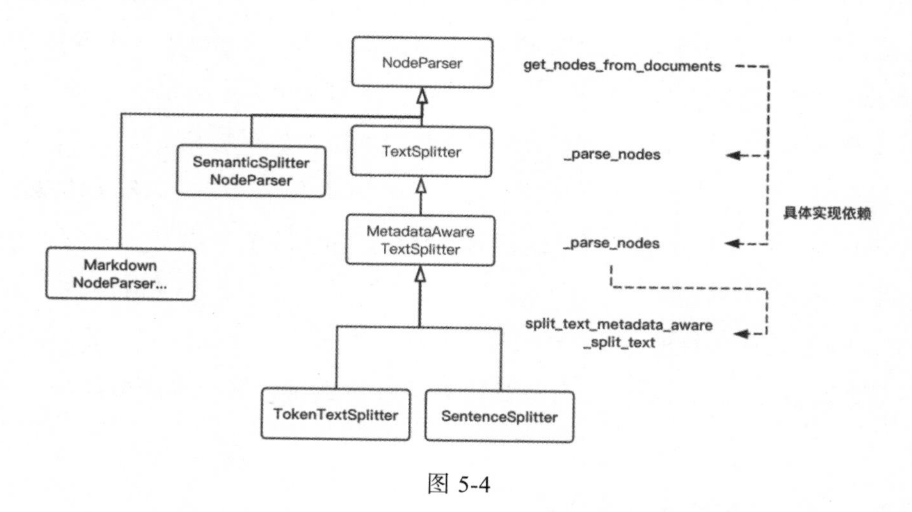

图 5-4

所有的数据分割器都继承自 NodeParser 这个基础类型。该类型会实现 get_nodes_from_documents 这个最核心接口的基本逻辑（构造分割后的 Node 对象之间的关系、形成内部的关系信息及继承元数据，都在这里完成），但分割形成 Node 对象的逻辑最终会依赖具体的 Node 分割器，比如文本分割的逻辑最后由内部方法 _split_text 完成。

2. 插入其他组件中被自动调用

你还可以把构造的数据分割器通过输入参数插入其他组件中，这些组件会在工作的过程中自动调用数据分割器进行 Document 对象的解析与分割。比如，如果直接用 Document 对象构造向量存储索引，那么可以把构造的数据分割器作为一个转换器交给索引对象，它会在构造索引之前自动调用数据分割器把 Document 对象解析与分割成多个 Node 对象：

```
index = VectorStoreIndex.from_documents(
    documents,
    transformations=[SentenceSplitter(chunk_size=1024,
chunk_overlap=20)],
)
```

转换器会在 5.4 节详细介绍。

5.3.2　常见的数据分割器

本节介绍几种常见的数据分割器及其使用方法，以及数据分割器简单的内部实现原理。

1. 文本分割的底层方法

在 LlamaIndex 框架中，对 Document 对象的文本分割方法有 4 种。无论使用什么类型的文本分割器，基础的文本分割都是用这 4 种方法之一或它们的组合。所以，我们先认识一下这 4 种简单的文本分割方法。

我们可以用以下代码调用这 4 种基础的文本分割方法并查看具体效果：

```
from llama_index.core.node_parser.text.utils import (
    split_by_char,
    split_by_regex,
```

```
    split_by_sentence_tokenizer,
    split_by_sep,
)
fn = split_by_sep("\n")
result = fn('Google公司介绍 \n Google是一家搜索引擎与云计算公司，总部位于美国加利福尼亚州山景城。主要产品是搜索引擎、广告服务、企业服务、云计算等。')
print(result)
print("Size of the result array:", len(result))

fn = split_by_sentence_tokenizer()
result = fn('Google公司介绍 \n Google是一家搜索引擎与云计算公司，总部位于美国加利福尼亚州山景城。主要产品是搜索引擎、广告服务、企业服务、云计算等。')
print(result)
print("Size of the result array:", len(result))

fn = split_by_regex("[^,.;。？！]+[,.;。？！]?")
result = fn('Google公司介绍 \n Google是一家搜索引擎与云计算公司，总部位于美国加利福尼亚州山景城。主要产品是搜索引擎、广告服务、企业服务、云计算等。')
print(result)
print("Size of the result array:", len(result))

fn = split_by_char()
result = fn('Google公司介绍 \n Google是一家搜索引擎与云计算公司，总部位于美国加利福尼亚州山景城。主要产品是搜索引擎、广告服务、企业服务、云计算等。')
print(result)
print("Size of the result array:", len(result))
```

输出结果如下：

```
['Google公司介绍 ', '\n Google是一家搜索引擎与云计算公司，总部位于美国加利福尼亚州山景城。主要产品是搜索引擎、广告服务、企业服务、云计算等。']
Size of the result array: 2
['Google公司介绍 \n Google是一家搜索引擎与云计算公司，总部位于美国加利福尼亚州山景城。主要产品是搜索引擎、广告服务、企业服务、云计算等。']
Size of the result array: 1
['Google公司介绍 \n Google是一家搜索引擎与云计算公司，总部位于美国加利福尼亚州山景城。', '主要产品是搜索引擎、广告服务、企业服务、云计算等。']
Size of the result array: 2
['G', 'o', 'o', 'g', 'l', 'e', '公', '司', '介', '绍', ' ', '\n', ' ', 'G', 'o', 'o', 'g', 'l', 'e', '是', '一', '家', '搜', '索', '引', '擎', '与', '云', '计', '算', '公', '司', '，', '总', '部', '位', '于', '美', '国', '加', '利', '福', '尼', '亚', '州', '山', '景', '城', '。
```

```
', '主', '要', '产', '品', '是', '搜', '索', '引', '擎', '、', '广', '告', '服', '务', '、', '企', '业', '服', '务', '、', '云', '计', '算', '等', '。']
Size of the result array: 74
```

从输出结果中能明显看到不同的文本分割方法产生的效果不同。

（1）分割符分割 split_by_sep：按照指定的分割符进行分割。这里输入了换行字符“\n”，所以这段文本从“\n”开始被分割成了两个部分。

（2）句子分割 split_by_sentence_tokenizer：利用 nltk 这个自然语言处理工具库，使用无监督算法将大文本分割成句子列表，但是需要预先有目标语言的训练数据包，目前不支持中文，所以这里没有分割。

```
#split_by_sentence_tokenizer 的实现
import nltk
tokenizer = nltk.tokenize.PunktSentencetokenizer()
def split(text: str) -> List[str]:
    spans = list(tokenizer.span_tokenize(text))
    sentences = []
    for i, span in enumerate(spans):
        start = span[0]
        if i < len(spans) - 1:
            end = spans[i + 1][0]
        else:
            end = len(text)
        sentences.append(text[start:end])
    return sentences
```

（3）正则表达式分割 split_by_regex：利用正则表达式将文本提取成多个句子。这是比较简单也比较适合中文的一种处理方法。

（4）字符分割 split_by_char：简单地按字符进行分割。很显然，这是最粗暴的分割方法，很容易丢失语义信息，因此在实际应用中一般不会使用。

虽然文本的分割逻辑是基础，但是在将 Document 对象解析与分割成多个 Node 对象的过程中，还需要处理以下由框架完成的额外工作。

（1）构造 Node 对象的其他相关属性，比如在原始文档中的位置。

（2）构造 Node 对象的元数据，包括从 Document 对象中继承的及新抽取的部分。

（3）生成 Node 对象的内部关系数据，即生成 relationships 属性。

了解文本分割的方法有助于理解与使用下面介绍的几种开箱即用的文本分割器。

2. 理解 chunk_size 与 chunk_overlap 参数

在使用不同的文本分割器时，会涉及两个参数 chunk_size 与 chunk_overlap。不仅在使用分割器时需要关注与设置这两个参数，而且它们对后面的 RAG 应用优化有重要的意义，因此在这里先深入地介绍。

从字面上的意思来看，这两个参数的含义比较明确，分别用于限制要分割出的文本块（即新的 Node 对象的文本内容）的大小，以及限制不同的文本块重叠部分的大小。如果你研究框架中这两个参数的相关代码，那么会发现以下几点。

（1）这两个参数的计算，用的是文本内容包含的 token 数量，而非简单的字符串长度。

这里的 token 就是大模型输入和输出的 token。LlamaIndex 框架默认使用了 OpenAI 开放的 Python 分词库 tiktoken 来计算文本的 token 数量。这个库允许针对 OpenAI 的不同模型设置有针对性的 token 词汇表。下面看一个简单的测试：

```
import tiktoken
import re
enc = tiktoken.encoding_for_model("gpt-3.5-turbo")
print('length of tokens:',len(enc.encode('Google公司是一家搜索引擎公司。')))
print('length of string:',len('Google公司是一家搜索引擎公司。'))
```

代码中对比了字符串的长度与 token 数量，最后的输出结果如下：

```
length of tokens: 12
length of string: 18
```

可以看到，在通常情况下字符串的长度与 token 数量并不相等，但没有达到数量级上的差异。如果你需要对这部分做精确控制，那么需要替换这里的 tiktoken 分词库。

（2）这两个参数只是上限参数，而非绝对等值参数。

或者说，并不能确保分割出的文本块的大小绝对等于这个参数值，但会小于这个值。其原因正如前文介绍的，在分割文本时并不是简单地逐个处理字符，而且 chunk_size 也不是按照字符长度计算的，因此无法确保某个分割出的文本块的精确大小。

（3）默认 chunk_size 包含元数据的大小。

实际限定的文本块的大小会比 chunk_size 参数值更小一些，它会去掉 Node 对象包含的元数据的大小（也是用 token 来衡量的）。这是由于元数据会默认和 Node 对象的文本内容一起用于构造索引并输入大模型中。

（4）分割器会尽量确保分割出的文本块的大小接近 chunk_size 参数值。

分割器在对 Document 对象的文本内容进行分割后，会再次执行合并算法（Merge）来尝试合并已经分割出的文本块，并尽量使其大小接近 chunk_size 参数值，且重叠部分的大小接近 chunk_overlap 参数值。如果你有兴趣，那么可以简单地研究下面这个 def_merge 算法：

```
#将分割好的文本块(splits)尝试合并成接近 chunk_size 参数值的块
   def _merge(self, splits: List[str], chunk_size: int) -> List[str]:
chunks: List[str] = []
        cur_chunk: List[str] = []
        cur_len = 0
        for split in splits:
            split_len = len(self._tokenizer(split))

            # 如果在添加新的分割后超过了块大小,
            # 那么需要结束当前的块, 并构造一个新的块
            if cur_len + split_len > chunk_size:
                chunk = "".join(cur_chunk).strip()
                if chunk:
                    chunks.append(chunk)

                # 构造一个新的块,但注意保留重叠部分
                # 一直弹出前一个块的第一个元素, 直到:
                #   1. 当前块的大小小于块重叠部分的大小
                #   2. 总大小小于块大小
                while cur_len > self.chunk_overlap or cur_len +
split_len > chunk_size:
```

```
                # 弹出第一个元素
                first_chunk = cur_chunk.pop(0)
                cur_len -= len(self._tokenizer(first_chunk))

            cur_chunk.append(split)
            cur_len += split_len

        # 处理最后一个块
        chunk = "".join(cur_chunk).strip()
        if chunk:
            chunks.append(chunk)
        return chunks
```

3. 理解与使用 TokenTextSplitter

我们首先介绍的文本分割器是 TokenTextSplitter，它是基于指定分割符进行文本分割的最基础的分割器。

```
......
docs = [Document(text="Google公司介绍 \n Google是一家搜索引擎与云计算公司 \n 总部位于美国加利福尼亚州山景城。主要产品是搜索引擎、广告服务、企业服务、云计算等。")]
splitter = TokenTextSplitter(
    chunk_size=50,
    chunk_overlap=0,
    separator="\n",
    backup_separators=["。"]
)
nodes = splitter.get_nodes_from_documents(docs )
print_nodes(nodes)
```

TokenTextSplitter 对 Document 对象的文本内容的分割方法如下：

按优先级使用以下 3 个基础分割方法，直到分割出的每个文本块的大小都小于 chunk_size 参数值。

（1）基于分割符分割（基于参数 separator）。

（2）基于分割符分割（基于参数 backup_separators）。

（3）基于字符分割。

因此，控制 TokenTextSplitter 行为的主要参数除了 chunk_size、chunk_overlap，还有 separator 和 backup_separators。上面代码的输出结果如下：

```
Count of nodes: 2
-----
Node 0
Google 公司介绍
Google 是一家搜索引擎与云计算公司
-----
-----
Node 1
总部位于美国加利福尼亚州山景城。主要产品是搜索引擎、广告服务、企业服务、云计算等。
-----
```

由于这里的代码要求基于换行符“\n”分割，且每个文本块的大小不超过 50（在实际应用中一般不会这么小），因此在输出结果中对前两个分割出的文本块做了合并，最后形成了两个 Node 对象。

4. 理解与使用 SentenceSplitter

SentenceSplitter 是一种常用的基于段落与句子分割的文本分割器。以下的例子演示 SentenceSplitter 的用法与参数：

```
......
#自定义一个分割文本的函数
def my_chunking_tokenizer_fn(text:str):
    #跟踪是否进入本方法
    print('start my chunk tokenizer function...')
    sentence_delimiters = re.compile(u'[。！？]')
    sentences = sentence_delimiters.split(text)
    return [s.strip() for s in sentences if s]
"""

docs = [Document(text="***Google 公司介绍***Google 是一家搜索引擎与云计算公司***总部位于美国加利福尼亚州山景城。主要产品是搜索引擎、广告服务、企业服务、云计算等。")]
nnode_parser = SentenceSplitter(chunk_size=50,
```

```
                              chunk_overlap=0,
                              paragraph_separator="***",
chunking_tokenizer_fn=my_chunking_tokenizer_fn,
                              secondary_chunking_regex =
"[^,.;。？！]+[,.;。？！]?",
                              separator="\n")
nodes = node_parser1.get_nodes_from_documents(docs )
print_nodes(nodes) """
```

SentenceSplitter 对 Document 对象的文本内容的分割方法如下：

按优先级依次使用以下 5 个基础分割方法，直到分割出的每个文本块的大小都小于 chunk_size 参数值。

（1）基于分割符分割段落（可通过参数 paragraph_separator 指定，默认为“\n\n\n”）。

（2）基于句子分割（可通过参数 chunking_tokenizer_fn 指定，默认使用 nltk 库分割）。

（3）基于正则表达式分割（可通过参数 secondary_chunking_regex 指定，默认为[^,.;。？！]+[,.;。？！]?）。

（4）基于分割符分割句子（可通过参数 separator 指定，默认为空格字符）。

（5）基于字符分割（基本用不到）。

现在让我们继续深入理解 SentenceSplitter。

在上面的例子中对 SentenceSplitter 的每个参数都进行了指定，是为了灵活地调整以观察不同的效果。代码中要求依据字符串“***”先分割段落，并把 chunk_size 参数设置成 50，由于文档中有“***”分割字符串，因此可以猜测，在第一次基于此段落符号分割时，就会把文本分割成多个文本块，而且大小不超过 50，按照上面的原理推测，就不会执行通过 chunking_tokenizer_fn 参数指定的基于句子分割的方法。

观察下面的输出结果，可以看到确实没有执行 my_chunking_tokenizer_fn 方法中的 print 语句，这是符合我们的判断与预期的。

```
Count of nodes: 2
-----
```

```
Node 0
***Google公司介绍***Google是一家搜索引擎与云计算公司
-----
-----
Node 1
***总部位于美国加利福尼亚州山景城。主要产品是搜索引擎、广告服务、企业服务、云计算等。
-----
```

我们把文本内容中的“***”替换成句号。此时，由于优先执行的第一个基于分割符分割段落方法无法成功地把文本内容分割成大小小于 50 的多个文本块，因此可以猜测，会执行第二步的 my_chunking_tokenizer_fn 这个自定义的基于句子分割方法。最后的输出结果如下：

```
start my chunk tokenizer function...
Count of nodes: 2
-----
Node 0
Google公司介绍Google是一家搜索引擎与云计算公司总部位于美国加利福尼亚州山景城
-----
-----
Node 1
主要产品是搜索引擎、广告服务、企业服务、云计算等
-----
```

输出结果的第一行代表了自定义的基于句子分割方法被执行！

由于 SentenceSplitter 是一种很常用的数据分割器（文本分割器是一种数据分割器），因此在此做了较深入的介绍，特别是几个重要的输入参数与原理。这将有助于以后更好地使用它来分割不同格式的文本内容。

5. 理解与使用 SentenceWindowNodeParser

SentenceWindowNodeParser 本质上是一个简单的基于句子分割文档内容的数据分割器。它在根据分割的句子构造输出的 Node 对象时，会把这个句子“周围窗口内的句子”带入元数据。这个窗口的大小由参数 window_size 来控制。

下面是一个使用 SentenceWindowNodeParser 的代码样例：

```
......
docs = [Document(text="Google公司介绍:Google是一家搜索引擎与云计算公司。\
                    总部位于美国加利福尼亚州山景城。\
                    主要产品是搜索引擎、广告服务、企业服务、云计算等。\
                    百度是一家中国的搜索引擎公司。")]
splitter = SentenceWindowNodeParser(
    window_size=2,
    sentence_splitter = my_chunking_tokenizer_fn
)
nodes = splitter.get_nodes_from_documents(docs)
print_nodes(nodes)
```

在这里构造了一个包含4个句子的文本,并使用前面用过的my_chunking_tokenizer_fn方法来分割句子，然后指定窗口大小为2，输出结果如下（这里只显示了前两个Node）:

```
Count of nodes: 4
-----
Node 0
window: Google公司介绍:Google是一家搜索引擎与云计算公司 总部位于美国加利福尼亚州山景城 主要产品是搜索引擎、广告服务、企业服务、云计算等 百度是一家中国的搜索引擎公司
original_text: Google公司介绍:Google是一家搜索引擎与云计算公司

Google公司介绍:Google是一家搜索引擎与云计算公司
-----
-----
Node 1
window: Google公司介绍:Google是一家搜索引擎与云计算公司 总部位于美国加利福尼亚州山景城 主要产品是搜索引擎、广告服务、企业服务、云计算等 百度是一家中国的搜索引擎公司
original_text: 总部位于美国加利福尼亚州山景城

总部位于美国加利福尼亚州山景城
-----
```

注意：这里的元数据中多了一项重要的内容，即window，其中存储了本Node上下窗口内的其他Node对象的文本内容，而这个窗口的大小由参数window_size决定。对于这个窗口内容的使用，需要了解的是:

（1）与其他元数据不一样的是，这个 window 的内容默认对嵌入模型或者大模型不可见。

（2）不建议把 window 的内容输入嵌入模型。嵌入应该只针对本 Node 对象的文本内容，这样有利于语义的细分，可以提高后面检索的精确度。

（3）建议把 Node 内容替换成 window 包含的内容发送到大模型用于生成，以帮助大模型获得更多的上下文，提高生成质量。

6. 理解与使用 HierarchicalNodeParser

使用 SentenceWindowNodeParser 的意义在于可以让一个 Node 对象在不改变检索准确性的基础上，携带更多的上下文，这样可以在大模型生成时输入，获得更高质量的响应。实现这个目的的另一种方法是使用 HierarchicalNodeParser。

这是一个多层 Node 的解析器。它会把输入的 Document 对象的文本内容在多个粒度（不同的 chunk_size 参数值）上进行解析，生成具备层次关系的多个不同大小的 Node 对象，并且从每个 Node 对象中都可以找到其相关的父子 Node（根据 relationships 字段）。

这样的好处如下：在后面检索出较小粒度的 Node 对象时，可以自动找到其父 Node 来替换，从而为大模型提供更丰富的上下文。下面看一下例子代码：

```
from llama_index.core.node_parser import HierarchicalNodeParser

docs = [Document(text="Google公司介绍:Google是一家搜索引擎与云计算公司。\
                      总部位于美国加利福尼亚州山景城。\
                      Google公司成立于1998年9月4日,由拉里·佩奇和谢尔盖·布
林共同创立。\
                      主要产品是搜索引擎、广告服务、企业服务、云计算等。\
                      百度是一家中国的搜索引擎公司。\
                      百度公司成立于2000年1月1日，由李彦宏创立。")]
node_parser = HierarchicalNodeParser.from_defaults(
    chunk_sizes=[2048, 100, 50]
)
nodes = node_parser.get_nodes_from_documents(docs)
print_nodes(nodes)
```

上面的代码中指定了 3 个不同的 chunk_size 参数值作为分割器的输入参数。输出结果如图 5-5 所示。

```
Count of nodes: 7
-----
Node 0, ID: a2bd59b5-eca8-4595-9759-7cdb40a56bb4
Google公司介绍:Google是一家搜索引擎与云计算公司。                    总部位于美国加利福尼亚州山景城。                    Google公司成立于
998年9月4日，由拉里·佩奇和谢尔盖·布林共同创立。                    主要产品是搜索引擎、广告服务、企业服务、云计算等。
百度是一家中国的搜索引擎公司。                    百度公司成立于2000年1月1日，由李彦宏创立。
-----
-----
Node 1, ID: 3ac8cce3-7029-49f4-bff1-ead900712df9
Google公司介绍:Google是一家搜索引擎与云计算公司。                    总部位于美国加利福尼亚州山景城。                    Google公司成立于
998年9月4日，由拉里·佩奇和谢尔盖·布林共同创立。
-----
-----
Node 2, ID: 079b1b66-22d7-4a80-91cb-8695181aaba1
主要产品是搜索引擎、广告服务、企业服务、云计算等。                    百度是一家中国的搜索引擎公司。                    百度公司成立于20
年1月1日，由李彦宏创立。
-----
-----
Node 3, ID: f1b7982c-7ca6-40ca-b122-381712361e2a
Google公司介绍:Google是一家搜索引擎与云计算公司。                    总部位于美国加利福尼亚州山景城。
-----
-----
Node 4, ID: 3cb5b1fe-f2fd-4b0c-a73e-da2fe5071938
Google公司成立于1998年9月4日，由拉里·佩奇和谢尔盖·布林共同创立。
-----
-----
Node 5, ID: d1d040fb-0fa1-4d48-98f0-d72e6c16f3bc
主要产品是搜索引擎、广告服务、企业服务、云计算等。                    百度是一家中国的搜索引擎公司。
-----
-----
Node 6, ID: fd6d39a0-53fb-4093-be8f-422342887ee6
百度是一家中国的搜索引擎公司。                    百度公司成立于2000年1月1日，由李彦宏创立。
-----
```

图 5-5

可以分辨出，在 chunk_size=2048 粒度上只生成了一个 Node 对象；在 chunk_size=100 粒度上生成了两个 Node 对象；在 chunk_size=50 粒度上生成了 4 个 Node 对象。因此，一共生成了 7 个 Node 对象。如果打印出一个 Node 对象的 Relationships 信息，那么可以看到类似于图 5-6 所示的输出内容。

```
-----
-----
Node 3, ID: dcc93078-9072-479c-af82-3be0bf36a88f
Google公司介绍:Google是一家搜索引擎与云计算公司。                    总部位于美
Relationships: {<NodeRelationship.SOURCE: '1'>: RelatedNodeInfo(node_id='2ea29264
'>, metadata={}, hash='21e323e0613da493df574ec481052529650c3c4f4e4c76b0df75658d05
id='156e97f4-0897-489a-9af0-1a07721093b9', node_type=<ObjectType.TEXT: '1'>, meta
edc62f4976d189e831'), <NodeRelationship.PARENT: '4'>: RelatedNodeInfo(node_id='2e
XT: '1'>, metadata={}, hash='21e323e0613da493df574ec481052529650c3c4f4e4c76b0df75
```

图 5-6

这里的 Relationships 信息中清楚地保存了这个 Node 对象的相关 Node 信息，比如父 Node 对象（包含更多文本内容的 Node 对象）等，而在输入大模型生成时就可以利用这个信息来查找 Node 对象的文本内容，从而丰富上下文。

7. 理解与使用 SemanticSplitterNodeParser

SemanticSplitterNodeParser 是一种特殊的基于语义与向量的文档内容分割

器。与上述所有文本分割器不同的是，它的算法不再基于分割符、正则表达式及固定块的大小等对文本进行分割，而是借助嵌入模型来识别不同句子之间的语义相似度，并进行合并，从而确保语义上更相关的句子最后能被合并到一个 Node 对象中，最大限度地保证一个 Node 对象的文本内容在语义上的相关性与独立性。

下面用一个简单的例子来测试：

```
......
docs =
SimpleDirectoryReader(input_files=["../../data/yiyan.txt"]).load_
data()
embed_model =
OllamaEmbedding(model_name="milkey/dmeta-embedding-zh:f16")
splitter = SemanticSplitterNodeParser(
    breakpoint_percentile_threshold=85,
    sentence_splitter = my_chunking_tokenizer_fn,
    embed_model=embed_model
)
nodes = splitter.get_nodes_from_documents(docs)
print_nodes(nodes)
```

先了解这里的几个主要参数。

（1）breakpoint_percentile_threshold：这是用于控制句子语义相关性的一个阈值，可以理解成上下文句子的向量距离的阈值，向量距离大于这个阈值就会被分割。因此，这个值越大，生成的文本块越少；这个值越小，生成的文本块越多。

（2）sentence_splitter：这是用于控制分割句子的方法，默认采用 nltk 库分割。

（3）embed_model：指定嵌入模型。因为需要计算向量距离，所以要借助嵌入模型，这里使用了本地的嵌入模型。

针对上面的输入文档，我们先设置 breakpoint_percentile_threshold=85 并查看输出结果：

```
start my chunk tokenizer function...
Count of nodes: 3
-----
Node 0
```

```
file_path: ../../data/yiyan.txt
file_name: yiyan.txt
file_type: text/plain
......
```

然后，调整 breakpoint_percentile_threshold=20，再查看输出结果：

```
start my chunk tokenizer function...
Count of nodes: 5
-----
Node 0
file_path: ../../data/yiyan.txt
file_name: yiyan.txt
file_type: text/plain
......
```

可以很明显地看到，随着 breakpoint_percentile_threshold 参数减小，输出的 Node 对象的数量增加了，这是由于可以合并的语义相关的句子变少了，导致最后输出的文本块数量增加。

在这种基于语义的文本分割器下，其输出的 Node 对象的数量不是固定的（也不需要 chunk_size 参数），而是由语义相关性参数决定的。这种分割器的缺点是，因为需要借助嵌入模型生成向量，所以在进行大文本分割时可能导致速度较慢。

8. 分割特殊的文本

除了分割普通的 TXT 文档中的文本知识，在很多时候还需要对一些特殊的平面文档的内容进行分割，比如 Markdown 格式的文档、HTML 格式的文档、JSON 格式的文档、源代码文档等。你可以简单地借助框架中现成的分割器来完成此类任务。下面是一些开发中的样例代码：

```
......
#分割 Markdown 格式的文档
docs = FlatReader().load_data(Path("../../data/5-python.md"))
markdown_parser = MarkdownNodeParser()
nodes = markdown_parser.get_nodes_from_documents(docs )
```

```
print_nodes(nodes)

#分割 HTML 格式的文档
docs = FlatReader().load_data(Path("../../data/10-google.html"))
html_parser = HTMLNodeParser()
nodes = html_parser.get_nodes_from_documents(docs )
print_nodes(nodes)

#分割 JSON 格式的文档
docs = FlatReader().load_data(Path("../../data/11-quantum.json"))
json_parser = JSONNodeParser()
nodes = json_parser.get_nodes_from_documents(docs )
print_nodes(nodes)

#分割源代码文档
docs = FlatReader().load_data(Path("../../data/8-test.py"))
code_parser = CodeSplitter(language="python")
nodes = code_parser.get_nodes_from_documents(docs )
print_nodes(nodes)
```

这些特殊文本的分割器会根据预置的一些规则把源文档分割成 Node 对象。比如，会自动识别 Markdown 格式的文档中的标题（Header），将其分割成多个数据块。注意：可以直接使用 SimpleFileNodeParser 这个更上层封装的组件分割此处的 Markdown、HTML 与 JSON 格式的文档。

5.4　数据摄取管道

5.4.1　什么是数据摄取管道

我们已经介绍了典型的 RAG 应用流程中的两个关键步骤：数据加载与分割。数据加载用于将不同来源的数据读取到内存对象 Document 中；数据分割（目前主要是文本分割）用于把 Document 对象分割成多个 Node 对象，后面还会把这些 Node 对象的内容生成向量，最后将其存储到向量库中。可以看到，在整个流程中，原始的数据就像经过一条处理数据的“流水线”或者一个处理数据的“管道”，在其中被不断地处理与转换。因此，是否可以用一种更清晰的方式来定义这样的数据处理过程呢？LlamaIndex 框架中提供了一种叫 IngestionPipeline（摄取管道）的类型来更简洁地定义与实现这样的过程（见图 5-7）。

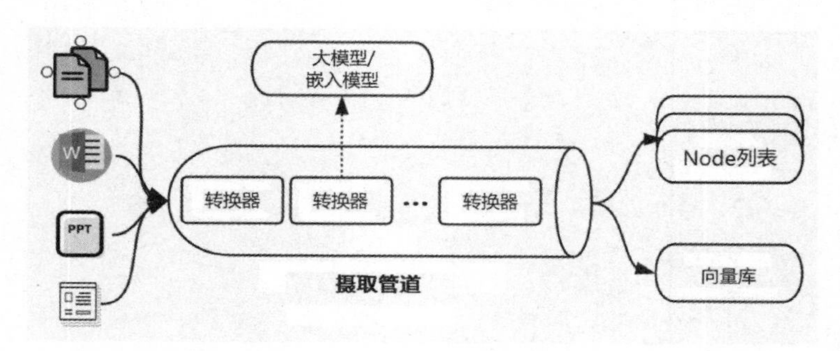

图 5-7

数据摄取管道的基本思想可以概括为：通过插入多个用于数据处理的转换器（Transformation），实现自动化与连续的数据处理而无须对中间过程进行干预。

每一个转换器都需要遵循一定的接口要求，以确保能够插入管道，并与其他转换器协同工作。每一个转换器都接受输入并将其处理成新的 Node 列表，新的 Node 列表被送入下一个转换器继续处理。每一个转换器的中间处理结果都会被缓存，然后被送入下一个转换器，从而节约中间处理的时间。

下面先看一个简单的例子，然后深入了解相关原理：

```
from llama_index.core import Document,SimpleDirectoryReader
from llama_index.core.node_parser import SentenceSplitter
from llama_index.core.extractors import TitleExtractor
from llama_index.embeddings.ollama import OllamaEmbedding
from llama_index.llms.ollama import Ollama
from llama_index.core.ingestion import IngestionPipeline,
IngestionCache
import pprint

llm = Ollama(model='qwen:14b')
embedded_model = \
OllamaEmbedding(model_name="milkey/dmeta-embedding-zh:f16",
embed_batch_size=50)
docs =
SimpleDirectoryReader(input_files=["../../data/yiyan.txt"]).load_
data()
```

```
#构造一个数据摄取管道
pipeline = IngestionPipeline(
    transformations=[
        SentenceSplitter(chunk_size=500, chunk_overlap=0),
        TitleExtractor(llm=llm, show_progress=False)
    ]
)

#运行这个数据摄取管道
nodes = pipeline.run(documents=docs)
```

这个例子的代码构造了一个数据摄取管道，并在其中放入了两个转换器。这两个转换器就是前面介绍的文本分割器与元数据抽取器。所以，这个管道的作用就是对输入的原始文档（这里是读取 TXT 文档形成的 Document 对象）进行文本分割（借助 SentenceSplitter），再抽取标题（借助 TitleExtractor）形成 Node 列表输出。

上面的代码其实等价于以下自行实现的数据处理过程：

```
......
#文本分割，相当于第一个转换器
splitter = SentenceSplitter(chunk_size=500, chunk_overlap=0)
nodes = splitter.get_nodes_from_documents(docs)

#抽取标题，并将其设置到Node对象的元数据中，相当于第二个转换器
extractor = TitleExtractor(llm=llm, show_progress=False)
titles = extractor.extract(nodes)
for idx, node in enumerate(nodes):
node.metadata.update(titles[idx])
......
```

所以，数据摄取管道本质上是对其他数据处理组件（数据解析、元数据抽取、向量生成等）使用过程的一种抽象，用于让数据处理的代码更优雅、更简洁。

5.4.2 用于数据摄取管道的转换器

转换器是数据摄取管道的处理单元。那么什么样的组件符合转换器的要求，

能够被插入管道呢？下面看一下转换器的基础类型 TransformComponent：

```
class TransformComponent(BaseComponent):
    """Base class for transform components."""

    class Config:
        arbitrary_types_allowed = True

    @abstractmethod
    def __call__(self, nodes: List["BaseNode"], **kwargs: Any) ->
List["BaseNode"]:

    async def acall(self, nodes: List["BaseNode"], **kwargs: Any) ->
List["BaseNode"]:
        return self.__call__(nodes, **kwargs)
```

这里的__call__就是每一个转换器都要实现的接口，这个接口的输入是一个 Node 列表，其输出也是 Node 列表，这就确保了多个转换器的输入和输出可以被“串接”在一起，顺序化地完成一个数据处理过程。

目前，以下组件都符合转换器的接口标准，即符合 TransformComponent 类型要求的接口标准。

（1）NodeParser：数据分割器，包括文本分割器（TextSplitter）、特殊文档解析器等（CodeParser 等），用于把 Document 对象分割成 Node 列表。

（2）MetadataExtractor：元数据抽取器，包括 TitleExtractor、SummaryExtractor 等，用于给解析出来的 Node 列表生成与补充元数据。

（3）Embedding Model：嵌入模型，用于生成 Node 列表中文本内容的向量。

下面看一下 NodeParser 是如何实现转换器要求的转换接口的：

```
class NodeParser(TransformComponent, ABC):
    """Base interface for node parser."""
    ......
    #转换器接口的实现
    def __call__(self, nodes: List[BaseNode], **kwargs: Any) ->
List[BaseNode]:
        return self.get_nodes_from_documents(nodes, **kwargs)
    ......
```

这里直接调用 get_nodes_from_documents 方法把 Document 对象转换为 Node 对象即可。下面再看一下嵌入模型组件是如何实现__call__接口的：

```
class BaseEmbedding(TransformComponent):
    """Base class for embeddings."""
    ......
    #转换器接口的实现
    def __call__(self, nodes: List[BaseNode], **kwargs: Any) ->
List[BaseNode]:
        embeddings = self.get_text_embedding_batch(
            [node.get_content(metadata_mode=MetadataMode.EMBED) for
node in nodes],
            **kwargs,
        )
        for node, embedding in zip(nodes, embeddings):
            node.embedding = embedding
        return nodes
```

嵌入模型组件调用的__call__方法会接受输入的 Node 列表，先调用 get_text_embedding_batch 方法生成内容向量，然后把向量填写到 Node 列表的 embedding 字段，最后返回 Node 列表。所以，该组件也符合转换器接口的输入输出标准。

5.4.3 自定义转换器

既然转换器需要实现的标准接口如此简单，那么我们完全可以自定义并实现自己的转换器，比如我们实现一个用于对 Node 对象的文本内容做简单数据清理的转换器：

```
from llama_index.core.schema import TransformComponent
import re

#定义一个做数据清理的转换器
class TextCleaner(TransformComponent):
    def __call__(self, nodes, **kwargs):
        for node in nodes:
            node.text = re.sub(r"[^\u4e00-\u9fa5A-Za-z0-9，。？！“”‘’；：
【】《》（）\[\]\"\'\.\,\?\!\:\;\(\)\n\r]", "", node.text)
```

```
    return nodes
```

然后，构造一个实例并插入数据摄取管道，就可以用一种很优雅的方式完成数据清理：

```
......
pipeline = IngestionPipeline(
    transformations=[
        SentenceSplitter(chunk_size=500, chunk_overlap=0),
        TextCleaner(),   #插入自定义转换器
        TitleExtractor(llm=llm, show_progress=False)
    ]
)
nodes = pipeline.run(documents=docs)
......
```

5.4.4 使用数据摄取管道

在了解了数据转换器的原理后，我们来看一下数据摄取管道的具体用法。

1. 运行数据摄取管道

数据摄取管道的基本用法非常简单：构造并运行，然后等待结果即可：

```
......构造数据摄取管道，设置转换器......
#运行数据摄取管道
nodes = pipeline.run(documents=docs)
```

2. 存储到向量库中

可以通过指定向量存储的参数来要求数据摄取管道在处理完成后将 Node 对象存储到向量库中。由于需要生成向量，所以你可以提供一个嵌入模型作为转换器。

这里简单改造之前构造的数据摄取管道的例子：

```
......
#构造一个向量存储对象用于存储最后输出的 Node 对象
chroma = chromadb.HttpClient(host="localhost", port=8000)
collection = chroma.get_or_create_collection(name="pipeline")
vector_store = ChromaVectorStore(chroma_collection=collection)

pipeline = IngestionPipeline(
    transformations=[
        SentenceSplitter(chunk_size=500, chunk_overlap=0),
        TitleExtractor(llm=llm, show_progress=False),
        embedded_model   #提供一个嵌入模型用于生成向量
    ],
    vector_store = vector_store   #提供一个向量存储对象，用于存储最后的
Node 对象
)
nodes = pipeline.run(documents=docs)
```

这里的数据摄取管道在运行完成以后，不仅会输出新的 Node 列表（含向量），还会把向量化后的 Node 列表添加到向量库中。我们可以通过简单的语义查询来验证：

```
#用输入问题做语义检索
results  = vector_store.query(VectorStoreQuery(
                         query_str='文心一言是什么？',
                         similarity_top_k=3))
pprint.pprint(results.nodes3)
```

如果看到类似于图 5-8 所示的输出结果,那么证明这个向量存储对象可用,能够完成向量检索任务。

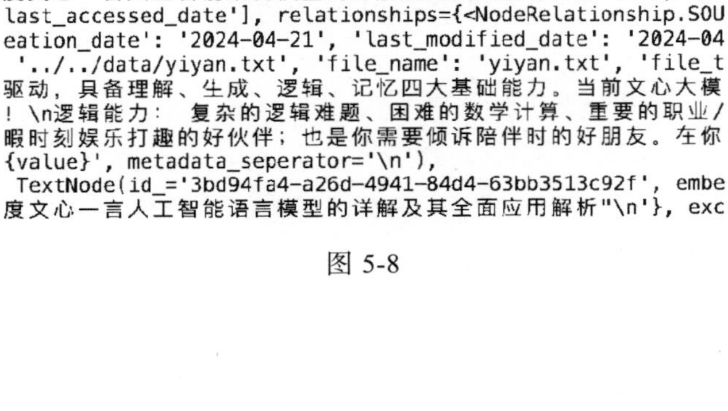

```
[TextNode(id_='07ca362f-910c-4fb8-9085-95a33e6df221', embe
度文心一言人工智能语言模型的详解及其全面应用解析"\n'}, exc
last_accessed_date'], relationships={<NodeRelationship.SOU
eation_date': '2024-04-21', 'last_modified_date': '2024-04
 '../../data/yiyan.txt', 'file_name': 'yiyan.txt', 'file_t
驱动，具备理解、生成、逻辑、记忆四大基础能力。当前文心大模
！\n逻辑能力： 复杂的逻辑难题、困难的数学计算、重要的职业/
暇时刻娱乐打趣的好伙伴；也是你需要倾诉陪伴时的好朋友。在你
{value}', metadata_seperator='\n'),
 TextNode(id_='3bd94fa4-a26d-4941-84d4-63bb3513c92f', embe
度文心一言人工智能语言模型的详解及其全面应用解析"\n'}, exc
```

图 5-8

3. 并行处理

如果你有大量的原始知识文档需要通过数据摄取管道进行处理，而且数据摄取管道包含若干转换器，那么你可能会面临处理时间过长的问题（特别是需要调用大模型或者嵌入模型处理时）。你可以设置并行参数以提高处理性能，在设置并行参数后，将会启动多个处理进程，它们会分担处理 Node 对象的任务。比如：

```
......
if __name__ == '__main__':
    freeze_support()
    start_time = time.time()
    nodes = pipeline.run(documents=docs,num_workers=2)
    elapsed_time = time.time() - start_time
    print(f'Elapsed time: {elapsed_time:.3f} s')
```

数据摄取管道的并行参数为 num_workers。我们通过代码对运行时间进行跟踪，可以观察到不同的并行参数下所需要的运行时间差异，进而选择最合适的 num_workers。比如，在这里的测试中，当设置 num_workers = 1 时，输出结果如图 5-9 所示。

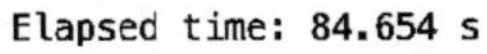

```
Elapsed time: 84.654 s
```

图 5-9

当设置 num_workers = 2 时，输出结果如图 5-10 所示。

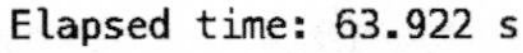

```
Elapsed time: 63.922 s
```

图 5-10

可以看到，处理时间明显缩短了。

因为受到物理机器的 CPU、内存等资源限制，以及被调用的大模型/嵌入模型的并发限制或流控，所以 num_workers 并不总是越大越好，需要根据实际情况测试后确定。

4. 文档存储与管理

大量的知识文档通过数据摄取管道处理的一个问题是文档变更与同步，即在输入文档发生变化时，需要面临整个数据摄取管道重新处理的挑战。一个潜在的问题是，有的输入文档与之前相比可能并未发生变化，如果重新处理，那么会造成性能与模型成本的浪费。有什么策略可以在处理文档之前进行重复排除呢？这可以借助数据摄取管道本身提供的文档存储功能来完成。

在构造数据摄取管道时，你可以提供一个文档存储对象作为参数。这个文档存储对象可以是本地文档系统，也可以是网络存储系统。利用文档存储功能实现重复排除的过程如下。

（1）数据摄取管道在每次运行后都将本次处理的文档信息保存到文档存储对象中。

（2）在下一次运行时，数据摄取管道从文档存储对象中读取之前处理过的文档信息。

（3）对比从文档存储对象中读取的文档信息与本次输入的文档信息：判断本次输入的文档信息中与之前相比没有发生变化的文档信息（根据文档的 hash 值判断）。

继续使用之前的测试代码，稍做修改后观察使用文档存储功能的效果：

```
......
#第一次运行数据摄取管道
pipeline = IngestionPipeline(
    transformations=[
        SentenceSplitter(chunk_size=1000, chunk_overlap=0),
        embedded_model
    ],
    docstore=SimpleDocumentStore(),    #需要导入 SimpleDocumentStore 对象
)
docs =
SimpleDirectoryReader(input_files=["../../data/sales_tips1.txt"])
.load_data()
nodes = pipeline.run(documents=docs,show_progress=True)
print(f'{len(nodes)} nodes ingested into vector store')

pipeline.persist("./pipeline_storage")
```

图 5-11 所示为第一次运行数据摄取管道的输出结果，可以看到处理了 9 个 Node 对象。

```
Docstore strategy set to upserts, but no vectc
Parsing nodes: 100%|
Generating embeddings: 100%|
9 nodes ingested into vector store
```

图 5-11

使用以下代码第二次运行数据摄取管道：

```
#第二次运行数据摄取管道
······此处省略构造数据摄取管道的代码······

pipeline.load("./pipeline_storage")

docs =
SimpleDirectoryReader(input_files=["../../data/sales_tips1.txt"])
.load_data()
nodes = pipeline.run(documents=docs,show_progress=True)
print(f'{len(nodes)} nodes ingested into vector store')
```

唯一变化的处理是在运行数据摄取管道之前使用 load 方法从本地加载了文档存储对象，由于输入的文档并没有发生变化，所以你会看到如图 5-12 所示的输出结果。

```
Docstore strategy set to upserts, but no veci
Parsing nodes: 0it [00:00, ?it/s]
Generating embeddings: 0it [00:00, ?it/s]
0 nodes ingested into vector store
```

图 5-12

这里没有 Node 对象被处理！这是因为数据摄取管道认为本次运行无须做任何额外的处理。如果此时在输入文档中增加一个新的文档，就会发现新的文档会被处理，但是原来的文档则被忽略处理。

5.5　完整认识数据加载阶段

至此已经介绍了典型的 RAG 应用流程中的数据加载与分割阶段的开发技术。图 5-13 所示为本阶段涉及的核心组件及其关系，有助于你理解以下核心要点：

（1）数据连接器（阅读器）可以把不同来源的文档提取成 Document 对象。

（2）数据分割器（解析器）可把 Document 对象分割成更小粒度的 Node 对象。

（3）元数据是 Node 对象的重要信息。可自行设置或借助元数据抽取器自动抽取元数据。

（4）数据摄取管道是一种通过组装多个数据转换器来实现对 Node 对象自动化连续处理的装置，分割器、元数据抽取器、嵌入模型对象都可以作为管道中的转换器。

（5）数据摄取管道有良好的缓存设计与持久化机制支持，并支持并行处理。

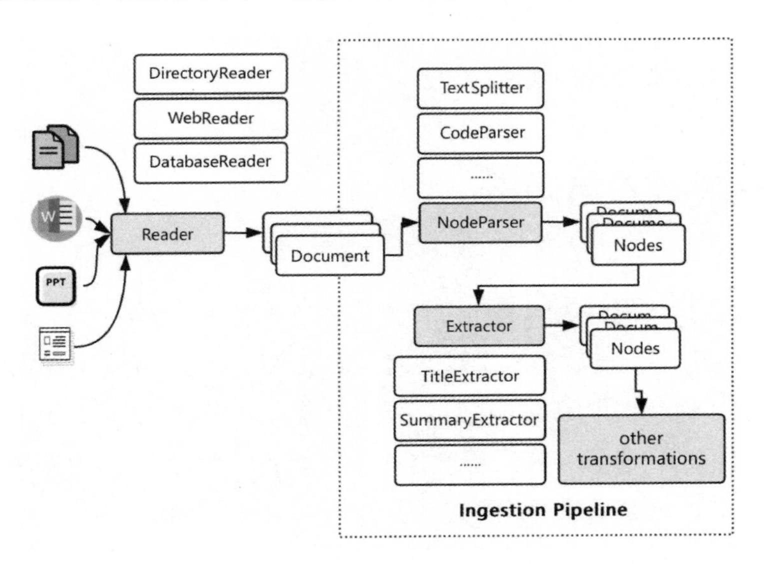

图 5-13

第 6 章　数据嵌入与索引

RAG 应用的增强（Augment）是指通过检索来获得相关的上下文知识，并将其输入大模型用于生成。因此，数据在经过加载与分割后，已经形成了大量的知识块（Node），那么下一步就是对这些 Node 构造索引，以便能够快速地检索出它们。

向量存储索引是在 RAG 应用中最常看到的一类索引。这类索引通常基于嵌入模型与向量存储而构造，用于在生成阶段快速地检索出相关知识 Node 并形成增强的上下文。

向量存储索引并非唯一的最佳索引形式，尽管向量在语义检索上有天然的优势，但是在一些场景中会表现欠佳，因此本章将会介绍向量存储索引之外的一些常用的索引形式及用法。

6.1　理解嵌入与向量

嵌入就是生成能够表示文本内容及语义的多维浮点数字。这些多维浮点数字被称为向量（Vector）。嵌入生成的向量的最大特点是它不是简单的一一对应的编码转换，而是携带了语义信息。简单地说，如果两个文本表示了相似的语义，那么它们的向量也会在数学上“相似”或者“接近”，哪怕这两个文本的表面内容不同。向量的这个特点决定了它们可以被用于语义检索：根据用户的查询问题，可以检索出与其语义最相近的多个 Node 内容，而不是简单的关键词匹配与搜索。

嵌入过程需要借助嵌入模型。不同的嵌入模型生成的向量的性能、维数、成本等都有区别，因此在生成向量时，首先需要选择合适的嵌入模型。嵌入模型可以远程调用（如 OpenAI 的模型），也可以本地部署（如 TEI 中的嵌入模型）。需要注意的是，构造向量存储索引所使用的嵌入模型必须与检索时使用的嵌入模型保持一致。

LlamaIndex 框架中有几种不同的方法可以生成 Node 内容的向量，但实际上你会发现基于框架开发的 RAG 应用一般没有显式的向量生成操作，大多由框架自动完成。

6.1.1 直接用模型生成向量

在介绍向量模型时已经剖析过，向量模型组件有一个简单的 get_text_embedding 接口用于生成向量，这是给 Node 对象生成向量的最直接方式：

```
# 调用模型接口生成向量，此处使用批量接口
embeddings = embedded_model.get_text_embedding_batch(
    [node.get_content(metadata_mode=MetadataMode.EMBED) for node in
nodes],show_progress=True)

#把生成的向量放到 Node 对象中
for node, embedding in zip(nodes, embeddings):
   node.embedding = embedding
```

每个 Node 对象都有一个 embedding 字段，用于存储生成的向量，这是在 BaseNode 属性中定义的。BaseNode 属性是后面构造向量存储索引需要的属性。

注意：这里用于生成向量的 Node 内容需要通过 get_content 方法获取，而不是简单地用 node.text 属性生成。这是因为 get_content 方法会根据参数设置自动带入一部分元数据内容，第 5 章介绍过相关内容。

6.1.2 借助转换器生成向量

还记得数据摄取管道的转换器吗？实际上，所有嵌入模型组件都已经实现

了转换器的接口，所以都可以作为转换器，即上面的生成向量代码其实在嵌入模型组件的转换器接口__call__中已经实现，因此上面的代码也可以简化成下面的一行代码：

```
nodes = embedded_model(nodes)
```

如果你使用数据摄取管道，那么只需要用嵌入模型组件构造一个转换器，将其插入即可：

```
......
pipeline = IngestionPipeline(
    transformations=[
        splitter,
        embedded_model    #把嵌入模型作为转换器，将自动生成向量
    ]
)
#运行后将会自动生成 nodes 向量
nodes =pipeline.run(documents=docs,show_progress=True)
```

6.2 向量存储

生成向量的目的是实现查询阶段的语义检索，就像关系数据库为了快速检索表记录需要构造各种索引一样，向量的检索也需要存储向量并构造向量的索引，而这个工作通常需要依赖一种叫向量存储（VectorStore）的装置。向量存储的装置可以是轻量级、嵌入式的（如 FAISS，Facebook AI Similarity Search），也可以是以客户端/服务器模式运行的本地向量库或云向量库（如 Chroma/Milvus 等）。所以，在构造向量存储索引之前，我们首先要了解向量存储。

LlamaIndex 框架支持多种向量存储类型，这些类型都会实现一些最基础的标准对外接口，包括增删向量 Node、语义检索等。但是由于不同的向量存储依赖的底层接口差异较大（如有的基于内存、有的基于本机存储、有的基于云端服务等），因此在具体使用时需要参考对应的组件文档说明。下面从底层接口来了解两种常见的向量存储类型，以熟悉其内部原理。

6.2.1 简单向量存储

简单向量存储（SimpleVectorStore）是 LlamaIndex 框架提供的一种基于内存的基础向量库。在不进行任何显式设置的情况下，框架将会自动使用这种类型的向量库作为底层向量存储装置。通常只建议把这种类型的向量库用于测试或者原型应用，而不用于生产。

1. 存储向量

如何把一个向量存储到向量库中？下面先看一个简单的例子：

```
......
#model
embedded_model =
OllamaEmbedding(model_name="milkey/dmeta-embedding-zh:f16",
embed_batch_size=50)
Settings.embed_model=embedded_model

#docs
docs = [Document(text="百度文心一言是什么？文心一言是百度的大模型品牌。
",metadata={"title":"百度文心一言的概念"},doc_id="doc1"),
        Document(text="什么是大模型？大模型是一种生成式推理 AI 模型。
",metadata={"title":"大模型的概念"},doc_id="doc2")]
splitter = SentenceSplitter(chunk_size=100, chunk_overlap=0)
nodes = splitter.get_nodes_from_documents(docs)

#生成嵌入向量
nodes = embedded_model(nodes)

#存储到向量库中
simple_vectorstore = SimpleVectorStore()
simple_vectorstore.add(nodes)
```

上面的代码中模拟了一些 Node，并使用嵌入模型生成了向量，然后调用简单向量存储组件的 add 接口将其存储到向量库中，打印 simple_vectorstore 对象的内容，可以看到类似于图 6-1 所示的输出结果。

```
                                                    -0.16900885105133057,
                                                    0.026564689353108406,
                                                    0.028873145580291748]},
 text_id_to_ref_doc_id={'2c942edd-b8ef-4533-be46-6dabf863486f': 'doc2',
                        'e94f7cfe-81bb-441f-b398-d0e19dc587e8': 'doc1'},
 metadata_dict={'2c942edd-b8ef-4533-be46-6dabf863486f': {'_node_type': 'TextNode',
                                                    'doc_id': 'doc2',
                                                    'document_id': 'doc2',
                                                    'ref_doc_id': 'doc2',
                                                    'title': '大语言模型的概念'},
               'e94f7cfe-81bb-441f-b398-d0e19dc587e8': {'_node_type': 'TextNode',
                                                    'doc_id': 'doc1',
                                                    'document_id': 'doc1',
                                                    'ref_doc_id': 'doc1',
                                                    'title': '百度文心一言的概念'}}),
```

图 6-1

可以看到，SimpleVectorStore 类型的向量库除了存储生成的各个 Node 对象的嵌入向量信息，还存储了各个 Node 对象的 id 和原始的 Document 对象的 id 的对应关系，以及各个 Node 对象的元数据信息。

2. 语义检索

在 Node 对象的嵌入向量被存储与构造索引后，就可以使用基于向量的语义检索来找到与特定问题向量最相似的 Node 信息：

```
#查询
result = simple_vectorstore.query(
VectorStoreQuery(query_embedding=embedded_model.get_text_embeddin
g('什么是文心一言'),similarity_top_k=1))
print(result)
```

这里构造了一个 VectorStoreQuery 对象，并用嵌入模型生成了一个问题向量，然后调用 SimpleVectorStore 组件的 query 语义检索接口，并要求只返回一个向量相似的结果（similarity_top_k=1），输出结果如下：

```
VectorStoreQueryResult(nodes=None,
similarities=[0.8055511120370833],
ids=['a6e7fe8f-88fa-4c53-a004-bc06a4e8bb19'])
```

这里输出了一个向量存储查询结果（VectorStoreQueryResult）对象。这个对象的内部有检索出的向量相似的 Node 的 id，以及代表相似度的 similarities 属性。这里的 nodes=None 属性说明 SimpleVectorStore 类型的向量存储本身不存储原 Node 对象的详细内容，而只保存 id 信息及对应的向量。更多的第三方向量库会同时完整地保存原 Node 对象的内容，处理起来更方便（可以直接获取原 Node 对象的文本内容）。

3. 向量存储的持久化存储

这种基于内存的向量存储可以通过 simple_vectorstore.persist 接口来做持久化存储：

```
#持久化存储，默认存储到当前的./storage目录中
simple_vectorstore.persist()
```

此时，可以在本地的./storage 目录中发现一个存储文档 vector_store.json，打开这个文档后可以看到向量存储对象被持久化存储的完整信息，其内容与上面的输出一致。

如果你需要从本地加载被持久化存储的向量信息，那么可以用以下方法：

```
simple_vectorstore = \
SimpleVectorStore.from_persist_path('./storage/vector_store.json')
```

通过这种持久化的向量存储与磁盘加载能力，应用无须在每次使用时重新生成向量并保存。

6.2.2　第三方向量存储

下面以本书主要使用的 Chroma 向量库为例来介绍第三方向量存储数据库的使用。Chroma 向量库在框架中的对应组件为 ChromaVectorStore，这其实是一个对 Chroma 官方 SDK 的封装类型。

1. 存储向量

对 6.2.1 节的例子稍做改造，以支持 Chroma 向量库：

```
......
from llama_index.vector_stores.chroma import ChromaVectorStore
......
#此处省略 Node 对象的准备过程，同上

#构造一个 collection 对象,此处使用 Server 模式下的 Chroma 向量库
chroma = chromadb.HttpClient(host="localhost", port=8000)
collection = chroma.get_or_create_collection(name="vectorstore")

#构造向量存储对象
vector_store = ChromaVectorStore(chroma_collection=collection)
ids = vector_store.add(nodes)
print(f'{len(ids)} nodes ingested into vector store')
pprint.pprint(vector_store.__dict__)
```

在这里用 ChromaVectorStore 类型替换了前面的 SimpleVectorStore 类型，能看到构造向量存储对象时的较大区别，但是在构造完成后仍然可以调用 add 接口将已经生成向量的 Node 对象存储到 Chroma 向量库中，输出结果如下：

```
2 nodes ingested into vector store
{'collection_kwargs': {},
 'collection_name': None,
 'flat_metadata': True,
 'headers': None,
 'host': None,
 'is_embedding_query': True,
 'persist_dir': None,
 'port': None,
 'ssl': False,
 'stores_text': True}
```

这里提示两个 Node 对象被存储到 Chroma 向量库中，但是可以看到这两个对象的内部并没有存储与 Node 相关的更多信息，原因是它们都被存储到 Chroma 向量库中。

注意这里的 stores_text 字段。这是一个代表向量库中是否会直接存储 Node 对象的文本内容的属性。如果 stores_text 字段为 True，那么代表在这个向量库中存储向量时，会同时存储其对应的原始文本内容。因此，在后面检索相似的向量时，就可以直接重建出完整的 Node 对象，用于大模型生成。对于 stores_text=False 的向量存储，在检索出相似的向量时，通常需要根据索引 id 与原始 node_id 的对应关系来重建 Node 对象，因此增加了构造索引与检索的复杂度。

如果需要，那么你甚至可以借助 Chroma 向量库的官方接口来检查或查询，如可以调用 collection 对象的 count 接口查看当前向量库中的记录条数：

```
count_result = collection.count()
print('count_result:',count_result)
```

2. 向量检索

使用相同的方式也可以对基于 Chroma 向量库的语义检索做测试：

```
......
#语义检索
result =\
vector_store.query(VectorStoreQuery(query_embedding=embedded_mode
l.get_text_embedding('什么是语言模型'),similarity_top_k=1))
print(result)
```

这里的检索方法与 SimpleVectorStore 组件的检索方法完全一样，因为都提供了统一的 query 接口，但是检索出的结果对象的内容会有所区别，如图 6-2 所示。

```
VectorStoreQueryResult(nodes=[TextNode(id_='40ba1ad1-0f26-4fb0-8abe-67b1d9b93ead
cluded_llm_metadata_keys=[], relationships={<NodeRelationship.SOURCE: '1'>: Rela
型的概念'}, hash='f033afb6af7b3918537eea49a2a9169c4a13228acb91dfd61d462dd6166a88
baee165', node_type=<ObjectType.TEXT: '1'>, metadata={'title': '百度文心一言的概
大语言模型? 大语言模型是一种生成式推理AI模型。', start_char_idx=0, end_char_idx=
seperator='\n')],
                    similarities=[2.7676420187917104e-32],
                    ids=['40ba1ad1-0f26-4fb0-8abe-67b1d9b93ead'])
```

图 6-2

注意到区别了吗？在 SimpleVectorStore 组件的检索结果中 nodes=None，而在这里的检索结果中完整地输出了 Node 对象的内容，其原因是在 ChromaVectorStore 组件中增加新的 Node 时，会把 Node 的完整内容与元数据存储到向量库中，因此在调用 query 接口时可以完整地重建整个 Node 对象的内容并将其返回。

3. 数据的持久化存储

由于 ChromaVectorStore 本身是基于 Chroma 向量库来实现的，因此其持久化存储机制由底层的 Chroma 向量库来保证，无须自行实现持久化存储。

（1）如果基于 Client/Server 模式使用 Chroma 向量库，那么数据在 Server 端被持久化存储。

（2）如果基于嵌入模式使用 Chroma 向量库，那么在构造 ChromaVectorStore 对象时需要提供 persist_dir 参数，其代表数据持久化存储的目录。

6.3 向量存储索引

在了解了向量与向量存储这两个基础概念及相关接口后，我们进一步探讨向量存储索引组件。

索引是一种帮助在大量数据中查询目标数据的软件功能，其通常由一种特定数据结构的存储与检索算法来实现。在 RAG 应用中，大量数据就是原始文档经过解析与分割形成的大量 Node 对象，而向量存储索引的目的就是通过向量来快速地语义检索出相关的一个或多个 Node 对象，进而把 Node 对象的内容作为上下文交给大模型生成结果。

在 LlamaIndex 框架中，向量的索引与语义检索能力是在底层由向量存储组件与向量库决定的。为了更好地简化向量存储的检索及后面的查询生成，LlamaIndex 框架封装并提供了更上层的向量存储索引组件——VectorStoreIndex。

6.3.1　用向量存储构造向量存储索引对象

假设你已经按照前面的介绍依次完成了加载原始文档（生成 Document 对象）、解析与分割成 Node（分割成 Node 对象）、生成嵌入向量（生成 Node 对象的向量信息）、存储到向量库中（将带有向量的 Node 对象的相关信息添加到向量库中），那么你可以在向量存储的基础上直接构造一个向量存储索引对象并使用。我们简单复现一下截至目前完整的处理过程：

```
……省略 embedded_model 与向量存储对象的构造……
#加载与解析文档，这里直接构造
docs = [
Document(text="智家机器人是一种人工智能家居软件，让您的家变得更智能，让您轻松地掌控生活的方方面面。",metadata={"title":"智家机器人
"},doc_id="doc1"),
Document(text="速达飞行者是一种飞行汽车，能够让您在城市中自由翱翔，体验全新的出行方式。",metadata={"title":"速达飞行者"},doc_id="doc2")]

#文本分割
splitter = SentenceSplitter(chunk_size=100, chunk_overlap=0)
nodes = splitter.get_nodes_from_documents(docs)

#嵌入向量
nodes = embedded_model(nodes)

#存储到向量库中
vector_store.add(nodes)

#NEW: 构造基于向量存储的向量存储索引对象
index = VectorStoreIndex.from_vector_store(vector_store)

#测试
query_engine = index.as_query_engine()
response = query_engine.query(
    "什么是速达飞行者"
)
```

通过 from_vector_store 方法，你可以用一个存储了 Node 向量的向量库快

速构造一个向量存储索引对象，进而使用这个向量存储索引对象进行后面的检索与生成。

虽然前面没有介绍查询引擎 QueryEngine，但是很显然它就是借助 VectorStoreIndex 组件的能力实现语义检索，然后把检索出的相关知识作为上下文交给大模型进行响应并生成的组件。

可以猜测 VectorStoreIndex 组件是怎样帮助实现语义检索的：VectorStoreIndex 组件借助引用的向量存储对象进行基于向量的语义检索（调用 query 方法），根据返回结果获得或重建出相关的 Node 对象列表，然后把这些 Node 对象的内容作为大模型输入的上下文进行组装。当然，真实的 VectorStoreIndex 组件的实现会涉及更多的细节，比如如何支持不同类型的底层向量存储、如何根据不同的向量存储的检索结果重建相关的 Node 对象的信息等。

图 6-3 所示为从原始文档到向量存储索引对象的构造过程，可以很清楚地看到各个主要阶段及其输入和输出。

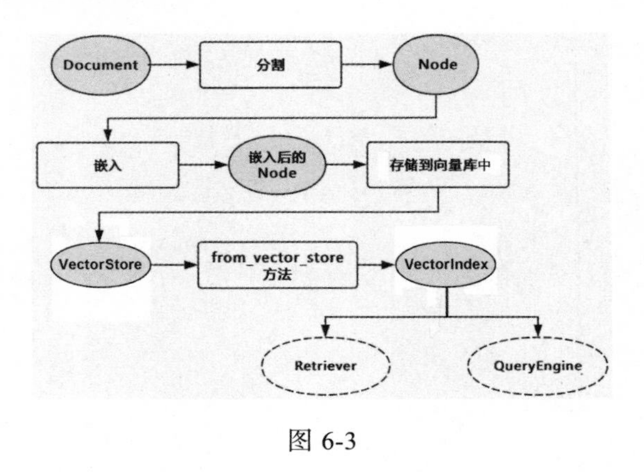

图 6-3

6.3.2 用 Node 列表构造向量存储索引对象

虽然前面构造向量存储索引对象的过程已经足够简单，但是还能简化吗？比如，能否把 Node 列表存储到向量库中这一工作交给向量存储索引对象自动完成？答案是肯定的。我们看下面的例子：

```
……省略用文档生成 Node 对象的部分，同 6.3.1 节……
```

```
#以下代码被注释
#嵌入向量
#nodes = embedded_model(nodes)
#存储到向量库中
#vector_store.add(nodes)

#NEW: 构造基于向量存储的向量存储索引对象
index = VectorStoreIndex(nodes)

#测试
query_engine = index.as_query_engine()
response = query_engine.query(
    "什么是速达飞行者"
)
```

这里只是简单地用 Node 列表构造 VectorStoreIndex 类型的向量存储索引对象，省略了自行生成向量与存储的过程。很显然，在这个流程中，对传入的 Node 列表生成向量与存储向量的过程（上面代码中被注释的部分）在构造向量存储索引对象时被自动完成了：在构造向量存储索引对象时首先发现输入的 Node 对象中没有向量，因此使用默认的嵌入模型进行生成；在完成向量生成后，再将其自动存储到向量库中；最后返回构造好的向量存储索引对象供使用。

现在，对照 6.3.1 节的向量存储索引对象的构造过程，我们可以把流程简化成如图 6-4 所示。

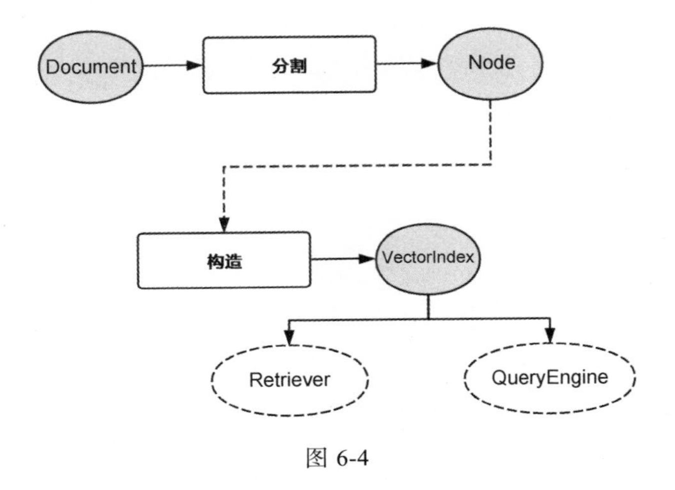

图 6-4

细心的开发者会发现一个问题：在构造向量存储索引对象的过程中会使用嵌入模型与向量存储，怎么自定义这两种类型呢？下面把向量存储索引对象的属性打印出来，看一看能发现什么：

```
......
index = VectorStoreIndex(nodes)
pprint.pprint(index.__dict__)
```

图 6-5 所示为输出结果。

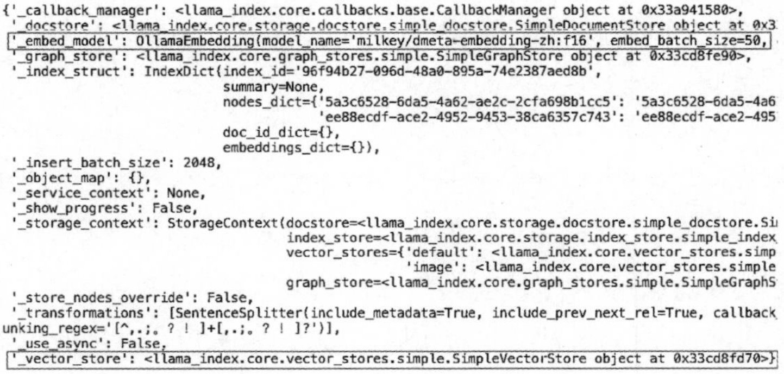

```
{'_callback_manager': <llama_index.core.callbacks.base.CallbackManager object at 0x33a941580>,
 '_docstore': <llama_index.core.storage.docstore.simple_docstore.SimpleDocumentStore object at 0x3
 '_embed_model': OllamaEmbedding(model_name='milkey/dmeta-embedding-zh:f16', embed_batch_size=50,
 '_graph_store': <llama_index.core.graph_stores.simple.SimpleGraphStore object at 0x33cd8fe90>,
 '_index_struct': IndexDict(index_id='96f94b27-096d-48a0-895a-74e2387aed8b',
                            summary=None,
                            nodes_dict={'5a3c6528-6da5-4a62-ae2c-2cfa698b1cc5': '5a3c6528-6da5-4a6
                                        'ee88ecdf-ace2-4952-9453-38ca6357c743': 'ee88ecdf-ace2-495
                            doc_id_dict={},
                            embeddings_dict={}),
 '_insert_batch_size': 2048,
 '_object_map': {},
 '_service_context': None,
 '_show_progress': False,
 '_storage_context': StorageContext(docstore=<llama_index.core.storage.docstore.simple_docstore.Si
                                    index_store=<llama_index.core.storage.index_store.simple_index
                                    vector_stores={'default': <llama_index.core.vector_stores.simp
                                                   'image': <llama_index.core.vector_stores.simple
                                    graph_store=<llama_index.core.graph_stores.simple.SimpleGraphS
 '_store_nodes_override': False,
 '_transformations': [SentenceSplitter(include_metadata=True, include_prev_next_rel=True, callback
unking_regex='[^,.;。？！]+[,.;。？！]?')],
 '_use_async': False,
 '_vector_store': <llama_index.core.vector_stores.simple.SimpleVectorStore object at 0x33cd8fd70>}
```

图 6-5

这里很清晰地展示了向量存储索引对象的内部属性结构，从标注部分的内容中可以看到在这个对象中，使用的嵌入模型是 OllamaEmbedding（这是由于之前在 Settings 组件中更改了默认设置），使用的向量存储是 SimpleVectorStore 类型的（这意味着如果不显式设置，那么向量存储索引会自动使用 SimpleVectorStore 作为底层的向量存储类型）。

如果需要更换这里的向量存储类型，那么你可以像这样设置：

```
......
#准备向量存储对象，此处采用 Chroma 向量库
vector_store = ChromaVectorStore(chroma_collection=collection)
......

#NEW: 构造基于向量存储的向量存储索引对象
storage_context =
StorageContext.from_defaults(vector_store=vector_store)
```

```
index = VectorStoreIndex(nodes,storage_context=storage_context)
```

这时，如果再打印出向量存储索引对象的结构，就会发现其使用的向量存储类型发生了变化，如图 6-6 所示。

```
'_transformations': [SentenceSplitter(include_metadata=True, include_
nking_regex='[^,.;。？！]+[,.;。？！]?')],
'_use_async': False,
'_vector_store': ChromaVectorStore(stores_text=True, is_embedding_que
```

图 6-6

这样就成功地把底层的向量存储切换为 Chroma 向量库。.

6.3.3　用文档直接构造向量存储索引对象

下面更进一步，用文档生成 Node 列表的工作也在构造向量存储索引对象时自动完成。LlamaIndex 框架中提供了对构造向量存储索引对象的最高层封装，即可以用 Document 对象直接构造向量存储索引对象。你甚至可以不提供任何额外参数。这样，前面的代码可以精简成：

```
......
docs = [Document(text="智家机器人是一种人工智能家居软件，让您的家变得更智能，让您轻松地掌控生活的方方面面。",metadata={"title":"智家机器人"},doc_id="doc1"),
        Document(text="速达飞行者是一种飞行汽车，能够让您在城市中自由翱翔，体验全新的出行方式。",metadata={"title":"速达飞行者"},doc_id="doc2")]

#用文档构造向量存储索引对象
vector_index = VectorStoreIndex.from_documents(docs)
......
```

只需要简单的一行代码！使用一个方法 from_documents 就可以快速地用文档构造向量存储索引对象，然后就可以使用它：

```
query_engine = vector_index.as_query_engine()
response = query_engine.query(
        "请解释什么是区块链技术"
    )
```

```
print(response)
```

也就是说，在使用 from_documents 方法构造向量存储索引对象的过程中，框架已经自动完成了文档分割、向量构造及向量存储。简化后的整个处理流程如图 6-7 所示。

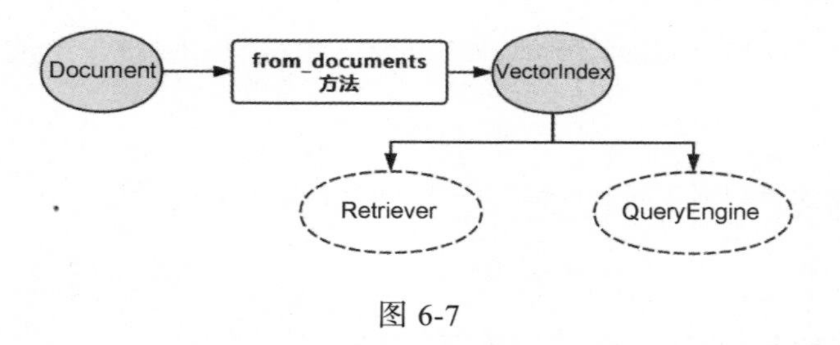

图 6-7

虽然高度抽象的上层接口大大简化了向量存储索引对象的构造过程，但是很多时候我们需要对底层细节进行个性化设置，比如模型、底层向量存储、文本分割器、元数据抽取器等，那么如何设置呢？

1. 模型

模型通过全局的 Settings 组件设置即可，包括大模型与嵌入模型。

2. 底层向量存储

参考 6.3.2 中的方法，设置 storage_context 参数：

```
storage_context =
StorageContext.from_defaults(vector_store=vector_store)
vector_index = \
VectorStoreIndex.from_documents(docs,storage_context =
storage_context)
```

借助个性化的 storage_context 参数，就可以达到自行设置需要使用的底层向量存储的目的。

3. 文本分割器与元数据抽取器

在使用 from_documents 方法构造向量存储索引对象的过程中，隐藏了分割文本的过程。如果需要指定文本分割器与元数据抽取器，那么应该怎么做呢？答案是借助 from_documents 方法的参数 transformations 指定。看下面的例子：

```
......
storage_context = \

StorageContext.from_defaults(docstore=docstore,vector_store=vecto
r_store)

#定义文本分割器与元数据抽取器
mySplitter = SentenceWindowNodeParser(window_size=2)
myExtractor = TitleExtractor()

#将上述组件通过 transformations 参数传入
vector_index = VectorStoreIndex.from_documents(docs,
                              storage_context = storage_context,

transformations=[mySplitter,myExtractor])
```

这里通过传入两个转换器对象，要求在构造向量存储索引对象之前的数据摄取过程中，使用指定的转换器进行处理以生成 Node 列表。

如果想验证上述代码中传入的文本分割器和元数据抽取器是否生效，那么可以用下面的方式来查询一个向量库中的 Node 对象的信息：

```
nodes =
vector_index._vector_store.query(VectorStoreQuery(query_str='速达
飞行者？',similarity_top_k=1)).nodes
pprint.pprint(nodes[0])
```

如果一切正常，那么可以看到如图 6-8 所示的输出结果。

```
{'embedding': None,
 'end_char_idx': 42,
 'excluded_embed_metadata_keys': ['window', 'original_text'],
 'excluded_llm_metadata_keys': ['window', 'original_text'],
 'id_': '530b97b4-b193-42aa-b2f3-d6940ca03997',
 'metadata': {'document_title': '"探索未来生活：智能家居机器人在新时代中的创新解决方案"\n',
              'original_text': '智家机器人是一种人工智能家居软件，让您的家变得更智能，
              'title': '智家机器人',
              'window': '智家机器人是一种人工智能家居软件，让您的家变得更智能，轻松掌
```

图 6-8

可以看到，这里查询出的 Node 对象的元数据中包含了 document_title 和 window 信息，而这正是 TitleExtractor 和 SentenceWindowNodeParser 这两个转换器所生成的，证明了其有效性。

6.3.4 深入理解向量存储索引对象

前面已经介绍了 3 种不同的构造向量存储索引对象的方法。

方法一：用向量存储构造。

方法二：用 Node 列表构造。

方法三：用文档直接构造。

这几种方法虽然在实现形式上有所差异，但是本质上是一样的，区别只是框架帮你做了多少工作。下面从最高层的 from_documents 方法入手简单地分析一下其工作过程（下面只展示了部分核心逻辑）：

```
......
"""Create index from documents. """

        #接受传入的 storage_context 参数，或者使用默认的 storage 选项
        storage_context = storage_context or
StorageContext.from_defaults()
      ......
        #转换器，从输入参数中获得，或者使用默认的转换器
        transformations = \
 transformations or transformations_from_settings_or_context(
            Settings, service_context
        )
        ......
           #运行转换器做数据摄取，生成要处理的 Node 对象
           nodes = run_transformations(
```

```
            documents,  # type: ignore
            transformations,
            show_progress=show_progress,
            **kwargs,
        )

        #用生成的Node对象构造向量存储索引对象：回到方法二
        return cls(
            nodes=nodes,
            storage_context=storage_context,
            callback_manager=callback_manager,
            show_progress=show_progress,
            transformations=transformations,
            service_context=service_context,
            **kwargs,
        )
```

在这里的代码中，基本的实现逻辑如下。

（1）接受前面介绍过的 storage_context 参数与 transformations 参数。如果没有传入，那么使用默认的存储选项与数据转换器，向量存储类型默认使用 SimpleVectorStore，数据转换器默认使用 SentenceSplitter。

（2）调用 run_transformations 方法来运行数据转换器处理输入的 Document 对象，生成 Node 对象（run_transformations 方法就是运行数据摄取管道时使用的方法）。

（3）用生成的 Node 对象及上面设置好的 storage_context、transformations 等参数构造一个向量存储索引对象。注意到了吗？从这一步开始回到了方法二！

下面来看一下方法二的工作过程：

```
......
        self._storage_context = storage_context or
StorageContext.from_defaults()
        self._vector_store = self._storage_context.vector_store

        with self._callback_manager.as_trace("index_construction"):
            if index_struct is None:
                nodes = nodes or []
```

```
            index_struct = self.build_index_from_nodes(
                nodes + objects  # type: ignore
            )
        self._index_struct = index_struct
......
```

如果继续跟踪 build_index_from_nodes 方法，那么可以发现最后由内部函数_add_nodes_to_index 来实现关键逻辑：

```
......
       for nodes_batch in iter_batch(nodes,
self._insert_batch_size):
           nodes_batch = \
            self._get_node_with_embedding(nodes_batch,
show_progress)
           new_ids = self._vector_store.add(nodes_batch,
**insert_kwargs)
......
```

在这个函数中，_get_node_with_embedding 方法与 vector_store.add 方法的使用，正是前面介绍的用 Node 列表构造向量存储索引对象时框架完成的隐藏工作：生成嵌入向量、存储到向量库中。这些工作正是在方法一中需要自行完成的，所以这两种方法其实实现了统一。

在上述代码中，为了便于更好地理解核心内容，隐藏了大量的其他细节，包括使用 storage_context 参数存储文档、处理 Node 对象等信息，以及处理不同类型的向量存储器等。

现在我们可以很深入地理解 VectorStoreIndex 这个向量存储索引类型。这是底层依赖于向量库的索引封装类，用于提供向量检索的高层接口。该对象可以用向量存储、Node 列表或者文档构造。

图 6-9 所示为 VectorStoreIndex 类型与其他相关类型之间的关系，有助于我们更好地理解和应用这个 RAG 应用中最重要的索引类型。

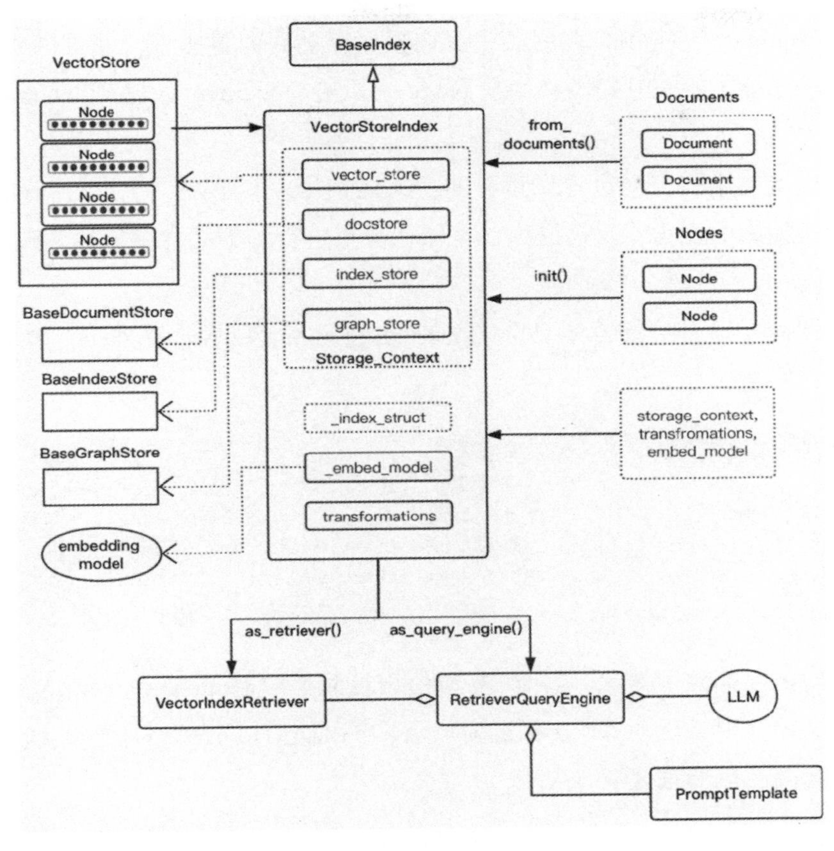

图 6-9

6.4 更多索引类型

尽管向量存储索引（VectorStoreIndex）是 RAG 应用中最重要的一种索引类型，但是在很多时候仍然需要结合其他索引类型来实现更强大的检索能力。本节将介绍几种常见的其他索引类型及其简单用法。

6.4.1 文档摘要索引

文档摘要索引是这样一种索引：借助大模型把传入的 Node 列表生成文档

摘要（Summary）Node，并将其生成向量后存储到向量库中，提供摘要 Node 的向量检索能力，同时提供从摘要 Node 到原始 Document 及基础 Node 的相关查询能力。

文档摘要索引与向量存储索引的最大区别是，其不提供直接对基础 Node 进行语义检索的能力，而是提供在文档摘要层进行检索的能力，然后映射到基础 Node。

文档摘要索引对象的类型为 DocumentSummaryIndex。下面从一个简单的例子开始介绍：

```
······这里省略了 text 中的大段内容······
docs = [Document(text="小麦智能健康手环是一款...",metadata={"title":"智家机器人"},doc_id="doc1"),Document(text="速达飞行者...",metadata={"title":"速达飞行者"},doc_id="doc2")]
doc_summary_index = DocumentSummaryIndex.from_documents(docs)
······
```

与向量存储索引对象一样，只需要使用最简单的 from_documents 方法就可以构造文档摘要索引对象。在构造完成后，可以使用以下代码来查询 Document 级别的摘要，以验证是否成功：

```
pprint.pprint(doc_summary_index.get_document_summary("doc1"))
```

图 6-10 所示为输出的摘要。

```
'The provided text is a detailed description of a smart wearable device '
'called "小麦智能健康手环". This device offers various health and fitness monitoring '
'features, including heart rate monitoring, blood pressure measurement, sleep '
'analysis, step counting, and calorie tracking.\n'
'\n'
'Some questions that this text can answer are:\n'
'\n'
'1. What is the小麦智能健康手环?\n'
'2. What kind of health monitoring features does it have?\n'
'3. Can it track physical activity like steps taken or calories burned?\n'
'4. Does it provide information on blood pressure and heart rate?\n'
'5. How does its sleep analysis feature work?\n'
'\n'
'Overall, the text serves as a comprehensive guide to the小麦智能健康手环 and the '
"various benefits it offers for monitoring and improving one's health and "
'fitness.\n')
```

图 6-10

框架自动生成了传入的 Document 对象 doc1 的摘要：默认的摘要包括对文档的简单总结，以及该文档能够回答的几个假设性问题。

与向量存储索引一样，你可能不想使用默认的底层向量存储，那么仍然可以通过设置 storage_context 参数进行修改。此外，你可能还需要通过 summary_query 参数来修改生成摘要的 Prompt，更改生成摘要使用的大模型等。你可以参考下面的例子来进行设置：

```
#vector store
······构造一个存储上下文对象，用于设置向量存储······
storage_context =
StorageContext.from_defaults(vector_store=vector_store)

# storage_context: 设置向量库等
# summary_query: 设置摘要生成提示
# llm: 设置生成摘要的大模型
# transformations: 设置数据摄取需要的转换器
doc_summary_index = DocumentSummaryIndex.from_documents(docs,
                    storage_context=storage_context,
                    summary_query="用中文描述所给文本的主要内容，同时描述
这段文本可以回答的一些问题。")
pprint.pprint(doc_summary_index.get_document_summary("doc1"))
```

运行后，可以发现已经使用新设置的 Prompt 生成了摘要，如图 6-11 所示。

```
'所给文本主要描述了一款名为"小麦智能健康手环"的可穿戴设备。这款手环集成了多种功
'\n'
'此外，手环还内置高精度传感器，能够准确记录运动数据，帮助用户管理运动计划。同时
'\n'
'这段文本可以回答的问题包括：这款智能手环有哪些主要功能？它如何帮助用户监测和管
```

图 6-11

可以自行测试其他参数。

6.4.2 对象索引

对象索引（ObjectIndex）是一种可以对任意 Python 对象而不仅仅是文本内容进行索引的组件。它具有很多应用场景，特别是在很多时候我们希望能够对大量的结构化对象构造索引，并能在检索时根据条件直接返回对象。常见的应用场景如下。

（1）在实现 Text-to-SQL 时，为了让模型能够正确生成 SQL 语句，通常需要

给模型输入相关的表结构（schema）信息。但是在大型的数据库中，这个信息可能过大并导致上下文窗口溢出与推理失败，因此借助对象索引可以在执行时只检索出必要的 schema 信息。

（2）在开发 AI Agent（AI 智能体，简称 Agent）时，Agent 需要在大量的工具（Agent 的重要组成部分，即能够使用的工具集）中自主规划与选择使用相关的工具。因此，可以借助对象索引提供检索工具的能力，在 Agent 执行任务时只检索必要的一组相关工具，然后将其交给 Agent 使用。

在下面的例子中，我们构造一些 Python 对象，并测试 ObjectIndex 组件的使用：

```
#构造一些不同类型的普通对象
obj1 = {"name": "小米","cpu": "骁龙","battery": "5000mAh","display": "6.67 英寸"}
obj2 = ["iPhne", "小米", "华为", "三星"]
obj3 = (['A','B','C'],[100,200,300 ])
obj4 = "大模型是一种基于自然语言处理技术的生成式 AI 模型!"
objs= [obj1, obj2, obj3,obj4]

# 从普通对象到 Node 对象的映射，即生成嵌入所需要的 Node 对象
obj_node_mapping = SimpleObjectNodeMapping.from_objects(objs)
nodes = obj_node_mapping.to_nodes(objs)

# 构造对象索引
storage_context =
StorageContext.from_defaults(vector_store=vector_store)
object_index = ObjectIndex(
    index=VectorStoreIndex(nodes=nodes,
storage_context=storage_context),
    object_node_mapping=obj_node_mapping,
)

#构造一个检索器，测试检索结果
object_retriever = object_index.as_retriever(similarity_top_k=1)
results = object_retriever.retrieve("小米手机")
print(f'results: {results}')
```

输出结果如图 6-12 所示，根据输入成功地返回了检索出的普通对象。

```
results: [{'name': '小米', 'cpu': '骁龙', 'battery': '5000mAh', 'display': '6.67英寸'}]
```

图 6-12

与普通的向量存储索引不同的是，对象索引是一种依赖于其他索引的“索引”类型。对象索引在底层存储需要借助向量存储索引等其他类型实现 Node 对象的嵌入与检索。这也是为什么在构造对象索引时需要传入 VectorStoreIndex 类型的对象。

此外，为了实现用向量存储索引检索出的 Node 对象能够映射到普通对象，需要借助一个 ObjectNodeMapping 类型的对象来保存这种映射关系，这个对象有以下两个重要的作用。

（1）将普通对象转换为可以用向量存储索引检索出的 Node 对象。

（2）在检索时，根据检索出的 Node 对象，找到并返回普通对象。

上面的代码中使用了 SimpleObjectNodeMapping 类型来处理这种映射关系，它在将普通对象转换为 Node 对象时，通过 str 方法将普通对象转换为字符串对象，进而构造了一个 TextNode 类型的 Node 对象。

```
def to_nodes(self, objs: Sequence[OT]) -> Sequence[TextNode]:
       return [self.to_node(obj) for obj in objs]
def to_node(self, obj: Any) -> TextNode:
       return TextNode(text=str(obj))
```

此外，在初始化 SimpleObjectNodeMapping 类型的对象时，也会保存这个字符串对象与普通对象的映射关系：

```
def __init__(self, objs: Optional[Sequence[Any]] = None) -> None:
       objs = objs or []
       for obj in objs:
           self.validate_object(obj)
       self._objs = {hash(str(obj)): obj for obj in objs}
```

有了这个映射关系，在借助向量存储索引检索出 Node 对象后，只需要取出 Node 对象的文本内容并计算 hash 值，然后通过这里的映射关系就可以找到并返回普通对象！

图 6-13 所示为对象索引类型的技术原理。

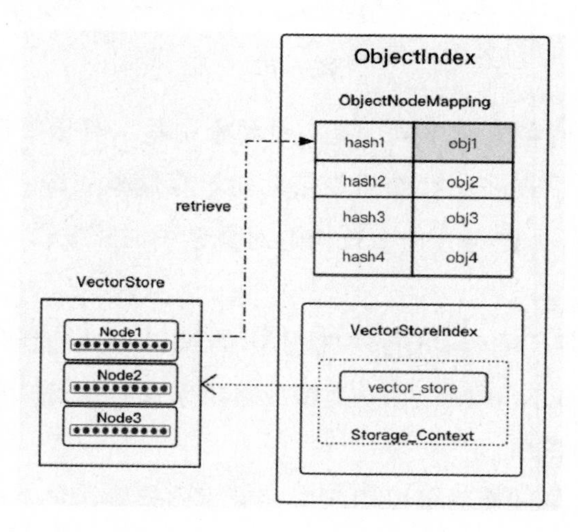

图 6-13

在上面的代码中，为了更好地理解对象索引的内部细节与原理，采用了相对复杂的使用方式。实际上，LlamaIndex 框架提供了更简单地构造对象索引的方式，可以直接用普通对象构造对象索引，并在构造时指定底层索引选项。这两种方式的效果相同：

```
......
storage_context =
StorageContext.from_defaults(vector_store=vector_store)
object_index = ObjectIndex.from_objects(
    objs,
index_cls=VectorStoreIndex,storage_context=storage_context
)
```

6.4.3 知识图谱索引

知识图谱是一种常见的、基于图（Graph）结构的语义知识库组织形式，主要用于描述知识中的各种实体、概念及相互关系，并将其存储到图数据库（GraphDB）中，被广泛应用于搜索、问答、推荐等下游应用。在很多场景中，知识图谱比直接用自然语言文本表达与存储的知识形式更清晰且更适合计算机处理。知识图谱通常可以从大量的结构化/非结构化文档中抽取、融合与加工数据，并将其转换为大量类似于“实体-关系-实体”的三元组表达形式（实体可以带有多个属性），进而被用于存储与应用。

关于图与图数据库

图是一种用于表示对象及它们之间关系的数据结构。任何两个对象之间都可以直接发生联系，所以图适合表达更复杂的关系信息。一个图结构主要由 Node 和边组成。

（1）Node：用于表示一个对象。比如，社交网络中的一个用户。

（2）边：用于表示对象之间的关系。比如，用户之间的关系（如相互关注）。

图 6-14 所示为一个关于工厂、产品、仓库、城市等几种实体构成的图的例子。

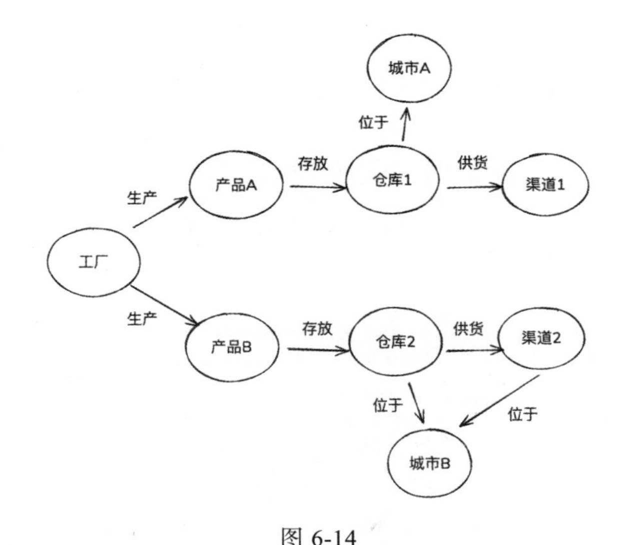

图 6-14

图数据库是一种专门用于存储和操作图结构数据的数据库管理系统。与关系数据库不同，图数据库使用 Node、边、属性来表示和存储数据。这使得它们非常适合处理高度连接的数据，提供高性能的复杂查询能力，用于遍历与发现有洞察力的数据关系。其特点如下。

（1）灵活的模型：可以方便地表示复杂的关系。

（2）高效查询：特别是对多跳关系（多次关系跳转）的查询，比关系数据库更高效。

（3）可扩展性：能够处理大量 Node 和边。

最常见的图数据库有 Neo4j、Amazon Neptune、OrientDB、TigerGraph 等，被广泛应用于社交网络分析、推荐系统、金融欺诈检测等。

在 RAG 应用中，知识图谱索引是一种完全不同于向量存储索引的形式，与对象索引也不一样的是，其底层不依赖于向量存储索引等其他索引形式，是一种相对独立的索引类型。LlamaIndex 框架的知识图谱索引中会使用一种与向量存储索引不一样的 PropertyGraphStore 类型（LlamaIndex 框架的旧版本中为 GraphStore 类型）。这是用于存储知识图谱的一种底层存储抽象，与 VectorStore 类型用于存储生成的向量相对应。

基于知识图谱索引的 RAG 应用在进行查询或对话时，其基本流程通常是对输入的自然语言进行关键词解析，提取出需要的关键词，进而在知识图谱中检索出相关的实体与关系，甚至结合原始的文本知识，然后将其交给大模型进行响应与生成。

下面用一个例子来详细说明知识图谱索引的使用，我们首先借助 AI 工具生成一段自然语言文本，其中包含了一些适合用知识图谱来表达的知识，如图 6-15 所示。

西京是一座历史悠久的文化名城，位于我国的东部地区。这座城市有着丰富的自然资源和人文景观，总面积约为5000平方公里，人口数量超过1000万。这座城市是我国重要的经济、科技、教育和文化中心之一。西京有一座著名的大学，成立于1950年，拥有多个学院和系，提供涵盖了自然科学、工程技术、人文社会科学、医学、艺术等多个领域的本科和研究生教育项目。这所大学致力于培养具有创新精神和实践能力的高素质人才，为国家的经济社会发展做出贡献。西京的科技产业发展迅速，拥有多个高新技术产业园区，吸引了众多国内外知名企业入驻。这些企业涵盖了电子信息、生物医药、新材料、新能源等多个领域，为城市的经济发展注入了强大的动力。在西京的城市中心，有一座历史悠久的博物馆，馆内收藏了大量珍贵的文物和艺术品，展示了这座城市从古至今的发展历程。此外，博物馆还定期举办各类展览和讲座活动，吸引了大量游客和市民前来参观和学习。西京还有多个著名的旅游景点，如古老的城墙、庙宇、园林和现代化的购物中心、游乐场等。这些景点吸引了大量国内外游客前来观光旅游，为城市的旅游业带来了繁荣。西京周边，还有多个农业产区，出产丰富的农产品，如水果、蔬菜、茶叶和特色工艺品等。这些农产品和工艺品在国内外市场上享有很高的声誉，为城市的农业产业发展提供了有力支持。

图 6-15

然后，我们用代码基于这段文字构造知识图谱索引，并实现简单的问答应用。以下是核心的代码：

```
......
documents = SimpleDirectoryReader(
```

```
    input_files=["../../data/graph.txt"],
).load_data()

#指定知识图谱的存储，这里使用内存存储
property_graph_store = SimplePropertyGraphStore()
storage_context =
StorageContext.from_defaults(property_graph_store=property_graph_
store)

#构造知识图谱索引（这里进行了本地化存储）
if not os.path.exists(f"./storage/graph_store"):
    index = PropertyGraphIndex.from_documents(
        documents,
storage_context=storage_context
    )

index.storage_context.persist(persist_dir="./storage/graph_store"
)
else:
    print('Loading graph index...')
    index = load_index_from_storage(

StorageContext.from_defaults(persist_dir="./storage/graph_store")
    )

#构造查询引擎
query_engine = index.as_query_engine(
    include_text=True, similarity_top_k=2
)

response = query_engine.query(
    "介绍一下西京的城市信息吧",
)
print(f"Response: {response}")
```

查看以上代码，可以发现知识图谱索引的构造与向量存储索引的构造非常相似，不同在于：

（1）底层存储类型不再是 VectorStore，而是 PropertyGraphStore，这里使用了 SimplePropertyGraphStore，在实际应用中也可以使用商业的图数据库（比如 Neo4j），正如向量库也可以更改一样。

（2）构造的索引不再是 VectorStoreIndex 类型的向量存储索引，而是 PropertyGraphIndex 类型的索引，通过相同的 from_documents 方法构造出知识图谱索引。

如果查看 LlamaIndex 框架的底层逻辑，那么可以发现 from_documents 方法中的逻辑是，通过默认的数据分割器将 Document 对象转换为 Node 列表，然后基于 Node 列表构造索引。构造知识图谱索引与构造向量存储索引所使用的 from_documents 方法的逻辑有以下区别。

（1）VectorStoreIndex 类型的索引的基本处理过程：给每个 Node 对象都生成向量；将内容、向量、元数据等添加到底层存储库中，比如 Chroma 向量库，同时保存底层存储到原始 Node 对象的映射关系。

（2）PropertyGraphIndex 类型的索引的基本处理过程：借助大模型对 Node 对象的内容提取实体与关系信息（通常形成的是实体-关系-实体的三元组），并保存到底层存储的 PropertyGraphStore 类型的对象中，同时在本地保存这些实体到原始对象的映射关系（如果需要定制这里的提取方法，可以通过 from_documents 方法的 kg_extractors 参数设置）。

为了进一步了解构造的知识图谱索引，我们打印部分存储在 PropertyGraphStore 对象中的知识图谱索引的内容（保存在 graph 属性中）：

```
#查看构造的知识图谱索引（这里打印了保存的三元组）
graph = index.property_graph_store.graph
pprint.pprint(graph.triplets)
```

输出结果如图 6-16 所示（由于大模型的不确定性，每次输出的结果可能都有差异）。

```
{('7c66bd3d-3f5a-4112-9870-11ea5126fcb0',
  'SOURCE',
  'bcd21269-db82-4be8-b4f2-93c094fcb9de'),
 ('城市', '人口数量超过', '1000万'),
 ('城市', '总面积约为', '5000平方公里'),
 ('城市', '是', '教育中心'),
 ('城市', '是', '文化中心'),
 ('城市', '是', '科技中心'),
 ('城市', '是', '经济中心'),
 ('大学', '成立于', '1950年'),
 ('大学', '提供', '本科和研究生教育项目'),
 ('西京', '位于', '东部地区'),
 ('西京', '是', '文化名城')}
```

图 6-16

这里借助大模型抽取与转换输入的文本内容中的知识，形成了构造知识图谱索引的基本单位——三元组（实体-关系-实体）。这个三元组被保存在PropertyGraphStore 类型的对象中，并被用于生成图谱的 Node 与关系（Relationship），在后面生成的阶段会被检索并用于形成上下文。

最后，我们看一下上面知识图谱索引演示代码在查询后的输出结果，如图 6-17 所示。

```
Response: 西京是一座位于东部地区的历史悠久的文化名城，总面积约为5000平方公里，人口数量超过1000万，
一，拥有著名的大学和多个高新技术产业园区。城市中心有一座历史悠久的博物馆，展示了城市的发展历程，
的旅游景点和农业产区，为城市的旅游业和农业产业发展做出贡献。
```

图 6-17

如果利用 Langfuse 平台跟踪代码的执行，那么可以看到大模型生成之前的上下文内容，检索时框架从存储的知识图谱中通过算法查找相关的实体与关系，并将其作为上下文交给大模型用于响应与生成，如图 6-18 所示（之所以携带了源文本，是因为设置了参数 include_text=True）。

```
"Context information is below.
---------------------
file_path: ../../data/graph.txt

Here are some facts extracted from the provided text:

城市 -> 是 -> 经济中心
城市 -> 是 -> 文化中心
西京 -> 位于 -> 东部地区
西京 -> 是 -> 文化名城
城市 -> 是 -> 教育中心
城市 -> 人口数量超过 -> 1000万
城市 -> 总面积约为 -> 5000平方公里
城市 -> 是 -> 科技中心

西京是一座历史悠久的文化名城，位于我国的东部地区。这座城市有着丰富的自然资源和人文景观，总
万。这座城市是我国重要的经济、科技、教育和文化中心之一。西京有一座著名的大学，成立于1950年
学、工程技术、人文社会科学、医学、艺术等多个领域的本科和研究生教育项目。这所大学致力于培养
国家的经济社会发展做出贡献。西京的科技产业发展迅速，拥有多个高新技术产业园区，吸引了众多国
息、生物医药、新材料、新能源等多个领域，为城市的经济发展注入了强大的动力。在西京的城市中心
量珍贵的文物和艺术品，展示了这座城市从古至今的发展历程。此外，博物馆还定期举办各类展览和讲
学习。西京还有多个著名的旅游景点，如古老的城墙、庙宇、园林和现代化的购物中心、游乐场等。这
游，为城市的旅游业带来了繁荣。西京周边，还有多个农业产区，出产丰富的农产品，如水果、蔬菜、
在国内外市场上享有很高的声誉，为城市的农业产业发展提供了有力支持。

---------------------
Given the context information and not prior knowledge, answer the query.
Query: 介绍下西京的城市信息吧
Answer: "
```

图 6-18

知识图谱的应用本身是一个大的课题，知识的抽取生成、存储处理与应用都涉及较多的技术与工具。这里的知识图谱索引能够让 RAG 应用在底层存储上支持以知识图谱形式存在的结构化知识，从而拓展了知识图谱在生成式 AI 中的应用。在上面的例子中，我们只演示了 SimplePropertyGraphStore 这种基于内存的基础存储类型。在真实的生产应用中，知识图谱的存储往往会借助更成熟和可管理的图数据库（比如 Neo4j）来完成。

6.4.4 树索引

树索引是一种树状的索引结构。在构造这种类型的索引时对输入的 Node 列表使用大模型来生成汇总与摘要信息，形成上级 Node（Parent Node，也称父 Node），然后通过递归自底向上形成一棵索引树（在构造索引树时会通过参数控制，只有当叶子 Node 超过一定数量时才会构造上级 Node）。在检索时，会根据不同的检索模式从这棵索引树中返回必要的 Node，可能是根 Node（Root Node），也可能是叶子 Node（Leaf Node）。简单的树索引结构如图 6-19 所示。

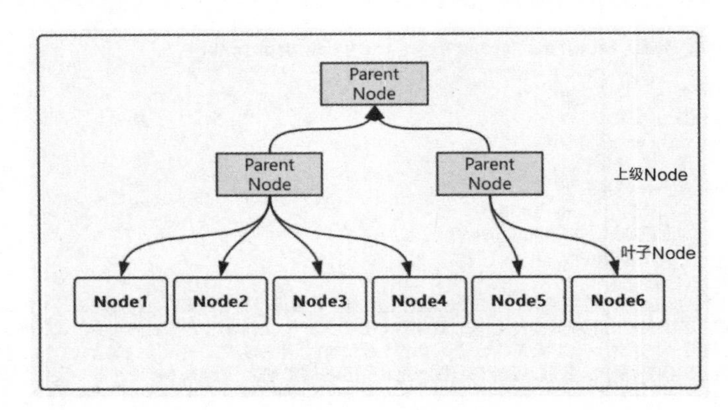

图 6-19

下面构造一个简单的树索引进行测试：

```
……省略构造 Document 对象……
SentenceSplitter =
SentenceSplitter(chunk_size=200,chunk_overlap=0)
nodes = SentenceSplitter.get_nodes_from_documents(documents)
```

```
#构造树索引
index = TreeIndex(nodes,num_children=2)

#打印索引结构
print_attrs(index.index_struct)
```

从打印的索引结构中可以看到（如图 6-20 所示），除了保存正常的根 Node 和叶子 Node，还会保存父子 Node 的映射关系（node_id_to_children_ids），即每个 Node 所对应的叶子 Node，然后通过简单的迭代，就可以形成一棵用于检索的索引树。

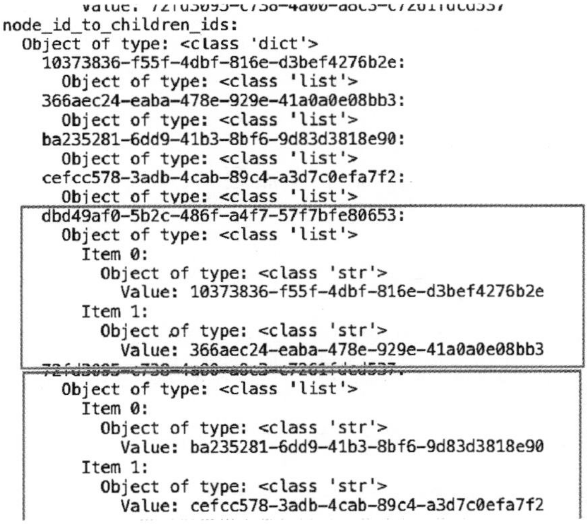

```
node_id_to_children_ids:
  Object of type: <class 'dict'>
    10373836-f55f-4dbf-816e-d3bef4276b2e:
      Object of type: <class 'list'>
    366aec24-eaba-478e-929e-41a0a0e08bb3:
      Object of type: <class 'list'>
    ba235281-6dd9-41b3-8bf6-9d83d3818e90:
      Object of type: <class 'list'>
    cefcc578-3adb-4cab-89c4-a3d7c0efa7f2:
      Object of type: <class 'list'>
    dbd49af0-5b2c-486f-a4f7-57f7bfe80653:
      Object of type: <class 'list'>
        Item 0:
          Object of type: <class 'str'>
            Value: 10373836-f55f-4dbf-816e-d3bef4276b2e
        Item 1:
          Object of type: <class 'str'>
            Value: 366aec24-eaba-478e-929e-41a0a0e08bb3
      Object of type: <class 'list'>
        Item 0:
          Object of type: <class 'str'>
            Value: ba235281-6dd9-41b3-8bf6-9d83d3818e90
        Item 1:
          Object of type: <class 'str'>
            Value: cefcc578-3adb-4cab-89c4-a3d7c0efa7f2
```

图 6-20

树索引在检索时会默认根据输入问题检索相关的叶子 Node，但是可以指定不同的检索方式和参数，比如是用向量相似度检索，还是用大模型判断检索，是检索根 Node 还是检索叶子 Node，以及需要检索返回的 Node 数量等。这些会在 7.1 节介绍。

6.4.5 关键词表索引

最后看一种比较简单的索引形式，也是最容易联想到的索引形式：关键词表索引。这种索引是从每个 Node 的内容中提取关键词，然后建立起从关键词到各个 Node 之间的映射关系并将其作为索引结构。关键词表索引结构如图 6-21 所示。在检索时，根据关键词提取并返回最相关的多个 Node，用于后面生成。

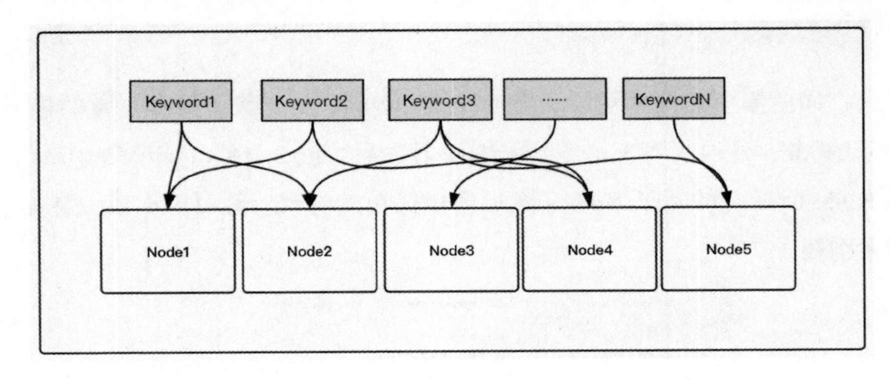

图 6-21

关键词表索引在建立与检索时有一个需要考虑的策略，就是如何提取关键词。在目前的框架中支持 3 种主要方法，你可以根据自身的需要进行选择。

（1）借助大模型智能提取内容关键词，对应的组件是 KeywordTableIndex。

（2）借助正则表达式提取内容关键词,对应的组件是 SimpleKeywordTableIndex，但目前这种方法通过识别空格来区分单词，因此暂时只能用于英文输入。

（3）借助 RAKE（一种轻量级的自然语言内容关键词提取工具库）提取内容关键词，对应的组件是 RAKEKeywordTableIndex。

下面用一个简单的例子来演示关键词表索引的用法：

```
……构造 Document 对象……
nodes = SentenceSplitter.get_nodes_from_documents(documents)

#构造关键词表索引，用大模型智能提取内容关键词
index = KeywordTableIndex(nodes)

#打印索引的内部结构（自定义方法）
print_attrs(index.index_struct)

#测试
query_engine = index.as_query_engine()
response = query_engine.query(
```

```
    "文心一言的主要应用场景有哪些？",
)
print(f"Response: {response}")
```

这里打印了关键词表索引的内部结构，可以看到其在内部保存了以下映射关系（如图 6-22 所示）：抽取的每个关键词（如“文心一言”“大语言模型”）都会映射到一个集合上，集合是多个 Node 的 node_id。正因为有了这样的索引结构，在利用其进行检索时，可以首先提取输入问题的关键词，再根据这些关键词在索引中查找对应的 Node，并采用合适的算法对相关 Node 排序，最后输出指定数量的 Node。

```
Object of type: <class 'llama_index.core.data_structs.data_structs.KeywordTable'>
  index_id:
    Object of type: <class 'str'>
      Value: 5ae15196-435f-4f35-8abe-6db4a071186a
  summary:
    Object of type: <class 'NoneType'>
      Value: None
  table:
    Object of type: <class 'dict'>
      百度研发:
        Object of type: <class 'set'>
          Item 0:
            Object of type: <class 'str'>
              Value: 41f37207-9a20-4352-99ed-6387a672df1e
      大语言模型:
        Object of type: <class 'set'>
          Item 0:
            Object of type: <class 'str'>
              Value: 41f37207-9a20-4352-99ed-6387a672df1e
      文心一言:
        Object of type: <class 'set'>
          Item 0:
            Object of type: <class 'str'>
              Value: 624b7e0b-cf8c-4605-bd3a-d264388ff3ec
          Item 1:
            Object of type: <class 'str'>
              Value: 41f37207-9a20-4352-99ed-6387a672df1e
          Item 2:
            Object of type: <class 'str'>
              Value: 8772537e-b5f0-4e08-8cb8-078e00a062c9
      人工智能:
```

图 6-22

第 7 章　检索、响应生成与 RAG 引擎

RAG 应用本质上通过为大模型补充经过检索与过滤的外部知识来实现增强生成以减少幻觉问题，因此 RAG 中的“G”才是最终的目的。在完成了前期的数据准备与索引后，就可以进入 RAG 应用的真正使用阶段，这个阶段包含检索与响应生成。只要实现了检索与响应生成，就构造起了核心的 RAG 引擎，具备了开发端到端大模型应用的基础。一个 RAG 引擎就是能够接受使用者的输入问题，并借助自身的检索与响应生成能力给出最终答案的基于大模型的软件装置，如图 7-1 所示。

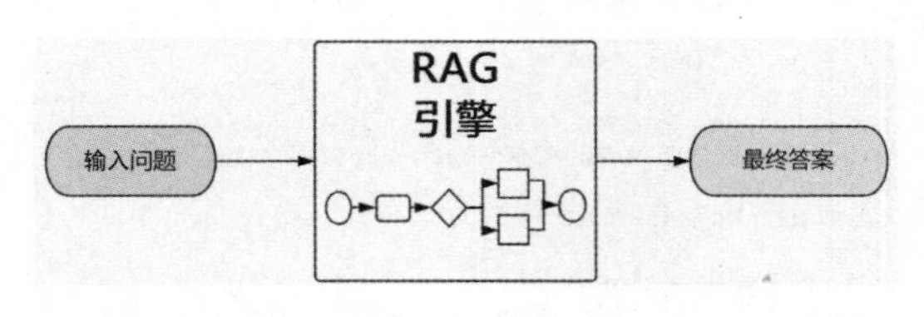

图 7-1

我们把构造的 RAG 引擎分成查询（Query）引擎与对话（Chat）引擎两种基础类型。

（1）查询引擎：这是最直接的应用形式。用户使用自然语言输入要查询的问题，引擎通过检索、排序、响应生成等一系列处理流程后输出最终答案。

（2）对话引擎：对话与查询类似，但区别在于它通常是一个连续的、有状态的、有上下文的多轮交互过程。这要求对话引擎具有上下文记忆能力。

在构造 RAG 引擎之前，需要了解检索器与响应生成器这两个重要的基础组件。

7.1　检索器

检索器（Retriever）是大模型响应生成的基础。它负责根据用户的输入检索最相关的知识上下文，并以 Node 列表的形式返回。如果没有检索器，就不存在所谓的增强生成。检索器通常是基于各种索引组件构造的，因为索引组件的类型不同，所以有了不同的检索器。

7.1.1　快速构造检索器

检索器可以通过已经准备好的索引组件构造。比如，用最快速的方法构造一个向量索引的检索器，并完成一次检索，只需要几行代码：

```
......
retriever = vector_index.as_retriever(similarity_top_k=1)
nodes = retriever.retrieve('文心一言的应用场景')
pprint.pprint(nodes)
```

通过索引组件构造检索器最直接的方法是 as_retriever。构造检索器有一些常见的配置选项，比如参数 retriever_mode 表示检索模式、参数 similarity_top_k 表示检索语义最相似的数量等。这些参数通常会在调用 as_retriever 方法时输入。

在后面 7.3 节介绍的查询引擎部分还会看到一种隐式自动构造检索器的方法。比如，以下构造查询引擎的代码会先自动构造检索器：

```
query_engine = index.as_query_engine()
```

检索器组件最核心的方法是 retrieve，其输入参数是检索条件，返回结果是与输入条件相关并携带了相关性评分（Score）的 Node 列表。这个 Node 列表会被送入后面的响应生成器中，用于响应生成。图 7-2 所示为 retrieve 方法返回的样例（注意：检索返回的对象类型是 Node 对象的一个增强类型 NodeWithScore）。

```
[NodeWithScore(node=TextNode(id_='c5dd8e60-5295-48bc-8b9d-5500d5f2f516', embedding=None, metadata={'file_path': '../../data/yiyar
e_type': 'text/plain', 'file_size': 1684, 'creation_date': '2024-04-21', 'last_modified_date': '2024-04-21'}, excluded_embed_meta
'file_size', 'creation_date', 'last_modified_date', 'last_accessed_date'], excluded_llm_metadata_keys=['file_name', 'file_type',
odified_date', 'last_accessed_date'], relationships={<NodeRelationship.SOURCE: '1'>: RelatedNodeInfo(node_id='3b7888e0-6563-4371-
Type.DOCUMENT: '4'>, metadata={'file_path': '../../data/yiyan.txt', 'file_name': 'yiyan.txt', 'file_type': 'text/plain', 'file_si
21', 'last_modified_date': '2024-04-21'}, hash='838be381a198d9bfa1e6a24815347c3eefffef1c50409dcf36501b2f5a8d19be')}, text='（一）
人工智能大语言模型产品，能够通过上一句话，预测生成下一段话。 任何人都可以通过输入【指令】和文心一言进行对话互动、提出问题或要求，
识和灵感。\n\n*指令（prompt）：其实就是文字。它可以是你向文心一言提的问题（如： 帮我解释一下什么是芯片 ），可以是你希望文心一言帮
幅画*）！\n\n\n（二）文心一言的基础能力\n文心一言由文心大模型驱动，具备理解、生成、逻辑、记忆四大基础能力。当前文心大模型已升级
任务。\n理解能力： 听得懂潜台词、复杂句式、专业术语，今天，人类说的每一句话，它大概率都能听懂！\n生成能力： 快速生成文本、代码、
所有内容，它几乎都能生成！\n逻辑能力： 复杂的逻辑难题、困难的数学计算、重要的职业/生活决策统统能帮你解决，情商智商双商在线！\n记
对话过后，你话里的重点，它总会记得，帮你步步精进，解决复杂任务！\n\n\n（三）文心一言的应用场景\n文心一言是你工作、学习、生活中省
好伙伴；也是你需要倾诉陪伴时的好朋友。在你人生旅途经历的每个阶段、面对的各种场景中，文心一言7*24小时在线，伴你左右。', start_char
te='{metadata_str}\n\n{content}', metadata_template='{key}: {value}', metadata_seperator='\n'), score=0.7343351687483578)]
```

图 7-2

与很多组件一样，你还可以用底层的 API 直接构造对应的检索器。所以，下面这种构造检索器的方法与使用 as_retriever 方法构造检索器是完全相同的：

```
......
#构造向量索引检索器
retriever = VectorIndexRetriever(
            index=vector_index
            ... #其他参数
        )

#构造摘要索引检索器
retriever = SummaryIndexLLMRetriever(
    index=summary_index,
    choice_batch_size=5,
)
```

因为需要指定具体类型，所以这种方法要求先了解不同的索引类型、不同的检索模式对应的检索器的具体类型。建议尽可能采用 as_retriever 方法构造检索器。

7.1.2 理解检索模式与检索参数

某些索引类型可能存在不同的检索模式和默认模式。不同的检索模式在检索流程、使用的模型与工具、检索的效果、性能等方面有不同的特点和效果，我们需要根据应用的要求、数据的特点，甚至测试的效果来选择合适的检索模式。此外，有的类型的索引会存在一些特殊的检索参数。了解检索参数有助于更有效地使用不同类型的索引。

1. 如何指定检索模式

如果使用 as_retriever 方法构造检索器，那么可以设置 retriever_mode 参数来指定检索模式，如：

```
retriever = treeindex.as_retriever(
    retriever_mode="root",
)
```

如果直接构造 retriever 对象，那么需要先了解检索模式对应的具体类型，并指定 index 参数。这两种方法的结果一样，如：

```
from llama_index.core.indices.tree.all_leaf_retriever import
TreeAllLeafRetriever
#TreeRootRetriever 是检索模式 Root 对应的类型
retriever = TreeRootRetriever(index = treeindex)
```

2. 不同类型的索引支持的检索模式

下面整理了不同类型的索引支持的检索模式供参考。

1）向量存储索引（VectorStoreIndex）

RAG 应用中最常见的索引类型——向量存储索引只支持一种检索模式，就是根据向量的语义相似度来进行检索（as_retriever 方法中指定的 retriever_mode 参数将被忽略），对应的检索器类型为 VectorIndexRetriever。这种检索器的常用参数见表 7-1。

表 7-1

参数名	用途
similarity_top_k	检索出相关性最高的 Node 数量，默认为 2
filters	元数据过滤器，在向量检索时先做元数据过滤
vector_store_query_mode	向量存储查询模式，需要向量库支持

需要注意的是，这种检索器的部分特性依赖于底层的向量库，需要根据使用的向量库来参考。

2）文档摘要索引（DocumentSummaryIndex）

文档摘要索引是对输入的 Node 在 Document 级别生成摘要 Node，并做嵌入与索引，在检索时先查询相关的摘要 Node，再溯源到对应的基础 Node 返回。这种索引支持以下两种检索模式。

（1）llm：使用大模型判断摘要内容与输入问题的相关性，获得最相关的摘要 Node，然后输出对应的基础 Node，对应的检索器类型为 DocumentSummaryIndexLLMRetriever。这种检索器的常用参数见表 7-2。

表 7-2

参数名	用途
choice_select_prompt	使用大模型判断摘要相关性的 Prompt 模板
choice_top_k	选择相关的摘要 Node 数量，注意不是返回的 Node

（2）embedding：借助嵌入模型与向量相似度判断摘要内容与输入问题的相关性，获得最相关的摘要 Node，然后输出对应的基础 Node，对应的检索器类型为 DocumentSummaryIndexEmbeddingRetriever。这种检索器的常用参数见表 7-3。

表 7-3

参数名	用途
similarity_top_k	选择相关的摘要 Node 数量，注意不是返回的 Node

3）树索引（TreeIndex）

树索引是将输入的 Node 列表作为叶子 Node，自底向上对多个叶子 Node 生成带有摘要的父 Node，通过多次迭代后形成索引“树”。在检索时，树索引根据条件检索出必要的父 Node 或者叶子 Node 返回。树索引支持的检索模式如下。

（1）select_leaf：根据条件从根 Node 逐层检索出相关的叶子 Node，检索时借助大模型判断相关性，对应的检索器类型为 TreeSelectLeafRetriever。这种检索器的常用参数见表 7-4。

表 7-4

参数名	用途
query_template	使用大模型判断相关的叶子 Node 使用的 Prompt 模板，只选择一个 Node
query_template_multiple	使用大模型判断相关的叶子 Node 使用的 Prompt 模板，选择多个 Node
child_branch_factor	决定在每一层选择叶子 Node 时是单选还是多选

（2）select_leaf_embedding：根据条件从根 Node 逐层检索出相关的叶子 Node，检索时借助向量相似度来判断相关性，对应的检索器类型为 TreeSelectLeafEmbeddingRetriever。这种类型是 TreeSelectLeafRetriever 的子类型，区别仅在于判断相关性的方式不同。

（3）all_leaf：返回所有叶子 Node，在这种情况下不需要借助索引树，对应的检索器类型为 TreeAllLeafRetriever。

（4）root：返回所有根 Node，对应的检索器类型为 TreeRootRetriever。

4）关键词表索引（KeywordTableIndex）

关键词表索引是从 Node 列表中解析出多个关键词，并建立从关键词到 Node 对应关系的索引类型。在检索时，关键词表索引根据输入问题中的关键词，检索出最相关的多个 Node 返回。其支持的检索模式如下。

（1）default：默认的检索模式。在这种模式下，借助大模型对输入问题做关键词解析，再通过关键词查找相关 Node，对应的检索器类型为 KeywordTableGPTRetriever。这种检索器的常用参数见表 7-5。

表 7-5

参数名	用途
query_keyword_extract_template	使用大模型解析关键词的 Prompt 模板
max_keywords_per_query	单次查询解析出的最大关键词数量

（2）simple：借助简单的正则表达式对输入问题做关键词解析，再通过关键词查找相关 Node，对应的检索器类型为 KeywordTableSimpleRetriever。这种模式目前不适合中文输入。

（3）rake：借助 RAKE 库对输入问题做关键词解析，再通过关键词查找相关 Node，对应的检索器类型为 KeywordTableRAKERetriever。

5）对象索引（ObjectIndex）

对象索引是一种特殊的依赖于其他索引的类型（本质是将对象序列化后通过其他索引类型来实现）。因此，对象索引的检索类型也依赖于它所使用的索引类型。比如，对象索引像这样使用了向量存储索引作为底层索引形式，其检索模式就是向量检索模式：

```
object_index = ObjectIndex.from_objects(
    objs,
index_cls=VectorStoreIndex,storage_context=storage_context
)
```

6）知识图谱索引（PropertyGraphIndex）

知识图谱索引的底层存储形式是以图结构保存的结构化信息，通常由大量的节点（Node）、属性（Property）、关系（Relationship）及一些辅助信息（比如 Node 内容的嵌入向量）组成。其支持的检索模式如下。

（1）Text-to-Cypher（将文本转换为 Cypher 语言或其他 Graph 查询语言）：把自然语言用大模型转换为图数据库能够理解的查询语言（比如 Neo4j 的 Cypher）后进行检索。

（2）Vector Search（向量相似度检索）：这需要图数据库有对应的向量检索技术支持。在构造图谱时把 Node 与关系生成向量，在检索时再根据向量检索出关联 Node 与关系作为上下文。

（3）Keywords Search（关键词检索）：借助大模型从自然语言的输入问题中提取关键词，然后使用提取的关键词，并借助图数据库的能力检索出相关 Node 与关系作为上下文。

为了支持这些不同的检索模式，LlamaIndex 框架中内置了针对不同检索模式的子检索器组件，因此可以在构造检索器时（调用 as_retriever 方法，或者直接构造 PGRetriever 类型的检索器）通过参数指定这些子检索器，见表 7-6。

表 7-6

参数名	用途
sub_retrievers	检索时使用的多个子检索器列表

以下是一个指定知识图谱索引的多个子检索器的例子：

```
......
#构造两个子检索器
synonym_retriever = LLMSynonymRetriever(
    index.property_graph_store,
    llm=llm,
    include_text=False,
    output_parsing_fn=parse_fn,
    max_keywords=10,
    synonym_prompt=prompt,
    path_depth=1,
)

vector_retriever = VectorContextRetriever(
    index.property_graph_store,
    include_text=False,
    similarity_top_k=2,
    path_depth=1,
)

#构造一个知识图谱检索器
retriever =
PGRetriever(sub_retrievers=[synonym_retriever,vector_retriever])

#也可以直接在查询引擎中指定子检索器
query_engine = index.as_query_engine(
    include_text=True,
similarity_top_k=1,sub_retrievers=[synonym_retriever,vector_retri
ever]
)
```

7.1.3　初步认识递归检索

如果在 LlamaIndex 代码中仔细查看检索器的处理逻辑（retrieve 方法），就会发现其在检索出多个相关 Node 后（不管使用什么类型的索引），还会有一步递归检索的操作，即调用图 7-3 所示的_handle_recursive_retrieval 方法。

```
) as retrieve_event:
    nodes = self._retrieve(query_bundle)
    nodes = self._handle_recursive_retrieval(query_bundle, nodes)
    retrieve_event.on_end(
        payload={EventPayload.NODES: nodes},
    )
```

图 7-3

这就是我们在介绍 Node 时介绍过的对 IndexNode（一种特殊的 Node 类型）的递归检索操作。由于在 IndexNode 中保存了指向其他对象（Node/Retriever/QueryEngine 等）的引用，因此这些对象可以用于进行往下“钻取”式的二次检索。若 IndexNode 指向的对象的类型不同，则会进行不同的二次检索操作（见图 7-4）。

```
"""Retrieve nodes from object."""
if self._verbose:
    print_text(
        f"Retrieving from object {obj.__class__.__name__} with que
        color="llama_pink",
    )
if isinstance(obj, NodeWithScore):
    return [obj]
elif isinstance(obj, BaseNode):
    return [NodeWithScore(node=obj, score=score)]
elif isinstance(obj, BaseQueryEngine):
    response = obj.query(query_bundle)
    return [
        NodeWithScore(
            node=TextNode(text=str(response), metadata=response.me
            score=score,
        )
    ]
```

图 7-4

（1）如果指向其他 Node，那么直接返回指向的 Node（用于实现从摘要中找到源内容 Node）。

（2）如果指向查询引擎，那么调用查询引擎得到响应结果，把结果组装成 Node 返回。

（3）如果指向检索器，那么调用检索器进行二次检索，返回检索出的 Node。

这些二次“检索”得到的 Node 将会作为检索器最终检索的结果返回，用于后面的响应生成。

IndexNode 与递归检索的应用将在高级篇中深入介绍。

7.2　响应生成器

在检索器检索出输入相关的上下文后（以 Node 列表的形式），就具备了响应生成的条件。在 LlamaIndex 框架中，响应生成的组件为 Synthesizer，可以称为响应生成器/合成器，但是响应生成器并不是简单地把输入问题和上下文组装后交给大模型进行一次响应生成，而是有多种不同的响应生成模式。这是因为在实际的 RAG 应用中，简单地组装上下文与用户问题，然后要求大模型一次推理出答案，在很多时候无法满足需求，或者输出的质量不高。因此，就诞生了多种不同的响应生成模式。在不同的响应生成模式中，使用上下文的方式、使用的 Prompt 模板、迭代的流程都存在区别。因此，Synthesizer 这个组件出现的目的就是将这些不同的响应生成模式下的不同流程进行抽象。LlamaIndex 框架提供了多种不同的响应生成器，并通过统一的接口交给上层 RAG 引擎使用。

响应生成器组件与外部关系大致如图 7-5 所示。

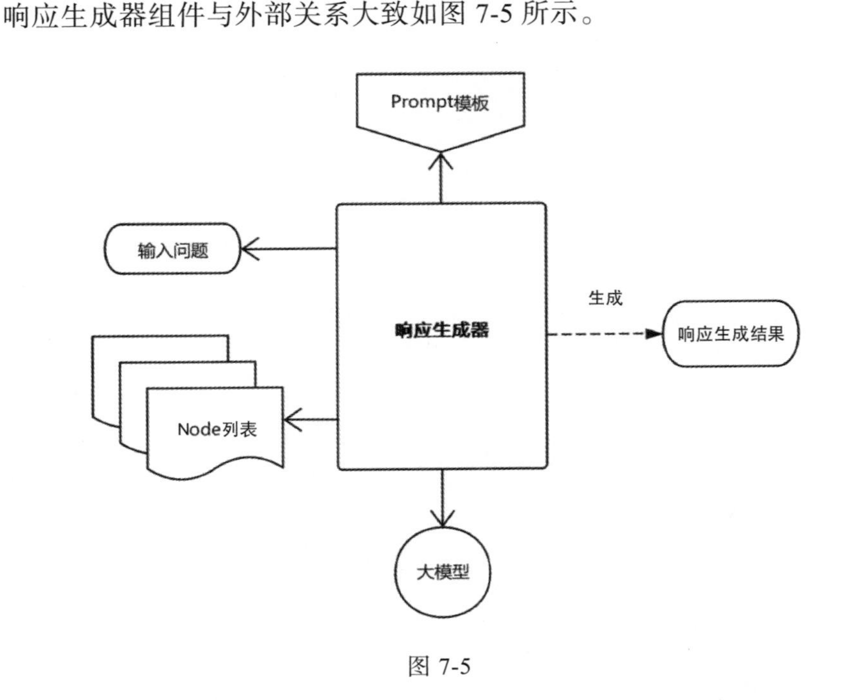

图 7-5

这里表示了与响应生成器最相关的几个组件，包括输入问题、检索出的

Node 列表、Prompt 模板、大模型等，此外还有一些控制参数，比如是否流式输出、输出格式等。在这里也能看到响应生成器一定在检索结束后才会运行，生成结果（但不一定是最后一个阶段，在一些新的 RAG 范式中，可能会存在迭代与循环，从而出现多次调用响应生成器的情况）。

7.2.1 构造响应生成器

构造响应生成器有两种常见的方法，即显式构造与隐式构造。显式构造就是直接构造一个响应生成器，然后在 RAG 引擎中使用。最常用的方法是借助 get_response_synthesizer 方法，并传入一个响应生成模式参数。

```
......
#构造一个响应生成器
response_synthesizer = get_response_synthesizer(
    response_mode=ResponseMode.COMPACT
)

#测试：调用响应生成器生成结果
response = response_synthesizer.synthesize(
    "你的输入问题",
    nodes=nodes
)

#后面使用：在调用 as_query_engine 方法时指定
query_engine = vector_index.as_query_engine(
        response_synthesizer=response_synthesizer
)

#后面使用：或者在直接构造查询引擎时指定
query_engine = RetrieverQueryEngine(
    retriever=retriever,
    response_synthesizer=response_synthesizer
)
......
```

在构造了响应生成器之后，可以直接调用 synthesize 方法来测试（输入问题与相关的 Node 列表），但更多的是用于构造后面要介绍的 RAG 引擎，比如上面代码中的查询引擎。

隐式构造是在构造 RAG 引擎时自动构造。比如，使用以下方法构造查询引擎，则会自动构造默认的检索器和响应生成器，而且可以在构造时指定响应生成模式参数：

```
#使用隐式构造方法自动构造检索器与响应生成器
query_engine = vector_index.as_query_engine(streaming=True,
                                             verbose=True,
                                         response_mode=ResponseMode.COMPACT)
```

7.2.2　响应生成模式

响应生成器的意义是在多种不同的响应生成模式之上提供统一的上层接口，这里的响应生成模式通常由 response_mode 参数控制。LlamaIndex 框架中已经内置了多种不同 response_mode 参数的算法。可以通过简单地指定这个参数来切换不同的响应生成模式。这些不同的响应生成模式其实代表了不同的使用上下文来输出问题答案的方式。因此，了解这些响应生成模式，有助于在后期更好地优化 RAG 应用的输出质量。

1. refine 模式

refine 模式是一个迭代响应生成的模式。其响应生成的过程如下。

（1）使用检索出的第一个 Node 中的上下文和输入问题来生成一个初始答案。

（2）将此答案、输入问题和第二个 Node 中的上下文作为输入组装成一个新的 refine prompt，传递给大模型以生成一个经过细化的答案。

（3）循环这个过程，直到通过所有的 Node 进行了细化。

（4）如果中途在某个 Node 生成时出现上下文窗口溢出，那么分割这个 Node 中的内容，形成新的 Node，将其加入处理队列。

refine 模式的响应生成过程如图 7-6 所示（query_str 为输入问题）。

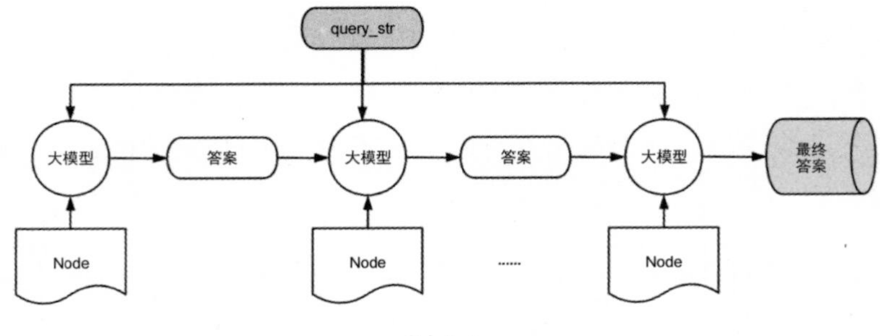

图 7-6

可以推测，在这种模式下，如果检索器检索出的上下文 Node 数量为 N 个，那么交给响应生成器后，大模型至少需要处理 N 次来完成整个细化过程。因此，这是一种较为烦琐的且时间较长、token 代价较大的响应生成模式，仅适合需要非常详细的答案时使用。

现在用一个简单的例子来跟踪 refine 模式下的大模型调用情况。由于我们不关心具体的答案，因此这里直接构造一些 Node 来模拟检索出的上下文，将其交给响应生成器来输出答案。下面是核心的代码：

```
......
#此处使用内置的 LlamaDebugHandler 处理器进行跟踪（也可以使用 Langfuse 平台跟踪）
llama_debug = LlamaDebugHandler(print_trace_on_end=True)
callback_manager = CallbackManager([llama_debug])
Settings.callback_manager = callback_manager

#构造 refine 响应生成器
response_synthesizer = get_response_synthesizer(
    response_mode="refine")

#模拟检索出的 3 个 Node
nodes = [NodeWithScore(node=Node(text="小麦手机是一款专为满足现代生活需求而设计的智能手机。它的设计简洁大方，线条流畅，给人一种优雅的感觉"),
score=1.0),
        NodeWithScore(node=Node(text="小麦手机采用了最新的处理器技术，运行速度快，性能稳定，无论是玩游戏、看电影还是处理工作，都能轻松应对"),
score=1.0),
        NodeWithScore(node=Node(text="小麦手机还配备了高清大屏，色彩鲜艳，画面清晰，无论是阅读、浏览网页还是观看视频，都能带来极佳的视觉体验"),
score=1.0)
        ]

#把问题和 Node 交给响应生成器响应生成
```

```
response = response_synthesizer.synthesize(
    "介绍一下小麦手机的优点，用中文回答",
    nodes=nodes
)

print(response)
```

这里的代码很简单。下面用一个工具方法来打印每次大模型调用的消息：

```
def print_events_llm():
    events = llama_debug.get_event_pairs('llm')

    #发生了多少次大模型调用
    print(f'Number of LLM calls: {len(events)}')

    #依次打印所有大模型调用的消息
    for i,event in enumerate(events):
        print(f'\n=========LLM call {i+1} messages===========')
        pprint.pprint(event[1].payload["messages"])
        print(f'\n=========LLM call {i+1} response============')

pprint.pprint(event[1].payload["response"].message.content)

print_events_llm()
```

那么上面的代码样例的输出结果如图 7-7 所示。

```
Number of LLM calls: 3

==================LLM call 1 messages=====================
[ChatMessage(role=<MessageRole.SYSTEM: 'system'>, content="You are an expert Q&A system that is trusted around the w
ontext information, and not prior knowledge.\nSome rules to follow:\n1. Never directly reference the given context i
the context, ...' or 'The context information ...' or anything along those lines.", additional_kwargs={}),
 ChatMessage(role=<MessageRole.USER: 'user'>, content='Context information is below.\n---------------------\n小麦手机
计简洁大方，线条流畅，给人一种优雅的感觉\n---------------------\nGiven the context information and not prior knowled
，用中文回答\nAnswer: ', additional_kwargs={})]

==================LLM call 1 response=====================
'根据设计，小麦手机具有简洁大方、线条流畅的特点，给人一种优雅的感觉。同时，这款智能手机还满足现代生活需求，体现了对用

==================LLM call 2 messages=====================
[ChatMessage(role=<MessageRole.USER: 'user'>, content="You are an expert Q&A system that strictly operates in two mo
 an original answer using the new context.\n2. **Repeat** the original answer if the new context isn't useful.\nNeve
 in your answer.\nWhen in doubt, just repeat the original answer.\nNew Context: 小麦手机采用了最新的处理器技术，运行
，都能轻松应对\nQuery: 介绍下小麦手机的优点，用中文回答\nOriginal Answer: 根据设计，小麦手机具有简洁大方、线条流畅的
现代生活需求，体现了对用户需求的深入理解和考虑。\nNew Answer: ", additional_kwargs={})]

==================LLM call 2 response=====================
'小麦手机的优点是运行速度快，性能稳定，无论你是玩游戏、看电影还是处理工作，都能轻松应对。这款智能手机还具有简洁大方、
代生活需求，体现了对用户需求的深入理解和考虑。'

==================LLM call 3 messages=====================
[ChatMessage(role=<MessageRole.USER: 'user'>, content="You are an expert Q&A system that strictly operates in two mo
 an original answer using the new context.\n2. **Repeat** the original answer if the new context isn't useful.\nNeve
 in your answer.\nWhen in doubt, just repeat the original answer.\nNew Context: 小麦手机还配备了高清大屏，色彩鲜艳，
来极佳的视觉体验\nQuery: 介绍下小麦手机的优点，用中文回答\nOriginal Answer: 小麦手机的优点是运行速度快，性能稳定，无
款智能手机还具有简洁大方、线条流畅的特点，给人一种优雅的感觉。同时，它满足现代生活需求，体现了对用户需求的深入理解和

==================LLM call 3 response=====================
'小麦手机的优点是高清大屏的高清显示带来了极佳的视觉体验，无论您是阅读、浏览网页还是观看视频，都能享受细腻的视觉享受。
觉体验的效果，使您在使用小麦手机时获得极佳的视觉体验。'
```

图 7-7

可以清楚地看出 refine 模式的特点。

（1）此处发生了 3 次大模型调用，在上文已经说明，refine 模式至少需要 *N* 次迭代（*N* 为输入的 Node 数量）。

（2）第 1 次调用与后面调用使用的 Prompt 模板不一样，这是因为在后面的调用中需要把前一次响应生成的答案组装进来，而第一次调用并不存在“前一次”。

如果研究默认的 Prompt 模板，那么可以看到在 refine 模式下后面调用的 Prompt 模板，如图 7-8 所示（chat 模型）。{existing_answer}这个变量代表了前一次根据 Node 响应生成的答案。另外，对大模型响应生成的指令要求：要么基于新 Node 中的上下文对已有的答案进行重写与补充，要么保留上一次响应生成的答案不变（如果新的上下文没有用）。

```
"You are an expert Q&A system that strictly operates in two modes "
"when refining existing answers:\n"
"1. **Rewrite** an original answer using the new context.\n"
"2. **Repeat** the original answer if the new context isn't useful.\n"
"Never reference the original answer or context directly in your answer.\n"
"When in doubt, just repeat the original answer.\n"
"New Context: {context_msg}\n"
"Query: {query_str}\n"
"Original Answer: {existing_answer}\n"
"New Answer: "
```

图 7-8

2. compact 模式

compact 是系统默认的响应生成模式。在这个模式下，首先将多个 Node 中的文本块组合成更大的整合块（将检索出的 Node 中的上下文进行连接打包），以便更充分地利用上下文窗口，然后使用 refine 模式基于已经整合过的文本块响应生成。简单地说，compact 模式就是先做一次合并，然后使用 refine 模式（实际上，compact 模式对应的响应生成器类型继承自 refine 模式的响应生成器类型）。compact 模式的响应生成过程如图 7-9 所示。

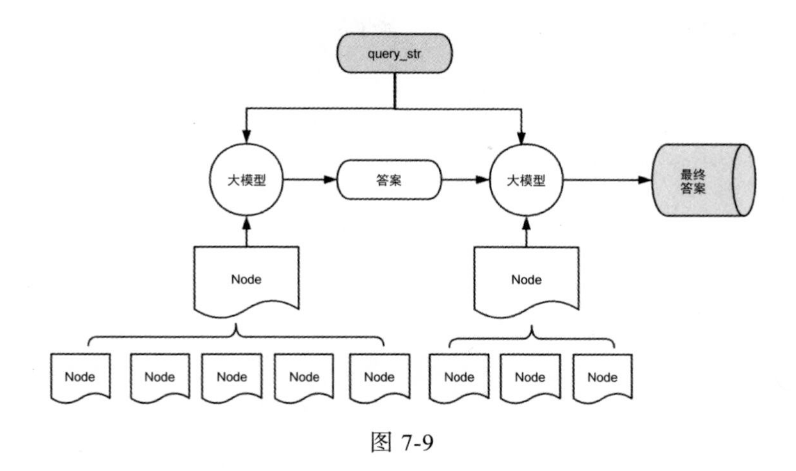

图 7-9

由于经过了整合，所以 compact 模式通常会使用更少的大模型调用次数，但不一定只有一次（整合后的上下文如果可能导致上下文窗口溢出，就会继续使用 refine 模式的迭代响应生成），从而节约了性能与成本。其可能的缺点是，由于一次性携带的上下文较长，因此可能导致大模型响应生成的结果没有 refine 模式下的完整与详细。

我们对 refine 模式中的例子仅修改响应生成模式，然后运行：

```
response_synthesizer =
get_response_synthesizer(response_mode="compact")
```

继续用之前的测试代码来观察大模型调用的输入与输出（见图 7-10）：

```
print_events_llm()
```

```
Number of LLM calls: 1

==================LLM call 1 messages======================
[ChatMessage(role=<MessageRole.SYSTEM: 'system'>, content="You are an expert Q&A system that is trusted aroun
d the world.\nAlways answer the query using the provided context information, and not prior knowledge.\nSome
rules to follow:\n1. Never directly reference the given context in your answer.\n2. Avoid statements like 'Ba
sed on the context, ...' or 'The context information ...' or anything along those lines.", additional_kwargs=
{}),
 ChatMessage(role=<MessageRole.USER: 'user'>, content='Context information is below.\n---------------------\n
小麦手机是一款专为满足现代生活需求而设计的智能手机。它的设计简洁大方，线条流畅，给人一种优雅的感觉\n\n小麦手
机采用了最新的处理器技术，运行速度快，性能稳定，无论是玩游戏、看电影还是处理工作，都能轻松应对\n\n小麦手机还
配备了高清大屏，色彩鲜艳，画面清晰，无论是阅读、浏览网页还是观看视频，都能带来极佳的视觉体验\n--------------
-------\nGiven the context information and not prior knowledge, answer the query.\nQuery: 介绍下小麦手机的优点
，用中文回答\nAnswer: ', additional_kwargs={})]

==================LLM call 1 response======================
'小麦手机具有简洁大方的设计，线条流畅，给人一种优雅的感觉。它还拥有最新的处理器技术，运行速度快，性能稳定，可
以轻松应对各种任务。此外，小麦手机还配备了高清大屏，色彩鲜艳，画面清晰，可以带来极佳的视觉体验。'
```

图 7-10

在 user 消息中，可以很清楚地看到，上面多个 Node 中的文本块被合并成

一个大的文本块带入了上下文，因此最终只需要调用一次大模型。

3. tree_summarize 模式

这也是一种比较常见的、用于回答总结性问题的响应生成模式。在 tree_summarize 模式中，响应生成的过程如下（假设输入了 N 个检索出的相关 Node）。

（1）把检索出的 N 个 Node 进行合并，以适应最大上下文窗口大小。

（2）如果合并之后只有 1 个 Node，那么使用这个 Node 中的内容直接调用大模型响应生成唯一的答案，处理过程结束。

（3）如果合并之后仍然有多个 Node，那么使用这些 Node 中的内容并行调用大模型，从而响应生成了多个输出答案。

（4）把多个输出答案构造成新的 Node，重复上述的从合并到查询的过程，直到最后只有一个答案［即满足第（2）步］。

tree_summarize 模式的整个处理过程大致如图 7-11 所示。这是一个“树”型的响应生成答案的过程，也是叫 tree_summarize 模式的原因。

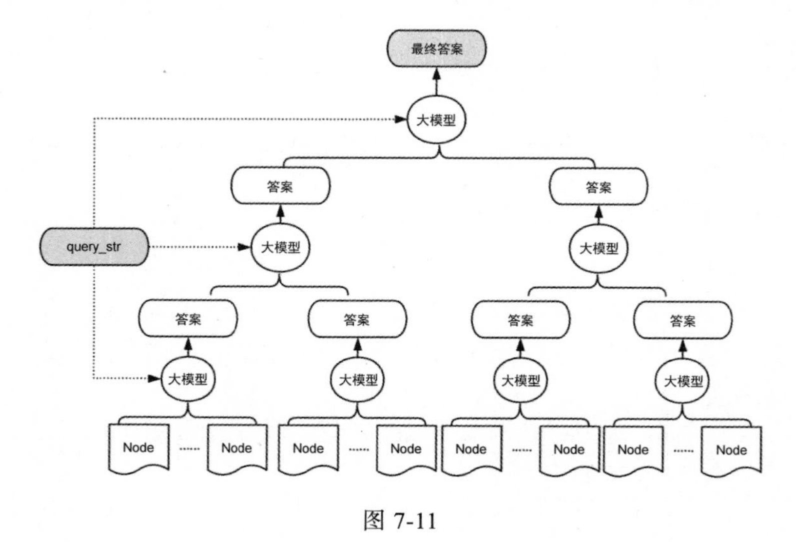

图 7-11

这个模式的特点是能够不断地合并、递归式总结检索出的所有的 Node，直到响应生成最后唯一的答案，因此更适合回答“总结性”的输入问题。

我们对这个模式进行简单测试。为了能够观察到这个模式的效果，不用简单地手工构造 Node 来测试（会被直接合并成单个 Node），而是使用一个比较长的文档来模拟检索出的 N 个 Node：

```
......
#读取文档
reader = SimpleDirectoryReader(
    input_files=["../../data/AI-survey-cn.pdf"]
)
docs = reader.load_data()

#分割成 Node
splitter = TokenTextSplitter(
    chunk_size=500,
    chunk_overlap=0,
    separator="\n",
)
nodes = splitter.get_nodes_from_documents(docs)

#模拟检索出的多个 Node，注意不能直接用上面的 Node
node_scores = [NodeWithScore(node=node, score=1.0) for node in nodes]

#调用响应生成器，输入问题与模拟检索出的 Node
response_synthesizer =
get_response_synthesizer(response_mode="tree_summarize")
response = response_synthesizer.synthesize(
    "请使用中文，文中介绍了 AI Agent 哪些方面的内容",
    nodes=node_scores)
print(response)
```

从输出的调试信息中可以观察到经过了 7 次大模型调用，如图 7-12 所示。

```
根据文本，文中介绍了AI Agent以下几个方面的内容：

1. 推理（Reasoning）和规划（Planning）
2. 工具调用（Tool Calling）
3. 语言模型驱动的推理、规划和工具调用
4. 代理架构（Agent Architecture）
5. 偏见和公平性（Bias and Fairness）
6. 现实世界的适用性（Real-world Applicability）

这些方面的内容都是关于 AI Agent 的研究和发展的一个重要组成部分。
Number of LLM calls: 7
```

图 7-12

此外，查看最后一次调用的输入信息中的用户消息（role=user），会发现这里携带的内容都是之前多次响应生成的答案，如图 7-13 所示。这体现了 tree_summarize 模式对答案不断迭代并响应生成，最后输出唯一答案的特点。

```
==================LLM call 7 messages=====================
[ChatMessage(role=<MessageRole.SYSTEM: 'system'>, content="You are an expert Q&A system that is trusted
 around the world.\nAlways answer the query using the provided context information, and not prior knowl
edge.\nSome rules to follow:\n1. Never directly reference the given context in your answer.\n2. Avoid s
tatements like 'Based on the context, ...' or 'The context information ...' or anything along those lin
es.", additional_kwargs={}),
 ChatMessage(role=<MessageRole.USER: 'user'>, content='Context information from multiple sources is bel
ow.\n---------------------\n根据文本，AI Agent 的内容包括以下几个方面：\n\n1. AI 推理、规划和工具调用：
文中强调了 AI 代理实现复杂目标的能力，这些目标需要增强的推理、规划和工具执行能力。\n2. 单智能体和多智能
体架构：文中介绍了单智能体和多智能体体系结构，以及它们之间的区别。\n3. 代理角色和工具：文中描述了代理人
角色和工具，包括记忆组件、工具调用和反馈机制。\n4. 推理和规划的重要性：文中强调了推理和规划对智能体成功
至关重要的能力。\n5. 工具调用和反馈机制：文中介绍了代理之间的通信方式，包括垂直架构和水平架构。\n\n总之
，AI Agent 的内容涵盖了 AI 代理实现复杂目标的能力、单智能体和多智能体体系结构、代理角色和工具、推理和规
划的重要性等方面。\n\n根据文中的信息，这篇论文主要讨论了人工智能代理（AI Agent）在三个方面的内容：\n\n1
```

图 7-13

4. 更多的响应生成模式

除了前面几种相对复杂、使用最多的响应生成模式，还有几种内置的响应生成模式。了解这些模式的原理有利于灵活应用，即使采用其他的框架开发 RAG 应用，你也可以自行使用这些模式。

1）simple_summarize 模式

simple_summarize 模式会对检索出的 Node 中的内容进行合并以适应上下文窗口，并且将多余的内容截断和忽略，然后进行一次大模型调用以响应生成。其优点是快速、简单，其缺点是可能会丢失相关的信息。

需要注意的是，在对多个检索出的 Node 中的内容进行合并时，并不是优先合并排名靠前的 Node，丢弃后面无法容纳的 Node，而是经过计算以后，如果发现需要截断，那么截断每个 Node 后面的溢出内容，如图 7-14 所示。

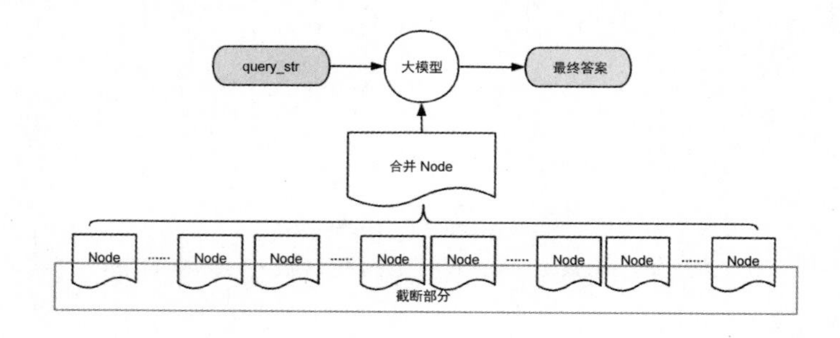

图 7-14

2）accumulate 模式

accumulate 模式会对检索出的每个 Node 中的内容都调用大模型响应生成答案，并将答案简单地通过分割符进行组合后直接输出。这适合需要对每个输入的 Node 都进行响应生成、合并且无须做二次总结的情形。我们把 refine 模式的例子中的响应生成模式改成 accumulate 模式，输出结果如图 7-15 所示。

```
Response 1: 小麦手机的优点在于其简洁大方的设计，以及线条流畅的外观，能够给人一种优雅的感觉
。同时，这款智能手机也具有modern生活需求所需的功能和性能。
---------------------
Response 2: 该手机的主要优点是运行速度快，性能稳定，可以轻松应对各种应用场景，无论是玩游戏
、看电影还是处理工作。
---------------------
Response 3: 小麦手机的优点之一是配备了高清大屏，色彩鲜艳，画面清晰。这使得用户在阅读、浏览
网页或观看视频时都能享受到极佳的视觉体验。
Number of LLM calls: 3
```

图 7-15

可以看到，对输入的 3 个 Node 分别调用了大模型获得响应，而最后的结果就是把 3 个答案直接连接起来输出（默认使用横线分割）。

3）compact_accumulate 模式

compact_accumulate 模式本质上就是合并+accumulate 模式，也就是先做一次 Node 内容的合并，然后用 accumulate 模式响应生成。如果把上面的例子中的响应生成模式修改成这个模式后运行，会看到如图 7-16 所示的输出结果。

```
Response 1: 小麦手机的设计简洁大方，线条流畅，给人一种优雅的感觉；它采用了最新的处理器技术
，运行速度快，性能稳定，无论是玩游戏、看电影还是处理工作，都能轻松应对；此外，小麦手机还配
备了高清大屏，色彩鲜艳，画面清晰，无论是阅读、净览网页还是观看视频，都能带来极佳的视觉体验
。
Number of LLM calls: 1
```

图 7-16

此时，只剩下了一次大模型调用，最终响应生成的结果只有这次调用的输出。原因是这里的多个 Node 中的内容被合并后调用大模型，减少了大模型调用次数。

还有以下两种有特殊作用的模式。

1）no_text 模式

这种模式不会产生真实的大模型响应，仅用于获取检索出的 Node 列表信息。

2）generation 模式

这种模式直接调用大模型回答输入问题，不携带任何上下文。

7.2.3 响应生成器的参数

在通过底层API构造响应生成器时（通常使用get_response_synthesizer方法），除了最基础的response_mode参数，还要设置一些常见的响应生成器的参数：

（1）llm：调用的大模型。可以在构造响应生成器时直接设置，如果不设置，那么将会从全局的Settings组件中获取默认的大模型。

（2）***_template：Prompt模板。这是在调用大模型响应生成时需要使用的模板，用于组装输入大模型的Prompt。常见的几种Prompt模板如下：

① text_qa_template：最基本的问答Prompt模板。

在refine、compact、simple_summarize、accumulate、compact_accumulate模式中使用。

② refine_template：在refine和compact模式中使用。

③ summary_template：在tree_summarize模式中使用。

④ simple_template：在不携带检索上下文的generation模式中使用。

关于Prompt模板的自定义与修改，请参考第4章。这里以修改tree_summarize模式中的Prompt模板为例，如果需要输入自定义的summary_template参数，那么可以参考以下示例代码：

```
#这里给 Prompt 模板增加一个 language_name 参数
qa_prompt_tmpl = (
    "根据以下上下文信息：\n"
    "---------------------\n"
    "{context_str}\n"
    "---------------------\n"
    "使用{language_name}回答以下问题\n "
    "问题：{query_str}\n"
    "答案："
)
qa_prompt = PromptTemplate(qa_prompt_tmpl)

response_synthesizer = get_response_synthesizer(
```

```
            response_mode="tree_summarize",
            streaming=True,
            summary_template=qa_prompt)

......

#响应生成时，传入language_name参数
streaming_response = response_synthesizer.synthesize(
    "介绍一下小麦手机的优点",
     nodes=nodes,
     language_name="法语"
   )
```

（3）streaming：是否需要流式输出。流式输出可以有更好的客户体验，但控制起来相对复杂。如果设置 streaming=True，那么响应生成器会从大模型输出第一个 token 开始输出，而不会等待大模型全部输出完成。当然，在一些响应生成模式中，在一次响应生成过程中会多次调用大模型，此时仅最后调用的大模型会使用流式输出。可以使用以下代码自行处理流式输出：

```
for text in streaming_response.response_gen:
#自行处理每个text变量的输出
......
```

或者直接使用 streaming_response.print_response_stream 方法输出到控制台。

（4）output_cls：可以指定输出的结构化类型，用于要求响应生成器进行结构化响应生成，以遵循特定的输出格式。比如下面的代码:

```
class Phone(BaseModel):
   name: str
   description: str
   features: List[str]

response_synthesizer =
get_response_synthesizer(response_mode="tree_summarize",

summary_template=qa_prompt,
                                          output_cls=Phone)
......
streaming_response = response_synthesizer.synthesize(
```

```
    "介绍一下小麦手机",
    nodes=nodes,
    language_name="英文"
    )
print(streaming_response)
```

响应生成的结果会借助大模型进行转换，并试图输出符合要求的格式化内容，比如这里的输出就遵循了类型的定义（由于大模型的不确定性，格式的输出转换存在失败的可能性），如图 7-17 所示。


```
{"name": "Mi Mai Phone", "description": "A smart phone designed to meet mod
ern living needs. Its sleek and spacious design gives a sense of elegance."
, "features": ["Latest processor technology for fast performance and stabil
ity", "High-definition large screen with vivid colors and clear visuals", "
Suitable for gaming, watching movies, handling work, reading, browsing webs
ites, or viewing videos"]}
```


图 7-17

（5）structured_answer_filtering：是否过滤不相关的 Node 答案。该参数用在 refine 或者 compact 模式中，过滤与输入问题不相关的 Node 答案，目前主要针对 OpenAI 公司的 GPT 系列模型。

7.2.4 实现自定义的响应生成器

你可以通过自定义的方式来实现自己的响应生成器，并将其插入后面的查询引擎中使用。自定义的响应生成器需要派生自 BaseSynthesizer，并实现其必要的接口。以下代码演示了如何实现自定义的响应生成器，你可以在其中加上自己的逻辑，以实现某个新的 RAG 流程：

```
......
class FunnySynthesizer(BaseSynthesizer):

    my_prompt_tmpl = (
        "根据以下上下文信息：\n"
        "---------------------\n"
        "{context_str}\n"
        "---------------------\n"
        "使用中文且幽默风趣的风格回答以下问题\n "
```

```
        "问题: {query_str}\n"
        "答案: "
    )

    def __init__(
        self,
        llm: Optional[LLMPredictorType] = None,
    ) -> None:
        super().__init__(
            llm=llm
        )
        self._input_prompt =
PromptTemplate(FunnySynthesizer.my_prompt_tmpl)

#必须实现的接口
    def _get_prompts(self) -> PromptDictType:
        pass

    #必须实现的接口
    def _update_prompts(self, prompts: PromptDictType) -> None:
        pass

    #生成响应的接口
    def get_response(
        self,
        query_str: str,
        text_chunks: Sequence[str],
        **response_kwargs: Any,
    ) -> RESPONSE_TEXT_TYPE:

        context_str = "\n\n".join(n for n in text_chunks)

        #此处可以自定义任何响应逻辑
        response = self._llm.predict(
                self._input_prompt,
                query_str=query_str,
                context_str=context_str,
                **response_kwargs,
            )
        return response

    #响应接口的异步版本
```

```
    async def aget_response(
        self,
        query_str: str,
        text_chunks: Sequence[str],
        **response_kwargs: Any,
    ) -> RESPONSE_TEXT_TYPE:

        context_str = "\n\n".join(n for n in text_chunks)
        response = await self._llm.apredict(
                self._input_prompt,
                query_str=query_str,
                context_str=context_str,
                **response_kwargs,
            )
        return response

#使用自定义的响应生成器
response_synthesizer = FunnySynthesizer(llm=llm)
......
```

上面的例子实现了一个简单的“幽默型”响应生成器。

7.3 RAG引擎：查询引擎

在理解了检索器与响应生成器及相关的响应生成模式后，就具备了构造上层 RAG 引擎的基础。

查询引擎（Query Engine）是通过自然语言查询与提问的接口获得一次性响应内容的一种 RAG 引擎，可被广泛地应用于自然语言搜索、问答、数据查询分析等场景。在实际应用中，查询引擎的使用者可以是人或者其他应用系统。本节将从简单到复杂来介绍查询引擎的用法，并介绍其内部原理。

7.3.1 构造内置类型的查询引擎的两种方法

有两种构造内置类型的查询引擎的方法：使用高层 API 快速构造或者使用底层 API 组合构造。

1. 使用高层 API 快速构造查询引擎

在之前的很多例子中，为了演示最终的结果，都采用了一种快速、简单的方法构造查询引擎后测试。只需要一行代码，就可以用索引生成查询引擎。下面的例子演示了如何用一个向量索引快速构造查询引擎：

```
......
#用向量索引构造查询引擎
query_engine = vector_index.as_query_engine()
response = query_engine.query('客户在没有交定金之前要求出具房地产证原件，怎么办？')
print(response)
```

如果你需要使用流式输出，那么可以增加 streaming 参数：

```
......
#query_engine
query_engine = vector_index.as_query_engine(streaming=True)
response = query_engine.query('客户在没有交定金之前要求出具房地产证原件，怎么办？')
response.print_response_stream()
```

2. 使用底层 API 组合构造查询引擎

上面是一种使用高层 API 构造查询引擎的方法，其特点是快速、简单，但牺牲了部分可配置性。你还可以使用底层 API 组合来逐步显式构造查询引擎，使用这种方法可以得到更精细的配置能力。简单地说，就是用多个步骤替换上面代码中的 query_engine = vector_index.as_query_engine()这行代码，所以下面的实现代码是与使用 as_query_engine 方法完全等价的：

```
......
#以下代码等价于 query_engine = vector_index.as_query_engine()

#构造检索器
retriever = VectorIndexRetriever(
    index=vector_index,
```

```
    similarity_top_k=2,
)

#构造响应生成器
response_synthesizer = get_response_synthesizer(
    streaming = True  #如果需要使用流式输出
)

#组合构造查询引擎
query_engine = RetrieverQueryEngine(
    retriever=retriever,
    response_synthesizer=response_synthesizer,
)
......
```

使用以上两种方法构造的查询引擎在效果上是等价的，区别在于使用后一种方法有更多的可配置性，比如你可以把响应生成器替换成自定义类型的。

在查询引擎运行后，可以使用 Langfuse 平台的后台来观察其内部的运行过程，特别是输入大模型的 Prompt 与检索出的 Node 内容，可以用于帮助判断检索的精确度和大模型生成的质量，以指导后面优化，如图 7-18 所示。

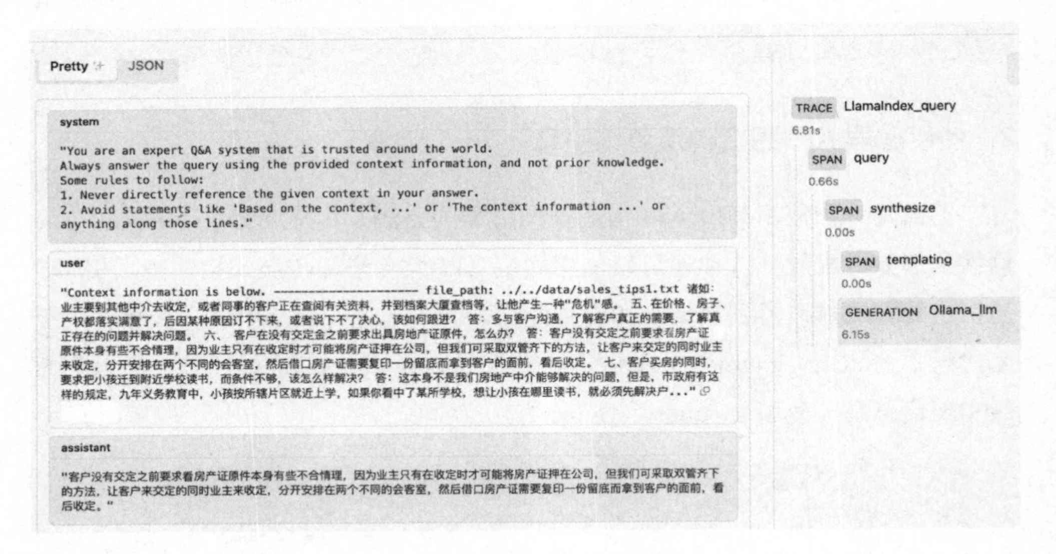

图 7-18

7.3.2　深入理解查询引擎的内部结构和运行原理

深入理解查询引擎的内部结构与运行原理，有助于我们更好地理解前面的代码并进一步优化。可以从 as_query_engine 这个 API 的实现开始，了解其背后到底发生了什么，下面是索引类中的 as_query_engine 的部分代码：

```
······索引类中的 as_query_engine······

    def as_query_engine(
        self, llm: Optional[LLMType] = None, **kwargs: Any
    ) -> BaseQueryEngine:
        # NOTE: lazy import
        from llama_index.core.query_engine.retriever_query_engine
import (
            RetrieverQueryEngine,
        )

        retriever = self.as_retriever(**kwargs)
        llm = (
            resolve_llm(llm,
callback_manager=self._callback_manager)
            if llm
            else llm_from_settings_or_context(Settings,
self.service_context)
        )

        return RetrieverQueryEngine.from_args(
            retriever,
            llm=llm,
            **kwargs,
        )
```

可以发现，这其实与使用底层 API 组合构造查询引擎是一样的（from_args 方法会先生成响应生成器，然后构造查询引擎）。代码很清楚地表示了查询引擎所依赖的最主要的两个组件。

（1）retriever：检索器。检索是 RAG 应用的基础，检索器的目的就是借助前面构造的索引（不一定是向量存储索引）来召回与输入问题相关的上下文（Node 列表）。

（2）llm：大模型。在检索器召回相关的知识后，框架通过 Prompt 模板组装相关知识与原始问题，并交给大模型来生成答案。

最终答案的生成会涉及很多辅助阶段，比如响应生成模式的处理流程、Prompt 模板、解析输出结果等。深入了解 RetrieverQueryEngine 组件的设计，以最常见的向量存储索引查询引擎为例，可以看到其内部结构及与相关组件的关系（如图 7-19 所示）。

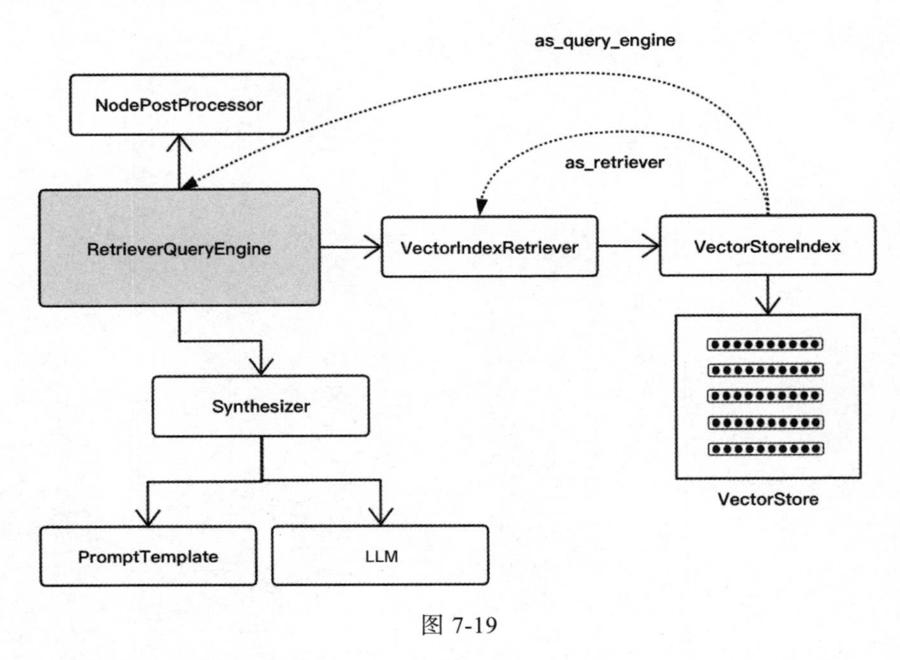

图 7-19

从图 7-19 中可以看到，与查询引擎相关的几个关键组件如下。

（1）VectorIndexRetriever：向量索引检索器。用于完成相关知识的检索，基于索引来完成，输出多个相关 Node。

（2）Synthesizer：响应生成器。借助大模型来完成 Prompt 组装，并根据响应生成模式的要求来生成响应结果。

（3）NodePostProcessor：节点后处理器。通常用于在检索完成之后，对检索器输出的 Node 列表做补充处理，比如重排序。

所以，如果不采用 as_query_engine 这样的高层 API 构造查询引擎，那么一个替代方法就是用底层的 API 组合来分别构造这里的几个相关组件，进而完成查询引擎的构造。

7.3.3 自定义查询引擎

内置的查询引擎组件并不总能满足业务需求。比如，你可能需要使用一个微调后的本地大模型，结合向量存储索引自定义一个复杂的检索与生成算法来实现某种模块化的 RAG 工作流范式（如 C-RAG、Self-RAG 等）。这时，你可以借助自定义的查询引擎继承 CustomQueryEngine 类并实现 custom_query 接口，然后就可以像使用内置类型的查询引擎一样使用自定义的查询引擎。

下面构造一个简单的自定义的查询引擎来演示这种用法。构造一个查询引擎必不可少的组件是一个大模型组件（或者基于大模型的响应生成器）和一个检索器，所以自定义的查询引擎就通过这两个组件来构造：

```
class MyQueryEngine(CustomQueryEngine):
    response_synthesizer: BaseSynthesizer = \
               Field(default=None,
description="response_synthesizer")
    retriever: BaseRetriever = \
               Field(default=None, description="retriever")

    def __init__(self, retriever: BaseRetriever,
response_synthesizer: BaseSynthesizer):
        super().__init__()
        self.retriever = retriever
        self.response_synthesizer = response_synthesizer

    #实现必需的 custom_query 接口
    def custom_query(self, query_str: str):
        nodes = self.retriever.retrieve(query_str)
        response =
self.response_synthesizer.synthesize(query_str,nodes)
        return response
```

在这个自定义的查询引擎中，实现了必需的 custom_query 接口，并简单模拟了查询引擎的答案生成过程：先通过检索器检索与问题相关的 Node 列表，然后把检索出的 Node 列表和输入问题交给响应生成器获得响应。

可以使用下面的代码来使用自定义的查询引擎：

```
……先构造 vector_index 对象……
retriever = vector_index.as_retriever(similarity_top_k=3)
synthesizer = get_response_synthesizer(llm=llm,streaming=True)

#构造自定义的查询引擎
my_query_engine = MyQueryEngine(retriever,synthesizer )
response = my_query_engine.query('你的问题')
```

如果你有更复杂的应用，需要完全自定义响应生成的过程，那么也可以直接使用大模型组件来构造自定义的查询引擎，以更灵活地控制响应生成的过程：

```
……
qa_prompt = PromptTemplate(
    "根据以下上下文回答输入问题：\n"
    "---------------------\n"
    "{context_str}\n"
    "---------------------\n"
    "回答以下问题，不要编造\n"
    "我的问题：{query_str}\n"
    "答案："
)

class MyLLMQueryEngine(CustomQueryEngine):

    #此处直接使用大模型组件，而不是响应生成器
    llm: Ollama = Field(default=None, description="llm")
    retriever: BaseRetriever = Field(default=None,
description="retriever")

    def __init__(self, retriever: BaseRetriever, llm: Ollama):
        super().__init__()
        self.retriever = retriever
        self.llm = llm

    def custom_query(self, query_str: str):
        nodes = self.retriever.retrieve(query_str)

        #用检索出的 Node 构造上下文
        context_str = "\n\n".join([n.node.get_content() for n in nodes])

        #用上下文与查询问题组装 Prompt,然后调用大模型组件响应生成
        response = self.llm.complete(
            qa_prompt.format(context_str=context_str,
```

```
query_str=query_str)
        )
        return str(response)
```

在这个例子中，使用了底层的大模型组件来完成响应生成的过程：检索出 Node、构造上下文、组装 Prompt，然后调用大模型组件响应生成。在实际应用中，可以根据业务需要设计任意的个性化响应生成逻辑。

7.4　RAG引擎：对话引擎

查询引擎的一种实际应用的场景是每次都对数据与知识提出独立的问题以获得答案，不考虑历史对话记录，另一种实际应用的场景是需要通过多次对话来满足使用者的需求，比如客户连续的产品问答与咨询。在这种场景中，需要跟踪过去对话的上下文，以更好地理解与回答当前的问题。由于大模型本质上都是无状态服务形式的，多次对话是通过携带历史对话记录来完成的。那么具体到 RAG 应用中，如果需要实现这种多次、连续、有上下文的检索增强对话，就会面临一些挑战。比如：

（1）历史对话记录对使用端的透明保存、加载与携带。

（2）检索时如何实现基于上下文理解的知识召回。

（3）召回相关知识以后采用何种响应生成模式来输出答案。

与查询引擎相关的是对话（聊天）引擎（Chat Engine），其本质上是查询引擎的有状态版本，所以部分类型的对话引擎本身是基于查询引擎构造的。

7.4.1　对话引擎的两种构造方法

与查询引擎的构造方法类似，对话引擎也存在不同的构造方法，可以使用索引快速构造或者使用底层 API 组合构造。

1．使用索引快速构造对话引擎

与查询引擎类似，也可以使用索引通过简单的一行代码构造对话引擎：

```
chat_engine =
vector_index.as_chat_engine(chat_mode="condense_question")
print(chat_engine.chat('文心一言是什么？'))
```

与查询引擎不一样的是，由于对话引擎支持带有上下文的连续对话，即存在会话（Session）的概念，因此需要有一种方法能够重新开始新的会话。可以使用 reset 接口来复位：

```
chat_engine.reset()
```

对话引擎提供了简单的方法可以进入连续多轮的交互式对话：

```
chat_engine.chat_repl()
```

2. 使用底层 API 组合构造对话引擎

如果需要更精确地控制对话引擎的构造，就要使用底层 API 组合构造。不同模式的查询引擎是通过输入不同的响应生成器来构造的，而不同模式的对话引擎则是直接通过构造不同类型的对话引擎组件完成的。查询引擎所依赖的底层组件是检索器与响应生成器，而对话引擎则通常需要在查询引擎的基础上增加记忆等能力而构造。

下面的例子演示了如何构造一个 condense 类型的对话引擎：

```
......
custom_prompt = PromptTemplate(
    """\
请根据以下的历史对话记录和新的输入问题，重写一个新的问题，使其能够捕捉对话中的所有相关上下文。
<Chat History>
{chat_history}
<Follow Up Message>
{question}
<Standalone question>
"""
)

#历史对话记录
```

```
custom_chat_history = [
    ChatMessage(
        role=MessageRole.USER,
        content="我们来讨论关于文心一言的一些问题吧",
    ),
    ChatMessage(role=MessageRole.ASSISTANT, content="好的"),
]

#先构造查询引擎，这里省略了构造 vector_index 对象
query_engine = vector_index.as_query_engine()

#再构造对话引擎
chat_engine = CondenseQuestionChatEngine.from_defaults(
    query_engine=query_engine,      #对话引擎基于查询引擎构造
    condense_question_prompt=custom_prompt,  #设置重写问题的 Prompt 模板
    chat_history=custom_chat_history,        #携带历史对话记录
    verbose=True,
)

chat_engine.chat_repl()
```

可以看到，这里的构造方法与使用底层 API 组合构造查询引擎的方法完全不同，这里构造的是一种叫 condense_question 模式的对话引擎。这种引擎会查看历史对话记录，并将最新的用户问题重写成新的、具有更完整语义的问题，然后把这个问题输入查询引擎获得答案。因此可以看到，这种类型的引擎所依赖的组件包括查询引擎、重写问题的 Prompt 模板、历史对话记录，即 from_defaults 方法的参数。

运行结果如图 7-20 所示。

```
Human: 文心一言是什么东西?
Querying with: 你能详细解释一下"文心一言"到底是什么功能或产品吗?

Assistant: "文心一言"是百度推出的一款人工智能大语言模型产品。它主要用

这款产品的基础能力包括理解、生成、逻辑和记忆四大方面，能够处理复杂的任

"文心一言"的应用场景非常广泛，无论是工作中需要的文档撰写、邮件回复，还
影。

Human: 它的主要场景是什么?
Querying with: "文心一言"的主要应用场景有哪些?

Assistant: 文心一言作为人工智能助手，主要应用于以下几个场景:

1. 工作学习: 帮助用户快速解答问题、查找信息或生成文档。
```

图 7-20

注意第二个问题“它的主要场景是什么？”这是一个需要理解上下文的输入问题。在这里，对话引擎把这个问题重写成“‘文心一言’的主要应用场景有哪些”，因此语义变得更完整了。把这个语义更完整的问题输入查询引擎，就可以得到准确的答案。

7.4.2 深入理解对话引擎的内部结构和运行原理

在前面对话引擎的例子中可以看到，其在内部实现上基于查询引擎而构造。深入理解对话引擎的内部结构和运行原理，有利于更好地使用与优化合适类型的对话引擎。我们从索引组件的 as_chat_engine 方法开始，深入理解其内部结构和运行原理（仅展示核心部分）：

```
......
   def as_chat_engine(
       self,
       chat_mode: ChatMode = ChatMode.BEST,
       llm: Optional[LLMType] = None,
       **kwargs: Any,
    ) -> BaseChatEngine:
    ......
       #先构造查询引擎
       query_engine = self.as_query_engine(llm=llm, **kwargs)

       #再构造对话引擎
       if chat_mode in [ChatMode.REACT, ChatMode.OPENAI,
ChatMode.BEST]:
       ......
           query_engine_tool = \

QueryEngineTool.from_defaults(query_engine=query_engine)

           return AgentRunner.from_llm(
               tools=[query_engine_tool],
               llm=llm,
               **kwargs,
           )
```

```
    if chat_mode == ChatMode.CONDENSE_QUESTION:
        return CondenseQuestionChatEngine.from_defaults(
            query_engine=query_engine,
            llm=llm,
            **kwargs,
        )
    elif chat_mode == ChatMode.CONTEXT:
        return ContextChatEngine.from_defaults(
            retriever=self.as_retriever(**kwargs),
            llm=llm,
            **kwargs,
        )
    elif chat_mode == ChatMode.CONDENSE_PLUS_CONTEXT:
        return CondensePlusContextChatEngine.from_defaults(
            retriever=self.as_retriever(**kwargs),
            llm=llm,
            **kwargs,
        )
    elif chat_mode == ChatMode.SIMPLE:
        return SimpleChatEngine.from_defaults(
            llm=llm,
            **kwargs,
        )
    else:
        raise ValueError(f"Unknown chat mode: {chat_mode}")
......
```

代码清晰地展示了如何根据不同的 chat_mode 参数来构造具体的对话引擎。在构造对话引擎之前构造了一个查询引擎（query_engine），这验证了对话引擎内部一般需要依赖查询引擎。

从构造不同类型的对话引擎的参数中能推测出相关的组件。比如，SIMPLE 类型的引擎仅传入 llm 参数，表明其并不依赖检索器或者查询引擎，所以只是一个直接与大模型对话的引擎；CONTEXT 类型的引擎传入了 retriever 参数和 llm 参数，说明其需要借助检索器进行上下文检索。

这里的 REACT、OPENAI 和 BEST 三种类型的对话引擎，是通过 AgentRunner 这个类型的对象实现的。AgentRunner 是框架中开发智能体（Agent）的重要组件。因此，这里的对话引擎使用了智能体推理的方式来使用查询引擎获得答案。

由于智能体所依赖的主要设施除了大模型就是工具（Tool），所以把 query_engine 转换为 QueryEngineTool 类型的工具对象作为输入。

基于 RAG 开发智能体将在第 9 章介绍。

在 LlamaIndex 框架中，不同类型的对话引擎与其他组件之间的关系如图 7-21 所示。

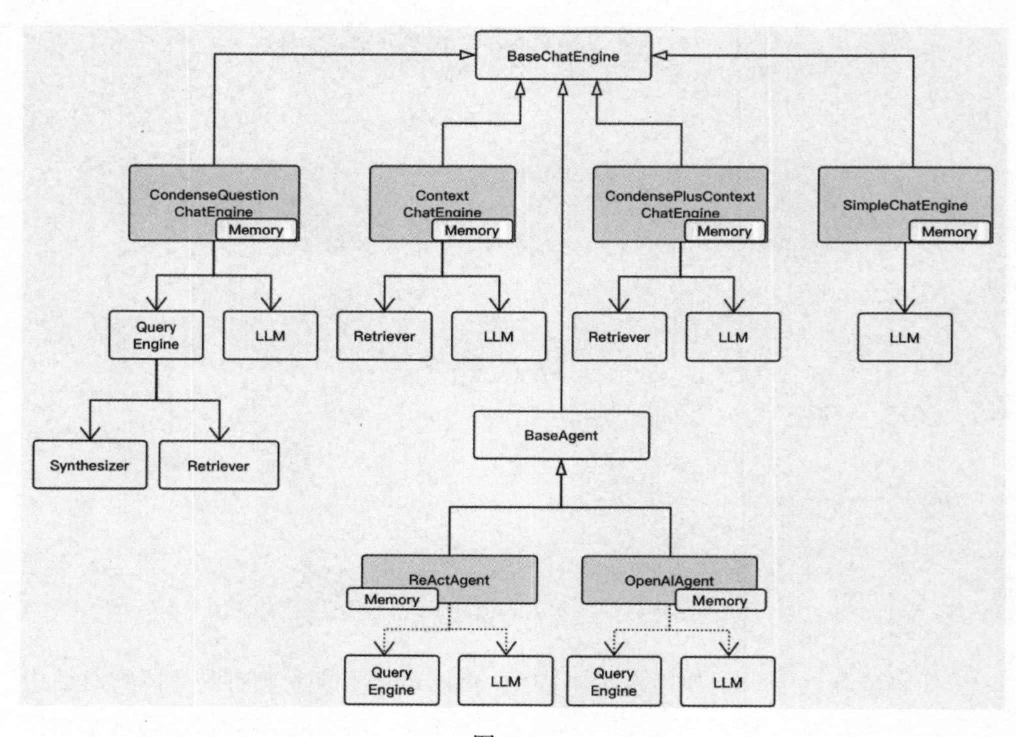

图 7-21

总的来说，对话引擎在底层所依赖的组件主要有以下 3 种。

（1）LLM：大模型。大模型在对话引擎中的作用并不限于最后输出问题的答案。比如，在 Agent 类型的对话引擎中，大模型需要根据历史对话记录和任务来规划与推理出使用的工具；在 Condense 类型的对话引擎中，大模型需要根据历史对话记录和当前问题来重写输入的问题。

（2）Query Engine 或者 Retriever：查询引擎或检索器。由于查询引擎本身包含了检索器与多种不同响应生成模式的响应生成器，因此两者的区别是，只使用检索器的对话引擎更简单，而依赖查询引擎的对话引擎则支持更加多样的底层响应生成模式。

（3）Memory：记忆体。这是对话引擎区别于查询引擎的一个显著特征。由于对话是一种有“状态”的服务，因此为了保持这种状态，需要有相应的组件来记录与维持状态信息，也就是历史对话记录，而 Memory 组件就是用于实现这个目的的。

7.4.3 理解不同的对话模式

本节介绍不同的对话模式下的对话引擎的具体类型、工作模式、相关参数等。

1. 不同的对话模式与引擎类型

LlamaIndex 框架支持的对话模式（chat_mode）、对应的引擎类型及依赖的主要组件见表 7-7。

表 7-7

对话模式	引擎类型	依赖的主要组件
simple	SimpleChatEngine	LLM
condense_question	CondenseQuestionChatEngine	QueryEngine,LLM
context	ContextChatEngine	Retriever,LLM
condense_plus_context	CondensePlusContextChatEngine	Retriever,LLM
react	ReActAgent	[Tool],LLM
openai	OpenAIAgent	[Tool],LLM
best	ReActAgent 或 OpenAIAgent	[Tool],LLM

2. simple 对话模式

在 simple 对话模式中，使用者直接与大模型对话，不会使用查询引擎或检索器，因此不会检索相关的知识上下文。所以，使用 simple 对话模式无须构造索引：

```
......
llm = Ollama(model='qwen:14b')
Settings.llm=llm
```

```
chat_engine = SimpleChatEngine.from_defaults()
chat_engine.chat_repl()
```

这里构造的 chat_engine 对象使用默认的全局大模型来实现对话，结果如图 7-22 所示。

```
===== Entering Chat REPL =====
Type "exit" to exit.

Human: 创作几个中文名字，姓朱，要有趣
Assistant: 1. 朱橙橙（像太阳一样温暖）
2. 朱乐逍遥（音乐中享受自由的生活）
3. 朱瑾瑜（如瑾般珍贵，如瑜般明亮）
4. 朱妙笔生花（才华横溢的书写者）
5. 朱婉约诗书（温文尔雅，喜好诗词书画）


Human: 重来几个
Assistant: 1. 朱墨宝（像墨宝一样珍贵的艺术名字）
2. 朱瑾韵（如瑾般璀璨，韵律流动的生命感）
3. 朱书逸（在书籍的海洋中，寻找那份与众不同的乐趣）
4. 朱梦飞（梦想如同飞翔，寓意拥有无限可能的生活）
5. 朱诗涵（诗的内涵丰富，寓意拥有深厚文化底蕴的名字）


Human: ▌
```

图 7-22

你可以与大模型连续进行带有上下文的对话，而不是进行简单的单次问答。

3. condense_question 对话模式

这种对话模式在理解历史对话记录的基础上将当前输入的问题重写成一个独立的、具备完整语义的问题，然后通过查询引擎获得答案。前面在介绍对话引擎时已经构造过这种模式的引擎：

```
......
#构造查询引擎
query_engine = vector_index.as_query_engine()

#构造对话引擎
chat_engine = CondenseQuestionChatEngine.from_defaults(
    query_engine=query_engine,
    condense_question_prompt=custom_prompt,
    chat_history=custom_chat_history,
    verbose=True,
)
```

在这个例子中还传入了定制的重写问题的 Prompt 模板，并传入了初始的历史对话记录。你也可以简单地快速构造：

```
......
chat_engine = CondenseQuestionChatEngine.from_defaults(
    query_engine=vector_index.as_query_engine(),
    verbose=True,
)
```

两次简单的连续对话如图 7-23 所示。

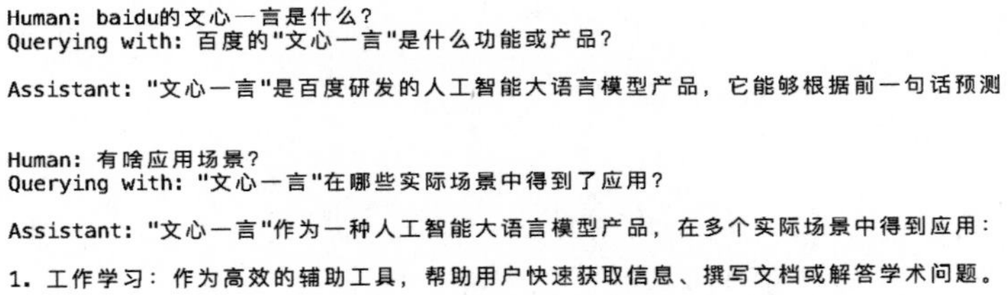

```
Human: baidu的文心一言是什么?
Querying with: 百度的"文心一言"是什么功能或产品?

Assistant: "文心一言"是百度研发的人工智能大语言模型产品，它能够根据前一句话预测


Human: 有啥应用场景?
Querying with: "文心一言"在哪些实际场景中得到了应用?

Assistant: "文心一言"作为一种人工智能大语言模型产品，在多个实际场景中得到应用:

1. 工作学习: 作为高效的辅助工具，帮助用户快速获取信息、撰写文档或解答学术问题。
```

图 7-23

下面借助 Langfuse 平台来跟踪对话引擎的内部流程。观察第二个问题（“有啥应用场景”）的响应生成过程，可以看到在这次对话中出现了两次大模型调用（见图 7-24）。

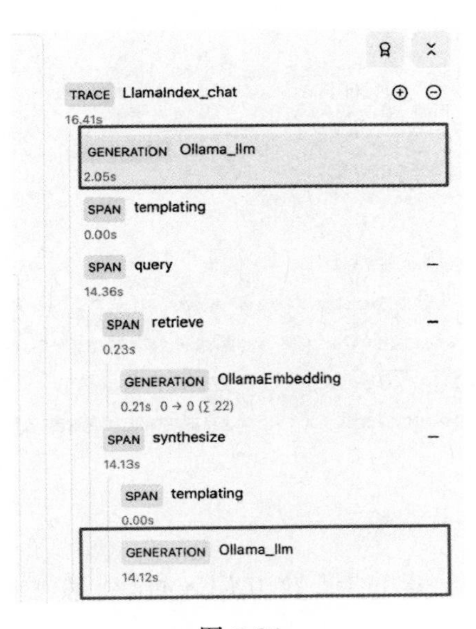

图 7-24

查看第一次的大模型调用细节，如图 7-25 所示。

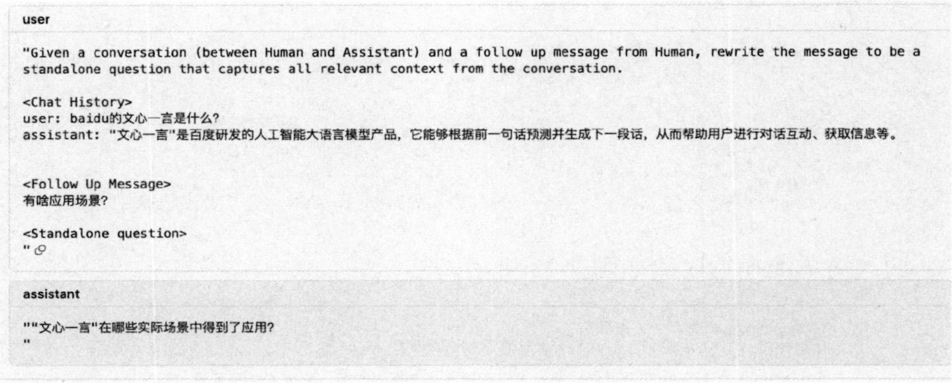

```
user

"Given a conversation (between Human and Assistant) and a follow up message from Human, rewrite the message to be a
standalone question that captures all relevant context from the conversation.

<Chat History>
user: baidu的文心一言是什么?
assistant: "文心一言"是百度研发的人工智能大语言模型产品，它能够根据前一句话预测并生成下一段话，从而帮助用户进行对话互动、获取信息等。


<Follow Up Message>
有啥应用场景?

<Standalone question>
"

assistant

""文心一言"在哪些实际场景中得到了应用?
"
```

图 7-25

可以看出，这一次大模型调用是为了重写当前输入的问题，让语义更加独立与完整。第二次的大模型调用细节如图 7-26 所示。

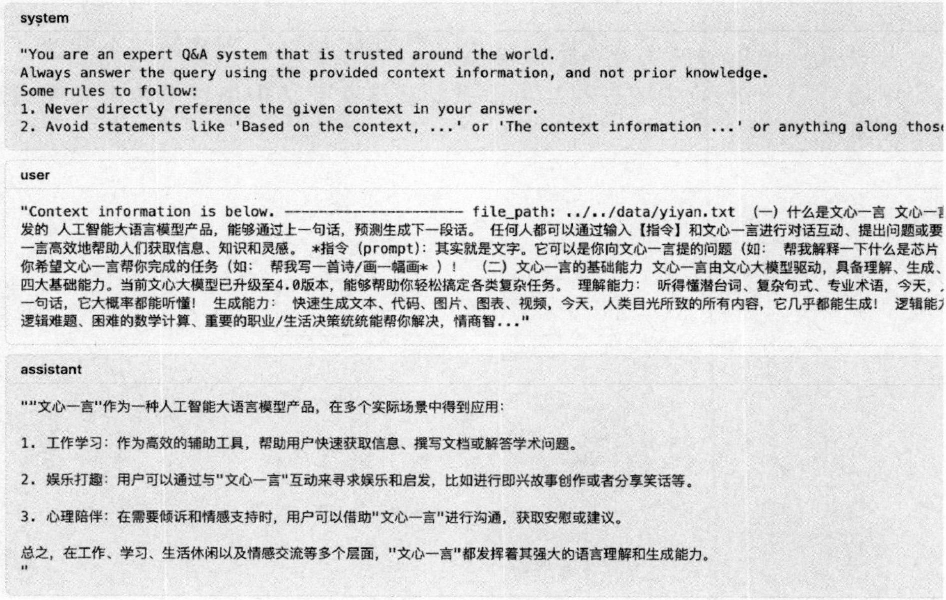

```
system

"You are an expert Q&A system that is trusted around the world.
Always answer the query using the provided context information, and not prior knowledge.
Some rules to follow:
1. Never directly reference the given context in your answer.
2. Avoid statements like 'Based on the context, ...' or 'The context information ...' or anything along thos

user

"Context information is below. ---------------------- file_path: ../../data/yiyan.txt （一）什么是文心一言 文心一
发的 人工智能大语言模型产品，能够通过上一句话，预测生成下一段话。 任何人都可以通过输入【指令】和文心一言进行对话互动、提出问题或要
一言高效地帮助人们获取信息、知识和灵感。 *指令（prompt）：其实就是文字。它可以是你向文心一言提的问题（如： 帮我解释一下什么是芯片
你希望文心一言帮你完成的任务（如： 帮我写一首诗/画一幅画* ）！ （二）文心一言的基础能力 文心一言由文心大模型驱动，具备理解、生成、
四大基础能力。当前文心大模型已升级至4.0版本，能够帮助你轻松搞定各类复杂任务。 理解能力： 听得懂潜台词、复杂句式、专业术语，今天，
一句话，它大概率都能听懂！ 生成能力： 快速生成文本、代码、图片、图表、视频，今天，人类目光所致的所有内容，它几乎都能生成！ 逻辑能
逻辑难题、困难的数学计算、重要的职业/生活决策统统能帮你解决，情商智..."

assistant

""文心一言"作为一种人工智能大语言模型产品，在多个实际场景中得到应用:

1. 工作学习：作为高效的辅助工具，帮助用户快速获取信息、撰写文档或解答学术问题。

2. 娱乐打趣：用户可以通过与"文心一言"互动来寻求娱乐和启发，比如进行即兴故事创作或者分享笑话等。

3. 心理陪伴：在需要倾诉和情感支持时，用户可以借助"文心一言"进行沟通，获取安慰或建议。

总之，在工作、学习、生活休闲以及情感交流等多个层面，"文心一言"都发挥着其强大的语言理解和生成能力。
"
```

图 7-26

这一次调用是基于检索的上下文知识来回答上面重写的问题。这就是传入的 query_engine 参数的用途，因此验证了 condense_question 对话模式的工作流

程是先重写问题，然后使用查询引擎来响应生成。

由于使用了查询引擎，因此也可以指定不同的响应生成器，比如：

```
......
chat_engine = CondenseQuestionChatEngine.from_defaults(

query_engine=vector_index.as_query_engine(response_mode="refine")
,
    verbose=True,
)
```

condense_question 模式的最大优点是在每次检索上下文之前都会根据历史记忆来完善本次输入的问题的语义，这样大大提高了召回知识的相关性。因为在连续对话的场景中，单个问题很可能无法包含完整的语义。因此，这种模式非常适合 RAG 应用场景中的连续对话。

其缺点是会增加大模型调用次数，不仅是因为需要重写输入的问题，采用复杂响应生成模式的查询引擎还可能带来更多的大模型调用。

4. context 对话模式

在 context 对话模式中，对话引擎会借助检索器从知识库中检索出相关的上下文，并将其插入 system 提示信息中，然后利用大模型回答输入的问题。这样，大模型可以充分利用检索出的上下文来响应生成。

我们构造一个 context 对话模式的对话引擎，注意这里的输入参数：

```
......先准备 vector_index 对象......
#也可以修改为
chat_engine=vector_index.as_chat_engine(chat_mode="context")
chat_engine = ContextChatEngine.from_defaults(
    retriever=vector_index.as_retriever(),
    llm=llm
)
chat_engine.chat_repl()
```

用上一个例子的相同问题来测试，我们观察一次对话中的调用过程：对话引擎首先进行了一次知识检索，然后完成了响应生成，如图 7-27 所示。

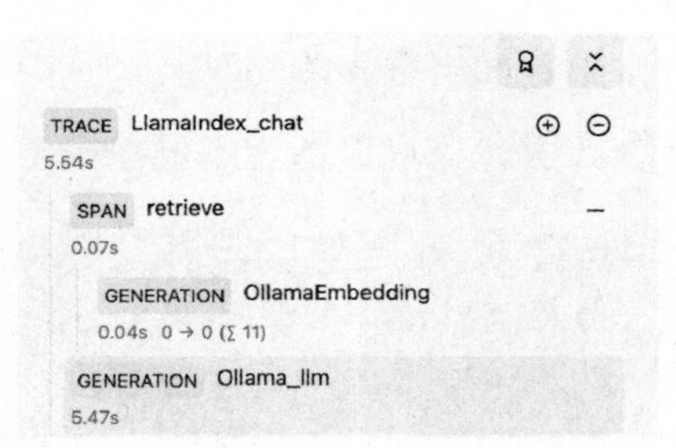

图 7-27

查看响应生成时详细的输入和输出内容，如图 7-28 所示。

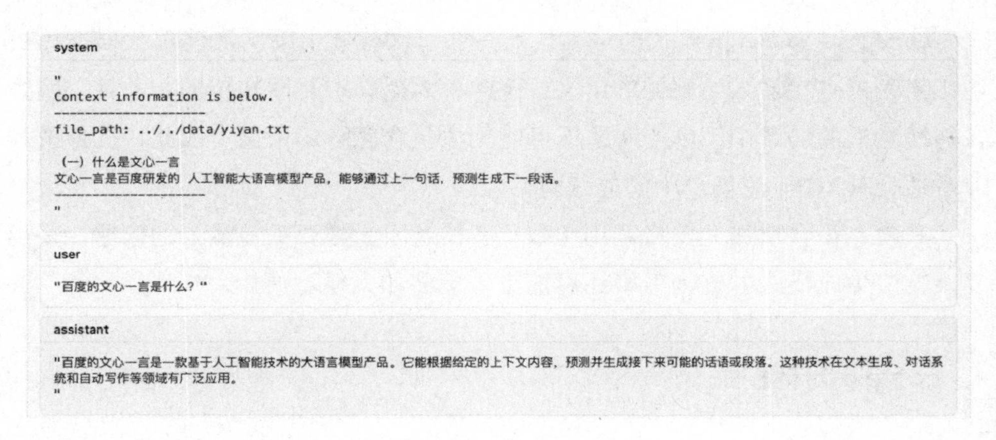

图 7-28

可以看到，在 system 提示信息中，包含了检索出的上下文。这段上下文在回答问题时会被参考，因此输出了正确的答案。

context 对话模式的优点是过程较简单，响应速度较快，不会经过查询引擎复杂的响应生成的过程。其最大的缺点是使用当前问题直接检索上下文，在连续对话的场景中，很可能由于当前问题的语义不完整，召回了无关之事，从而导致响应生成的质量下降。

5. condense_plus_context 对话模式

这个对话模式的名字暗示了它是 condense_question 与 context 两种对话模式的结合：先完成 condense_question 对话模式的问题重写过程，即结合历史对话记录与当前问题生成新的语义更完整的问题，再完成 context 过程，即调用检索器召回与新问题相关的上下文，然后利用大模型进行响应生成。下面构造一个这种对话模式的对话引擎：

```
chat_engine = CondensePlusContextChatEngine.from_defaults(
    retriever=vector_index.as_retriever(similarity_top_k=1),
    llm=llm
)
```

采用与 condense_question 对话模式中类似的问题来测试，然后观察对话引擎的内部运行过程，如图 7-29 所示。

```
===== Entering Chat REPL =====
Type "exit" to exit.

Human: 介绍下文心一言是干吗的
Assistant: 文心一言是一种人工智能助手，它基于文心大模型进行驱动。主要功能包括理解用户的

Human: 有哪些场合可以使用它
Assistant: 文心一言可以在多个场景中发挥作用：

1. **工作辅助**: 在处理文档、编写报告、查找信息等方面提供帮助。
```

图 7-29

仍然观察第二个问题（“有哪些场合可以使用它”，这是一个需要参考上下文的问题）的响应生成过程，如图 7-30 所示。

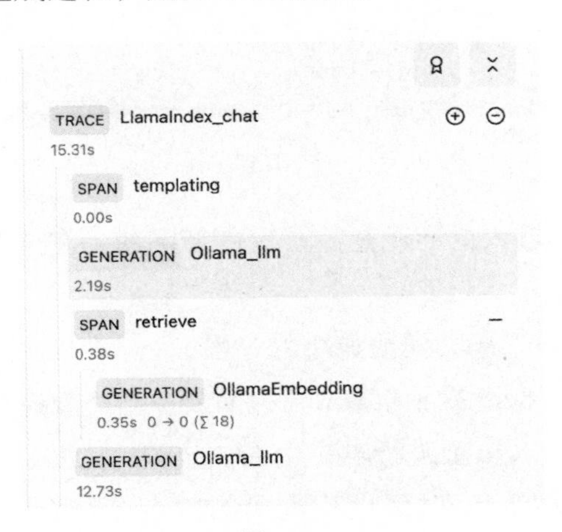

图 7-30

在这次对话引擎的处理过程中，可以看到一共进行了两次大模型调用，以及一次基于向量的检索。图 7-31 所示为第一次大模型调用的过程。

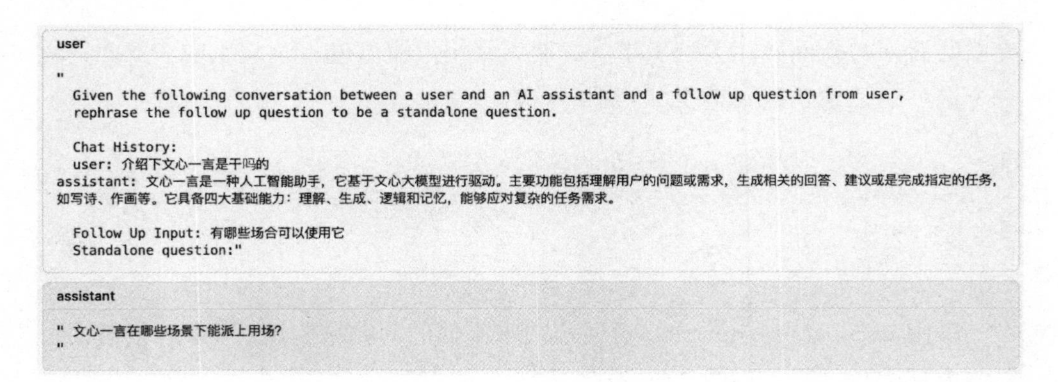

user
"
Given the following conversation between a user and an AI assistant and a follow up question from user,
rephrase the follow up question to be a standalone question.
Chat History:
user：介绍下文心一言是干吗的
assistant：文心一言是一种人工智能助手，它基于文心大模型进行驱动。主要功能包括理解用户的问题或需求，生成相关的回答、建议或是完成指定的任务，如写诗、作画等。它具备四大基础能力：理解、生成、逻辑和记忆，能够应对复杂的任务需求。
Follow Up Input：有哪些场合可以使用它
Standalone question:"
assistant
" 文心一言在哪些场景下能派上用场?
"

图 7-31

从 Prompt 中可以看到，这是一次问题重写的大模型调用，输出了一个新的独立问题。

图 7-32 所示为向量检索过程。

```
Input
" 文心一言在哪些场景下能派上用场?
"

Output
{
  nodes: [
    0: {
      node: {
        id_: "cd3f0dfa-509a-4155-becc-a6c5b7b1f0fd"
        text: "N轮对话过后，你话里的重点，它总会记得，帮你步步精进，解决复杂任务!

          (三) 文心一言的应用场景
        文心一言是你工作、学习、生活中省时提效的好帮手；是你闲暇时刻娱乐打趣的好伙伴；也是你需要倾诉陪伴时的好朋友。在你人生旅途经历的每个阶段、
```

图 7-32

可以看到，此时输入的问题是重写后的新问题。在这个过程中，检索器会输出相关的 Node 信息。

图 7-33 所示为第二次大模型调用的过程。

这里只截取了 system 提示信息。可以看到，上一步检索出的上下文被注入 Prompt 中，然后交给大模型进行响应生成。

condense_plus_context 对话模式最大的特点是结合了上述两种模式的优点，即通过重写当前的输入问题来提高本次上下文召回的精确性，同时简化了响应生成的过程，没有采用复杂的查询引擎来响应生成。当然，这丧失了在响应生成模式上的灵活性。

```
system

"
  The following is a friendly conversation between a user and an AI assistant.
  The assistant is talkative and provides lots of specific details from its context.
  If the assistant does not know the answer to a question, it truthfully says it
  does not know.

  Here are the relevant documents for the context:

  file_path: ../../data/yiyan.txt

N轮对话过后，你话里的重点，它总会记得，帮你步步精进，解决复杂任务！


 （三）文心一言的应用场景
文心一言是你工作、学习、生活中省时提效的好帮手；是你闲暇时刻娱乐打趣的好伙伴；也是你需要倾诉陪伴时的好朋友。在你人生旅途经历的每个阶段、面对的各种场景中，文心一言7*24小时在线，伴你左右。

  Instruction: Based on the above documents, provide a detailed answer for the user question below.
  Answer "don't know" if not present in the document.
  "
```

图 7-33

6. Agent 对话模式

我们把 react、openai 与 best 这 3 种对话模式都称为 Agent 对话模式。因为其本质上构造的都是 Agent：把查询引擎作为一个工具交给 Agent 使用，由 Agent 来参考当前的输入问题与历史对话记录，规划并使用工具来输出答案。这 3 种对话模式的区别仅在于支持的大模型不一样：如果模型为 OpenAI 的大模型或其他支持函数调用的大模型，则构造的对话引擎为 OpenAIAgent 类型的；否则为 ReActAgent 类型的。

下面构造一个 react 对话模式的对话引擎：

```
chat_engine = vector_index.as_chat_engine(chat_mode="react")
chat_engine.chat_repl()
```

如果你需要对引擎的构造进行更多的控制，那么可以用以下方法构造，因为 react 对话模式的对话引擎其实是一个 ReActAgent 类型的，拥有更多的控制权，比如你可以指定工具的更多辅助信息，这些信息可以帮助大模型更好地推理出如何使用工具。

```
......
#构造查询引擎
query_engine = vector_index.as_query_engine()

#把查询引擎"工具化"
query_engine_tool =
```

```
QueryEngineTool.from_defaults( query_engine=query_engine,
                               name="query_engine",
                               description="用于查询文心一言的相关信息")
#将工具传入，开发一个 Agent
chat_engine =ReActAgent.from_tools(
              tools=[query_engine_tool]
)
chat_engine.chat_repl()
```

下面进行简单的测试，然后观察引擎内部的运行过程，如图 7-34 所示。

```
Type "exit" to exit.

Human: 文心一言有哪些应用场景呢？
Assistant: 文心一言的应用场景包括工作、学习、生活中的提效助手，闲暇时的娱乐伙伴，以及需要倾诉

Human:
```

图 7-34

进入 Langfuse 平台的控制台，打开跟踪信息，看到运行的过程如图 7-35 所示。

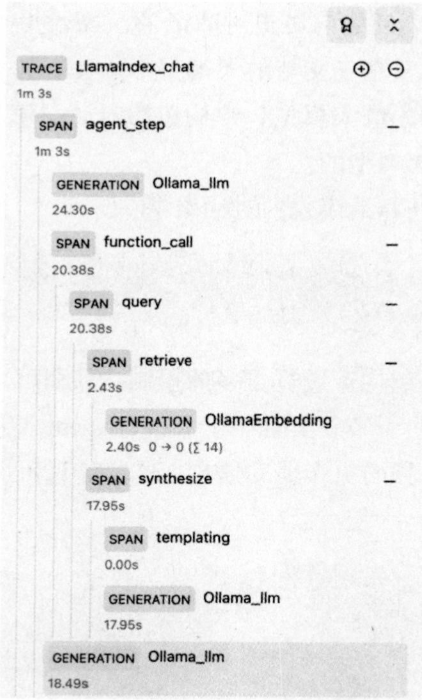

```
TRACE Llamaindex_chat
1m 3s
  SPAN agent_step
  1m 3s
    GENERATION Ollama_llm
    24.30s
    SPAN function_call
    20.38s
      SPAN query
      20.38s
        SPAN retrieve
        2.43s
          GENERATION OllamaEmbedding
          2.40s 0 → 0 (∑ 14)
        SPAN synthesize
        17.95s
          SPAN templating
          0.00s
          GENERATION Ollama_llm
          17.95s
    GENERATION Ollama_llm
    18.49s
```

图 7-35

下面简单介绍一个相对复杂的 Agent 的推理过程。

（1）通过调用大模型推理出下一步动作。打开详细信息，可以看到如图 7-36 所示的推理结果。大模型认为需要使用工具来查询问题。

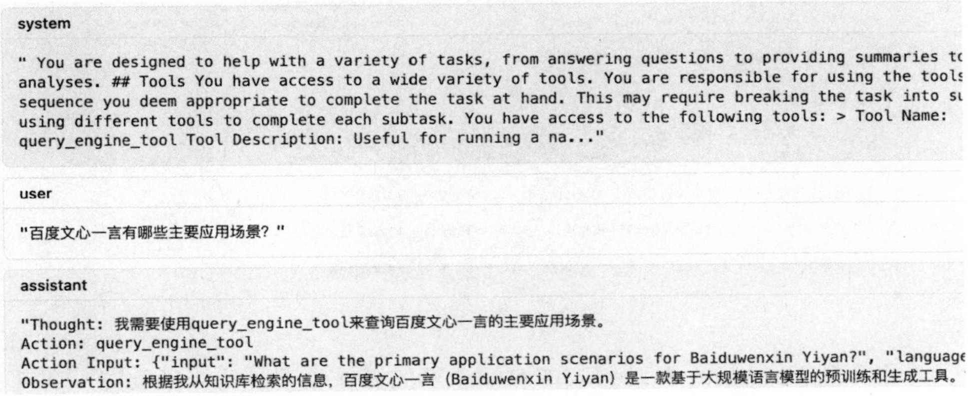

```
system

" You are designed to help with a variety of tasks, from answering questions to providing summaries tc
analyses. ## Tools You have access to a wide variety of tools. You are responsible for using the tools
sequence you deem appropriate to complete the task at hand. This may require breaking the task into su
using different tools to complete each subtask. You have access to the following tools: > Tool Name:
query_engine_tool Tool Description: Useful for running a na..."

user

"百度文心一言有哪些主要应用场景？"

assistant

"Thought: 我需要使用query_engine_tool来查询百度文心一言的主要应用场景。
Action: query_engine_tool
Action Input: {"input": "What are the primary application scenarios for Baiduwenxin Yiyan?", "language
Observation: 根据我从知识库检索的信息，百度文心一言（Baiduwenxin Yiyan）是一款基于大规模语言模型的预训练和生成工具。
```

图 7-36

（2）使用第一步推理出的输入信息（Action Input）调用工具。这里的工具就是构造的查询引擎。在查询引擎响应生成的过程中（默认为 compact 响应生成模式），会产生 retrieve（检索相关知识）和第二次大模型调用，然后输出大模型调用的结果。可以看到大模型调用时带入了检索出的相关上下文，如图 7-37 所示。

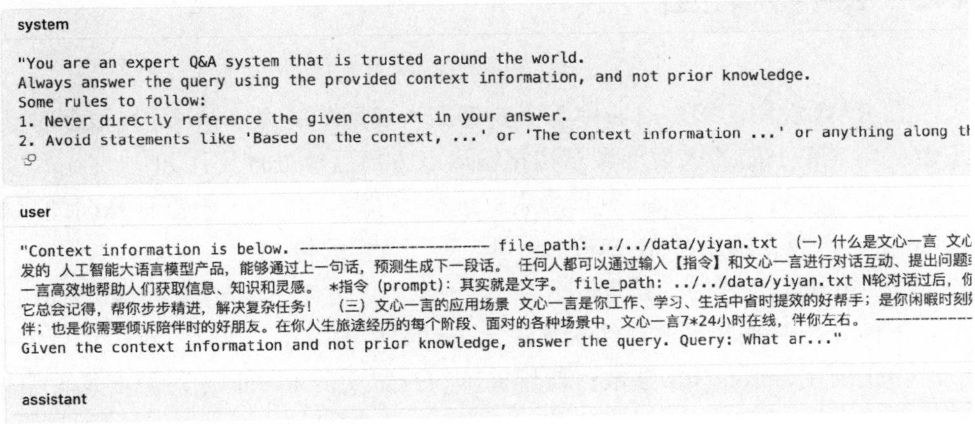

```
system

"You are an expert Q&A system that is trusted around the world.
Always answer the query using the provided context information, and not prior knowledge.
Some rules to follow:
1. Never directly reference the given context in your answer.
2. Avoid statements like 'Based on the context, ...' or 'The context information ...' or anything along tl

user

"Context information is below. ---------------------- file_path: ../../data/yiyan.txt （一）什么是文心一言 文心
发的 人工智能大语言模型产品，能够通过上一句话，预测生成下一段话。 任何人都可以通过输入【指令】和文心一言进行对话互动、提出问题
一言高效地帮助人们获取信息、知识和灵感。 *指令（prompt）：其实就是文字。 file_path: ../../data/yiyan.txt N轮对话过后，你
它总会记得，帮你步步精进，解决复杂任务！ （三）文心一言的应用场景 文心一言是你工作、学习、生活中省时提效的好帮手；是你闲暇时刻
伴；也是你需要倾诉陪伴时的好朋友。在你人生旅途经历的每个阶段、面对的各种场景中，文心一言7*24小时在线，伴你左右。 ------------
Given the context information and not prior knowledge, answer the query. Query: What ar..."

assistant
```

图 7-37

（3）在完成工具调用后，大模型根据结果再次进行推理。由于此时大模型认为已经可以回答问题了，因此直接输出了答案，整个流程结束，如图 7-38 所示。

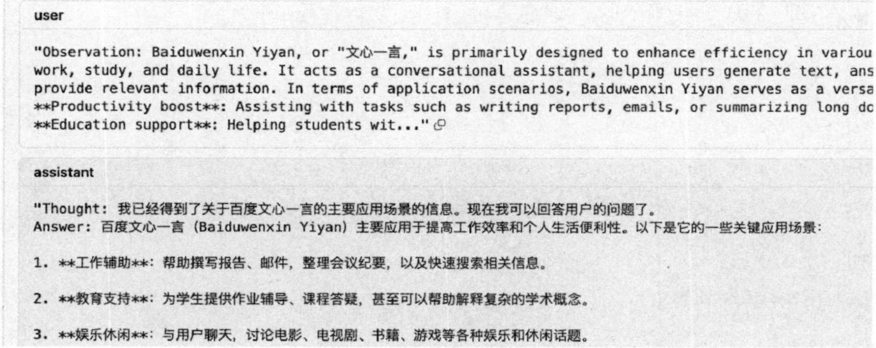

```
user

"Observation: Baiduwenxin Yiyan, or "文心一言," is primarily designed to enhance efficiency in variou
work, study, and daily life. It acts as a conversational assistant, helping users generate text, ans
provide relevant information. In terms of application scenarios, Baiduwenxin Yiyan serves as a versa
**Productivity boost**: Assisting with tasks such as writing reports, emails, or summarizing long dc
**Education support**: Helping students wit..."

assistant

"Thought: 我已经得到了关于百度文心一言的主要应用场景的信息。现在我可以回答用户的问题了。
Answer: 百度文心一言（Baiduwenxin Yiyan）主要应用于提高工作效率和个人生活便利性。以下是它的一些关键应用场景：

1. **工作辅助**：帮助撰写报告、邮件，整理会议纪要，以及快速搜索相关信息。

2. **教育支持**：为学生提供作业辅导、课程答疑，甚至可以帮助解释复杂的学术概念。

3. **娱乐休闲**：与用户聊天，讨论电影、电视剧、书籍、游戏等各种娱乐和休闲话题。
```

图 7-38

可以看到，Agent 对话模式的对话引擎的工作流程是比较复杂的。其最大的能力在于自我规划与使用工具的能力，你甚至可以把很多工具交给 Agent 来使用，如在不同的知识库中查询信息的工具，而且由于工具可以自行定义，因此这种对话模式的对话引擎不仅可以完成知识的查询，还可以执行更复杂的任务，比如根据你的要求发送一封电子邮件等。

当然，Agent 对话模式的缺点是过程较复杂，延迟时间较长，且在很大程度上依赖大模型自身的推理能力，因此存在一定的不确定性。

7.5 结构化输出

在 RAG 应用的很多阶段中都需要借助大模型的能力来输出。在很多时候，下游应用需要上游的大模型做结构化输出以方便后续处理。比如：

（1）在使用 TreeIndex 类型的索引进行检索时，需要大模型根据问题对树 Node 做出选择，输出“ANSWER:（数字）”这样的格式。

（2）在响应生成时，希望输出 JSON 对象，以方便下游应用的解析与使用。

下面介绍两种常见的对结构化输出进行解析的方法。

（1）使用 output_cls 参数：使用提示与自定义的 Pydantic 对象要求大模型结构化输出。

（2）使用输出解析器：在 llm 模块中插入输出解析器对大模型输出进行解

析与结构化。

7.5.1 使用 output_cls 参数

在查询引擎的输出中如果需要实现结构化，那么可以简单地传入自定义的输出类型，然后获得输出的 Pydantic 对象，无须额外调用大模型。

下面稍微修改之前构造的一个简单查询引擎：

```
……准备数据与索引……
class Phone(BaseModel):
    """ Information & features of a phone."""

    cpu: str
    memory: str
    storage: str
    screen: str

query_engine = index.as_query_engine( llm =
Ollama(model='llama3:8b'),
                              response_mode="tree_summarize",
                              output_cls=Phone)
response = query_engine.query("小麦手机的主要参数是什么？")
……
```

只需要在调用 as_query_engine 方法时指定 output_cls 参数，要求查询引擎在响应生成时进行结构化输出即可。我们在 Langfuse 平台上跟踪内部信息，可以看到 system 提示信息中发生了一些变化，如图 7-39 所示。

```
system

"You are an expert Q&A system that is trusted around the world.
Always answer the query using the provided context information, and not prior knowledge.
Some rules to follow:
1. Never directly reference the given context in your answer.
2. Avoid statements like 'Based on the context, ...' or 'The context information ...' or anything along
those lines.

Here's a JSON schema to follow:
{{"description": "Information & features of a phone.", "properties": {{"cpu": {{"title": "Cpu", "type":
"string"}}, "memory": {{"title": "Memory", "type": "string"}}, "storage": {{"title": "Storage", "type":
"string"}}, "screen": {{"title": "Screen", "type": "string"}}}}, "required": ["cpu", "memory", "storage",
"screen"], "title": "Phone", "type": "object"}}

Output a valid JSON object but do not repeat the schema.
"
```

图 7-39

这就是结构化输出的秘密所在：如果在查询引擎参数中指定 output_cls，那么在调用大模型响应生成时将会自动在 system 提示信息中插入结构化输出的指令，从而要求大模型的输出首先遵循 output_cls 参数的格式要求，并在大模型输出以后，转换为 output_cls 类型的对象格式返回，如图 7-40 所示。

```
assistant

{
  cpu: "高通骁龙870"
  memory: "8GB/12GB LPDDR5"
  storage: "128GB/256GB UFS 3.1"
  screen: "6.5英寸全面屏，分辨率2400×1080像素"
}
```

图 7-40

当然，如果大模型的输出没法通过 Pydantic 对象的类型校验，那么会转换失败并抛出异常（大模型没有遵循指令）。

在实际测试中，这种方法的结构化输出比较依赖所使用的大模型，大模型指令的遵从能力将决定能否按照要求的结构输出。所以，如果你在测试时发现异常，那么很可能需要更换使用的大模型，在必要时还需要更换 Prompt 模板。

7.5.2 使用输出解析器

LlamaIndex 框架支持与其他框架提供的输出解析器（output parser）集成。可以借助这些输出解析器对大模型的输出进行解析与结构化。下面介绍如何利用 LangChain 框架的输出解析器来限制大模型的响应生成。核心的代码如下：

```
......
#定义响应的格式
response_schemas = [
    ResponseSchema(
        name="name",
        description="手机名称",
    ),
    ResponseSchema(
        name="cpu",
        description="手机处理器",
    ),
```

```
    ResponseSchema(
        name="memory",
        description="手机内存",
    ),
    ResponseSchema(
        name="features",
        description="手机特性",
        type="list",
    ),
]

#构造 LangChain 框架的输出解析器
lc_output_parser =\
    StructuredOutputParser.from_response_schemas(response_schemas)
output_parser = LangchainOutputParser(lc_output_parser)

#设置大模型使用构造的输出解析器
llm = OpenAI(output_parser=output_parser)

#查询
query_engine = index.as_query_engine(llm=llm,verbose=True)
response = query_engine.query("小麦手机的主要参数是什么、其特性如何？")
print(response)
```

首先，根据 LangChain 框架的要求构造一个输出解析器，然后在 llm 模块中插入输出解析器，无须做其他修改。输出结果如图 7-41 所示。

```
{'name': '小麦Pro', 'cpu': '高通骁龙870', 'memory': '8GB/12GB LPDDR5', 'features': ['环保材质',
'健康护眼', '高性能', '长续航', '拍照能力强']}
```

图 7-41

你还可以使用输出解析器的 format 接口来查看是如何对 Prompt 进行限制的，如传入一个默认的文本问答 Prompt 模板：

```
from llama_index.core.prompts.default_prompts
import DEFAULT_TEXT_QA_PROMPT_TMPL
print(output_parser.format(DEFAULT_TEXT_QA_PROMPT_TMPL))
```

打印的结果如图 7-42 所示，可以看到输出解析器会在传入的 Prompt 后增加一段结构化输出的指令要求，从而达到要求大模型结构化输出的目的。

```
Context information is below.
---------------------
{context_str}
---------------------
Given the context information and not prior knowledge, answer the query.
Query: {query_str}
Answer:

The output should be a markdown code snippet formatted in the following schema, including the leading and traili
ng "```json" and "```":

```json
{{
        "name": string  // 手机名称
        "cpu": string  // 手机处理器
        "memory": string  // 手机内存
        "features": list(str)  // 手机特性
}}
```
```

图 7-42

【基础篇小结】

从基础篇开始，我们进入了基于大模型的 RAG 应用开发的世界。

我们首先通过一个初级的 RAG 应用开发实例理解了 RAG 的基本技术原理，建立起初步的印象，通过 3 种不同的代码开发方式（原生代码、LangChain 框架、LlamaIndex 框架）认识与理解了采用开发框架的意义。

接下来，我们基于 LlamaIndex 框架学习了经典的 RAG 应用主要阶段的开发过程，包括相关组件与 API 的应用、组装与测试，深入地理解了部分重要组件的内部原理，有助于未来更好地使用与优化 RAG 应用。

在基础篇的最后，我们重点介绍了最典型的两种面向最终应用的 RAG 引擎的构造过程，包括查询引擎与对话引擎，并深入理解了应用过程中不同的检索模式、响应生成模式与对话模式。

现在，你已经具备了开发经典的，甚至有一定复杂度的 RAG 应用的能力。

高 级 篇

第 8 章　RAG 引擎高级开发

随着 RAG 应用在实际生产中不断改进与完善，更多的 RAG 组件、算法、优化的流程或范式不断出现，这些新的技术使得 RAG 应用具备了更广泛的适应能力与更精确的生成能力，对于开发知识密集型的 AI 应用具有长远的意义。

本章将聚焦于模块化RAG时代的一些常见的高级开发阶段与相关技术应用。

8.1　检索前查询转换

查询转换（也可以称为查询重写或者查询分析等）已经成为大模型应用中的一个很重要的工作阶段。查询转换是一个“检索前”的阶段，用于将输入问题转换成一种或者多种其他形式的查询输入。常见的查询转换类型如下。

（1）将输入问题转换为更有利于嵌入的问题，以提高召回知识的精确性。

（2）对输入问题进行语义丰富与扩展，有利于从数据中生成更全面与更准确的答案。

（3）将初始查询的输入问题分解成不同的多个子问题，分别查询，最后合成答案。

（4）将初始查询分解成可以多步完成的子查询，通过分步查询得出答案。

为什么需要查询转换？以这样一个场景为例，我们在使用一个问答或者搜索系统时，通常习惯用输入的单个问题查询，但是单个问题可能无法完整地或者更深入细致地表达使用者真正的意图，这可能导致检索的相关知识无法更好地覆盖需要了解的内容。比如，我们想了解“GPT-4 模型”，那么可以生成类似于“GPT-4 模型的基准测试性能”“GPT-4 模型的使用定价”“GPT-4 模型的 API 介绍”等相关问题，这些问题可以更好地帮助检索相关知识，并提供不同的视角，生成更全面与更深入的答案。

在实际应用中，查询转换可能是一次完成的，即在检索之前对输入问题进行重写，也可能是多次进行的，比如在一些新型的 RAG 范式中，在对输入问题进行重写并检索生成结果后，可能会根据生成结果的质量评估结果，再次查询转换，并进行多次迭代。

8.1.1 简单查询转换

借助强大的大模型，你可以使用 Prompt 对查询进行简单的重写，比如：

```
from llama_index.core import PromptTemplate
from llama_index.llms.openai import OpenAI

prompt_rewrite_temp = """\
您是一个聪明的查询生成器。请生成与以下查询相关的{num_queries}个查询问题 \n
注意每个查询问题都占一行 \n
我的查询: {query}
生成查询列表:
"""
prompt_rewrite = PromptTemplate(prompt_rewrite_temp)
llm = OpenAI(model="gpt-3.5-turbo")

#查询转换的方法
def rewrite_query(query: str, num: int = 3):
    response = llm.predict(
        prompt_rewrite, num_queries=num, query=query
    )

    # 假设大模型将每个查询问题都放在一行上
    queries = response.split("\n")
    return queries

print(rewrite_query("中国目前大模型的发展情况如何? "))
```

在这个简单的查询转换函数中，你可以根据实际需要对 Prompt 进行自定义与完善。

当然，这种方法的缺点是在没有任何上下文环境与额外指令的情况下容易产生较大的不确定性，甚至产生较大的真实意图偏离，因此并不建议在查询之前使用，可以考虑在数据准备与加载阶段使用。

（1）用原始知识（主要是问答类知识）生成相似问题，做语义丰富。

（2）用于元数据抽取，用原始知识生成假设性查询问题用于嵌入。

8.1.2　HyDE查询转换

HyDE（Hypothetical Document Embeddings，假设性文档嵌入）查询转换是一种已经被证明在很多场景中有着较好效果的查询转换技术。其基本过程是根据输入问题生成一个假设性答案，然后对该假设性答案进行嵌入与检索（可以同时携带原问题），如图8-1所示。

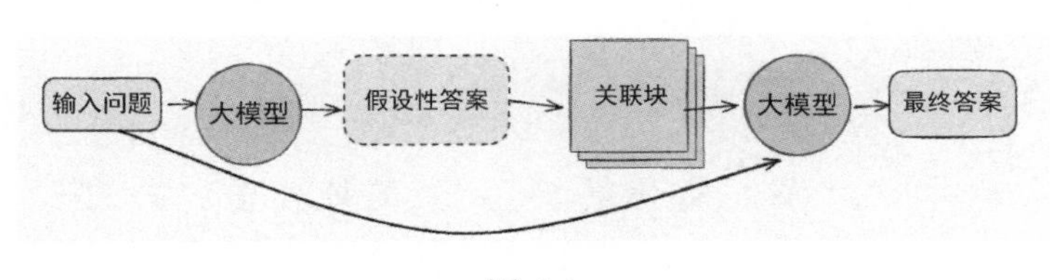

图 8-1

这种转换并不复杂，你可以通过提示工程实现。这里借助 LlamaIndex 框架中的 HyDE 查询转换器来简单测试：

```
from llama_index.core.indices.query.query_transform import
HyDEQueryTransform
from llama_index.llms.openai import OpenAI
from llama_index.core import PromptTemplate

#修改成中文 Prompt
hyde_prompt_temp = """\
请生成一段文字来回答输入问题\n
尽可能含有更多的关键细节\n
{context_str}
生成内容:
"""
```

```
hyde_prompt = PromptTemplate(hyde_prompt_temp)

llm = OpenAI(model="gpt-3.5-turbo")
hyde = HyDEQueryTransform(llm=llm)
hyde.update_prompts({'hyde_prompt':hyde_prompt})

query_bundle = hyde.run("请介绍小麦手机的主要配置")
print(query_bundle.__dict__)
```

例子中使用了 HyDEQueryTransform 这个查询转换器来转换输入问题。需要注意的是，HyDE 查询转换器转换后的结果是用于嵌入与检索的，因此并不会直接返回一个新的 query_str（输入问题），而是将输入问题放在 query_bundle 这个包装对象的 custom_embedding_strs 字段中。这个字段会在查询时被用于嵌入与检索，如图 8-2 所示。

```
{'query_str': '请介绍小麦手机的主要配置', 'image_path': None, 'custom_embedding_strs': ['小麦手机是一款性价比
极高的智能手机，主要配置包括6.5英寸全高清屏幕，搭载最新的骁龙865处理器，运行流畅快速。内置8GB RAM和128GB存储
空间，支持扩展存储。拥有一颗4800mAh大容量电池，支持快充功能，续航能力强。此外，小麦手机还配备了一组后置四摄像
头系统，主摄像头为6400万像素，支持4K视频拍摄，前置摄像头为3200万像素，拍摄效果清晰逼真。系统方面，小麦手机运
行最新的Android 11操作系统，界面简洁易用，功能丰富。整体来说，小麦手机的主要配置非常强大，适合日常使用和娱乐
```

图 8-2

在实际应用中，为了简化转换后的查询过程，一般会建议使用 TransformQueryEngine 这个封装类型来给已有的查询引擎增加基于 HyDE 的查询转换能力，从而可以透明地使用 HyDE 查询转换器，而无须自己管理：

```
……这里假设已经构造了一个城市信息查询引擎……
query_engine = create_city_engine('南京市')       #城市信息查询引擎
hyde_query_engine = TransformQueryEngine(query_engine, hyde)

print('\nQuerying the city engine...')
response = query_engine.query('南京市的人口是多少？经济发展如何？')
pprint_response(response,show_source=True)

print('\nQuerying the HyDE city engine...')
response_hyde = hyde_query_engine.query("南京市的人口是多少？经济发展如何？")
pprint_response(response_hyde ,show_source=True)
```

这里使用了 TransformQueryEngine 类型的引擎来完成查询，并与普通引擎

对比。

在不增加 HyDE 查询转换时的输出如图 8-3 所示。

```
Loading vector index...

Querying the city engine...
Final Response: 南京市的人口为931万人，其中流动人口为265万人，城镇人口为808.52万人。南京市的人口密度较高，2012年底超过1240人每平方公里，居全国第四位。南京市的人口结构以青壮年为主，15-
59岁人口占68.27%。男性人口占51.05%，男女性别比为104.27:100。南京市人口居住相当集中，其中“江南六区”常住人口达450万人。南京市的人口受教育程度较高，显示出文化名城和高校众多的优势。
```

图 8-3

在增加 HyDE 查询转换后的输出如图 8-4 所示。

```
Querying the HyDE city engine...
Final Response: 南京市的人口为949.11万人。在经济发展方面，南京市的规模以上工业经济效益综合指数为307.33，超过苏州9
3.1。此外，南京市2016年实现消费品零售总额为5088.20亿元，在福布斯中国大陆最佳商业城市排行中名列第四，被评为ＡＡＡ级城市，也被列为中国十个变化最大的城市之一。
```

图 8-4

可以看出两者的不同：由于受到基于 HyDE 查询转换生成的假设性答案做检索的影响，召回知识的相关性提高了，因此答案的质量更高。

例子中构造的城市信息查询引擎是基于维基百科中城市介绍内容构造的简单查询工具，在后面经常使用。

8.1.3　多步查询转换

对于一些比较复杂的输入问题，如果借助查询引擎直接回答，那么很可能由于召回的知识块的精确性或者完整性不足，导致回答得不理想或不完整。可以借助多步查询转换的思想：从初始的复杂查询开始，经过多步的查询转换与检索生成，直至能够完整地回答输入问题，如图 8-5 所示。每一次查询转换都基于之前的推理过程，提出下一步的问题。

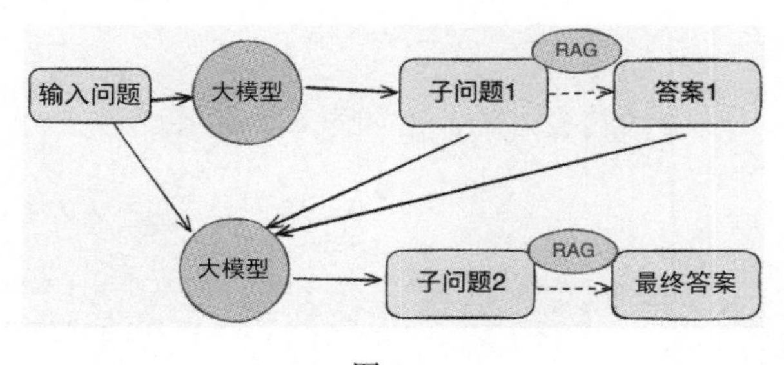

图 8-5

下面仍然借用前面的城市信息查询引擎来演示多步查询转换的用法。

```
······构造一个简单的城市信息查询引擎，代码略······
query_engine = create_city_engine(['北京市','上海市'])

#转换 Prompt，此处用于更新默认的 Prompt
prompt_templ = """
我们有机会从知识源中回答部分或全部问题。知识源的上下文如下，提供了之前的推理步骤。
根据上下文和之前的推理，返回一个可以从上下文中回答的问题：
1. 这个问题可以帮助回答原问题，与原问题密切相关。
2. 可以是原问题的子问题，或者是解答原问题需要的一个步骤中需要的问题。
如果无法从上下文中提取更多信息，则提供“无”作为答案。下面给出了一个示例：

-----
问题：2020 年澳大利亚网球公开赛冠军获得了多少个大满贯冠军？
知识源上下文：提供了 2020 年澳大利亚网球公开赛冠军的名字
之前的推理：无
新问题：谁是 2020 年澳大利亚网球公开赛的冠军？
-----

我的问题：{query_str}
知识源上下文：{context_str}
之前的推理：{prev_reasoning}
新问题：

"""

#查询转换器
step_transformer = StepDecomposeQueryTransform(llm=llm_openai,
verbose=True)

#转换 Prompt
```

```
new_prompt = PromptTemplate(prompt_templ)
step_transformer.update_prompts({'step_decompose_query_prompt':ne
w_prompt})

#带有查询转换器的查询引擎
step_query_engine =
MultiStepQueryEngine(query_engine=query_engine,

query_transform=step_transformer,index_summary='这是一个关于城市的知
识库，用于回答与城市信息相关的问题')

print('\nQuerying the stepcompose city engine...')

response = step_query_engine.query("中国首都的城市人口有多少？和上海相比
呢？")
pprint_response(response,show_source=True)
```

与 HyDE 查询转换类似，多步查询转换也提供了可直接使用的查询引擎封装类型。在构造好的查询引擎基础上组合查询转换器即可生成 MultiStepQueryEngine 类型的引擎。观察这个例子的输出结果，可以看到引擎在多步查询转换中生成的子问题。这些问题用于帮助更好地回答原始输入问题，如图 8-6 所示。

```
Querying the stepcompose city engine...
> Current query: 中国首都的城市人口有多少？和上海相比呢？
> New query: 中国首都的城市人口有多少？
> Current query: 中国首都的城市人口有多少？和上海相比呢？
> New query: 中国首都的城市人口和上海相比，哪个城市人口更多？
> Current query: 中国首都的城市人口有多少？和上海相比呢？
> New query: 无
Final Response: 中国首都的城市人口为2184.3万人。和上海相比，北京的城市人口更多。
```

图 8-6

在这样的例子中，如果我们采用普通的查询引擎，就会发现很难得出正确的答案，这是因为输入问题本身不是一个直接的事实性问题，涉及多处召回知识，特别是在 top_K 较小时很容易因为召回知识不够而无法回答或者产生“幻觉”。

8.1.4 子问题查询转换

子问题查询转换是在问答时通过生成与原问题相关的多个具体的子问题，以便更好地解释与理解原问题，并有助于得出最终答案，如图 8-7 所示。子问题查询转换有一种更具体的使用场景：借助 Agent 的思想，根据可用的工具将输入问题转换为每个工具都可以解答的子问题。这种转换与多步查询转换的区别在于，它需要参考可用的工具，更具有约束性。这可以用于在一些非 Agent 的场景中，对输入问题进行有约束条件的子问题生成。

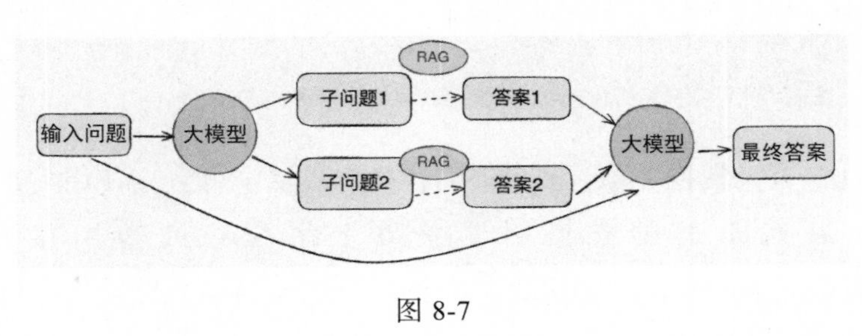

图 8-7

下面是一个完整的例子：

```
from llama_index.question_gen.openai import OpenAIQuestionGenerator
from llama_index.llms.openai import OpenAI
from llama_index.core import PromptTemplate,QueryBundle
from llama_index.core.tools import ToolMetadata
import pprint

llm = OpenAI()

question_gen_prompt_templ = """
你可以访问多个工具，每个工具都代表一个不同的数据源或 API。
每个工具都有一个名称和一个描述字段，格式为 JSON 字典。
字典的键(key)是工具的名称，值(value)是描述。
你的目的是通过生成一系列可以由这些工具回答的子问题来帮助回答一个复杂的用户问题。

在完成任务时，请考虑以下准则:

•    尽可能具体
```

```
    •    子问题应与用户问题相关
    •    子问题应可通过提供的工具回答
    •    你可以为每个工具都生成多个子问题
    •    工具必须用它们的名称而不是描述来指定
    •    如果你认为不相关，就不需要使用工具

通过调用 SubQuestionList 函数输出子问题列表。

## Tools
```json
{tools_str}
```

User Question
{query_str}

"""

#rewriter
question_rewriter = OpenAIQuestionGenerator.from_defaults(llm=llm)

#转换 Prompt
new_prompt = PromptTemplate(question_gen_prompt_templ)
question_rewriter.update_prompts({'question_gen_prompt':new_prompt})

#可用的工具，注意这里只是提供工具的元数据，并未真正提供工具
tool_choices = [
    ToolMetadata(
        name="query_tool_beijing",
        description=(
            "用于查询北京市各个方面的信息，如基本信息、旅游指南、城市历史等"
        ),
    ),
    ToolMetadata(
        name="query_tool_shanghai",
        description=(
            "用于查询上海市各个方面的信息，如基本信息、旅游指南、城市历史等"
        ),
    ),
]

print('-------------------------')
```

```
query_str = "北京与上海的人口差距是多少？它们的面积相差多少？"

#使用 generate 方法生成子问题
choices = question_rewriter.generate(
                               tool_choices,
                               QueryBundle(query_str=query_str))

pprint.pprint(choices)
```

代码中提供了多个可用的工具的信息，然后要求查询转换器参考可用的工具对输入问题生成多个子问题（注意 Prompt 模板内容）。最后的输出结果如图 8-8 所示。

```
[SubQuestion(sub_question='查询北京的人口数量', tool_name='query_tool_beijing'),
 SubQuestion(sub_question='查询上海的人口数量', tool_name='query_tool_shanghai'),
 SubQuestion(sub_question='查询北京的面积', tool_name='query_tool_beijing'),
 SubQuestion(sub_question='查询上海的面积', tool_name='query_tool_shanghai')]
```

图 8-8

可以看到，查询转换器生成了 4 个子问题，分别对应两个可用的工具，所以通过可用的工具的信息限制了这种方法的子问题生成。

在这里的代码中并不需要构造真正的工具来交给查询转换器进行生成，只需要给出工具的基本信息（名称与描述，构造成 ToolMetadata 对象）。因此在实际应用中，完全可以用这个例子进行扩展。比如，工具可以不一定是真实存在的查询引擎，可以把一些用于约束与引导子问题生成的描述“假装”成工具，并对 Prompt 模板进行简单的修改，然后要求进行子问题生成，这样有利于通过拆解子问题来解答一些复杂的输入问题，并在后面根据输出的工具名称有针对性地处理，从而具备了更大的灵活性。

不过，OpenAIQuestionGenerator 类型的对象依赖函数调用功能来完成推理，因此只能用于支持函数调用的大模型。如果你需要使用其他大模型来生成子问题，那么可以使用 LLMQuestionGenerator 类型的对象，用法完全一样。

针对子问题生成的查询转换场景也提供了现成的查询引擎组件。通过构造子问题查询引擎，你可以在更高层上综合使用多个查询引擎，比如你可以针对不同年份、不同地区的知识构造独立的查询引擎，并通过子问题查询引擎提供跨引擎的查询应用。

子问题查询引擎的工作原理与基本流程如图 8-9 所示。

（1）借助查询转换器对输入问题进行判断与分解。

（2）对分解出的多个子问题调用对应的查询引擎（工具）进行查询。

（3）将查询的结果汇总作为上下文交给大模型进行最终答案生成。

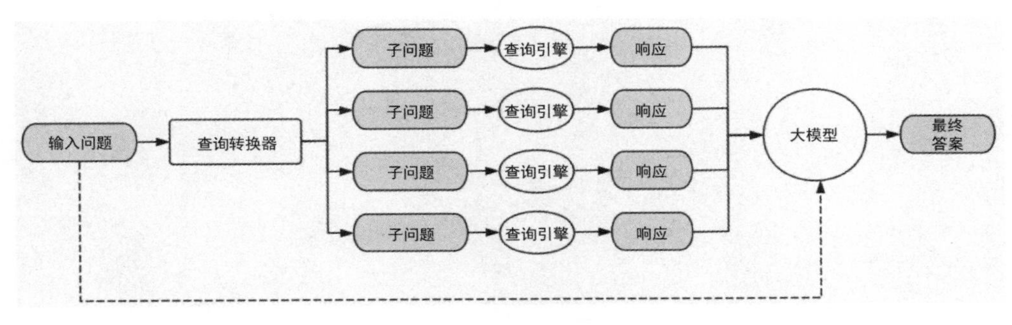

图 8-9

这里使用的查询转换器就是前面介绍的 OpenAIQuestionGenerator 或者 LLMQuestionGenerator，默认为 OpenAIQuestionGenerator，如果大模型不支持函数调用，那么使用 LLMQuestionGenerator。

下面用一个简单的例子演示子问题查询引擎的用法：

```
......
from llama_index.core.query_engine import SubQuestionQueryEngine
......

......省略 create_city_engine 方法......

#构造两个城市信息查询引擎
query_engine_nanjing = create_city_engine('南京市')
query_engine_shanghai = create_city_engine('上海市')

#查询引擎作为工具
query_engine_tools = [
    QueryEngineTool(
        query_engine=query_engine_nanjing,
        metadata=ToolMetadata(
        name="query_tool_nanjing",
```

```
        description="用于查询南京市各个方面的信息，如基本信息、旅游指南、城市历史等"
        ),
    ),
    QueryEngineTool(
        query_engine=query_engine_shanghai,
        metadata=ToolMetadata(
        name="query_tool_shanghai",
        description="用于查询上海市各个方面的信息，如基本信息、旅游指南、城市历史等"
        ),
    ),
]

#构造子问题查询引擎
query_engine = SubQuestionQueryEngine.from_defaults(
    query_engine_tools=query_engine_tools,
    use_async=True,
)

#查询
response = query_engine.query(
    "北京与上海的人口差距是多少？GDP 大约相差多少？使用中文回答"
)

print(response)
```

观察这个例子的输出结果，如图 8-10 所示。

```
Generated 4 sub questions.
[query_tool_nanjing] Q: 查询北京的人口数量
[query_tool_shanghai] Q: 查询上海的人口数量

[query_tool_shanghai] Q: 查询上海的GDP
[query_tool_shanghai] A: 上海的人口数量为 24870895 人。
[query_tool_nanjing] A: 北京的人口数量为2184.3万人。

[query_tool_shanghai] A: 上海的GDP为4.32万亿人民币，约合6698亿美元，位居世界第四。
北京与上海的人口差距为296.55万人。GDP大约相差为1.88万亿元。
```

图 8-10

在这个例子中，由于城市信息查询引擎是针对单个城市的查询工具，输入问题很显然是无法在一个查询引擎中得到答案的。借助子问题查询引擎，这里的问题被分解成了 4 个子问题，通过对应的工具（也就是单个城市信息查询引擎）获得了答案，并在搜集到所有子问题的答案后生成了最终答案，从而使问题得到完美解决。

如果你对 Agent 有所了解，就会发现子问题查询引擎的工作模式与 Agent 的工作模式非常相似，都是把工具集交给一个工作引擎，让其进行任务细分并选择合适的工具来完成。两者的主要区别在于：子问题查询引擎对任务的规划（子问题的生成）是借助大模型一次性完成的，而 Agent 对任务的规划（比如 ReAct 推理范式）通常是动态完成的，即在任务执行的过程中，通过对前面步骤执行结果的观察及任务目标进行推理，采取下一步行动。因此，从任务执行的特点上来看，Agent 更符合人类执行任务的行为模式，更具有灵活性，但也具有更大的不确定性。

8.2 检索后处理器

在实际应用中，从检索器的输出到响应生成器的输入，往往还可能需要一些额外的处理步骤，比如对内容做一些关键词筛选，或者将多个检索器的输出重排序等。虽然你完全可以通过自定义代码对检索器返回的 Node 列表进行任意处理，但是 LlamaIndex 框架中内置了一种更简单的模块化方法，即通过节点后处理器（Node Postprocessor）来完成。

8.2.1 使用节点后处理器

节点后处理器是一种对检索出的 Node 进行转换、过滤或者重排序等的组件，其一般用在查询引擎内，工作在检索器之后、响应生成器之前，如图 8-11 所示。

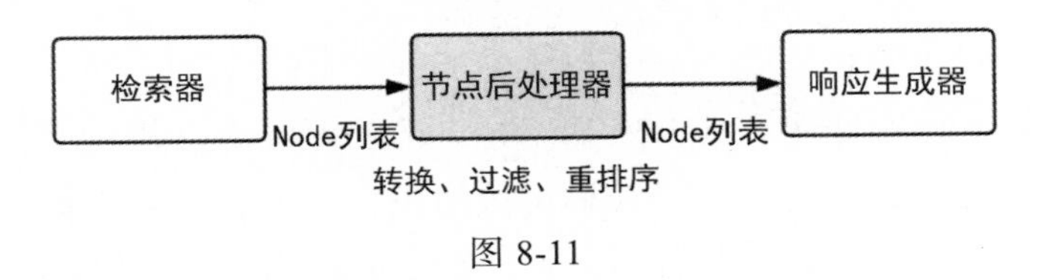

图 8-11

LlamaIndex 框架中内置了很多开箱即用的节点后处理器。你也可以通过接口实现自定义的处理器。与检索器等很多组件一样，节点后处理器既可以独立使用，也可以作为参数插入查询引擎中使用。

1. 独立使用节点后处理器

可以直接构造指定类型的节点后处理器，然后调用 postprocess_nodes 方法对 Node 进行处理：

```
……先检索出 Node，假设保存在 nodes_with_scores 变量中
processor = SimilarityPostprocessor(similarity_cutoff=0.8)
filtered_nodes = processor.postprocess_nodes(nodes_with_scores)
……将 filtered_nodes 变量用于响应生成
```

2. 插入查询引擎中使用节点后处理器

你可以像构造数据摄取管道时插入多个转换器一样，在构造查询引擎时可以插入多个节点后处理器，这些处理器会被查询引擎自动使用：

```
......
vector_index = VectorStoreIndex(nodes)
query_engine = vector_index.as_query_engine(
    node_postprocessors=[
        SimilarityPostprocessor(similarity_cutoff=0.5)
    ]
)
......
```

8.2.2 实现自定义的节点后处理器

自定义的节点后处理器可以从 BaseNodePostprocessor 组件中派生，并通过 _postprocess_nodes 接口来实现。我们可以添加任意的自定义逻辑。比如，我们需要使用正则表达式过滤检索出的 Node 内容，那么可以定义这样的节点后处理器：

```
......
class MyNodePostprocessor(BaseNodePostprocessor):
    def _postprocess_nodes(
        self, nodes: List[NodeWithScore], query_bundle:
Optional[QueryBundle]
    ) -> List[NodeWithScore]:

        pattern = r"过滤正则表达式"
        filtered_nodes = []
        for node in nodes:
            if not re.search(pattern, node.text):
                filtered_nodes.append(node)
        nodes = filtered_nodes
        return nodes
```

然后，在构造查询引擎时使用：

```
query_engine = vector_index.as_query_engine(
    node_postprocessors=[
        MyNodePostprocessor()
    ]
)
```

将这个节点后处理器插入查询引擎中，它就会在检索后被自动使用以过滤Node内容。

8.2.3 常见的预定义的节点后处理器

下面介绍一些常见的预定义的节点后处理器，并介绍其基本原理与用法。

1. 相似度过滤处理器

相似度过滤是一种常见的过滤策略。在召回相关Node时，你可能希望对相似度评分做一次过滤，比如只召回评分高于0.7的Node，以确保上下文的高度相关性，那么可以使用节点后处理器。

（1）处理器类型：SimilarityPostprocessor。

（2）输入参数：similarity_cutoff，过滤的评分阈值。

2. 关键词过滤处理器

8.2.2 节介绍的自定义的节点后处理器就是关键词过滤处理器的一种模拟实现。关键词过滤处理器允许你指定过滤的关键词，包括需要匹配的关键词或者需要排除的关键词。

（1）处理器类型：KeywordNodePostprocessor。

（2）输入参数：required_keywords，需要匹配的关键词。

exclude_keywords，需要排除的关键词。

注意：LlamaIndex 框架内置的关键词处理器并非使用简单的字符串过滤关键词，而是使用 spacy 这个 NLP 处理库来更灵活地过滤关键词（比如可以支持英文中的词形还原/词干提取）。如果需要实现中文过滤，就要在构造处理器时指定 lang 这个语言参数。

以下是一个简单地使用关键词过滤处理器的代码样例：

```
······构造关键词过滤处理器······
processor = KeywordNodePostprocessor(required_keywords=["小麦手机"],
                                     exclude_keywords=[],
                                     lang='zh-Hans')
filtered_nodes = processor.postprocess_nodes(nodes_with_scores)
······
```

3. 元数据替换处理器

元数据替换处理器的作用是用元数据中某个 key 的内容替换 Node 中的文本内容。还记得在介绍数据加载时介绍的一种叫 SentenceWindowNodeParser 的数据分割器吗？这种数据分割器在把 Document 解析与分割成多个 Node 时，会先按句子解析与分割，同时在每个 Node 的元数据中都保留指定窗口大小内的上下文内容。其目的是在检索完后获得更多的上下文内容（窗口内容）。这种对上下文内容的扩展示意图如图 8-12 所示。

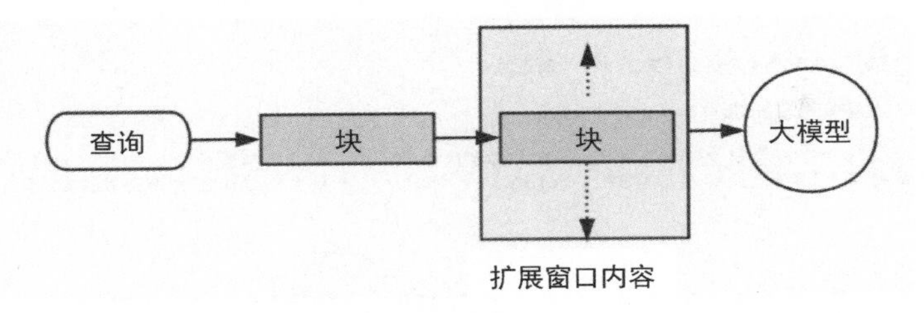

图 8-12

那么如何让检索出的 Node 内容扩展到整个窗口呢？可以利用元数据替换处理器，用保存在元数据中的窗口内容替换 Node 内容即可。先看下面的示例代码：

```
......
docs = [Document(text="小麦手机是小麦公司最新出的第十代手机产品。\
                  采用了中国最先进的国产红旗 CPU 芯片。\
                  采用了 6.95 寸的 OLED 显示屏幕与 5000 毫安的电池容量。")]

#解析与分割文档
node_parser = SentenceWindowNodeParser.from_defaults(
    sentence_splitter=my_chunking_tokenizer_fn,
    window_size=3,
    window_metadata_key="window",
    original_text_metadata_key="original_text",
)
nodes = node_parser.get_nodes_from_documents(docs)
vector_index = VectorStoreIndex(nodes=nodes)
```

这里使用了 SentenceWindowNodeParser 这个数据分割器（为了能够把文本解析成 3 个句子，使用了自定义的 splitter 函数 my_chunking_tokenizer_fn），要求每个 Node 都保留前后 3 个句子的上下文内容(window_size=3)，并把窗口内容放在元数据的 window 这个 key 中。接着，使用 get_nodes_from_documents 方法分割 Node，这里的 3 句话会被分割成 3 个 Node。第一个 Node 的内容如图 8-13 所示。

```
Count of nodes: 3

-----
Node 0, ID: d513bf72-e549-476b-8ff9-1fa97f207834

text:小麦手机是小麦公司最新出的第十代手机产品

metadata:{'window': '小麦手机是小麦公司最新出的第十代手机产品 采用了中国最先进的国产红旗CPU芯片 采用了6.95寸的OLED显示屏幕与5000毫安的电池容量', 'original_text': '小麦手机是小麦公司最新出的第十代手机产品'}
-----

-----
```

图 8-13

这里的“text”中只保存了文本的第一句话，但是在“metadata”的“window”中保存了更多的窗口内容，这部分内容就是后面需要用于替换的内容。下面生成一个查询引擎，先在不指定节点后处理器的情况下看一个测试问题的答案：

```
#此时不指定节点后处理器
query_engine = vector_index.as_query_engine(
    similarity_top_k=1
)
window_response = query_engine.query(
    "小麦手机是哪个公司出品的，采用什么芯片？"
)
pprint_response(window_response,show_source=True)
```

输出结果如图 8-14 所示，因为只检索出了一个 Node，所以导致携带的上下文内容过少，因此无法完整地回答这个问题。

```
-----
Final Response:
小麦手机是由小麦公司出品的。然而，关于具体的采用何种芯片的信息，在给定的上下文中并未提供。因此，这方面的细节需要参考其他来源或官方发布。
______________________________________________________________________
Source Node 1/1
Node ID: d513bf72-e549-476b-8ff9-1fa97f207834
Similarity: 0.7427610189177628
Text: 小麦手机是小麦公司最新出的第十代手机产品
```

图 8-14

把上述代码修改如下，构造一个 Node 后的元数据替换处理器，并要求用“metadata”的“window”中的内容来替换 Node 中“text”的内容：

```
query_engine = vector_index.as_query_engine(
    similarity_top_k=1,
    node_postprocessors=[
        MetadataReplacementPostProcessor ( target_metadata_key =
"window" )
```

```
    ],
)
```

然后，查看输出结果，可以发现由于携带了更多的窗口内容，因此能够完整地回答这个问题，如图 8-15 所示。

```
Final Response: 小麦手机是由小麦公司出品的。它采用了中国最先进的国产红旗CPU芯片。
______________________________________________________________________
Source Node 1/1
Node ID: e30856a9-65cf-4604-a591-e59d843d03fa
Similarity: 0.7427610189177628
Text: 小麦手机是小麦公司最新出的第十代手机产品 采用了中国最先进的国产红旗CPU芯片
采用了6.95寸的OLED显示屏幕与5000毫安的电池容量
```

图 8-15

4. 固定时间排序处理器

这种处理器可以指定一个元数据中代表时间的 key 字段，在处理时会根据对应的元数据内容（时间类型）进行倒排序，并返回指定数量的 Node。比如，下面的代码中要求处理器根据元数据的 create_time 字段进行倒排序，然后返回时间最近的一个 Node：

```
......
query_engine = vector_index.as_query_engine(
    similarity_top_k=3,
    node_postprocessors=[
        FixedRecencyPostprocessor(top_k=1, date_key="create_time")
    ],
)
```

还有一些其他类型的时间排序处理器，比如 EmbeddingRecencyPostprocessor 会使用嵌入模型判断相似度，将一些过于相似的旧 Node 删除后进行时间排序等，有兴趣的读者可以参考官方文档做研究测试。

8.2.4 Rerank 节点后处理器

在所有的节点后处理器中，Rerank（重排序）节点后处理器是一种常见的类型，也是在 RAG 应用优化中最重要的一种处理器。简单地说，Rerank 节点后处理器就是对检索出的 Node 列表进行重排序，使得其排名与用户输入问题的相关性更高，即越准确、越相关的 Node 排名越靠前，从而让大模型在响应生成时能够优先考虑更相关的内容，提高输出的质量。

有了基于向量存储索引与语义相似度的检索，为什么还需要重排序？

（1）RAG 应用中有多种索引类型，很多索引并不是基于语义与向量构造的，其检索的结果需要借助独立的阶段重排序。

（2）随着 RAG 应用和复杂范式的发展，单个索引往往难以满足业务需求。在很多应用中，我们会使用混合检索、搜索、数据库查询等来获取相关知识。这些来自不同来源、不同检索技术的相关知识更需要重排序。

（3）即使完全基于向量构造的索引，由于受到不同的嵌入模型、相似算法、语言环境、领域知识特点等的影响，其语义检索的排序也可能发生较大的偏差。此时，使用独立的重排序环节对其进行纠正是非常有必要的。

重排序通常需要使用独立的 Rerank 模型来实现。本节将介绍两种被广泛使用的也被认为效果较佳的重排序方式。

1. 使用 Cohere Rerank 模型

Cohere Rerank 模型是一个商业闭源的 Rerank 模型。它根据与指定查询问题的语义相关性对多个文本输入进行排序，专门用于帮助重排序与提升关键词搜索或者向量搜索返回结果的质量。

为了使用 Cohere Rerank 模型，你首先需要在官方网站上注册，然后申请测试的 API Key（测试使用免费），如图 8-16 所示。

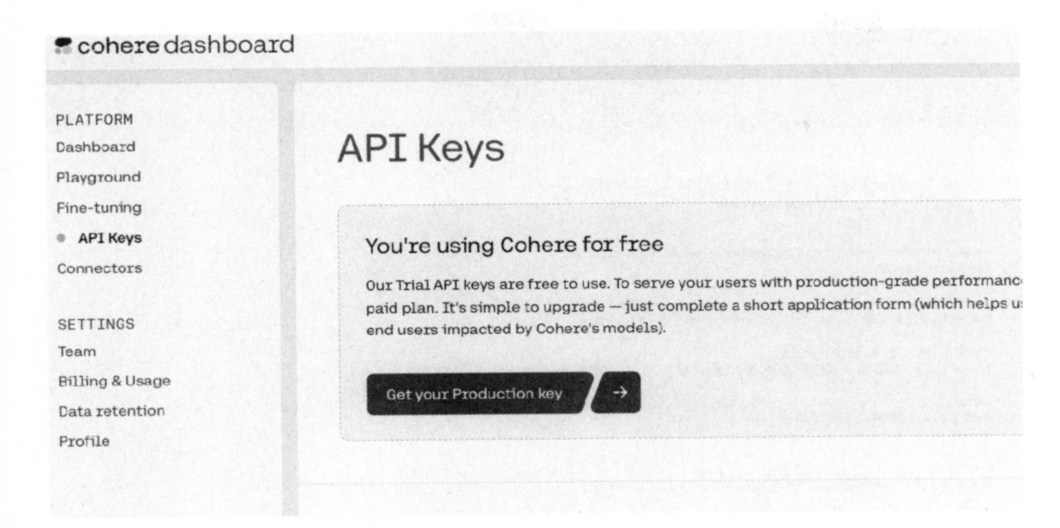

图 8-16

使用 Cohere Rerank 模型的方法非常简单，使用以下测试代码查看使用 Rerank 模型之前和之后的相关 Node 的区别：

```
......
docs =
SimpleDirectoryReader(input_files=["../../data/yiyan.txt"]).load_
data()
nodes =
SentenceSplitter(chunk_size=100,chunk_overlap=0).get_nodes_from_d
ocuments(docs)
vector_index = VectorStoreIndex(nodes)

retriever =vector_index.as_retriever(similarity_top_k=5)

#直接检索出结果
nodes = retriever.retrieve("百度文心一言的逻辑推理能力怎么样？")
print('===============before rerank================')
print_nodes(nodes)

#使用 Cohere Rerank 模型重排序结果
cohere_rerank =
CohereRerank(model='rerank-multilingual-v3.0',api_key='***',
top_n=2)
rerank_nodes = cohere_rerank.postprocess_nodes(nodes,query_str='百
```

```
度文心一言的逻辑推理能力怎么样？')
print('================after rerank================')
print_nodes(rerank_nodes)
```

直接检索出的结果如图 8-17 所示。

```
================before rerank================
Count of nodes: 5

-----
Node 0, ID: d301ec8a-8182-43c4-bc74-1852e27c26c6

text: (一) 什么是文心一言
文心一言是百度研发的 人工智能大语言模型产品，能够通过上一句话，预测生成下一段话。

metadata:{'file_path': '../../data/yiyan.txt', 'file_name': 'yiyan.txt', 'file_type': 'text/plain', 'file_si
Score: 0.6397991537775823
-----

-----
Node 1, ID: f69c6fca-7f03-4b0b-91c3-bf5292f8672c

text: (二) 文心一言的基础能力
文心一言由文心大模型驱动，具备理解、生成、逻辑、记忆四大基础能力。当前文心大模型已升级至4.0版本，能够帮助你轫

metadata:{'file_path': '../../data/yiyan.txt', 'file_name': 'yiyan.txt', 'file_type': 'text/plain', 'file_si
Score: 0.6020282685246693
-----
```

图 8-17

这里只打印了排名前两位的 Node 内容，用于与后面使用 Rerank 模型后的排名做对比。

下面再看一下经过 Rerank 模型重排序后的前两名，如图 8-18 所示。

```
================after rerank================
Count of nodes: 2

-----
Node 0, ID: f69c6fca-7f03-4b0b-91c3-bf5292f8672c

text: (二) 文心一言的基础能力
文心一言由文心大模型驱动，具备理解、生成、逻辑、记忆四大基础能力。当前文心大模型已升级至4.0


metadata:{'file_path': '../../data/yiyan.txt', 'file_name': 'yiyan.txt', 'file_type': 'text/
Score: 0.9520419
-----

-----
Node 1, ID: d301ec8a-8182-43c4-bc74-1852e27c26c6

text: (一) 什么是文心一言
文心一言是百度研发的 人工智能大语言模型产品，能够通过上一句话，预测生成下一段话。

metadata:{'file_path': '../../data/yiyan.txt', 'file_name': 'yiyan.txt', 'file_type': 'text/
Score: 0.2391716
-----
```

图 8-18

很明显，前两名的排名刚好与未经过 Rerank 模型处理的排名相反！从对应的评分（Score）中也能看出，在使用 Rerank 模型处理之后，Node 内容的相

关性和其对应的评分更匹配。

2. 使用 bge-reranker-large 模型

bge-reranker-large 模型是国内智源研究院开源的一个被广泛使用的 Rerank 模型，在众多的模型测试中有着较优秀的成绩。我们使用 Hugging Face 平台的 TEI 部署这个模型并提供服务（TEI 的安装与部署请参考第 2 章）。以 MacOS 系统为例，启动该模型的服务，在命令行执行以下命令即可自动下载 bge-reranker-large 模型并启动服务：

```
> model=BAAI/bge-reranker-large
> text-embeddings-router --model-id $model --port 8080
```

在使用 bge-reranker-large 模型之前，先通过浏览器进行 API 测试，访问 http://localhost:8080/docs，进入 TEI 的 API 文档页面，找到其中的“/rerank”服务，点击“Try it out”按钮，输入简单的请求参数进行测试，请求页面如图 8-19 所示。

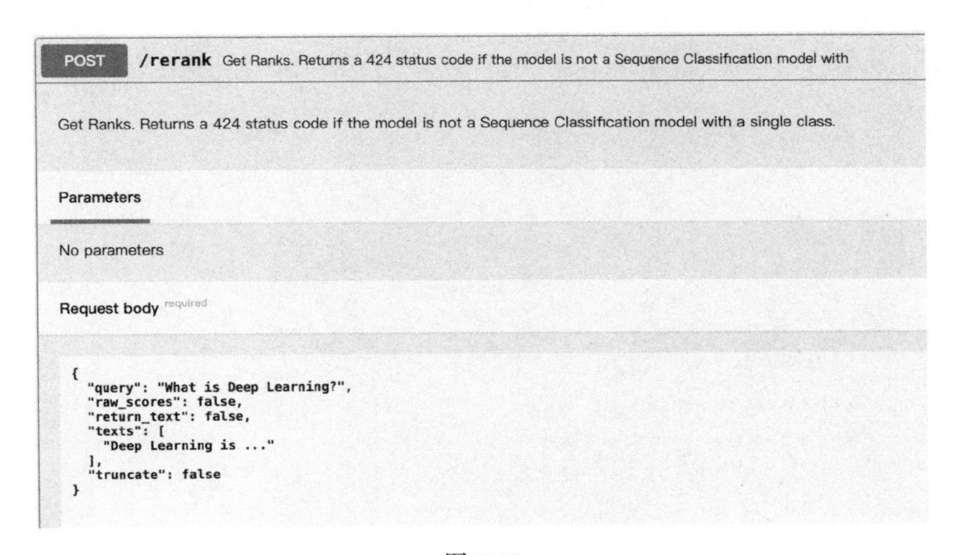

图 8-19

如果看到如图 8-20 所示的结果，那么代表 API 服务正常。

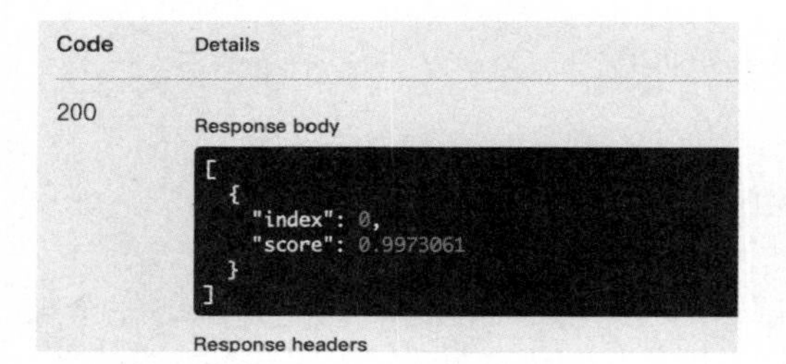

图 8-20

然后，可以开始设计使用该服务的 Rerank 节点后处理器，由于 LlamaIndex 框架目前并没有内置该模型的处理器，因此需要构造一个自定义的节点后处理器。下面给出完整的代码：

```
import requests
from typing import List, Optional
from llama_index.core.bridge.pydantic import Field, PrivateAttr
from llama_index.core.postprocessor.types import
BaseNodePostprocessor
from llama_index.core.schema import NodeWithScore, QueryBundle

class BgeRerank(BaseNodePostprocessor):
    url: str = Field(description="Rerank server url.")
    top_n: int = Field(description="Top N nodes to return.")

    def __init__(self,top_n: int,url: str):
        super().__init__(url=url, top_n=top_n)

    #调用 TEI 的 Rerank 模型服务
    def rerank(self, query, texts):
        url = f"{self.url}/rerank"
        request_body = {"query": query, "texts": texts, "truncate":
False}
        response = requests.post(url, json=request_body)
        if response.status_code != 200:
            raise RuntimeError(f"Failed to rerank, detail:
{response}")
        return response.json()

    @classmethod
    def class_name(cls) -> str:
```

```
        return "BgeRerank"

    #实现Rank节点后处理器的接口
    def _postprocess_nodes(
        self,
        nodes: List[NodeWithScore],
        query_bundle: Optional[QueryBundle] = None,
    ) -> List[NodeWithScore]:
        if query_bundle is None:
            raise ValueError("Missing query bundle in extra info.")
        if len(nodes) == 0:
            return []

        #调用Rerank模型
        texts = [node.text for node in nodes]
        results = self.rerank(
            query=query_bundle.query_str,
            texts=texts,
        )

        #组装并返回Node
        new_nodes = []
        for result in results[0 : self.top_n]:
            new_node_with_score = NodeWithScore(
                node=nodes[int(result["index"])].node,
                score=result["score"],
            )
            new_nodes.append(new_node_with_score)
        return new_nodes
```

在构造这个自定义的节点后处理器后，就可以像使用内置处理器一样使用它，只需要把“使用Cohere Rerank模型”的例子稍做修改即可：

```
......
#构造自定义的节点后处理器
customRerank = BgeRerank(url="http://localhost:8080",top_n=2)

#测试处理Node
rerank_nodes = customRerank.postprocess_nodes(nodes,query_str='百度文心一言的逻辑推理能力怎么样?')
......
```

当然，也可以在构造查询引擎时直接使用：

```
query_engine = vector_index.as_query_engine(
    similarity_top_k=3,
    node_postprocessors=[customRerank],
)
```

最后，输出经过重排序的 Node 内容。如果一切正常，那么你会发现结果与使用 Cohere Rerank 模型输出的结果类似，如图 8-21 所示。

```
-----
================after rerank================
Count of nodes: 2

-----
Node 0, ID: 1b963c4c-5d81-48c2-ac29-c79f8eb17139

text: (二) 文心一言的基础能力
文心一言由文心大模型驱动，具备理解、生成、逻辑、记忆四大基础能力。当前文心大模型已升级至

metadata:{'file_path': '../../data/yiyan.txt', 'file_name': 'yiyan.txt', 'file_type': 't
Score: 0.9158089
-----

-----
Node 1, ID: 2eece6f7-d0ce-4cb1-baf4-84e6aae01a5f

text: (一) 什么是文心一言
文心一言是百度研发的 人工智能大语言模型产品，能够通过上一句话，预测生成下一段话。

metadata:{'file_path': '../../data/yiyan.txt', 'file_name': 'yiyan.txt', 'file_type': 't
Score: 0.8177201
```

图 8-21

8.3 语义路由

8.3.1 了解语义路由

有这样一种应用场景与需求：你根据不同的知识库与应用特点构造了不同的查询引擎，它们面向不同的领域知识，采用了不同的索引（比如 VectorIndex 与 GraphIndex）。你需要给使用者（可能是人或者应用）提供一致的体验，他们无须关心后端使用的真实查询引擎是哪一个，只需要输入问题即可获得正确的答案。

在模块化 RAG 应用中，通常借助路由模块（Router）在检索之前识别使用者的意图，并根据意图将输入问题交给后面不同的检索生成流程来解决（如图 8-22 所示）。路由模块通常借助大模型提供基于语义的判断能力，用于选择以

下类似的场景。

（1）作为单纯的选择器，在多种选择（比如选择某段文字）中进行决策。

（2）在多种不同的知识数据源中选择需要查询的目标。

（3）在多种不同的索引或响应类型中选择，比如是回答事实性问题还是总结内容。

（4）选择多个查询引擎同时响应生成结果，并合并结果。

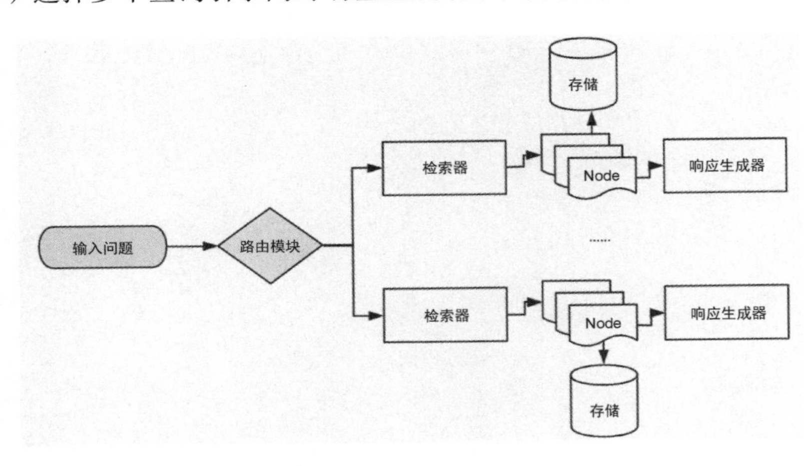

图 8-22

一个基于大模型的路由模块至少由以下两个部分组成。

（1）Selector：选择器，一般借助大模型来实现。LlamaIndex 框架中有两种选择器：一种是 Pydantic 类型的选择器，依赖 OpenAI 函数调用功能实现路由；另一种是通用的大模型选择器，在把可选择的信息组装到 Prompt 后要求大模型根据输入语义做出选择。

（2）多个候选项：提供给选择器选择的目标。可以是多个查询引擎、多个检索器，甚至是简单的多个字符串选项。

比如，一个查询引擎的路由模块（严格地说是带有路由功能的查询引擎）的构造方式如下：

```
query_engine = RouterQueryEngine(
    selector = LLMSingleSelector.from_defaults();
    query_engine_tools = [······多个 tool······]
}
```

8.3.2 带有路由功能的查询引擎

下面用一个实例来演示如何将用户查询路由到不同的查询引擎，从而实现根据语义查询不同的知识源后进行响应生成。用之前测试的两个知识文档（xiaomai.txt、yiyan.txt）简单地模拟，并构造各自独立的查询引擎：

```
......
docs_xiaomai =
SimpleDirectoryReader(input_files=["../../data/xiaomai.txt"]).l
oad_data()
docs_yiyan =
SimpleDirectoryReader(input_files=["../../data/yiyan.txt"]).loa
d_data()

vectorindex_xiaomai =
VectorStoreIndex.from_documents(docs_xiaomai)
query_engine_xiaomai = vectorindex_xiaomai.as_query_engine()

vectorindex_yiyan = VectorStoreIndex.from_documents(docs_yiyan)
query_engine_yiyan = vectorindex_yiyan.as_query_engine()
```

然后，构造带有路由功能的查询引擎。为了让路由模块在决策时知道有哪些选择，需要把候选的查询引擎包装成工具，然后交给带有路由功能的查询引擎：

```
......
#构造第一个工具
tool_xiaomai = QueryEngineTool.from_defaults(
    query_engine=query_engine_xiaomai,
    description="用于查询小麦手机的信息",
)

#构造第二个工具
tool_yiyan = QueryEngineTool.from_defaults(
    query_engine=query_engine_yiyan,
    description="用于查询文心一言的信息",
)
```

```
#构造路由模块
query_engine = RouterQueryEngine(
    selector=LLMSingleSelector.from_defaults(),   #选择器
    query_engine_tools=[                          #候选工具
        tool_xiaomai,tool_yiyan
    ]
)

#像使用查询引擎一样使用即可
response = query_engine.query("什么是文心一言，用中文回答")
pprint_response(response,show_source=True)
```

这样，带有路由功能的查询引擎就会根据用户的输入问题，自动选择后端的工具（不同的查询引擎）进行响应生成。在这个例子中，不同的查询引擎对应了不同的数据源。

你也可以针对同一个数据源设计不同的索引类型或者响应类型的查询引擎，然后通过路由进行选择。比如，一个查询引擎用于回答事实性与细节性的问题，采用普通的 compact 模式的响应生成器；另一个查询引擎用于回答总结性的问题，采用 tree_summarize 模式的响应生成器：

```
......
#针对同一个索引构造不同的响应类型的查询引擎
query_engine_quesiton =\
 vectorindex_xiaomai.as_query_engine(response_mode="compact")
query_engine_summary =\

vectorindex_xiaomai.as_query_engine(response_mode="simple_summari
ze")

# "工具化" 查询引擎
tool_question = QueryEngineTool.from_defaults(
    query_engine=query_engine_quesiton,
    description="用于回答事实性与细节性的问题",
)
tool_summarize = QueryEngineTool.from_defaults(
    query_engine=query_engine_summary,
    description="用于回答总结性的问题",
)
```

```
#构造带有路由功能的查询引擎
query_engine = RouterQueryEngine(
    selector=LLMSingleSelector.from_defaults(),
    query_engine_tools=[
        tool_question,tool_summarize
    ],verbose=True
)
......
```

8.3.3 带有路由功能的检索器

除了可以把查询引擎作为候选工具提供给路由模块，还可以直接把检索器作为候选工具提供给路由模块，由路由模块来选择检索器而不是查询引擎。这在一些需要直接使用检索器的场景中会有用：

```
......
vector_index = VectorStoreIndex(nodes)
retriever_xiaomai = vector_index.as_retriever()

vector_index2 = VectorStoreIndex(nodes2)
retriever_yiyan = vector_index2.as_retriever()

tool_xiaomai = RetrieverTool.from_defaults(
    retriever=retriever_xiaomai,
    description="用于查询小麦手机的信息",
)
tool_yiyan = RetrieverTool.from_defaults(
    retriever=retriever_yiyan,
    description="用于查询文心一言的信息",
)

#构造带有路由功能的检索器
retriever = RouterRetriever(
    selector=LLMSingleSelector.from_defaults(),
    retriever_tools=[
        tool_xiaomai,tool_yiyan
    ]
)
```

```
nodes = retriever.retrieve("什么是文心一言？ ")
print_nodes(nodes)
```

由于这里的 RouterRetriever 本质上只是一个检索器，因此无法用它来直接回答问题，只能用它进行检索。路由模块会根据语义智能地选择合适的检索器完成检索，并输出检索出的多个 Node。

8.3.4 使用独立的选择器

你可以使用独立的选择器在多个选项中进行决策。多个选项可以用 ToolMetadata 类型来定义（有点类似于查询转换中使用 ToolMetadata 让大模型推理生成子问题，但这里推理生成一个选择结果）。比如：

```
......
choices = [
        "choice 1: 通过互联网查询当前实时的信息",
        "choice 2: 通过大模型查询非实时信息或者创作内容",
]
```

或者

```
choices = [
    ToolMetadata(description="查询当前实时的信息"",
name="web_search"),
    ToolMetadata(description="知识查询或内容创作",
name="query_engine")
]
```

用一个简单的测试代码看一下效果：

```
......
choices = [
    ToolMetadata(description="查询当前实时的信息",
name="web_search"),
    ToolMetadata(description="知识查询或内容创作",
name="query_engine")
]
```

```
selector = LLMSingleSelector.from_defaults()
selector_result = selector.select(
    choices, query="写一个悬疑小故事？"
)
print(selector_result.selections)
```

测试这个例子，大模型认为应该选择第二个选项（index=1），如图 8-23 所示。

```
[SingleSelection(index=1, reason='知识查询或内容创作，与写悬疑小故事这一任务相关。')]
```

图 8-23

8.3.5 可多选的路由查询引擎

有时候，你或许希望能够将查询请求同时路由到多个查询引擎，以利用多个不同类型的索引特点进行更高质量的响应生成。这时，可以利用可多选的路由查询引擎。可多选的路由查询引擎会根据语义选择多个可用工具，然后调用工具（比如查询引擎）响应生成多个结果，最后利用大模型对多个结果进行汇总，输出最终结果。通过这种方法，多个不同类型的索引与响应生成器可以实现相互协作与补充。

下面的例子构造了 3 种不同类型的索引（向量、关键词、摘要）及对应的查询引擎，然后使用一个可多选的路由查询引擎将查询路由到这 3 种索引上进行综合生成：

```
......
summary_index =\
SummaryIndex.from_documents(docs,chunk_size=100,chunk_overlap=0)
vector_index =\
VectorStoreIndex.from_documents(docs,chunk_size=100,chunk_overlap
=0)
keyword_index =\
SimpleKeywordTableIndex.from_documents(docs,chunk_size=100,chunk_
overlap=0)

#构造 3 个可用工具
```

```
summary_tool = QueryEngineTool.from_defaults(
query_engine=summary_index.as_query_engine(response_mode="tree_su
mmarize",),
    description=(
        "有助于总结与小麦手机相关的问题"
    ),
)

vector_tool = QueryEngineTool.from_defaults(
    query_engine=vector_index.as_query_engine(),
    description=(
        "适合检索与小麦手机相关的特定上下文"
    ),
)

keyword_tool = QueryEngineTool.from_defaults(
    query_engine=keyword_index.as_query_engine(),
    description=(
        "适合使用关键词从文章中检索特定的上下文"
    ),
)

#构造可多选的路由查询引擎
query_engine = RouterQueryEngine(
    selector=LLMMultiSelector.from_defaults(),
    query_engine_tools=[
        summary_tool,vector_tool,keyword_tool
    ],verbose=True
)
response = query_engine.query("小麦手机的屏幕特点和优势是什么")
pprint_response(response,show_source=True)
```

输出结果如图 8-24 所示，可以看到可多选的路由查询引擎做了两种选择 engine0 和 engine1。

```
Selecting query engine 0: This choice covers general information about小麦手机的屏幕特点。.
Selecting query engine 1: Choice 2 is more specific and likely contains details about the screen advantages of小麦手机..
Final Response: 小麦手机的屏幕特点和优势主要体现在以下几个方面：  1.
**尺寸与分辨率**：提供6.5英寸（Pro型号）或6.8英寸（Max型号）的大屏，分辨率达到2400×1080像素。  2.
**护眼模式**：考虑到用户健康，采用护眼模式降低蓝光辐射，减少眼睛疲劳。  3.
**高性能处理器配合**：搭载高性能处理器如骁龙870或888，确保屏幕响应速度和整体流畅度。
综上所述，小麦手机的屏幕特点优势在于大尺寸、高分辨率、护眼功能以及与高性能处理器的协同工作。
______________________________________________________________________
Source Node 1/2
Node ID: 87165bc6-7b2e-4e83-8e81-ce6cf2782a49
Similarity: None
Text: 一、品牌理念： 小麦手机秉承"源于自然，回归自然"的品牌理念，致力于为用户提供环保、健康、智能的生活方式。我们主张人与
生，通过科技创新，让手机成为连接人与自然的桥梁。 二、公司信息： 小麦手机由我国一家知名科技企业研发和生产，公司成立于2010
北京。公司致力于研发高性能、低能耗的智能手机，为用户提供更好的使用体验。 三、型号及参数：
目前小麦手机共有两款型号，分别为小麦Pro和小麦Max。 小麦Pro： 屏幕：6.5英寸全面屏，分辨率2400×1080像素；
```

图 8-24

我们更换一个查询测试：

```
response = query_engine.query("小麦手机的处理器是什么？")
```

可以发现可多选的路由查询引擎选择了后面两个查询引擎，如图 8-25 所示。

```
Selecting query engine 1: This choice directly relates to retrieving technical specifications about a phone..
Selecting query engine 2: Keyword-based retrieval can help find details like the processor of小麦手机..
Final Response: 小麦Pro型号搭载的是高通骁龙870处理器，而小麦Max型号则配备的是高通骁龙888处理器。
______________________________________________________________________
Source Node 1/1
Node ID: 460b8ec7-7a2a-4fac-a942-718f06e84648
```

图 8-25

8.4 SQL查询引擎

前面介绍的查询引擎或者对话引擎，主要从半结构化或非结构化的数据中查询关心的知识。在实际生产中，特别是企业级应用中，会存在大量的结构化数据。它们通常存储在传统的关系数据库中。对这些数据的查询，最方便的不是把它们向量化，而是让它们停留在数据库中并使用 SQL 语句进行查询。SQL 语句是一种编程语言，如果想用自然语言实现类似于 SQL 语句查询的能力，就需要借助大模型来实现 Text-to-SQL，从而构造数据库的 SQL 查询引擎，如图 8-26 所示。

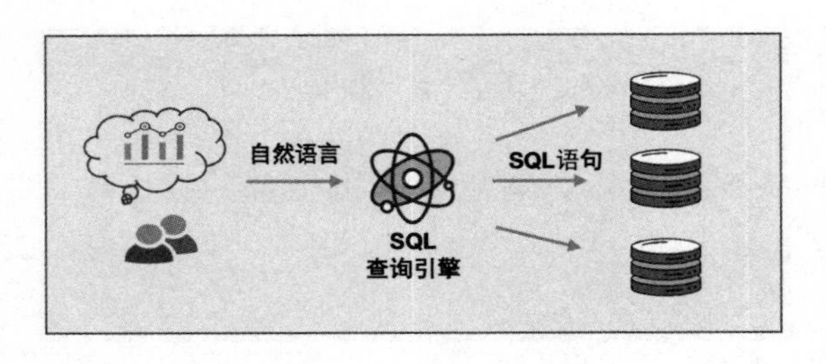

图 8-26

我们使用本地的一个 Postgres 数据库来进行测试，构造一个简单的订单信息表 orders（包括订单 ID、区域、客户、产品、价格等），并在其中生成一些测试数据，表结构如图 8-27 所示（为了简单，暂时忽略数据库表设计的合理性）。

Name	Data type
order_id	integer
region	character varying
customer_id	integer
product_name	character varying
price	integer
amount	integer
total_price	integer
create_time	date
status	character
sales_name	character varying
sales_depart	character varying

图 8-27

8.4.1 使用 NLSQLTableQueryEngine 组件

我们构造一个订单信息的查询引擎，首先使用内置的NLSQLTableQueryEngine组件直接构造，这是一种最简洁的方法：

```
......
from sqlalchemy import (
    create_engine,
    MetaData,
    Table,
    Column,
    String,
    Integer,
    select,
    text
)
from sqlalchemy.orm import sessionmaker
```

```
#构造 SQL 查询引擎
engine =\
create_engine("postgresql://postgres:****@localhost:5432/postgres
")

#构造 SQLDatabase 对象
sql_database = SQLDatabase(engine,
include_tables=["customers","orders"])

from llama_index.core.query_engine import NLSQLTableQueryEngine

#构造 SQLTable 查询引擎: sql_database、tables、llm 参数
llm_openai = OpenAI(model='gpt-3.5-turbo')

query_engine = NLSQLTableQueryEngine(
               sql_database=sql_database,
               tables=["customers","orders"],
               llm=llm_openai
)

#测试
response = query_engine.query("一共有多少个订单")
print(response)
```

使用这种方法需要准备的参数包括一个 SQLDababase 对象、需要查询的表，以及使用的大模型。然后，直接构造查询引擎。完成后，你就可以通过自然语言与数据库对话，无须懂得 SQL 语句也可以对数据库中的数据做查询统计甚至分析。比如，这里的输出结果如图 8-28 所示。

```
There are a total of 5 orders.
```

图 8-28

SQL 查询引擎的技术原理是把用户的输入问题与数据库表的结构与相关描述信息组装成 Prompt 输入大模型，利用大模型的理解与输出能力，将其转换为关系数据库使用的 SQL 语句并执行，最后对执行的结果进行总结后输出答案（见图 8-29）。

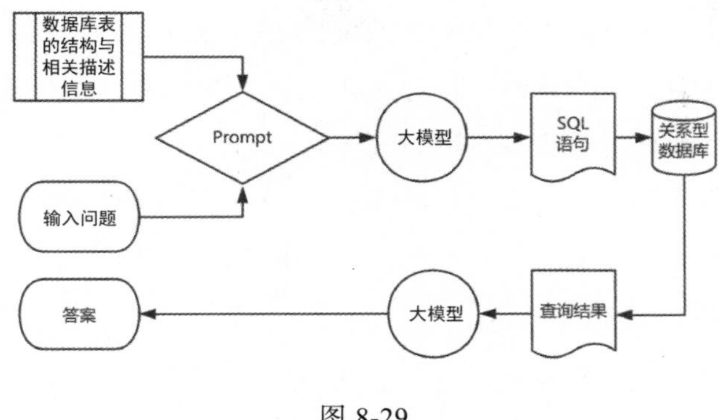

图 8-29

8.4.2　基于实时表检索的查询引擎

上面的例子固然简单，但是对于一个大型的数据库来说，为了应对 SQL 语句查询，你必须给所有的表都加入输入的参数。过多的表可能导致大模型上下文窗口溢出，从而无法正常工作。这是由于 NLSQLTableQueryEngine 组件在查询过程中为了让大模型能够正确地生成 SQL 语句，需要把表的 Schema 信息（表的结构与相关描述信息）组装到 Prompt 中以实现 Text-to-SQL。我们从 Langfuse 平台的跟踪信息中可以看到图 8-30 所示的提示信息，这里的提示信息中很明显地嵌入了我们提供的表的结构信息。

```
"Given an input question, first create a syntactically correct postgresql query to run, then look at the
results of the query and return the answer. You can order the results by a relevant column to return the
most interesting examples in the database.

Never query for all the columns from a specific table, only ask for a few relevant columns given the
question.

Pay attention to use only the column names that you can see in the schema description. Be careful to not
query for columns that do not exist. Pay attention to which column is in which table. Also, qualify column
names with the table name when needed. You are required to use the following format, each taking one line:

Question: Question here
SQLQuery: SQL Query to run
SQLResult: Result of the SQLQuery
Answer: Final answer here

Only use tables listed below.
Table 'orders' has columns: order_id (INTEGER), region (VARCHAR(50)), customer_id (INTEGER), product_name
(VARCHAR(50)), price (INTEGER), amount (INTEGER), total_price (INTEGER): '每个订单的总金额', create_time
(DATE), status (CHAR(1)), sales_name (VARCHAR(50)), sales_depart (VARCHAR(50)), with comment: (订单信息) and
foreign keys: .

Question: 所有订单总金额是多少?
SQLQuery: "
```

图 8-30

如果为了一次简单的查询把所有数据库表的 Schema 信息都输入大模型，那么不仅会干扰大模型的判断，还会带来上下文窗口溢出及 token 成本过高的问题，因此一个可行的方法是在进行 Text-to-SQL 之前先根据输入问题检索出需要的数据库表，然后基于此进行后面的 SQL 语句转换与生成，即每次查询都只基于与输入问题相关的数据库的 Schema 信息，这样就达到了节约上下文空间与减少干扰的目的。

你可以通过框架提供的 SQLTableRetrieverQueryEngine 组件来实现基于自然语言的 SQL 查询引擎，并传入一个 object_index 参数，用于在查询时检索相关的 SQLTableSchema 对象。看一下下面的例子：

```
......
engine =\
create_engine("postgresql://postgres:Unycp123!!@localhost:5432/po
stgres")
metadata_obj = MetaData()
sql_database = SQLDatabase(engine,
include_tables=["customers","orders"])

from llama_index.core.indices.struct_store.sql_query import (
    SQLTableRetrieverQueryEngine,
)

from llama_index.core.objects import (
    SQLTableNodeMapping,
    SQLTableSchema,
    ObjectIndex,
)
from llama_index.core import VectorStoreIndex

#构造用于检索 SQLTableSchema 对象的对象索引
#table_node_mapping 变量用于给 SQLTableSchema 对象与向量存储索引的 Node 做
映射
table_node_mapping = SQLTableNodeMapping(sql_database)
table_schema_objs = [
    SQLTableSchema(table_name="customers"),
    SQLTableSchema(table_name="orders"),
    SQLTableSchema(table_name="mystore")
]
```

```
#构造一个检索的对象索引，底层通过向量存储索引来实现语义检索
obj_index = ObjectIndex.from_objects(
    table_schema_objs,
    table_node_mapping,
    VectorStoreIndex,
)

#传入 retriever 方法，而不是直接传入多个 SQLTableSchema 对象
#此处为了演示效果，设置 similarity_top_k=1
query_engine = SQLTableRetrieverQueryEngine(
    sql_database, obj_index.as_retriever(similarity_top_k=1)
)

response = query_engine.query("所有订单总金额是多少？ ")
print(response)
```

可以看到输出结果与 8.4.1 节的例子的输出结果相同。在查询之前，你也可以直接调用 retriever 方法来查看检索出的 Schema 信息，以验证检索结果是否正确：

```
......
table_retriever = obj_index.as_retriever(similarity_top_k=1)
tables = table_retriever.retrieve("所有订单总金额是多少")
print(tables)
......
```

如果看到如图 8-31 所示的输出结果，那么表示根据输入的问题，你需要查询 orders 这张表。

```
[SQLTableSchema(table_name='orders', context_str=None)]
```

图 8-31

8.4.3　使用 SQL 检索器

8.4.1 节和 8.4.2 节都是直接通过框架提供的上层组件（NLSQLTableQueryEngine 或 SQLTableRetrieverQueryEngine）构造基于关系数据库的查询引擎。如果你

想利用标准的查询引擎组件 RetrieverQueryEngine 来构造 SQL 查询引擎，那么可以利用 SQL 检索器 NLSQLRetriever 而不是利用 SQL 查询引擎，以下是简单的代码实现。这个过程与之前使用组合 API 构造查询引擎非常相似：

```
......
#一个检索器，类似于使用 index.as_retriever 方法生成的检索器
nl_sql_retriever = NLSQLRetriever(
    sql_database, tables=["customers","orders"], return_raw=True
)

#直接构造 RetrieverQueryEngine 查询引擎
query_engine = RetrieverQueryEngine.from_args(nl_sql_retriever)
response = query_engine.query(
    "所有订单总金额是多少？"
)
print(response)
......
```

这个例子的输出结果应该与之前的 SQL 查询引擎的输出结果完全一致。

8.5 多模态文档处理

在之前介绍的数据加载阶段，可以借助不同的数据连接器读取多种类型的数据源，但最终都会形成文本（也就是 Node 中的 text 属性）用于嵌入与生成。在实际应用中，还会遇到更复杂的文档知识格式，比如最常见的图片、文本、表格混排的 PDF 文档。这些文档在解析、分割与向量化时有较大的复杂性，当面对这些复杂的半结构化或非结构化的多模态文档时，需要一些不一样的数据解析与提取方法，甚至需要借助一些特别的模型。

8.5.1 多模态文档处理架构

以最常见的多模态 PDF 文档处理为例，通常需要借助第三方的 PDF 解析工具、多模态大模型、递归检索技术等。下面先给出一个相对通用的多模态文

档处理架构，如图 8-32 所示。

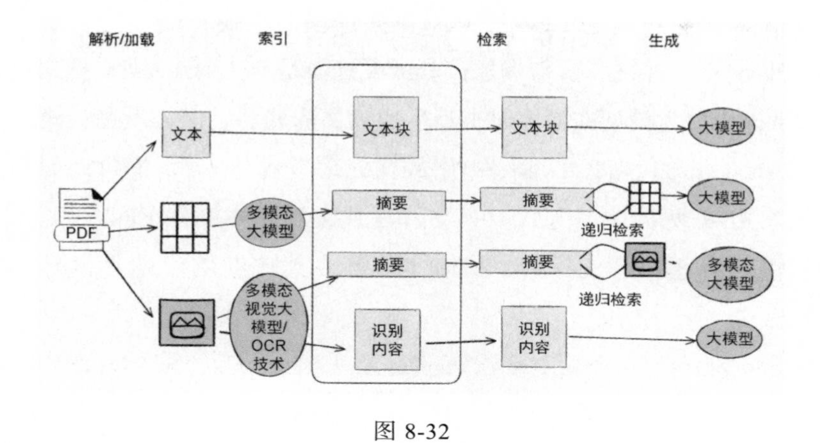

图 8-32

（1）借助解析工具从 PDF 文档中分类提取文本（Text）、表格（Table）、图片（Image）等不同形态的内容；提取的文本一般用 Markdown 格式表示，而表格则会提取成本地文档或网络文档。

（2）对提取的不同形态的内容使用不同的索引与检索方法处理。

① 文本：按照与处理普通文本知识相同的方法构造向量存储索引与检索。

② 表格：直接对表格做向量存储索引的检索通常效果欠佳，可以借助大模型生成表格摘要用于嵌入与检索。这有利于提高检索精确度，加强大模型对表格的理解。在检索阶段，通过递归检索出原始的表格用于后面生成。

③ 图片：借助多模态视觉大模型（比如 Qwen-VL、GPT-4V 等）结合 OCR 技术对图片进行理解是常见的方法。这还可以进一步分为以下两种情况。

a. 纯文字信息图片：可利用 OCR 技术识别成纯文本，再按照普通的文本做索引与检索。

b. 其他图片：借助多模态视觉大模型理解并生成图片的摘要用于索引与检索，但是在检索后需要递归检索出原始图片用于后面的生成。

（3）将检索出的相关知识通过大模型进行生成。注意：如果需要输入原始图片，那么需要借助多模态大模型生成答案。

在整个处理流程中涉及以下 3 种主要的技术。

（1）文档解析与提取。主要对半结构化或结构化的文档解析与提取，常见的工具如下。

① LlamaParse：这是 LlamaIndex 框架提供的在线文档解析服务，主要提供复杂 PDF 文档的在线解析与提取，其最大优势是与 LlamaIndex 框架极好地集成，比如可以借助大模型在提取时自动生成表格的摘要，但必须在线使用。

② Unstructured：强大的非结构化数据处理平台与工具，提供商业在线 API 服务与开源 SDK 两种使用方式。它支持复杂文档（如 PDF/PPT 等）的高效解析处理，包括清理、语义分割、提取实体等。其缺点是较复杂。类似的还有 OmniParse。

③ Open-Parse：一个相对轻量级的复杂文档分块与提取的开源库。它支持语义分块与 OCR 技术，简单易用，且支持与 LlamaIndex 框架集成，比如将提取的文档直接转换为 LlamaIndex 框架中的 Node。

（2）多模态视觉大模型。多模态视觉大模型可以是在线的 Qwen-VL、GPT-4V 模型，或部署的开源的 LLaVA 模型等。如果希望提取图像中的文本，那么需要结合 OCR 技术，有以下两种途径。

① 借助具备 OCR 能力的多模态视觉大模型（比如 Qwen-VL）。

② 借助专业的 OCR 模型与工具库。比如，Unstructured、OmniParse 都可以在加载相关模块后具备 OCR 能力。

（3）递归检索。7.1 节对递归检索有过初步介绍。LlamaIndex 框架中主要借助 IndexNode（索引节点，参考 5.1.7 节）来实现递归检索。其主要用于在通过表格或图片的摘要检索出 Node 以后，能够递归找到对应的原始表格或者图片，并用于后面的生成。

8.5.2 使用 LlamaParse 解析文档

1. 认识 LlamaParse

LlamaParse 是 LlamaIndex 框架提供的一套用于高性能解析复杂文档的在线 API，可以帮助我们简化解析复杂文档（目前主要是 PDF 文档）的过程，能够快速对文档中不同类型的元素（比如文本、表格、图片等）进行格式化提取，并将其构造成统一的 Node 对象来访问，用于后面的嵌入与生成。

由于 LlamaParse 依赖在线服务，因此需要先生成官方的 API Key，具体步骤如下。

（1）搜索并登录 LlamaIndex 网站完成用户注册，进入 LlamaParse 服务相关页面。

（2）找到管理 API Key 的菜单，生成新的 API Key，然后拷贝并保存这个 API Key。

（3）可以在 LlamaIndex 网站上传自己的 PDF 文档，进行在线解析的测试与观察（见图 8-33）。

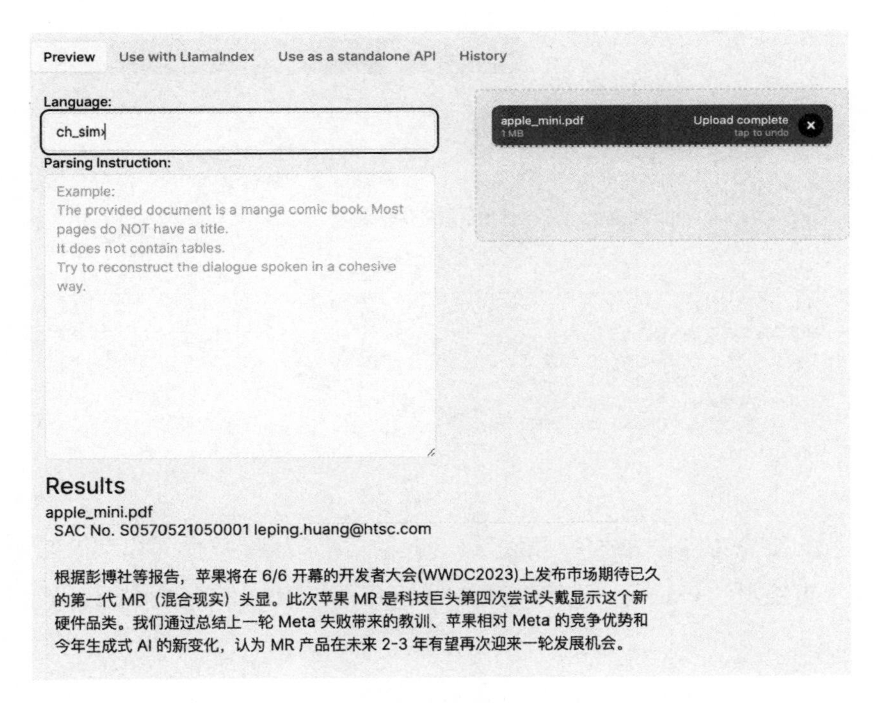

图 8-33

下面重点介绍如何使用 LlamaParse 的 SDK 与其他组件结合开发，用于实现对复杂文档的导入与处理。在应用中要想使用 LlamaParse，就需要先安装独立的模块：

```
> pip install llama-parse
```

2. 简单使用 LlamaParse

在使用 LlamaParse 之前，我们准备一个中文的 PDF 文档。这是一个上市公司公开的财务报告的一部分，文档中含有普通文字信息，也含有大量用表格体现的财务经营数据，如图 8-34 所示。

107,742 股、2,568,160 股，稀释每股收益在基本每股收益基础上考虑该因素进行计算。

1.2.4 本集团 2023 年分季度主要财务指标

单位：百万元

项目	2023 年第一季度	2023 年第二季度	2023 年第三季度	2023 年第四季度
营业收入	29,142.9	31,561.9	28,688.6	34,857.5
归属于上市公司普通股股东的净利润	2,642.3	2,829.9	2,369.0	1,484.6
归属于上市公司普通股股东的扣除非经常性损益的净利润	2,454.5	2,454.8	2,191.9	298.4
经营活动产生的现金流量净额	2,325.6	4,100.3	2,836.1	8,143.7

上述会计数据与本集团已披露季度报告、半年度报告相关会计数据一致。

1.2.5 本集团近三年非经常性损益项目及金额

单位：百万元

项目	2023 年	2022 年	2021 年
非流动资产处置收益	20.6	11.0	231.7
处置长期股权投资产生的投资收益	96.0	(27.2)	1,251.7
除同公司正常经营业务相关的有效套期保值业务外，持有交易性金融资产、衍生金融资产、其他非流动金融资产、交易性金融负债、衍生金融负债、其他非流动负债产生的公允价	(337.0)	37.7	7.5

图 8-34

首先，准备好基本的模型和底层向量库。为了尽量减少大模型的影响，我们采用了更稳定的 OpenAI 的大模型和 Chroma 向量库，准备工作的代码如下：

```
......
#模型
llm =OpenAI()
embedded_model =\
OllamaEmbedding(model_name="milkey/dmeta-embedding-zh:f16", )
Settings.llm=llm
Settings.embed_model=embedded_model

#向量存储
chroma = chromadb.HttpClient(host="localhost", port=8000)
```

简单使用 LlamaParse 和使用前面介绍的数据连接器并无太大区别：构造一个连接器对象，然后通过 load_data 方法将原始文档提取成 Document 对象：

```
......
documents = \
LlamaParse(result_type="markdown",language='ch_sim').load_data(".
./../data/zte-report-simple.pdf")
print(f'{len(documents)} documents loaded.\n')

#打印并观察输出的 Document 对象结构
pprint.pprint(documents[0].__dict__)
```

LlamaParse 的两个输入参数如下。

（1）result_type：代表解析出来的 Document 对象中的内容格式，这里要求为 Markdown 格式。

（2）language：代表文档语言，这里指定了简体中文语言。

除此之外，还有一种加载方法，就是把 parser 对象作为简单目录阅读器加载时的一个自定义的文档阅读器：

```
......
parser = LlamaParse(result_type="markdown",language='ch_sim')
#把 parser 对象作为简单目录阅读器加载时的一个自定义的文档阅读器
documents = \
SimpleDirectoryReader("./data",
file_extractor={".pdf":parser}).load_data()
```

观察输出的 Document 对象中的内容，可以看到，提取出的文本（Document 类型的 text 属性）中有明显的 Markdown 格式符号，如图 8-35 所示。这是一个 PDF 文档中的表格解析后的内容格式。

```
'---\n'
'## 项目\n'
'\n'
'| |2023年 |2022年 |同比增减 |单位：百万元 |2021年 |\n'
'|---|---|---|---|---|---|\n'
'|每股计（元/股） | | | | | |\n'
'|基本每股收益 |1.96|1.71|14.62%| |1.47|\n'
'|稀释每股收益 |1.96|1.71|14.62%| |1.47|\n'
'|扣除非经常性损益的基本每股收益 |1.55|1.30|19.23%| |0.71|\n'
'|每股经营活动产生的现金流量净额 |3.64|1.60|127.50%| |3.32|\n'
'|归属于上市公司普通股股东的每股净资产 |14.22|12.38|14.86%| |10.88|\n'
'|财务比率（%） | | | | | |\n'
'|加权平均净资产收益率 |15.19%|14.66%|上升 0.53 个百分点| |14.49%|\n'
'|扣除非经常性损益的加权平均净资产收益率 |12.05%|11.19%|上升 0.86 个百分点| |7.03%|\n
'|资产负债率 |66.00%|67.09%|下降 1.09 个百分点| |68.42%|\n'
'\n'
```

图 8-35

很显然，这是一个用 Markdown 格式表示的表格，对应了 LlamaParse 解析的 PDF 文档中如图 8-36 所示的内容。

单位：百万元

项目	2023 年	2022 年	同比增减	2021 年
每股计（元/股）				
基本每股收益	**1.96**	1.71	14.62%	1.47
稀释每股收益[注]	**1.96**	1.71	14.62%	1.47
扣除非经常性损益的基本每股收益	**1.55**	1.30	19.23%	0.71
每股经营活动产生的现金流量净额	**3.64**	1.60	127.50%	3.32
归属于上市公司普通股股东的每股净资产	**14.22**	12.38	14.86%	10.88
财务比率（%）				
加权平均净资产收益率	**15.19%**	14.66%	上升 0.53 个百分点	14.49%
扣除非经常性损益的加权平均净资产收益率	**12.05%**	11.19%	上升 0.86 个百分点	7.03%
资产负债率	**66.00%**	67.09%	下降 1.09 个百分点	68.42%

图 8-36

既然已经将原始文档解析成 Document 对象，就可以按照正常步骤分割 Node、构造索引并创建查询引擎，这个过程与处理普通的文档并无区别：

```
#分割 Node，这里使用最简单的数据分割器
node_parser = SimpleNodeParser()
nodes = node_parser.get_nodes_from_documents(documents)

#嵌入与索引（用 Node 构造）
collection =
chroma.get_or_create_collection(name="llamaparse_simple")
vector_store = ChromaVectorStore(chroma_collection=collection)
storage_context =
StorageContext.from_defaults(vector_store=vector_store)
index =
```

```
VectorStoreIndex(nodes=nodes,storage_context=storage_context)

#构造查询引擎
query_engine =
index.as_query_engine(similarity_top=10,verbose=True)
```

下面简单测试构造的查询引擎，首先查询一个基于 PDF 文档中普通文本的总结性问题，看一看得到什么样的答案，如图 8-37 所示。

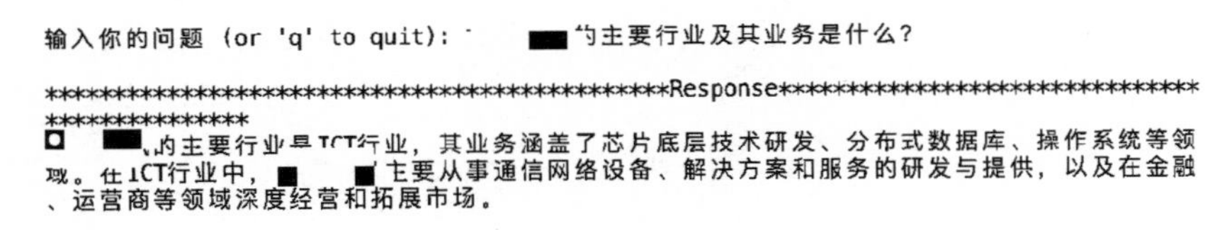

图 8-37

这里的答案是对 PDF 文档中的内容进行的简单的总结概括，回答的正确性较高。我们对 PDF 文档中表格的事实性数据进行提问测试，如图 8-38 所示。

```
输入你的问题 (or 'q' to quit)... 2023年的财务报告中，第一季度的营业收入是多少？

*************************************************Response*********************************************
The first quarter's operating income fo ... n 2023 was 1,431.2 million
yuan.
```

图 8-38

查询引擎给出的答案是 1,431.2，而原文档中的正确答案如图 8-39 所示。

1.2.4 本集团 2023 年分季度主要财务指标

单位：百万元

项目	2023 年第一季度	2023 年第二季度	2023 年第三季度	2023 年第四季度
营业收入	29,142.9	31,561.9	28,688.6	34,857.5
归属于上市公司普通股股东的净利润	2,642.3	2,829.9	2,369.0	1,484.6

图 8-39

也就是说，查询引擎没有给出正确的答案，那么问题出在哪里呢？我们借助 Langfuse 平台观察，可以看到大模型生成答案之前的输入内容，如图 8-40 所示。

```
  1: {
    role: "user"
    content: "Context information is below. ---------------------- 2)|(43.2)|(177.2)| |其他符合非经常性损益定义的损益项目|2,353.6|1,556.8|1,827.7| |减: 所得税影响额|339.2|338.2|617.3| |少数股东权益影响额（税后）|(3.8)|2.8|(8.8)| |合计|1,926.2|1,913.4|3,507.0| 本集团对非经常性损益项目的确认依照《公开发行证券的公司信息披露解释性公告第 1 号——非经常性损益》（2023 年修订）的规定执行。其中，将规定中列举的非经常性损益项目界定 |项目|2023 年 原因|单位: 百万元| |---|---|---| |软件产品增值税退税收入|经营性持续发生|1,431.2| |代扣代缴个税手续费返还收入|经营性持续发生|30.9| 股权处置收益及公允价值变动收益 经营范围内业务|12| --- ## 第二章 董事会报告 2023 年，本集团持续在"连接+算力+能力+智力"技术进行高强度研发投..."
    additional_kwargs: {
    }
  }
]
```

```
Output

{
  role: "assistant"
  content: "The first quarter's operating income for ZTE Corporation in 2023 was 1,431.2 million yuan."
}
```

图 8-40

可以发现，在最后交给大模型的上下文内容中并未包含原文档中 2023 年分季度的财务指标，而是携带了其他的表格信息，导致了查询错误，如图 8-41 所示。这是一个典型的知识召回不精确导致的对事实性问题回答错误的现象。由此可见，对于这样的复杂 PDF 文档，简单地解析并不能完全解决问题。

```
}
1: {
  role: "user"
  content: "Context information is below.
  ----------------------
  2)|(43.2)|(177.2)|
  |其他符合非经常性损益定义的损益项目|2,353.6|1,556.8|1,827.7|
  |减: 所得税影响额|339.2|338.2|617.3|
  |少数股东权益影响额（税后）|(3.8)|2.8|(8.8)|
  |合计|1,926.2|1,913.4|3,507.0|

  本集团对非经常性损益项目的确认依照《公开发行证券的公司信息披露解释性公告第 1 号——非经常性损益》（2023 年修订）的规定执行。其中，将规定中列举的非经常性损益项目界定

  |项目|2023 年 原因|单位: 百万元|
  |---|---|---|
  |软件产品增值税退税收入|经营性持续发生|1,431.2|
  |代扣代缴个税手续费返还收入|经营性持续发生|30.9|
  置收益及公允价值变动收益
```

图 8-41

那么有什么办法可以对 PDF 文档中的表格进行语义增强，以便被更精确地召回呢？这就需要用到 8.5.1 节介绍的表格处理方法。

8.5.3 多模态文档中的表格处理

对于 PDF 文档中的表格，如果直接嵌入解析出来的 Markdown 格式的文本

内容，那么其携带的语义信息是不足的，不利于后面的语义检索。因此，LlamaIndex 框架中有一个针对复杂的 Markdown 格式的 Node 解析组件 MarkdownElementNodeParser，可以用于更细粒度地处理 LlamaParse 提取出的 Document 对象，区分其中不同类型的“元素”，比如普通文本与表格，并增强处理表格元素。我们通过一个例子来展示这个组件的用法，并与 8.5.2 节的测试结果进行对比。

MarkdownElementNodeParser 与普通的数据分割器的区别主要在于它对其中的表格内容借助大模型生成了内容摘要与结构描述，并构造成索引 Node（IndexNode），然后在查询时通过索引 Node 找到表格内容 Node，将其一起输入大模型进行生成。

我们对 8.5.2 节的例子稍做改造：

```
······省略借助 LlamaParse 解析 PDF 文档为 Document 对象的过程······

#此处更改表格描述的 Prompt 模板
DEFAULT_SUMMARY_QUERY_STR = """\
请用中文简要介绍表格内容。\
这个表格是关于什么的？给出一个非常简洁的摘要（想象你正在为这个表格添加一个新的标题和摘要），\
如果提供了上下文，那么请输出真实/现有的表格标题/说明。\
如果提供了上下文，那么请输出真实/现有的表格 ID。\
还要输出表格是否应该保留的信息。\
"""
node_parser =
MarkdownElementNodeParser(summary_query_str=DEFAULT_SUMMARY_QUERY_STR)
nodes = node_parser.get_nodes_from_documents(documents)

#分离不同的文本 Node（TextNode）与索引 Node（IndexNode）
base_nodes, objects = node_parser.get_nodes_and_objects(nodes)

······此处省略构造 storage_context 变量的过程······
index = VectorStoreIndex(
        nodes= base_nodes + objects,
        storage_context=storage_context
    )
```

```
query_engine =
index.as_query_engine(similarity_top=10,verbose=True)
```

这里的代码中最主要的变化是，采用 MarkdownElementNodeParser 及后面对索引 Node 的处理。其内部的处理逻辑如下（对图片元素的处理另行讲解）。

（1）解析 PDF 文档为 Document 对象，将其中的文本内容与表格内容构造成普通文本 Node（TextNode 类型的）。

（2）对表格内容 Node 进行特别处理，使用大模型与 Prompt 生成表格摘要、介绍、标题等辅助信息，这些辅助信息用于构造新的索引 Node（IndexNode）。

（3）使用 get_nodes_and_objects 方法分离出表格内容 Node，并用生成的 IndexNode 指向它们。

（4）用剩下的普通文本 Node（base_nodes）和索引 Node（objects，含有辅助信息，并指向表格内容 Node）构造向量存储索引用于检索。

（5）检索时，如果检索出索引 Node，那么会自动递归检索出其指向的表格内容 Node，并用于生成答案。

由于使用了生成的表格描述与摘要信息等进行向量检索，因此有效地提高了检索 PDF 文档中表格内容的精确度与生成质量。下面再用 MarkdownElementNodeParser 更精确地回答 8.5.2 节 PDF 文档中的财务数据问题。

这里得到了正确的答案（如图 8-42 所示）！我们借助 Langfuse 平台观察代码执行过程的跟踪信息，如图 8-43 所示。

```
输入你的问题 (or 'q' to quit):    ■ ■2023年的财务报告中，第一季度的营业收入是多少?
Retrieving from object TextNode with query ■■ ■ 2023年的财务报告中，第一季度的营业收入是多少?
************************************************Response*****************************************************
■■  2023年的财务报告中，第一季度的营业收入为29,142.9。
```

图 8-42

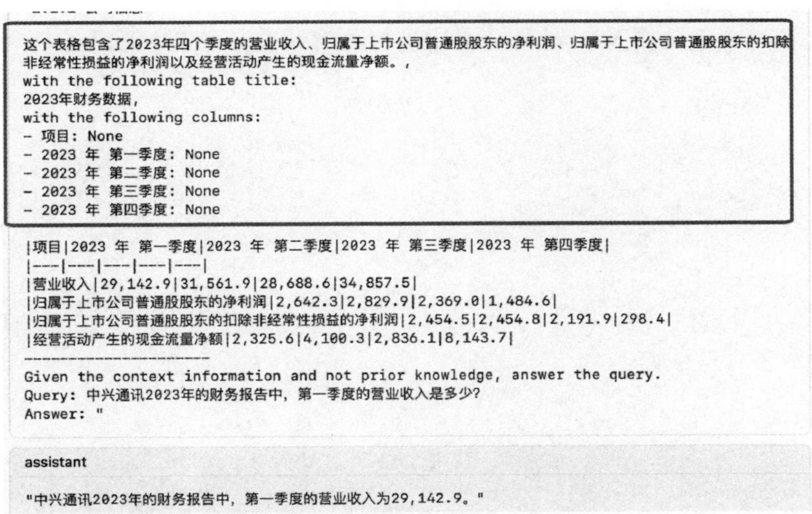

```
这个表格包含了2023年四个季度的营业收入、归属于上市公司普通股股东的净利润、归属于上市公司普通股股东的扣除非经常性损益的净利润以及经营活动产生的现金流量净额。,
with the following table title:
2023年财务数据,
with the following columns:
- 项目: None
- 2023 年 第一季度: None
- 2023 年 第二季度: None
- 2023 年 第三季度: None
- 2023 年 第四季度: None
|项目|2023 年 第一季度|2023 年 第二季度|2023 年 第三季度|2023 年 第四季度|
|---|---|---|---|---|
|营业收入|29,142.9|31,561.9|28,688.6|34,857.5|
|归属于上市公司普通股股东的净利润|2,642.3|2,829.9|2,369.0|1,484.6|
|归属于上市公司普通股股东的扣除非经常性损益的净利润|2,454.5|2,454.8|2,191.9|298.4|
|经营活动产生的现金流量净额|2,325.6|4,100.3|2,836.1|8,143.7|
------------------------
Given the context information and not prior knowledge, answer the query.
Query: 中兴通讯2023年的财务报告中, 第一季度的营业收入是多少?
Answer: "

assistant
"中兴通讯2023年的财务报告中, 第一季度的营业收入为29,142.9。"
```

图 8-43

注意：黑框中的内容并不是原文档中的信息，而是在解析过程中借助大模型生成的表格摘要（IndexNode 类型的 Node 中），包括了表格的内容介绍、表格标题，以及表格列的说明。这些信息在检索时帮助更精确地召回表格内容所在 Node，并且在生成时也能帮助大模型更好地理解表格内容，从而提高了答案的正确率。

8.5.4　多模态大模型的基础应用

本节将简单地介绍如何使用多模态大模型处理图片。我们使用的多模态大模型为阿里巴巴的 Qwen-VL 模型。Qwen-VL 模型有着较强大的通用 OCR、视觉推理、中文文本理解能力，非常适合用于对独立图片或者多模态文档中的图片进行理解与提取知识。

1. 从图片到自然语言文本

我们先用简单的例子来熟悉与测试多模态大模型的图片理解与推理能力。LlamaIndex 框架中有对 Qwen-VL 模型访问的 SDK 的上层封装，可以通过该

SDK 直接对本地的图片或者网络图片进行理解并输出结果。下面是一个完整可运行的例子：

```
from llama_index.multi_modal_llms.dashscope import (
    DashScopeMultiModal,
    DashScopeMultiModalModels,
)
from llama_index.multi_modal_llms.dashscope.utils import (
    create_dashscope_multi_modal_chat_message,
    load_local_images
)
from llama_index.core.base.llms.types import MessageRole
from llama_index.core.multi_modal_llms.generic_utils import
load_image_urls
import pprint
import os

#替换成自己的阿里巴巴 API Key
os.environ["DAHSCOPE_API_KEY"] = "sk-***"

#加载图片
image_documents1 = \
load_image_urls(["https://dashsco**.oss-cn-beijing.aliyuncs.com/i
mages/dog_and_girl.jpeg"])
image_documents2 = \
load_local_images(["file:///Users/pingcy/本地开发
/rag/data/xiaomi.png"])

#多模态大模型
dashscope_multi_modal_llm = \
DashScopeMultiModal(model_name=DashScopeMultiModalModels.QWEN_VL_
PLUS)

#调用
chat_message = create_dashscope_multi_modal_chat_message(
    "请概括这两张图片中的信息",
     MessageRole.USER,
     image_documents1 + image_documents2
)
chat_response = dashscope_multi_modal_llm.chat([chat_message])
```

```
#打印结果
print(chat_response.message.content[0]["text"])
```

我们选择的两张图片如图 8-44 所示，一张是阿里巴巴官方的测试图片，另一张是本地的图片。

图 8-44

简单说明代码逻辑：

（1）在使用阿里巴巴的多模态大模型之前，到官方网站的大模型服务平台申请 API Key，并在环境变量中设置 DAHSCOPE_API_KEY。

（2）构造 DashScopeMultiModal 对象，并要求其使用 Qwen-VL-Plus 模型。

（3）使用 chat 接口与多模态大模型对话，在输入的消息中放入两个加载的图片对象（多模态大模型支持批量输入）及 Prompt。

最终的输出结果如图 8-45 所示，特别是在第二张图片中，多模态大模型很好地提取了其中的文字信息（OCR 能力）。这对理解图片知识、结构化知识、推理问答都非常重要。

```
第一张图片中是一位女士和她的狗在沙滩上互动，两人坐在海边的沙子上。女子伸出手与狗狗击掌。
第二张图片是小米手机MIX4的部分参数介绍：搭载骁龙8移动平台、拥有第三代高通AI引擎；配备一块分辨率为
3915x1440像素（支持HDR）的6.67英寸超视感屏；内置4880mAh电池并采用澎湃P2+G1快充技术；运行基于Andro
id深度定制的小米HyperOS系统。
```

图 8-45

2. 从图片到结构化对象

如图 8-45 所示，多模态大模型输出的用自然语言描述的图片内容，很适

合进行嵌入与向量搜索，用于搜索与问答。在实际应用中，还可以根据输入的图片生成结构化的信息，比如识别一张图片，生成符合预定格式的 Python 对象。一种方式是在上面的例子中通过 Prompt 限定输出的格式，然后检查输出的内容并将其转换为对象。

另一种方式是借助 LlamaIndex 框架的高层 API 来完成这个任务。我们仍然使用 Qwen-VL 模型简单演示：

```
......
#多模态大模型
dashscope_multi_modal_llm = \
DashScopeMultiModal(model_name=DashScopeMultiModalModels.QWEN_VL_
PLUS)]

#输入图片
image_documents = \
SimpleDirectoryReader(input_files=["../../data/xiaomi.png"]).load
_data()

#LlamaIndex 框架的部分版本在此处存在漏洞，特殊处理
for doc in image_documents:
    doc.image_url = doc.metadata["file_path"]

#定义输出的对象
from pydantic import BaseModel
class Phone(BaseModel):
    """定义对象结构"""
    name: str
    cpu: str
    battery: str
    display: str

from llama_index.core.program import MultiModalLLMCompletionProgram
from llama_index.core.output_parsers import PydanticOutputParser

#Prompt 模板
prompt_template_str = """\
{query_str}
请把结果作为一个 Pydantic 对象返回，对象格式如下：
"""
```

```
#构造 MultiModalLLMCompletionProgram 对象
mm_program = MultiModalLLMCompletionProgram.from_defaults(
    output_parser=PydanticOutputParser(Phone),     #将对象类型传给输出解析器
    image_documents=image_documents,          #输入图片
    prompt_template_str=prompt_template_str,     #Prompt 模板
    multi_modal_llm=dashscope_multi_modal_llm,  #多模态大模型
    verbose=True,
)

#测试
response = mm_program(query_str="请描述图片中的信息。")
pprint.pprint(response.__dict__)
```

在这段代码中定义了一个 Phone 对象，然后在 Prompt 模板中要求多模态大模型将结果输出成 Phone 对象格式，把剩下的工作交给 MultiModalLLMCompletionProgram 这个类型的封装对象来处理。在执行时，自动调用多模态大模型的 API 做消息封装与响应生成，并把结果通过输出解析器转换为 Pydantic 对象。最后看到的输出结果如图 8-46 所示。

```
> Raw output: ```json
{
    "name": "Xiaomi HyperOS",
    "cpu": "第三代骁龙8移动平台",
    "battery": "4880mAh 大电量 小米澎湃电池管理系统",
    "display": "2K 超视感屏"
}
```
{'battery': '4880mAh 大电量 小米澎湃电池管理系统',
 'cpu': '第三代骁龙8移动平台',
 'display': '2K 超视感屏',
 'name': 'Xiaomi HyperOS'}
```

图 8-46

### 3. 直接嵌入图片

我们之前接触的都是对文本进行嵌入以生成向量，但其实也可以对其他模态的信息进行向量化。当然，这需要依赖专门的多模态嵌入模型。下面简单了解一下如何利用 Chroma 这个开源向量库内置的多模态嵌入接口，直接将图片嵌入单一的向量空间：
```

```
import chromadb
import pprint
import os
from chromadb.utils.embedding_functions import
OpenCLIPEmbeddingFunction
from chromadb.utils.data_loaders import ImageLoader

# Chroma 向量库的多模态嵌入函数与图片加载器
embedding_function = OpenCLIPEmbeddingFunction()
image_loader = ImageLoader()

# Chroma 向量库的客户端，注意构造 collection 库时的区别
chroma_client = chromadb.HttpClient(host="localhost", port=8000)
chroma_client.delete_collection("multimodal_collection")
chroma_collection = chroma_client.get_or_create_collection(
    "multimodal_collection",
    embedding_function=embedding_function,
    data_loader=image_loader,
)

#需要嵌入的图片列表
image_uris = sorted([os.path.join('./jpgs/', image_name) \
          for image_name in os.listdir('./jpgs/') ])
ids = [str(i) for i in range(len(image_uris))]

#直接存储到 Chroma 向量库中，由 Chroma 向量库完成图片嵌入
chroma_collection.add(ids=ids, uris=image_uris)

retrieved = chroma_collection.query(query_texts=["很多辆汽车"],
                             include=['data'], n_results=2)

print(retrieved['uris'])
```

这里的代码基于 Chroma 这款开源向量库的官方 API 运行，以演示 Chroma 向量库的嵌入能力。在开发应用时，你可以基于这样的能力实现自定义的查询引擎，直接嵌入与检索图片，并用于后面的大模型生成。你可以准备几张需要嵌入的图片。运行上面的演示代码进行检索，并检查最终的输出结果是否符合你的预期。

8.5.5　多模态文档中的图片处理

既然多模态大模型能够识别与理解图片，那么我们可以利用多模态大模型处理知识文档中的图片。本节将演示一种相对简单的处理方法：通过多模态大模型识别与描述图片信息，然后对转换后的文本进行索引并提供查询。

我们按照以下步骤构造一个完整的多模态文档的查询引擎。

（1）利用 LlamaParse 深度解析 PDF 文档，分离并提取其中的图片后，将其保存到本地。

（2）借助 Qwen-VL 模型理解提取的图片并将其转换为文本。

（3）嵌入与索引用上述步骤生成的文本，并构造查询引擎。

下面分步介绍这个案例的实现过程。由于继续使用基于 Ollama 部署的本地大模型和嵌入模型，以及 Chroma 向量库，因此这些设置代码将被省略。测试的 PDF 文档是一个包含文本与图片的手机介绍文档。

1. 解析 PDF 文档

首先，需要深度解析原始的 PDF 文档。这里仍然使用 LlamaParse 完成（在实际应用中，你也可以使用一些 Python 的开源模块来提取 PDF 文档中的多种形态的信息）：

```
#将 PDF 文档解析成 json 对象与图片对象
def load_docs():
    parser = LlamaParse(language='ch_sim',verbose=True)
    json_objs = parser.get_json_result("../../data/xiaomi14.pdf")

    json_list = json_objs[0]["pages"]
    print(f'{len(json_list)} documents loaded.\n')

    image_list = parser.get_images(json_objs,
download_path="pdf_images")
    print(f'{len(image_list)} images loaded.\n')

    return json_list,image_list
```

这里的函数中采用了与之前解析 PDF 文档不一样的方式：使用 get_json_result 方法把 PDF 文档解析成 json 对象的列表，将其放在结果（dict 类型）中的 pages 部分。这里用 json_objs[0]["pages"]提取出这些对象的列表（json_list）。如果查看每个 json 对象的结构，那么其结构大概如图 8-47 所示。

```
Key: page, Value Type: <class 'int'>
Key: text, Value Type: <class 'str'>
Key: md, Value Type: <class 'str'>
Key: images, Value Type: <class 'list'>
    Item Type Of List: <class 'dict'>
        Key: name, Value Type: <class 'str'>
        Key: height, Value Type: <class 'int'>
        Key: width, Value Type: <class 'int'>
Key: items, Value Type: <class 'list'>
    Item Type Of List: <class 'dict'>
        Key: type, Value Type: <class 'str'>
        Key: lvl, Value Type: <class 'int'>
        Key: value, Value Type: <class 'str'>
        Key: md, Value Type: <class 'str'>
```

图 8-47

可以看到，解析出来的每个 json 对象中都包含页数（page）、文本（text）、对应的 Markdown 格式的内容（md）、包含的图片信息（images），以及明细项目（items）。

然后，使用 get_images 方法对解析出来的 json 对象中包含的图片进行下载，将其存储到本地目录，并返回图片对象列表（image_list），每个图片对象中都包含如图 8-48 所示的内容。

```
{'height': 1001,
 'job_id': '32d299c1-0423-4552-9981-062b1701ad83',
 'name': 'img_p0_1.png',
 'original_pdf_path': '../../data/xiaomi14.pdf',
 'page_number': 1,
 'path': 'pdf_images/32d299c1-0423-4552-9981-062b1701ad83-img_p0_1.png',
 'width': 1245}
```

图 8-48

由于对象中包含了下载后的真实路径，因此我们可以基于此对其进行下一步处理。

2. 处理文本

首先，生成 PDF 文档中文本对应的文本 Node（TextNode），用于后面的嵌入与检索。使用以下代码读取解析出来的json对象中的文本并构造TextNode对象：

```
def get_text_nodes(json_list: List[dict]):
    text_nodes = []
    for idx, page in enumerate(json_list):
        text_node = \
            TextNode(text=page["text"], metadata={"page":
page["page"]})
        text_nodes.append(text_node)
    return text_nodes
```

可以逐个从json对象的text属性中获取文本，最后把构造完成的全部文本Node作为列表返回。

3. 处理图片

前面已经下载了从PDF文档解析出的json对象中的图片，并形成了图片对象列表。下面使用多模态大模型理解其中的每张图片并生成详细的描述性文本。这些文本将被用于构造图片对应的Node对象，然后和普通文本对应的Node对象一样进行嵌入和索引：

```
#定义图片转换为文本的方法（使用Qwen-VL模型，参考8.5.4节的内容）
def get_text_of_image(image_path):
    mm_llm = \

DashScopeMultiModal(model_name=DashScopeMultiModalModels.QWEN_VL_
PLUS)
    image = load_local_images(["file://./" + image_path])

    #调用多模态大模型
    chat_message_local = create_dashscope_multi_modal_chat_message(
        "请详细描述图片中的信息，包括图片中的文字和图像。",
        MessageRole.USER,
        image
    )
    chat_response = mm_llm.chat([chat_message_local])
    return chat_response.message.content[0]["text"]
```

```
#生成图片对应的 TextNode
def get_image_text_nodes(image_list: List[dict]):
    img_text_nodes = []
    for idx,image in enumerate(image_list):
        response = ''

        #使用多模态大模型理解图片并生成文本
        response = get_text_of_image(image["path"])
        text_node = \
              TextNode(text=str(response), metadata={"path": 
image["path"]})
        img_text_nodes.append(text_node)
    return img_text_nodes
```

可以对这里的函数进行测试。在测试时，观察打印出的具体的图片信息及生成的文本，对比图 8-49 中的图片与生成的文本，完成得不错。

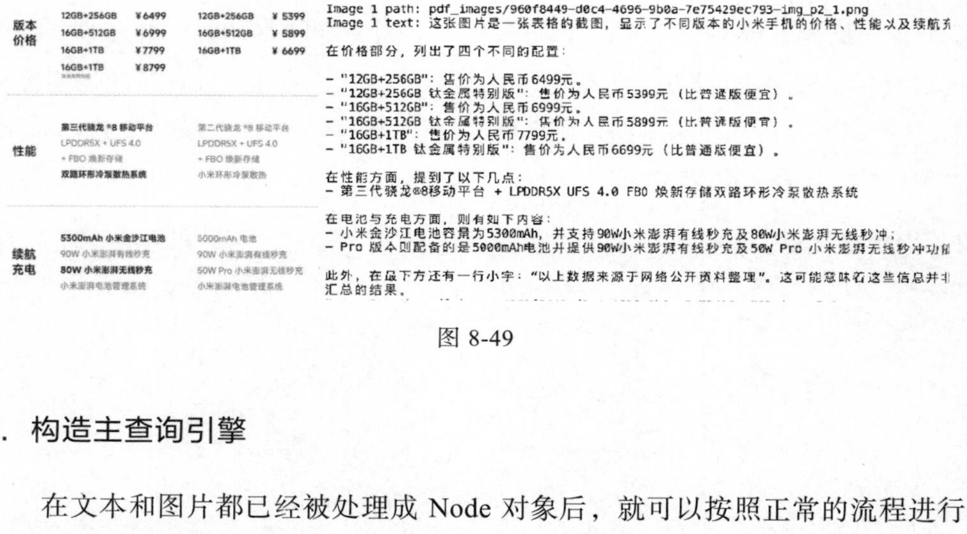

版本价格	12GB+256GB	¥6499	12GB+256GB	¥ 5399
	16GB+512GB	¥6999	16GB+512GB	¥ 5899
	16GB+1TB	¥7799	16GB+1TB	¥ 6699
	16GB+1TB	¥8799		
性能	第三代骁龙 ®8 移动平台 LPDDR5X + UFS 4.0 + FBO 焕新存储 双路环形冷泵散热系统		第二代骁龙 ®8 移动平台 LPDDR5X + UFS 4.0 + FBO 焕新存储 小米环形冷泵散热	
续航充电	5300mAh 小米金沙江电池 90W 小米澎湃有线秒充 80W 小米澎湃无线秒充 小米澎湃电池管理系统		5000mAh 电池 90W 小米澎湃有线秒充 50W Pro 小米澎湃无线秒充 小米澎湃电池管理系统	

```
Image 1 path: pdf_images/960f8449-d0c4-4696-9b0a-7e75429ec793-img_p2_1.png
Image 1 text: 这张图片是一张表格的截图，显示了不同版本的小米手机的价格、性能以及续航

在价格部分，列出了四个不同的配置：

- "12GB+256GB"：售价为人民币6499元。
- "12GB+256GB 钛金属特别版"：售价为人民币5399元（比普通版便宜）。
- "16GB+512GB"：售价为人民币6999元。
- "16GB+512GB 钛金属特别版"：售价为人民币5899元（比普通版便宜）。
- "16GB+1TB"：售价为人民币7799元。
- "16GB+1TB 钛金属特别版"：售价为人民币6699元（比普通版便宜）。

在性能方面，提到了以下几点：
- 第三代骁龙®8移动平台 + LPDDR5X UFS 4.0 FBO 焕新存储双路环形冷泵散热系统

在电池与充电方面，则有如下内容：
- 小米金沙江电池容量为5300mAh，并支持90W小米澎湃有线秒充及80W小米澎湃无线秒冲；
- Pro 版本则配备的是5000mAh电池并提供90W小米澎湃有线秒充及50W Pro 小米澎湃无线秒冲功

此外，在最下方还有一行小字："以上数据来源于网络公开资料整理"。这可能意味着这些信息并非
汇总的结果。
```

图 8-49

4. 构造主查询引擎

在文本和图片都已经被处理成 Node 对象后，就可以按照正常的流程进行嵌入与索引。最简单的方法就是直接使用 Node 列表来构造 VectorStoreIndex 类型的向量存储索引，然后基于这个索引构造默认的查询引擎：

```
def create_engine():

    #调用一次上面的方法解析文档、生成文本 Node、生成图片 Node
    (json_list,image_list) = load_docs()
```

```
    text_nodes = get_text_nodes(json_list)
    img_text_nodes = get_image_text_nodes(image_list)

    #定义向量存储
    collection =
chroma.get_or_create_collection(name="llamaparse_mm")
    vector_store = ChromaVectorStore(chroma_collection=collection)
    storage_context =
StorageContext.from_defaults(vector_store=vector_store)

    #用文本 Node 和图片 Node 生成索引
    index = VectorStoreIndex(
        nodes=text_nodes + img_text_nodes,
        storage_context=storage_context
    )

    #构造查询引擎
    query_engine =
index.as_query_engine(similarity_top=5,verbose=True)
    return query_engine
```

然后，我们可以利用查询引擎对原始的 PDF 文档提问，并通过 Langfuse 平台来跟踪并观察其内部的召回情况。下面创建简单的测试程序：

```
delete_collection()
query_engine = create_engine()

while True:
    query = input("\n 输入你的问题 (or 'q' to quit): ")
    if query == 'q':
        break
    if query == "":
        continue
    response = query_engine.query(query)
    print(response)
```

图 8-50 所示为一个问题的测试结果。

```
输入你的问题 (or 'q' to quit): 介绍下小米手机的全等深微曲屏的性能参数和特点? 请用中文介绍。

*********************************************Response*****************************************
小米手机的全等深微曲屏具有以下性能参数和特点:

尺寸为6.73英寸AMOLED显示屏, 分辨率为2K超色准屏522 PPI。

峰值亮度达到3,000 nit, 使用了新一代C8发光材料。

此外, 该屏幕还具备徕卡光学全焦段四摄、Summilux镜头以及Xiaomi AISp—AI大模型计算摄影架构及全
```

图 8-50

通过 Langfuse 平台的后台观察这个问题的答案的生成过程，可以看到其引用的上下文，如图 8-51 所示。

```
user

"Context information is below.
---------------------
path: pdf_images/aea3dac6-4179-4c5a-9dbf-2ccf43123473-img_p3_1.png

这张图片显示的是一个表格或列表的截图, 其中包含了一些技术规格对比的信息。表中列出了两个不同的产品型号, 并将它们在屏幕和技术参数方面进行了比较。

具体来说:

- 屏幕: 左边的产品具有"全等深微曲屏"、"小米龙晶玻璃", 尺寸为6.73英寸AMOLED显示屏, 分辨率为2K超色准屏522 PPI, 峰值亮度达到3000nit, 发光材料是新一代C8; 而右边的产品则有双曲面屏、同样大小 (6.73英寸) 且分辨率相同的AMOLED显示屏, 但其峰值亮度达到了更高的2600 nit, 使用了C7发光材料。

- 影像: 在这部分, 左侧列出的技术特性包括徕卡光学全焦段四摄、Summilux镜头以及Xiaomi AISp—AI大模型计算摄影架构及全焦段大光圈功能; 右侧也提到了徕卡光学全焦段四摄与Summicron镜头, 不过没有提及具体的AISp技术和全焦段大光圈的功能。

请注意, 这些数据可能不是最新的或者完整的版本, 请以实际产品的官方发布为准。此外, 在这个列表上并没有提供任何关于价格或其他非硬件方面的信息。
```

图 8-51

大模型参考的上下文就是 PDF 文档中的一张图片的描述文本（通过多模态大模型生成），因此就实现了对文档中的图片进行提问与查询的目的。当然，在这个例子中，我们只对文本和图片进行了处理。我们参考之前介绍的对 PDF 文档中表格的处理方法，可以对这里的例子进行增强生成，以支持更丰富的数据形态（文本、表格、图片）。

8.6 查询管道：编排基于Graph的RAG工作流[①]

截至目前，我们已经介绍了 RAG 流程所涉及的重要阶段与组件，并具备了使用这些组件完整地构造 RAG 查询引擎或对话引擎的能力。但是，除了使

① 在后续的 LlamaIndex 版本中，查询管道将会逐渐被 Workflows 替代。

用独立的组件按部就班地达到目的，在面对复杂的应用范式时，怎么才能用更简洁、更直观、更方便的方式来编排 RAG 工作流呢？

本章将介绍一种便捷装置与特性：查询管道（Query Pipeline）。

8.6.1　理解查询管道

查询管道是 LlamaIndex 框架提供的一种声明性的 API，允许我们使用更简洁的方式将不同的模块连接在一起，从而编排一个从简单到复杂的基于大模型的工作流来完成查询引擎的任务。

如果你了解开发框架 LangChain，那么可能对使用其中的 LangGraph 组件构造复杂大模型应用流程的方法有所了解，查询管道与 LangGraph 组件采用的方法与原理非常类似。

查询管道的核心抽象是 QueryPipeline。以 QueryPipeline 为核心，你可以加载各种组件，比如大模型、Prompt 模板、检索器、合成器等，然后将它们以“图”（Graph）的方式连接起来，形成一条简单顺序链（Chain）或者有向无环图（Directed Acyclic Graph，DAG），从而实现基于大模型的 RAG 工作流。

图是计算机科学中的一种数据结构。你可能接触过一些基本的数据结构，比如队列（Queue）、堆栈（Stack）、链表（List）或者树（Tree）等。图是一种相对复杂的数据结构。

（1）图是表示多个元素及其之间关系的一种结构。其特点是，图中的任何两个元素都可以直接发生联系，所以它适合表达更复杂的元素关系。

（2）图的基本表示就是 *N* 个元素（Node/顶点）及这些元素之间的关系（边）的集合。

（3）有向无环图中有向指的是图中的“边”有方向，无环指的是无法从某个 Node 经过若干“边”返回这个 Node。

这种通过可视化编排工作流的方式提供了很大的便捷性。

（1）可以用更少的代码声明工作流，简洁且灵活。

（2）具有更高的代码可读性。

（3）可以与常见的上层低代码/无代码的解决方案更好地集成。

我们可以从 LlamaIndex 官方的一个 RAG 应用的查询管道的设置示例中大致了解其工作模式，如图 8-52 所示。

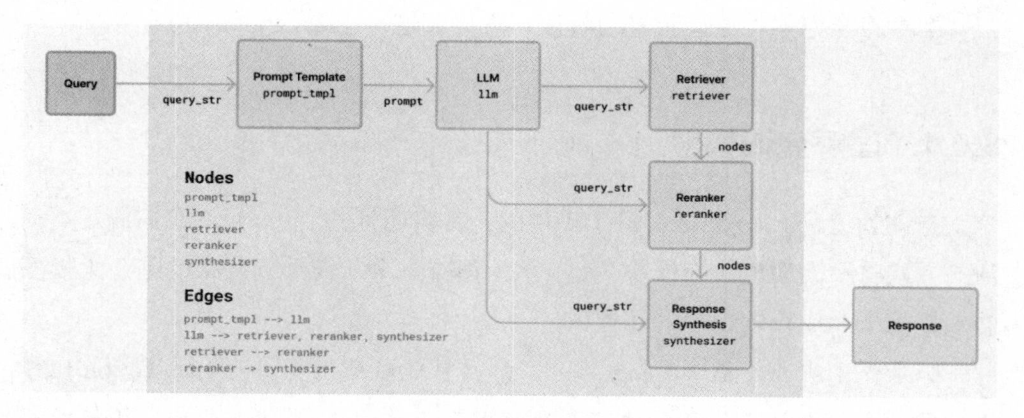

图 8-52

这个示例中共有 5 个工作模块。这些工作模块通过连接设置了它们的工作流与输入和输出的关系。这些工作模块与连接分别构成了图的节点（Node）与边（Edge），这让应用的内部模块化组成和工作流更清晰与可视化。

这种灵活定义与编排工作流的驱动力来自第 1 章就已经阐述的模块化 RAG 的演进：与经典 RAG 的顺序化流程相比，针对复杂业务需求与性能优化需求的新型 RAG 范式越来越多，带来了更多 RAG 工作模块，比如查询转换、路由、索引与检索、重排序、不同的大模型响应生成等模块。因此，我们需要一种可以灵活挑选不同模块来组装和编排 RAG 工作流的方案，这正是查询管道与 LangGraph 组件出现的背景。

8.6.2 查询管道支持的两种使用方式

LlamaIndex 框架中的查询管道支持两种使用方式。你可以选择不同的模块构造基于图结构的工作流。

1. 简单顺序链

使用多个模块定义一个顺序执行的管道，前一个模块的输出作为下一个模块的输入。比如，从检索器到生成器，从大模型到输出解析器等。下面是一个简单的例子：

```
......
prompt_str = "请为产品设计一句简单的宣传语，我的产品是{product_name}"
prompt_tmpl = PromptTemplate(prompt_str)
llm = OpenAI()
p = QueryPipeline(chain=[prompt_tmpl, llm], verbose=True)
```

在这里通过[prompt_tmpl,llm]将 prompt_tmpl 与 llm 模块连接起来，构成一条简单顺序链，然后运行这个查询管道即可，输出结果如图 8-53 所示。

```
> Running module 42dd08a3-e8c9-4115-ae05-b335cab6b3c3 with input:
product_name: 一款智能手表

> Running module 555bcf3b-b66d-40f2-9684-bedd2937f110 with input:
messages: 请为产品设计一句简单的宣传语，我的产品是一款智能手表

assistant: "智能手表，让时间更智能"
```

图 8-53

从打印出的内部执行信息中可以看到两个模块被依次调用：prompt_tmpl 模块输出了构造的 Prompt；llm 模块接收前一个模块输出的提示信息，并生成了结果。

2. DAG

如果需要为高级的 RAG 应用编排复杂的工作流，那么可以构造一个 DAG 模式的查询管道。下面以一个基于向量检索的 RAG 应用为例，通过编排查询管道的方式构造一个查询引擎并测试。

首先，按照之前的介绍准备好向量存储索引：

```
......
#加载文档，构造向量存储索引
docs =
SimpleDirectoryReader(input_files=["../../data/xiaomai.txt"]).loa
d_data()
index = VectorStoreIndex.from_documents(docs)
```

然后，使用查询管道编排一个包含输入（input）、Prompt 模板（prompt_tmpl）、

大模型（llm）、检索器（retriever）、生成器（summarizer）这些模块的工作流：

```
......
#准备组件
input = InputComponent()
llm = Ollama(model='qwen:14b')
prompt_tmpl = PromptTemplate("对问题进行完善,输出新的问题:{query_str}")
retriever = index.as_retriever(similarity_top_k=3)
summarizer =
get_response_synthesizer(response_mode="tree_summarize")

#构造一个查询管道
p = QueryPipeline(verbose=True)

#把上面构造的模块添加进来
p.add_modules(
    {
        "input": input,
        "prompt": prompt_tmpl,
        "llm":llm,
        "retriever": retriever,
        "summarizer": summarizer,
    }
)

#连接这些模块
p.add_link("input", "prompt")
p.add_link('prompt',"llm")
p.add_link('llm','retriever')
p.add_link("retriever", "summarizer", dest_key="nodes")
p.add_link("llm", "summarizer", dest_key="query_str")

output = p.run(input='小麦手机的优势是什么')
```

可以看到，代码具有很好的可读性：首先，构造一个查询管道；然后，把上面构造的模块添加进来（add_modules)；最后，连接这些模块（add_link）。从最后的连接中可以看到这些模块是如何协同工作的。代码的运行过程与最终的输出结果如图 8-54 所示。

```
> Running module input with input:
input: 小麦手机的优势是什么

> Running module prompt with input:
query_str: 小麦手机的优势是什么

> Running module llm with input:
messages: 请对以下问题进行改写与完善，输出新的问题：小麦手机的优势是什么

> Running module retriever with input:
input: assistant: 新问题：小麦手机与其他品牌相比有哪些独特的优点或特色？

> Running module summarizer with input:
query_str: assistant: 新问题：小麦手机与其他品牌相比有哪些独特的优点或特色？
nodes: [NodeWithScore(node=TextNode(id_='ad4651b8-3b93-4217-959f-027c40d0cdbf', embedding=None, metadata={'file_
': 'xiaomai.txt', 'file_type': 'text/plain', 'file_s...

小麦手机的独特优点和特色包括：

1. 环保材质：采用环保材料，注重减少对环境的影响。
```

图 8-54

这里很清晰地展示了查询管道的运行过程：根据上面的代码编排，查询管道中的模块会按照设置的工作流被调用并实现数据交换，最后能够完美地输出期望的结果。

8.6.3　深入理解查询管道的内部原理

查询管道是在其他组件上层提供的一种声明式的 API，其本身并不完成具体的流程，类似于一个应用中的“指挥家”：协调组成管道的各个组件按照设置的关系（连接）与输入和输出运行，并最终完成查询任务。与查询管道相关的组件关系图如图 8-55 所示。

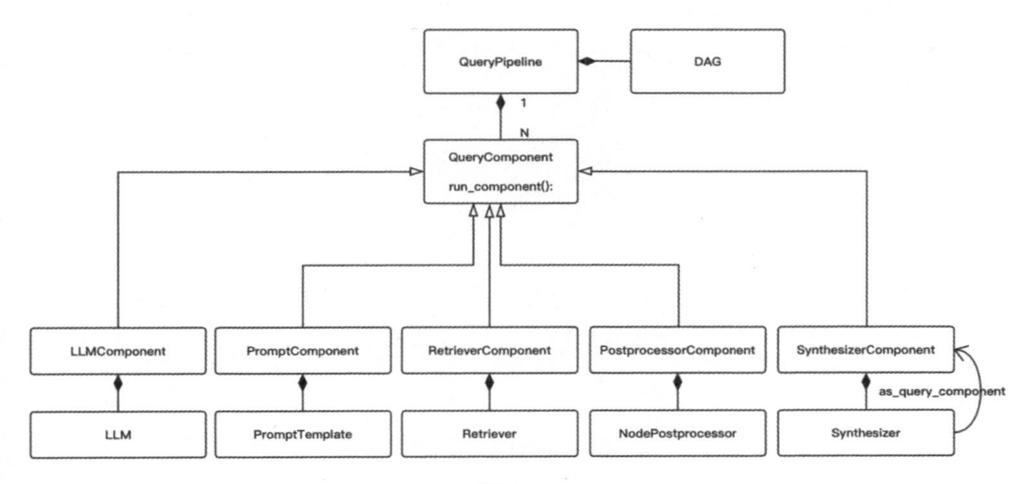

图 8-55

这张关系图揭示了以下信息。

（1）插入查询管道中的组件会被统一转换为QueryComponent类型的组件。一个查询管道会有多个这样的组件，它们都会实现一个统一的接口：run_component，用于在查询管道运行时被调用。

（2）每个能够被插入查询管道中的不同类型的功能组件（LLM、PromptTemplate、Retriever、NodePostprocessor、Synthesizer）都需要实现一个as_query_component方法，用于把自己“转换”成一个可以被组装进查询管道的QueryComponent类型的组件。

（3）查询管道在编排时会保存一个DAG的内部对象。DAG被看作一张工作流图纸，由大量的Node（QueryComponent类型的组件）与Node之间的连接关系组成。查询管道会根据DAG这张图纸来运行流程。

查询管道在底层使用了NetworkX这样一个用于构造、操作和研究复杂图结构的Python库，用于简化对图这种数据结构及其相关算法的实现。

（4）需要注意的是，查询管道本身也是一种QueryComponent类型的组件，也就是说查询管道可以作为一种QueryComponent类型的组件插入其他的查询管道中，用于实现查询管道之间的嵌套调用。

在了解了这些与查询管道相关的组件后，其运行原理就更加清楚了。

（1）编排时：给查询管道添加不同的功能组件，这些组件会被转换为统一的类型（QueryComponent）的组件，并实现了统一的run_component接口。同时，这些组件的信息与它们之间的连接关系会被保存到内部的DAG中。

（2）运行时：查询管道根据内部的DAG确定运行的入口组件，然后调用Node的run_component接口开始运行，此后根据DAG中定义的流程与输入和输出关系自动化运行，直至运行到末Node（不再连接其他下游Node的Node）或者发生异常。

总体来说，由于使用了图这种较复杂，但是同时具备极大灵活性的底层数据结构来保存组件及其之间的流程关系，因此查询管道在未来可以支持更复杂的模块化的RAG应用与工作流。

目前，在LlamaIndex框架中，可以插入查询管道中的功能组件涵盖了RAG应用中的所有阶段。这些不同阶段的功能组件都有明确定义的输入和输出，可以参考表 8-1 使用（随着未来的版本演进，会有更多的组件加入）。

表 8-1

基础类型	说明	输入信息	输出类型
LLM	LLM	prompt	CompletionResponse
PromptTemplate	提示词模板	模板变量	String
BaseQueryTransform	转换器	query_str	query_str
BaseRetriever	检索器	input	List[BaseNode]
BaseNodePostprocessor	后处理器	nodes/query_str	List[BaseNode]
BaseSynthesizer	生成器	nodes/query_str	Response
BaseOutputParser	输出解析器	input	由输出解析器定义
BaseQueryEngine	查询引擎	input	Response
QueryComponent	其他查询管道	input	由查询管道定义

注意：没有单独的路由组件，这是由于路由功能已经在检索器或者查询引擎中实现了。

8.6.4 实现并插入自定义的查询组件

如果现有的查询组件无法满足你的需求，那么你可以开发自定义的查询组件，并将其插入查询管道中使用。LlamaIndex 框架中提供了两种自定义查询组件的方法：一种是从 CustomQueryComponent 类型的组件中派生自定义的查询组件；另一种是使用 FnComponent 方法构造查询组件。

1. 从 CustomQueryComponent 类型的组件中派生自定义的查询组件

最常见的一种自定义查询组件的方法是从 CustomQueryComponent 类型的组件中派生自定义的查询组件，必须实现的 3 个接口如下。

（1）_input_keys：定义输入的参数信息（输入的参数名称列表）。这些参数必须在本组件开始运行时输入，一般在 add_link 方法调用时通过 dest_key 参数进行指定。

（2）_output_keys：定义输出的参数信息（输出的参数名称列表）。这些参数必须在本组件运行完成后输出。

（3）_run_component：定义组件的运行逻辑。这个接口接收_input_keys 接口定义的参数信息（使用**kwargs 参数输入），经过自定义的逻辑处理后，输出符合_output_keys 接口定义的参数信息。

下面用一个实际用例帮助你理解如何自定义查询组件。我们构造一个自定义的 output_parser 组件。这个组件的功能是对最后响应生成的文本根据要求进行结构化输出。为了更简单地实现结构化输出，我们借助 LLMTextCompletionProgram 这个模型调用组件进行简化。完整的组件代码如下：

```
from llama_index.core.query_pipeline import CustomQueryComponent
from pydantic import Field,BaseModel
from llama_index.core.program import LLMTextCompletionProgram
from typing import List,Optional,Dict, Any

#自定义查询组件，可以将其插入查询管道中
class MyOutputParser(CustomQueryComponent):

    #输入校验，该方法可以不实现
    def _validate_component_inputs(
        self, input: Dict[str, Any]
    ) -> Dict[str, Any]:
        """校验组件的输入参数"""
        return input

    @property
    def _input_keys(self) -> set:
        """定义组件的输入 keys"""
        return {"response"}

    @property
    def _output_keys(self) -> set:
        """定义组件的输出 keys"""
        return {"output"}

    def _run_component(self, **kwargs) -> Dict[str, Any]:
        """定义组件的运行逻辑"""

        #在这个例子中，我们要求把查询的手机信息结构化成 Phone 类型的
        class Phone(BaseModel):
            name: str
```

```
        cpu: str
        memory: str
        storage: str
        screen: str
        battery: str
        features: List[str]

    #给大模型提示
    prompt_template_str = """\
    根据以下内容提取结构化信息{input}\
    """

    #构造一个大模型的调用模块，指定 output_cls 参数
    program = LLMTextCompletionProgram.from_defaults(
        output_cls=Phone,
        prompt_template_str=prompt_template_str,
        verbose=True,
    )

    #调用 program 变量，注意从输入中获取 key=response 的内容
    output = program(input=kwargs['response'])

    #返回对象中必须包含_output_keys 接口中定义的输出关键词
    return {"output": output}
```

在自定义这个组件后，就可以把它的实例插入查询管道中使用。我们在前面的 DAG 查询管道例子的基础上修改：

```
......
p = QueryPipeline(verbose=True)
p.add_modules(
    {
        "input": input,
        "prompt": prompt_tmpl,
        "llm":llm,
        "retriever": retriever,
        "summarizer": summarizer,
        'output_parser': MyOutputParser()  #增加一个自定义的模块
    }
)
```

```
p.add_link("input", "prompt")
p.add_link('prompt',"llm")
p.add_link('llm','retriever')
p.add_link("retriever", "summarizer", dest_key="nodes")
p.add_link("llm", "summarizer", dest_key="query_str")

#增加与自定义的模块的连接，输入的参数为 response
p.add_link("summarizer", "output_parser", dest_key="response")

output = p.run(input='小麦手机的优势是什么')
print(output)
```

注意：在增加自定义的查询组件实例后，别忘记增加必要的连接，让模块参与到流程中。然后，运行这段代码，观察查询管道运行的调试信息，如图 8-56 所示。

```
> Running module summarizer with input:
query_str: assistant: 新问题：小麦手机相比其他品牌有哪些独特的竞争优势？
nodes: [NodeWithScore(node=TextNode(id_='a43d3a8e-4ab0-40ab-8fd3-b9559a8063e5', embedding=None, metadata={'file_path': '../../data/xiaomai.txt'
 xiaomai.txt', 'file_type': 'text/plain', 'file_s...

> Running module output_parser with input:
response: 小麦手机凭借其环保材质的选择，体现了其对可持续发展的承诺，这可能是其独特竞争优势之一。

其次，小麦手机的健康护眼模式，有效地降低了蓝光辐射，对于经常使用电子设备的用户来说，这是个显著的优势。

再者，高性能和长续航的特点，使得小麦手机在满足日常需求的同时，还能提供舒适的用户体验。

最后，小麦手机关注用户需求，持续优化产品功能，这表明其具有强大的市场适应性和创新能力。

综上所述，小麦手机的独特...

name='小麦手机' cpu='高性能处理器' memory='大容量内存' storage='高速存储器' screen='护眼高清屏幕' battery='长续航环保电池' features=['环保材质'
', '高性能与长续航']
```

图 8-56

可以看到，上面自定义的 output_parser 组件被成功地调用并运行：输入的信息为上一个 Node 组件 summarizer 输出的信息，经过 output_parser 组件处理后，最后输出了 Phone 类型的结果。

2. 使用 FnComponent 方法构造查询组件

除了可以从 CustomQueryComponent 类型的组件中派生自定义的查询组件，还可以用更快速的方法构造一个轻量级的查询组件插入查询管道中：使用 FnComponent 方法将一个自定义的函数包装成查询组件即可，函数的主体是组件的运行逻辑，函数的输入参数使用自定义的类型与名称。

比如，我们需要在从 CustomQueryComponent 类型的组件中派生自定义的查询组件的例子中给最后输出的对象增加一些额外信息，并用字符串形式输出对象，那么可以快速地构造这样一个函数：

```
from llama_index.core.query_pipeline import FnComponent

#定义一个组件函数
def addExtaInfo(phone: Phone) -> str:
    phone_info = f"Name: {phone.name}\nCPU: {phone.cpu}\nMemory: 
{phone.memory}\nStorage: {phone.storage}\nScreen: 
{phone.screen}\nBattery: {phone.battery}\nFeatures: {', 
'.join(phone.features)}"
    extra_info = "Extra information: This phone has a great camera."
    phone_str = f"{phone_info}\n{extra_info}"
    return phone_str
```

然后，使用 FnComponent 方法把这个函数包装成组件插入查询管道中，并与上游组件连接起来：

```
......
p = QueryPipeline(verbose=True)
p.add_modules(
    {
        ......
        'output_parser': MyOutputParser(),

        #使用 FnComponent 方法添加一个新的查询组件
        'post_processor': FnComponent(fn=addExtaInfo, 
output_key="output")
    }
)
......
#增加连接
p.add_link("output_parser", "post_processor", dest_key="phone")

output = p.run(input='小麦手机的优势是什么')
```

你会在输出结果中看到构造的 post_processor 自定义组件被成功运行，并调用了其中的 addExtaInfo 函数，如图 8-57 所示。

```
> Running module post_processor with input:
phone: name='小麦Pro' cpu='高通骁龙870' memory='12GB LPDDR5X' storage='256GB UFS3.1' screen='6.9英寸 AMOLED, 分辨率为3200x1440' batt

Name: 小麦Pro
CPU: 高通骁龙870
Memory: 12GB LPDDR5X
Storage: 256GB UFS3.1
Screen: 6.9英寸 AMOLED, 分辨率为3200x1440
Battery: 5000mAh 大电池, 支持有线+无线双快充技术
Features: 环保材质，健康护眼模式，高性能处理器，大容量电池及快速充电技术，高像素后置摄像头（4800万像素）和前置摄像头（3200万像素）
Extra information: This phone has a great camera.
```

图 8-57

使用 FnComponent 方法构造查询组件的方法更简洁，适用于快速构造一些逻辑简单的组件。

第 9 章　开发 Data Agent

你可能对 Agent 已经有了比较深入的了解。Agent 是一种更高级的应用形式，被普遍认为是生成式 AI 的终极形式。简单地说，Agent 就是通过 AI 模型驱动，能够自主地理解、规划、执行，并最终完成任务的 AI 程序。Agent 与大模型的区别类似于人与大脑的区别：大脑指挥人的行动，但是只有人才是执行任务的完整体。OpenAI 的应用研究主管 Lilian Weng 曾经把 Agent 总结为 Agent = 大模型 + 记忆 + 规划技能 + 使用工具。我们可以用图 9-1 简单地表示 Agent。

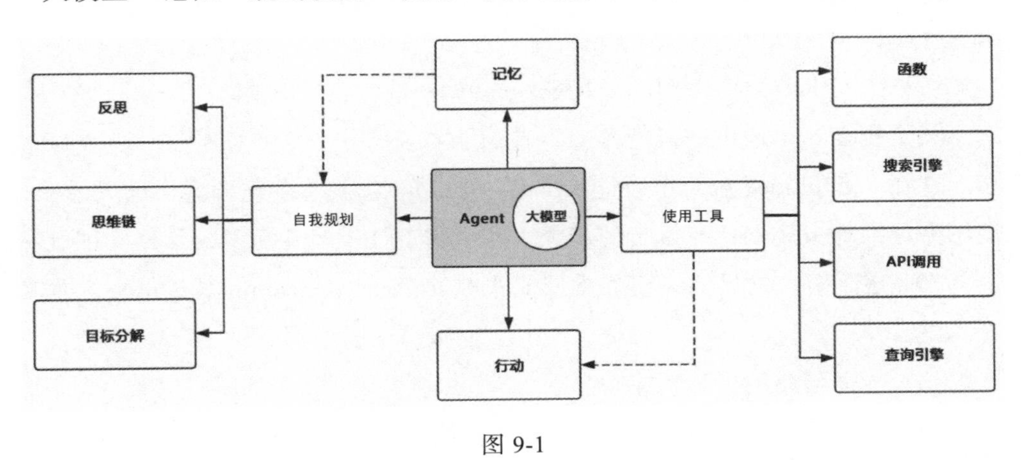

图 9-1

也就是说，Agent 就是在大模型作为智慧大脑的基础上实现记忆（Memory）、自我规划（Planning）、使用工具（Tool）等能力，从而开发一个具有自主认知与行动能力的完全“智能体”。

本章介绍如何将 RAG 应用构造的模块拓展到 Agent：开发以数据为中心的 Data Agent。

9.1 初步认识Data Agent

RAG 是一种基于大模型的知识密集型应用，以数据查询与对话任务为主要形式。Data Agent 在 RAG 的基础上引入自我规划与使用工具的能力，从而具备了完成大模型驱动的、更丰富的数据读写任务的能力。Data Agent 不仅可以完成简单的数据查询任务，还可以使用工具执行真正的数据操作任务，这扩大了 RAG 应用的场景。

与 RAG 应用相比，Data Agent 具备以下能力。

（1）兼具 RAG 应用的数据检索与查询生成能力。

（2）通过观察环境与任务目标推理出完成下一个数据任务的步骤。

（3）通过调用外部服务工具（API）完成复杂任务，并返回执行结果。

（4）具备长期记忆能力（如使用向量库）与短期记忆（一次任务中的交互历史等）能力。

所以，与 RAG 应用相比，Data Agent 的主要增强之处如下。

（1）规划与推理出完成任务的步骤的能力。

这在 LlamaIndex 框架中通过 Agent 组件来实现，其主要任务是借助大模型，使用循环推理来规划任务执行的步骤、使用的工具、工具的输入参数，并调用工具来完成任务。常见的大模型推理范式有 ReAct（Reasoning & Acting，推理-行动范式）。

（2）定义与使用工具的能力。

这在 LlamaIndex 框架中通过 Tool 相关组件来实现。每个工具通常都是一个具备规范的请求参数与响应参数的 API 或者函数。请求参数通常是一组结构化参数，响应参数可以是文本字符串或者任何格式的。LlamaIndex 框架提供了便捷的方法用于定义 Agent 使用的工具，并支持把已有的可运行组件包装成工具，比如查询引擎。

图 9-2 所示为 LlamaIndex 官方的表示推理组件与工具组件之间协作关系的示意图。

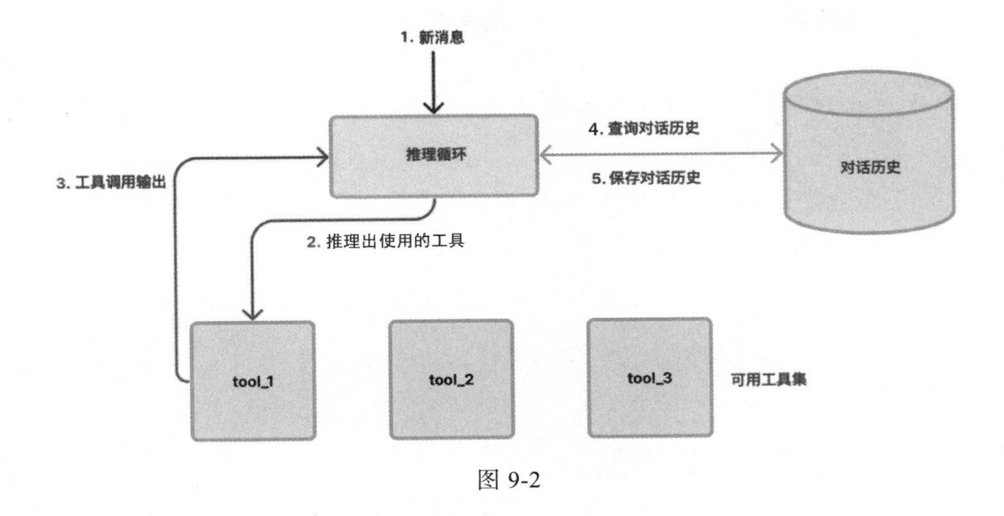

图 9-2

目前的框架版本支持的 Agent 组件类型主要有以下几种。

（1）OpenAIAgent：支持带有函数调用功能的大模型。

（2）ReActAgent：支持其他大模型，并通过 ReAct 推理范式进行规划和推理。

框架支持的与工具相关的组件如下。

（1）FunctionTool：用于将函数转换为可以被 Agent 使用的工具。

（2）BaseTool 与 ToolMetadata：基础工具抽象与工具的元数据定义。

（3）QueryEngineTool：用于将查询引擎转换为 Agent 使用的工具。

（4）SlackToolSpec：工具规格定义组件，可以直接转换为 Agent 使用的工具。

（5）工具库：在 LlamaHub 网络平台上发布的很多开箱即用的外部工具。

9.2 构造与使用Agent的工具

与工具相关的组件用于构造与包装能够被 Agent 使用，并且符合 Agent 调用规范的各种工具。在 Agent 体系中，工具可以是对以下组件的封装。

（1）一个本地的自定义函数（Function）。

（2）一个查询引擎（QueryEngine）。

（3）一个查询管道（QueryPipeline）。

（4）一个检索器（Retriever）。

（5）一个其他的 Agent。

（6）企业内部其他应用的开放接口。

（7）第三方公开的 API。

LlamaIndex 框架提供了很多用于把上述组件“工具化”的组件，从而能够让 Agent 使用。

9.2.1 深入了解工具类型

工具的基础抽象是 BaseTool，其中定义了一些工具必有的属性与接口，重要的如下。

（1）metadata：这是工具的元数据，包括工具的名称、描述、接口规范、是否直接返回等。元数据非常关键，是用于帮助大模型理解工具用途并推理出使用的工具的重要信息。在构造工具时，部分元数据会被自动生成。

（2）call()：这是与工具相关的组件必须实现的一个接口，是工具被调用的核心逻辑。

目前，已经存在的几种工具类型及其与相关组件之间的关系如图 9-3 所示。

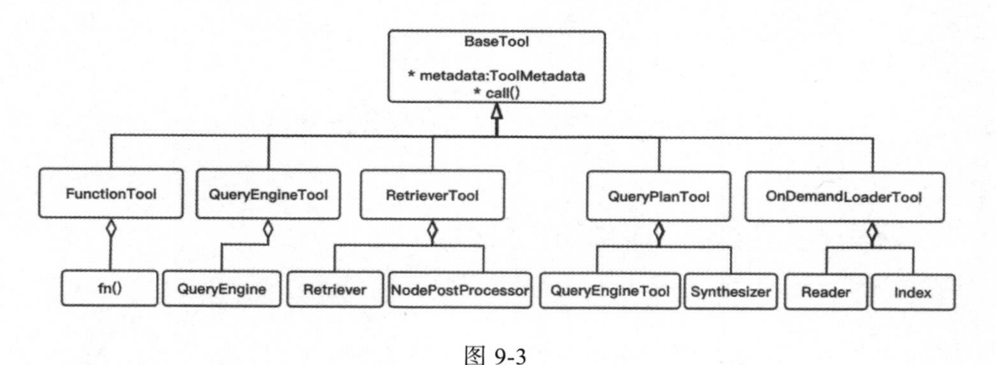

图 9-3

我们先简单介绍这些不同工具类型的作用，并在后面详细介绍与测试。

（1）FunctionTool：函数工具，用于把本地函数直接转换成一个工具，是最简单但最灵活的一个工具类型。你可以在函数工具中实现任意无状态的逻辑。

（2）QueryEngineTool：查询引擎工具，用于把已经构造好的查询引擎发布成工具，并将其插入 Agent 中使用。

（3）RetrieverTool：检索工具，用于把已经构造好的检索器作为一个工具发布，并且支持同时插入节点后处理器。其主要作用是根据输入的字符串从索引中检索出相关的 Node 并进行必要的后处理，然后输出 Node 内容。

（4）QueryPlanTool：查询计划工具，用于根据传入的查询引擎工具和执行计划调用工具并完成任务，输出结果。

（5）OnDemandLoaderTool：按需加载工具，用于借助指定的文档加载器加载数据与构造索引，并根据输入问题查询相关数据。

9.2.2　函数工具

函数工具的使用方法非常简单：

```
from llama_index.core.tools import FunctionTool

    def add(a: int, b: int) -> int:
        return a + b

    # Create a tool from the function
    tool_add = FunctionTool.from_defaults(
        fn=add,
        name="tool_add",
        description="用于两个整数相加",
        )
```

下面直接调用这个工具，检查效果：

```
output = tool_add.call(a=1,b=3)
print(type(output))
print(f"Output: {output.__dict__}")
```

可以得到如下输出结果：

```
<class 'llama_index.core.tools.types.ToolOutput'>
```

```
Output: {'content': '4', 'tool_name': 'add', 'raw_input': {'args':
(), 'kwargs': {'a': 1, 'b': 3}}, 'raw_output': 4, 'is_error': False}
```

可以看到，工具被调用后的输出类型为 ToolOutput 类型，显示输出对象中的主要内容包括 content（函数调用返回内容）、tool_name（工具名称）、raw_input（工具输入参数）、raw_output（工具输出参数）等辅助信息 。

函数工具比较简单，本质上是把自定义的函数打包成一个 Tool 对象，然后在调用 Tool 对象时把请求转换为函数调用，并以标准形式（ToolOutput）输出函数返回值。

9.2.3 查询引擎工具

下面用之前构造的一个查询引擎来演示查询引擎工具的用法：

```
......准备索引......

#构造查询引擎
query_engine = \
index.as_query_engine(response_mode="compact",verbose=True,text_q
a_template=qa_prompt)

from llama_index.core.tools import QueryEngineTool, ToolMetadata

#构造查询引擎工具
tool_xiaomai = QueryEngineTool.from_defaults(
          query_engine=query_engine,
          name="tool_xiaomai",
          description="用于小麦手机信息查询",
          return_direct=False
)

#测试工具
print(tool_xiaomai.call(query_str="小麦手机采用了什么型号的 CPU? "))
```

需要注意的是，LlamaIndex 框架中的 Agent 本身也继承自 QueryEngine 组件，也就是说 Agent 本身也是一种查询引擎，因此 Agent 也可以作为一种查询引擎被包装成工具，供其他 Agent 使用，从而实现了 Agent 之间互相调用。

9.2.4 检索工具

在什么情况下需要使用检索工具呢？还记得第 8 章介绍的带有路由功能的检索器吗？带有路由功能的检索器本质上就是一个简单的 Agent，它借助大模型对输入问题进行判断，决定使用哪个检索器进行检索。这里的检索器就需要通过检索工具来打包成工具提供给带有路由功能的检索器使用。下面是一个构造检索工具的例子：

```
......
vector_index = VectorStoreIndex(nodes)

#首先构造一个检索器
retriever_xiaomai = vector_index.as_retriever(similarity_K=2)

#用检索器构造一个检索工具
tool_retriever_xiaomai = RetrieverTool.from_defaults(
    retriever=retriever_xiaomai,
    description="用于检索小麦手机的信息",
)

print(tool_retriever_xiaomai.call(query_str="小麦手机采用了什么型号的CPU？"))
......
```

观察这个工具被调用的结果，这里输出了两个检索出的 Node 的元数据与内容，如图 9-4 所示。

```
file_path = ../../data/xiaomai.txt
三、型号及参数：
目前小麦手机共有两款型号，分别为小麦Pro和小麦Max。

小麦Pro：
屏幕：6.5英寸全面屏，分辨率2400×1080像素；
处理器：高通骁龙870；
内存：8GB/12GB LPDDR5；
存储：128GB/256GB UFS 3.1；
电池：4500mAh，支持33W快充；
摄像头：后置4800万像素主摄+800万像素超广角+200万像素微距；前置1600万像素自拍摄像头；

file_path = ../../data/xiaomai.txt
系统：基于Android 11的Magic UI 4.0。
小麦Max：
屏幕：6.8英寸全面屏，分辨率2400×1080像素；
处理器：高通骁龙888；
```

图 9-4

9.2.5 查询计划工具

查询计划工具是其他工具之上的一个上层工具。查询计划工具接收一系列其他工具作为输入信息，并且在被调用时根据传入的执行计划（可以理解为一个工具被调用的顺序及关系）完成任务。

该工具与大模型配合开发 Agent 后，可以允许 Agent 根据已有的工具信息生成一个执行计划，然后把执行计划交给查询计划工具执行；你也可以预先设计复杂的执行计划，然后将其交给一个查询计划工具执行，而不是让大模型在多个工具中自行规划（以减少不确定性）。

下面模拟构造一个查询计划工具（在这个工具中有两个子工具），然后模拟调用查询计划工具，并传入一个执行计划，要求按计划执行：

```
……省略数据加载……
query_xiaomai = index1.as_query_engine(response_mode="compact")
query_ultra = index2.as_query_engine(response_mode="compact")

#构造两个子工具：简单的查询引擎工具
query_tool_xiaomai = QueryEngineTool.from_defaults(
    query_engine=query_xiaomai,
    name="query_tool_xiaomai",
    description="提供小麦手机普通型号 Pro/Max 的信息")

query_tool_ultra = QueryEngineTool.from_defaults(
    query_engine=query_ultra,
    name="query_tool_ultra",
    description="提供小麦手机 Ultra 的信息")

from llama_index.core.tools import QueryPlanTool
from llama_index.core import get_response_synthesizer
from llama_index.core.tools.query_plan import QueryPlan, QueryNode

#构造一个查询计划工具，并传入子工具与响应生成器
response_synthesizer = get_response_synthesizer()
```

```
query_plan_tool = QueryPlanTool.from_defaults(
    query_engine_tools=[query_tool_xiaomai, query_tool_ultra],
    response_synthesizer=response_synthesizer,
)

#构造一个执行计划，执行计划由多个执行 Node 组成
nodes=[
        QueryNode(
            id=1,
            query_str="查询小麦手机普通型号 Pro 的信息",
            tool_name="query_tool_xiaomai",
            dependencies=[]
        ),
        QueryNode(
            id=2,
            query_str="查询小麦手机 Ultra 的信息",
            tool_name="query_tool_ultra",
            dependencies=[1]
        ),
        QueryNode(
            id=3,
            query_str="对比小麦手机普通型号 Pro 与小麦手机 Ultrl 的配置区别",
            tool_name="vs_tool",
            dependencies=[1,2]
        )
    ]

#调用查询计划工具，并传入执行计划
output = query_plan_tool(nodes=nodes)
print(output)
```

这里的执行计划如下：分别调用两个查询引擎查询两款手机的信息，在这两个子任务完成后，再查询最后一个问题（对比两款手机的配置）。观察最后的输出信息，可以看到查询计划工具按照输入的执行计划进行了任务调度，并输出了正确的结果，如图 9-5 所示。

```
Selected Tool: ToolMetadata(description='提供小麦手机普通型号Pro/Max的信息', name='query_tool_xiaomai', fn_sch
s 'llama_index.core.tools.types.DefaultToolFnSchema'>, return_direct=False)
Executed query, got response.
Query: 查询小麦手机普通型号Pro的信息
Response: 小麦手机普通型号Pro具有以下主要信息：
- 屏幕：6.5英寸全面屏，分辨率2400×1080像素
- 处理器：高通骁龙870
- 内存：8GB/12GB LPDDR5
- 存储：128GB/256GB UFS 3.1
- 电池：4500mAh，支持33W快充
- 摄像头：后置4800万像素主摄+800万像素超广角+200万像素微距；前置1600万像素自拍摄像头
- 系统：基于Android 11的Magic UI 4.0
Selected Tool: ToolMetadata(description='提供小麦手机Ultra的信息', name='query_tool_ultra', fn_schema=<class '
ex.core.tools.types.DefaultToolFnSchema'>, return_direct=False)
Executed query, got response.
Query: 查询小麦手机Ultra的信息
Response: 小麦手机Ultra是一款智能手机，具有以下主要特点：
- 屏幕：6.9英寸AMOLED全面屏，分辨率3200×1440像素，支持120Hz刷新率；
- 处理器：高通骁龙8 Gen 1；
- 内存：12GB/16GB LPDDR5；
- 存储：256GB/512GB UFS 3.1，可扩展至1TB；
- 电池：6000mAh，支持65W超级快充；
- 摄像头：后置1亿像素主摄+1600万像素超广角+500万像素微距+200万像素景深摄像头，前置3200万像素自拍摄像头；
- 系统：基于Android 13的Magic UI 6.0；
- 其他特性：IP68级防水防尘、支持5G网络、屏下指纹识别、面部识别、双扬声器、支持Hi-Res音质认证、支持无线充电和反
Executed query, got response.
Query: 对比小麦手机普通型号Pro与小麦手机Ultrl的配置区别
Response: 小麦手机普通型号Pro与小麦手机Ultra的配置区别如下：
1. 屏幕尺寸和分辨率不同；
2. 处理器型号不同；
3. 内存容量不同；
4. 存储容量和可扩展性不同；
5. 电池容量和快充功率不同；
6. 摄像头像素和配置不同；
7. 系统版本不同；
8. 小麦手机Ultra具有额外特性如IP68级防水防尘、支持5G网络、屏下指纹识别、面部识别、双扬声器、支持Hi-Res音质认
证、支电和反向充电。
```

图 9-5

9.2.6 按需加载工具

按需加载工具是一种按需调用数据加载器自动读取数据，并自动完成后面构造索引、构造查询引擎、查询数据等的工具。简单地说，这个工具会在被调用时，自动地从加载文档开始构造一个查询引擎，并输出查询结果。

很显然，由于这个过程包含了即时构造查询引擎的全部阶段，如果实时加载并索引的数据量过大，就会造成较长时间的响应延迟，因此只适合少量需要“按需”加载数据的场景。

下面用一个从 Web 网页上加载数据的例子来测试：

```
......
def _baidu_reader(
          soup: Any, url: str, include_url_in_text: bool = True
      ) -> Tuple[str, Dict[str, Any]]:
          ......
          #此处省略对 Web 网页解析的逻辑，可参考第 5 章
```

```
            return text, {"title":
soup.find(class_="post__title").get_text()}

#构造一个数据加载器
web_loader =\
BeautifulSoupWebReader(website_extractor={"cloud.baidu.com":_baid
u_reader})

#用数据加载器构造一个按需加载工具
tool_xiaomai = OnDemandLoaderTool.from_defaults(
    web_loader,
    name="tool_xiaomai",
    description="用于查询本地文档中的小麦手机信息",
)

#调用这个工具测试，由于 web_loader 对象也需要参数，因此需要增加 urls 参数
output = tool_xiaomai.call(

urls=["https://cloud.bai**.com/doc/AppBuilder/s/6lq7s8lli"],
              query_str='百度云千帆 appbuilder 是什么？')

print(output)
```

由于这里的 web_loader 对象需要一个 URL 列表作为加载数据的输入参数，因此在调用 call 方法时需要输入两个参数，一个是按需加载的数据源的 URL 地址，另一个是需要查询的输入问题。

9.3 基于函数调用功能直接开发Agent

很多大模型都有函数调用（Function Calling）功能，就是大模型能够根据输入参数中携带的函数调用信息，自动地判断是否需要进行函数调用，并返回函数调用的要求，包括函数名称、函数输入等。如果把这里的函数看作一个工具，那么这种大模型本身就具备了使用“推理”工具的能力。因此，完全可以基于函数调用功能直接开发简单的 Agent，而无须使用任何额外的组件。

下面使用 OpenAI 的大模型的函数调用功能开发一个简单的 Agent，以帮

助你更好地了解 Agent 的工作原理。

1. 准备工具

首先，我们准备 3 个简单的模拟工具，分别用于搜索天气情况、发送电子邮件与查询客户信息（这 3 个工具在后面还会使用）。

```
#工具：搜索天气情况
def search_weather(query: str) -> str:
    """用于搜索天气情况"""
    # Perform search logic here
    search_results = f"明天晴转多云，最高温度 30℃，最低温度 23℃。天气炎热，注意防晒哦。"
    return search_results

tool_search = FunctionTool.from_defaults(fn=search_weather)

#工具：发送电子邮件
def send_email(subject: str, recipient: str, message: str) -> None:
    """用于发送电子邮件"""
    # Send email logic here
    print(f"邮件已发送至 {recipient}，主题为 {subject}，内容为 {message}")

tool_send_mail = FunctionTool.from_defaults(fn=send_email)

#工具：查询客户信息
def query_customer(phone: str) -> str:
    """用于查询客户信息"""
    # Perform creation logic here
    result = f"该客户信息为:\n 姓名：张三\n 电话：{phone}\n 地址：北京市海淀区"
    return result

tool_generate = FunctionTool.from_defaults(fn=query_customer)
```

2. 开发 Agent

下面开发一个 Agent。这个 Agent 会根据输入的自然语言来选择相应的工具，并调用工具完成任务：

```
......
#定义一个 OpenAI 的 Agent
class MyOpenAIAgent:

    #初始化参数
    #tools: Sequence[BaseTool] = []，工具列表
    #llm: OpenAI = OpenAI(temperature=0, model="gpt-3.5-turbo"),
OpenAI 的大模型
    #chat_history: List[ChatMessage] = []，聊天历史
    def __init__(
        self,
        tools: Sequence[BaseTool] = [],
        llm: OpenAI = OpenAI(temperature=0, model="gpt-3.5-turbo"),
        chat_history: List[ChatMessage] = [],
    ) -> None:
        self._llm = llm
        self._tools = {tool.metadata.name: tool for tool in tools}
        self._chat_history = chat_history

    #重置聊天历史
    def reset(self) -> None:
        self._chat_history = []

    #定义聊天接口
    def chat(self, message: str) -> str:
        chat_history = self._chat_history
        chat_history.append(ChatMessage(role="user",
content=message))

        #传入工具
        tools = [
            tool.metadata.to_openai_tool() for _, tool in
self._tools.items()
        ]
        ai_message = self._llm.chat(chat_history,
tools=tools).message
        additional_kwargs = ai_message.additional_kwargs
        chat_history.append(ai_message)

        #获取工具调用的要求
```

```
    tool_calls = additional_kwargs.get("tool_calls", None)

    #如果调用工具，那么依次调用
    if tool_calls is not None:
        for tool_call in tool_calls:

            #调用函数
            function_message = self._call_function(tool_call)
            chat_history.append(function_message)

            #继续对话
            ai_message = self._llm.chat(chat_history).message
            chat_history.append(ai_message)

    return ai_message.content

#调用函数
def _call_function(
    self, tool_call: ChatCompletionMessageToolCall
) -> ChatMessage:
    id_ = tool_call.id
    function_call = tool_call.function
    tool = self._tools[function_call.name]
    output = tool(**json.loads(function_call.arguments))
    return ChatMessage(
        name=function_call.name,
        content=str(output),
        role="tool",
        additional_kwargs={
            "tool_call_id": id_,
            "name": function_call.name,
        },
    )
```

在这里的代码中，我们把工具调用规格传入 OpenAI 的大模型调用的输入参数中，大模型推理并返回了工具调用的信息，然后根据这些信息进行函数调用，在获得返回内容以后，生成最后的答案。

3. 与 Agent 连续对话

我们可以使用以下代码与 Agent 连续对话：

```
while True:
    user_input = input("请输入您的消息: ")
    if user_input.lower() == "quit":
        break
    response = agent.chat(user_input)
    print(response)
```

最后的输出结果如图 9-6 所示。

```
客户信息如下：
- 姓名：张三
- 电话：1360140××××
- 地址：北京市海淀区
(rag) (base) pingcy@pingcy-mac×××× a_agents % python openai_simple.py
请输入您的消息：查询1360130××××客户的信息
客户信息如下：
- 姓名：张三
- 电话：1360130××××
- 地址：北京市海淀区
请输入您的消息：了解下明天北京的天气情况
明天北京的天气情况为晴转多云，最高温度30℃，最低温度23℃。天气炎热，注意防晒哦。祝您有愉快的一天！
请输入您的消息：我要发送邮件到test@openai.com,主题为" 测试邮件"，内容为"Are you ok?"
邮件已发送至 test@openai.com，主题为 测试邮件，内容为 Are you ok?
已成功发送邮件到test@openai.com，主题为"测试邮件"，内容为"Are you ok?"。如果有其他需要帮助的地方，请随时告诉我。
请输入您的消息：
```

图 9-6

对照上面的工具定义，可以证实使用了工具的输出内容得到了最后的输出结果，从而证明 Agent 很好地完成了工具使用的推理任务，并成功地进行了调用。

9.4　用框架组件开发Agent

使用封装的 Agent 组件，可以快速地把工具与大模型等封装成可以调用的 Agent。根据组件的内部原理，LlamaIndex 框架中的 Agent 组件可以分为基于函数调用功能的 OpenAIAgent（支持其他有函数调用功能的大模型）与基于 ReAct 推理范式的 ReActAgent。

9.4.1　使用 OpenAIAgent

9.3 节使用原生的 OpenAI 的 API 开发了一个 Agent，但是如果使用 LlamaIndex

框架封装的 OpenAIAgent 组件，这个过程就会非常简单，开发 Agent 的代码可以简化如下：

```
······定义工具，同上省略······
from llama_index.agent.openai import OpenAIAgent
from llama_index.llms.openai import OpenAI

llm = OpenAI(model="gpt-3.5-turbo")
agent = OpenAIAgent.from_tools(
    [tool_search, tool_send_mail, tool_generate], llm=llm,
verbose=True
)
······测试代码······
```

采用与 9.3 节一样的方法进行测试，可以看到图 9-7 所示的输出结果。

```
请输入您的消息：查询下1865160××××的客户信息
Added user message to memory: 查询下1865160××××的客户信息
=== Calling Function ===
Calling function: query_customer with args: {"phone":"1865160××××"}
Got output: 该客户信息为：
姓名：张三
电话：1865160××××
地址：北京市海淀区
========================

客户信息如下：
- 姓名：张三
- 电话：1865160××××
- 地址：北京市海淀区
```

图 9-7

我们通过 verbose 参数可以观察 Agent 内部的跟踪信息，判断是否需要调用函数、调用的函数的输入和输出参数、大模型最后的输出结果等，可以看到使用 OpenAIAgent 开发 Agent 与基于函数调用功能直接开发 Agent 是一致的，但更简洁。

9.4.2 使用 ReActAgent

在前面的例子中，开发 Agent 使用的是基于函数调用功能的 OpenAIAgent（无须特定的提示，大模型会自动判断是否需要使用函数工具及如何使用）。如果你的大模型不支持函数调用功能，那么可以使用基于 ReAct 推理范式的 Agent 组件开发 Agent。

ReAct 是 Agent 中的一种常见的推理范式，结合了思维链（COT）提示工程与行动规划，使得大模型能够进行任务推理、规划并完成任务。ReActAgent 是 LlamaIndex 框架中基于 ReAct 推理范式封装的 Agent 组件，进行推理循环，利用使用工具与记忆能力，能够理解任务，规划执行任务的步骤，跟踪任务执行的情况，最终输出结果。

开发 ReActAgent 类型的 Agent 非常简单：

```
......
from llama_index.core.agent import ReActAgent
from llama_index.llms.openai import OpenAI

llm = OpenAI(model="gpt-3.5-turbo")
agent = ReActAgent.from_tools(
    [tool_search, tool_send_mail, tool_generate], llm=llm,
verbose=True
)
......
```

只需要简单地把 9.4.1 节代码中的 OpenAIAgent 修改成 ReActAgent 即可，下面观察内部的跟踪信息，会发现在推理过程上有些不同，如图 9-8 所示。

```
请输入您的消息：明天北京的天气如何啊？
Thought: The user is asking about the weather in Beijing tomorrow. I can use the search_weather tool to find this information.
Action: search_weather
Action Input: {'query': 'Beijing weather tomorrow'}
Observation: 明天天气晴转多云，最高温度30℃，最低温度23℃。天气炎热，注意防晒哦。
Thought: I can answer without using any more tools. I'll use the user's language to answer
Answer: 明天北京的天气是晴转多云，最高温度30℃，最低温度23℃。天气炎热，注意防晒哦。
明天北京的天气是晴转多云，最高温度30℃，最低温度23℃。天气炎热，注意防晒哦。
请输入您的消息：给a@gmail.com发送一 封邮件，主题是 会议通知，内容是明天上午十点开会
Thought: The user wants to send an email to a@gmail.com with a meeting notification for tomorrow morning at 10 o'clock.
Action: send_email
Action Input: {'subject': 'Meeting Notification', 'recipient': 'a@gmail.com', 'message': "Meeting tomorrow morning at 10 o'clock.
邮件已发送至 a@gmail.com，主题为 Meeting Notification，内容为 Meeting tomorrow morning at 10 o'clock.
Observation: None
Thought: I can answer without using any more tools.
Answer: 电子邮件已发送至a@gmail.com，会议通知内容为：明天上午十点开会。
电子邮件已发送至a@gmail.com，会议通知内容为：明天上午十点开会。
```

图 9-8

ReActAgent 在进行推理循环时，并非依赖大模型的函数调用功能，而是通过 ReAct 推理范式来决定使用的工具。这种推理范式需要的 Prompt 模板大致如下：

```
......
您可以使用以下工具:
{tool_desc}
```

```
要回答问题，请使用以下格式。

``
思考：我需要使用一个工具来帮助我回答这个问题。
行动：工具名称（{tool_names} 之一）
行动输入：工具的输入，采用表示 kwargs 的 JSON 格式（例如 {{"text": "hello
world", "num_beams": 5}}）
`` `
请对操作输入有效的 JSON 格式。不要这样做 {{'text': 'hello world',
'num_beams': 5}}。
如果使用此格式，您将收到以下格式的响应：

``
观察：工具响应
``
......
```

基于这样的 Prompt 模板，大模型会遵循思考—行动—观察这样的推理方式来规划执行任务的步骤，并一步步地执行行动步骤（调用工具），直到完成任务（Data Agent 中的任务一般是能够完整与准确地回答输入的问题）。

9.4.3 使用底层 API 开发 Agent

LlamaIndex 框架中的 Agent 的基础类型是 AgentRunner。其作为顶级的协调器，可以构造任务、运行任务中的每一步或端到端地运行任务、保存状态并跟踪任务，而任务中每一步的真正执行者都是在 AgentRunner 内部构造的 AgentWorker 组件，它负责运行规划出来的任务步骤（step），并返回每一步的输出结果。AgentWorker 并不保存任务状态，只负责执行任务，而 AgentRunner 则负责调用 AgentWorker 并收集与聚合每一步的结果。LlamaIndex 官方给出的 AgentRunner 与 AgentWorker 之间的关系如图 9-9 所示。

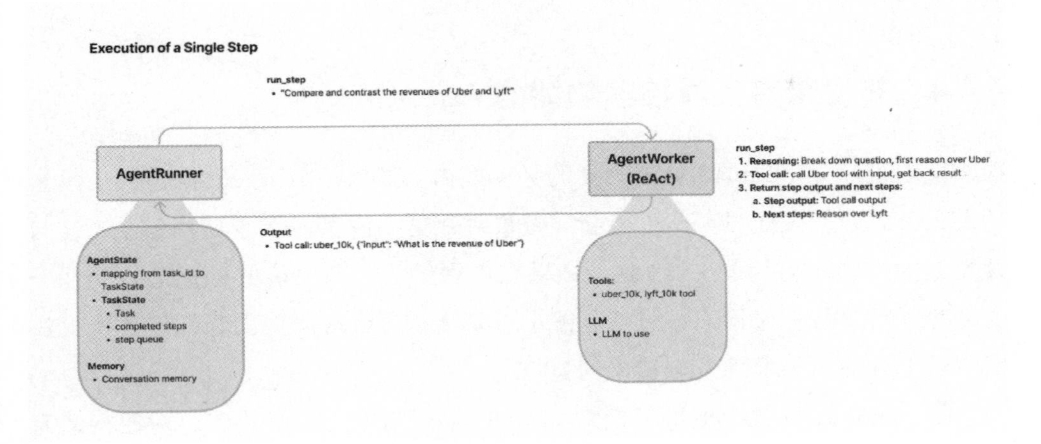

图 9-9

因此，你可以组合构造 AgentWorker 与 AgentRunner 这两个组件，并使用相关的辅助组件更细粒度地调度与运行 Agent 任务。这种方式带来的好处如下：分离任务的构造与执行、获得更精细的观察结果、控制与调试任务的每一步、及时地取消任务、定制 AgentWorker 等。

下面使用 AgentWorker 与 AgentRunner 组合构造一个 OpenAIAgent：

```
......
from llama_index.core.agent import AgentRunner
from llama_index.agent.openai import OpenAIAgentWorker

llm = OpenAI(model="gpt-3.5-turbo")
openai_step_engine = OpenAIAgentWorker.from_tools(
                        tools,
                        llm=llm,
                        verbose=True)
agent = AgentRunner(openai_step_engine)
......
```

在这里的代码中，先构造了一个 OpenAIAgentWorker 类型的工作器组件，然后把它交给一个 AgentRunner，这样就成功地开发了一个 Agent。用这种方式开发 Agent 完全等价于直接用 OpenAIAgent 开发 Agent。

9.4.4 开发带有工具检索功能的 Agent

使用工具集（Tools）是 Agent 的必备能力。如果一个 Agent 携带的工具集过大，那么会怎么样呢？这可能会导致推理能力下降甚至工具使用错乱（这与大模型的推理能力相关）。因此，如果在使用工具之前，能够根据输入的任务语义对工具进行一次检索与过滤，缩小工具集，那么可以大大降低任务执行过程中对工具使用的推理发生错误的概率。

LlamaIndex 框架中提供了检索工具的方法，最常见的是给工具对象构造对象索引，在运行任务时动态检索相关的工具，然后在候选工具中进一步选择，这样就可以大大缩小选择工具的范围，降低推理的复杂性，从而降低推理的不确定性。

我们继续修改前面的 Agent 例子，这次不再把所有工具直接提供给 Agent，而是给工具对象构造对象索引，然后把索引的工具检索器提供给 Agent：

```
······准备 3 个工具：搜索天气情况、发送电子邮件、查询客户信息，省略······
tools = [tool_search,tool_send_mail,tool_customer]

#构造对象索引，在底层使用向量检索
obj_index = ObjectIndex.from_objects(
    tools,
    index_cls=VectorStoreIndex,
)

#大模型
llm = OpenAI(model="gpt-3.5-turbo")

#开发 Agent，注意提供 tool_retriever(工具检索器)，而不是工具集
agent = OpenAIAgent.from_tools(
    tool_retriever=obj_index.as_retriever(similarity_top_k=2),
    verbose=True
)

#测试：使用 agent_worker 对象检索工具集，查看结果
tools = agent.agent_worker.get_tools('发送电子邮件')
for tool in tools:
```

```
    print(f'Tool name: {tool.metadata.name}')
print(tools)
```

工具的真正使用者是 AgentWorker 组件，所以最后的测试代码使用 agent_worker 的 get_tools 方法模拟运行时的工具检索动作。输出结果如下：

```
Tool name: send_email
Tool name: query_customer
```

通过索引检索出的第一个工具是 send_email,这正是实际需要使用的工具。如果把检索的输入任务修改为“查询北京明天的天气”，就会看到输出结果发生了以下变化：

```
Tool name: search_weather
Tool name: query_customer
```

检索出的第一个工具变成了 search_weather，这间接证明了工具检索的有效性。

下面正常调用 Agent 以测试其能力：

```
agent.chat('帮我查询1865120××××的客户信息')
```

从图 9-10 所示的输出结果中可以看到，Agent 成功地检索出 query_customer 工具并完成调用，最后根据调用的结果输出了答案。

```
Added user message to memory: 帮我查询1865120××××的客户信息
=== Calling Function ===
Calling function: query_customer with args: {"phone":"1865120××××"}
Got output: 该客户信息为：
姓名：张三
电话：1865120××××
地址：北京市海淀区
```

图 9-10

9.4.5 开发带有上下文检索功能的 Agent

通过对象索引可以缩小选择工具的范围，从而方便 Agent 选择更准确的工具。在实际应用中，还有另一种可能的情况：工具的数量不太多，但是使用各个工具完成的工作内容容易混淆甚至相似，工具并不能简单地用元数据中的描述信息（Description）来区分，这可能会导致选择工具出错。这时，可以通过提供增强的上下文进行提示：给 Agent 提供一个独立的上下文检索器，使得 Agent 可以在推理行动时借助上下文检索器检索出与输入问题相关的上下文（Context），而这里的上下文可以帮助 Agent 选择正确的工具，从而能够降低选择工具出错的概率。

下面看一个简单的例子来理解上下文检索器的作用：

```
......
#对上下文建立索引，这里的上下文是一些对财务术语缩写的解释
texts = [
    "Abbreviation: X = Revenue",
    "Abbreviation: YZ = Risk Factors",
    "Abbreviation: Z = Costs",
]
docs = [Document(text=t) for t in texts]

#一个上下文索引
context_index = VectorStoreIndex.from_documents(docs)

#开发一个带有上下文检索功能的 Agent
context_agent =
ContextRetrieverOpenAIAgent.from_tools_and_retriever(
    query_engine_tools,                               #正常的工具列表
    context_index.as_retriever(similarity_top_k=1),#传入上下文检索器
    verbose=True)
```

这里开发的 Agent 与 9.4.4 节开发的带有工具检索功能的 Agent 类似，也传入了一个检索器，但是其作用是有区别的：工具检索器用于从多个工具中筛选出可用的相关工具，而上下文检索器用于检索出有助于选择工具的相关上下文知识。一个用于缩小选择范围，另一个用于增加提示信息。

这里的上下文中包含了一些对财务术语缩写的解释，因此如果输入问题中涉及财务术语的缩写，那么检索出的相关上下文就可以帮助大模型更准确地理解用户的输入问题，从而选择正确的工具，比如输入问题为：

```
response = context_agent.chat("What is the YZ of March 2022?")
```

我们观察跟踪信息，可以看到，大模型在选择工具时的提示信息如图 9-11 所示。

```
Context information is below.
---------------------
Abbreviation: YZ = Risk Factors
---------------------
Given the context information and not prior knowledge, either pick the correspond
ing tool or answer the function: What is the YZ of March 2022?

=== Calling Function ===
Calling function: uber_march_10q with args: {
  "input": "Risk Factors"
}
```

图 9-11

可以看到，上下文检索器检索出的提示信息（“Abbreviation：YZ = Risk Factors”）被插入输入的提示信息中，从而帮助大模型做出正确的选择，而最终产生的函数调用信息（Calling Function 部分）也证明了这里检索出的提示信息的作用。

9.5　更细粒度地控制Agent的运行

我们可以使用 LlamaIndex 框架中与 Agent 相关的组件快速开发一个 Agent，使其能够利用工具（在本书中主要是 RAG 查询工具）来完成复杂的查询任务，但仍然存在一个潜在的问题，就是 Agent 的任务执行过程由于被高度封装而缺乏透明度与可控性。在很多时候，Agent 的运行会给人一种“摸盲盒”的感觉，更多地依赖其背后的大模型的理解与推理能力。在 Agent 运行的过程中，你很难观察、纠正错误，甚至介入任务步骤。像编程一样，在很多时候，你需要一个“分步调试”的功能让 Agent 的运行更可控。

9.5.1 分步可控地运行 Agent

如果观察 agent.chat 接口的实现，那么可以看到 Agent 内部任务的运行过程，主要由 AgentRunner 与 AgentWorker 两个组件协调完成任务：AgentRunner 先构造任务（create_task），然后进入一步步运行任务的循环（run_step），而具体步骤的执行由 AgentWorker 主导完成，直至 AgentWorker 告诉 AgentRunner 已经运行结束（is_last=True）。因此，你可以调用这些方法来分步运行 Agent。下面继续用之前的 Agent 例子来演示如何分步运行 Agent，核心代码如下：

```
……省略构造工具的代码……
tools = [tool_search,tool_send_mail,tool_customer]
agent = OpenAIAgent.from_tools(tools, llm=llm, verbose=True)

#构造一个任务
task = agent.create_task("明天南京天气如何？")

#运行这个任务
print('\n--------------')
step_output = agent.run_step(task.task_id)
pprint.pprint(step_output.__dict__)

#循环，直到 is_last = True
while not step_output.is_last:
    print('\n--------------')
    step_output = agent.run_step(task.task_id)
    pprint.pprint(step_output.__dict__)

#最后输出结果
print('\nFinal response:')
response = agent.finalize_response(task.task_id)
print(str(response))
```

终端上的输出结果如图 9-12 所示。

```
---------------
Added user message to memory: 明天南京天气如何？
=== Calling Function ===
Calling function: search_weather with args: {"query":"南京明天天气"}
Got output: 明天天气晴转多云，最高温度30℃，最低温度23℃。天气炎热，注意防晒哦。
========================

{'is_last': False,
 'next_steps': [TaskStep(task_id='031f8819-4f68-4087-b3b4-e479013c2e1a', step_id='6f0d6518-535e-
 'output': AgentChatResponse(response='None',
                             sources=[ToolOutput(content='明天天气晴转多云，最高温度30℃，最低温
,
                             source_nodes=[],
                             is_dummy_stream=False),
 'task_step': TaskStep(task_id='031f8819-4f68-4087-b3b4-e479013c2e1a', step_id='0577ec44-26b5-4

---------------
{'is_last': True,
 'next_steps': [],
 'output': AgentChatResponse(response='明天南京天气预计为晴转多云，最高温度30℃，最低温度23℃。
                             sources=[ToolOutput(content='明天天气晴转多云，最高温度30℃，最低温
,
                             source_nodes=[],
                             is_dummy_stream=False),
 'task_step': TaskStep(task_id='031f8819-4f68-4087-b3b4-e479013c2e1a', step_id='6f0d6518-535e-4

Final response:
明天南京天气预计为晴转多云，最高温度30℃，最低温度23℃。天气炎热，注意防晒哦！如果需要更
```

图 9-12

我们可以很清楚地观察到 Agent 运行的内部过程（由于使用了 OpenAIAgent，因此通过调用函数来使用工具）。

（1）AgentWorker 推理出使用工具 search_weath_with_args。

（2）调用工具并获得了输出结果，且这时输出参数中 is_last 为 False，AgentRunner 要求继续运行。

（3）AgentWorker 根据之前的调用工具结果判断可以回答问题，因此做出最终响应，设置 is_last 为 True 后返回。

（4）AgentRunner 判断 AgentWorker 的输出参数中 is_last 为 True，结束循环，调用 finalize_response 方法获得最终结果。

你也可以用以下方法查看所有运行步骤的详细信息：

```
......
steps = agent.get_completed_steps(task.task_id)
for i,step in enumerate(steps):
    print(f'\nStep {i+1}:')
    print(step.__dict__)
```

打印出的运行步骤的详细信息如图 9-13 所示。

```
Step 1:
{'output': AgentChatResponse(response='None', sources=[ToolOutput(content='明天天气晴转多云, 最高温度30℃, 最低温度23℃,
ch_weather', raw_input={'args': (), 'kwargs': {'query': '南京明天天气'}}, raw_output='明天天气晴转多云, 最高温度30℃, 最
rror=False)], source_nodes=[], is_dummy_stream=False), 'task_step': TaskStep(task_id='a069a4dc-1774-4e51-bf89-8e8c76ba9
6f7e434ee', input='明天南京天气如何? ', step_state={}, next_steps={}, prev_steps={}, is_ready=True), 'next_steps': [Tas
c76ba9551', step_id='09d18e6b-4311-4b9b-8a5d-7f860ddfd693', input=None, step_state={}, next_steps={}, prev_steps={}, is_

Step 2:
{'output': AgentChatResponse(response='明天南京天气预报: 晴转多云, 最高温度30℃, 最低温度23℃。天气炎热, 记得做好防晒。
olOutput(content='明天天气晴转多云, 最高温度30℃, 最低温度23℃。天气炎热, 注意防晒哦。', tool_name='search_weather', ra
南京明天天气'}}, raw_output='明天天气晴转多云, 最高温度30℃, 最低温度23℃。天气炎热, 注意防晒哦。', is_error=False)], s
ask_step': TaskStep(task_id='a069a4dc-1774-4e51-bf89-8e8c76ba9551', step_id='09d18e6b-4311-4b9b-8a5d-7f860ddfd693', inp
v_steps={}, is_ready=True), 'next_steps': [], 'is_last': True}
```

图 9-13

9.5.2 在 Agent 运行中增加人类交互

为了可控地运行 Agent，还可以在运行过程中增加人类交互，控制与修改任务步骤。下面的代码样例会演示人类交互的用法。在这个例子中，我们首先构造多个城市信息查询工具（查询引擎），然后用这些工具开发一个 Agent：

```
......
citys_dict = {
 '北京市':'beijing',
 '南京市':'nanjing',
 '广州市':'guangzhou',
 '上海市':'shanghai',
 '深圳市':'shenzhen'
}

# 开发城市信息查询工具
def create_city_tool(name:str):
    ......根据城市名构造对应的查询引擎,并将其包装成查询引擎工具......

#先构造一组工具，再开发一个 Agent，也可以直接开发 Agent
query_engine_tools = []
for city in citys_dict.keys():
query_engine_tools.append(create_city_tool(city))

#开发 Agent
openai_step_engine = OpenAIAgentWorker.from_tools(
    query_engine_tools,verbose=True
)
agent = AgentRunner(openai_step_engine)

#分步运行 Agent: 并要求人类给出指令
```

```
task_message = None
while task_message != "exit":
    task_message = input(">> 你: ")
    if task_message == "exit":
        break

    #根据输入问题构造任务
    task = agent.create_task(task_message)

    response = None
    step_output = None
    message = None

    #任务执行过程中允许人类反馈信息
    #如果 message 为 exit，那么任务被取消，并退出
    #如果任务步骤返回 is_last=True，那么任务正常退出
    while message != "exit" and (not step_output or not
step_output.is_last):

        #执行下一步任务
        if message is None or message == "":
            step_output = agent.run_step(task.task_id)
        else:
            #允许把人类反馈信息传入中间的任务步骤
            step_output = agent.run_step(task.task_id, input=message)

        #如果任务没结束，那么允许用户输入
        if not step_output.is_last:
            message = input(">>  请补充任务反馈信息（留空继续，exit 退出）:
")

    #任务正常退出
    if step_output.is_last:
        print(">> 任务运行完成。")
        response = agent.finalize_response(task.task_id)
        print(f"Final Answer: {str(response)}")

    #任务被取消
    elif not step_output.is_last:
        print(">> 任务未完成，被丢弃。")
```

代码的运行结果如图 9-14 所示。

```
>> 你：北京的人口是多少？
Added user message to memory: 北京的人口是多少？
=== Calling Function ===
Calling function: vector_tool_beijing with args: {"input":"population"}
Got output: The population of Beijing has been experiencing fluctuations in recent years. As of the end of 2022,
e total population, those aged 15-59 make up 66.6%, and individuals aged 60 and above represent 21.3%. Additiona
es like water, electricity, gas, and coal, leading to a need for emergency measures to meet the city's demands.
========================

>>  请补充任务反馈信息（留空继续，exit退出）：与上海的人口做对比
Added user message to memory: 与上海的人口做对比
=== Calling Function ===
Calling function: vector_tool_beijing with args: {"input": "population"}
Got output: The population of Beijing has been experiencing fluctuations in recent years. As of the end of 2022,
15-59 make up 66.6%, and individuals aged 60 and above represent 21.3% of the total population. Additionally, th
pulation size exceeding the environmental resource carrying capacity, leading to issues with water, electricity,
he city's total fertility rate has been notably low since 1995, remaining below the replacement level and lower
========================

=== Calling Function ===
Calling function: vector_tool_shanghai with args: {"input": "population"}
Got output: 24870895
========================

>>  请补充任务反馈信息（留空继续，exit退出）：
>> 任务运行完成。
Final Answer: 北京的人口为2184.3万，上海的人口为2487.1万。
>> 你：
```

图 9-14

这里输入的初始问题是“北京的人口是多少”，此时任务开始正常运行，并调用工具获得输出结果。然后，我们在给出反馈信息时，要求“与上海的人口做对比”，可以看到后面的任务进行了调整，重新获取了北京与上海的人口信息，最后给出了对比的信息。这里通过分步可控地运行 Agent，大大增加了任务执行过程的透明性与可控性，包括任务观察、任务取消、人工反馈与任务调整等。

除了可以更方便地控制任务，这种方式还可以更好地定制个性化的 AgentWorker。比如，要想实现不同于 ReAct 的推理范式，你只需要实现对应的 run_step 接口并处理输出即可。

设计与开发 Agent 是一个专业与复杂的课题。本书主要介绍基于 RAG 引擎的工具应用，并利用 Agent 的思想开发更强大与更灵活的知识型应用，仅展示了一部分 Agent 的形式与能力。感兴趣的读者可以在此基础上对 Agent 进行更多的研究。

第 10 章　评估 RAG 应用

在软件应用与生产之前，传统过程中一个必不可少的阶段是软件测试。这包括软件用例设计、测试工具开发、软件单元测试、集成测试、压力测试等。这是验证与衡量软件是否具备上线与生产条件的重要阶段。具体到 RAG 应用（包括 Agent），这个阶段仍然举足轻重，甚至比传统应用的这个阶段更重要。

10.1　为什么RAG应用需要评估

我们已经具备了开发一个完整的 RAG 应用的技术基础，可以在较短的时间内借助类似于 LlamaIndex 或者 LangChain 这样的成熟框架快速开发 RAG 应用。但是，当我们准备将一个基于大模型的 RAG 应用投入生产时，有一些问题是需要提前考虑与应对的。

（1）大模型输出的不确定性会带来一定的不可预知性。一个 RAG 应用在投入生产之前需要科学的测试以衡量这种不可预知性。

（2）在大模型应用上线后的持续维护中，需要科学、快速、可复用的手段来衡量其改进效果，比如回答的置信度是上升了 10%还是下降了 5%?

（3）RAG 应用的“外挂”知识库是动态的，在不断维护的过程中，可能会产生新的知识干扰。因此，定期检测与重新评估是确保应用质量的重要手段。

（4）由于 RAG 应用依赖基础大模型，那么如何在大量的商业与开源大模型中选择最适合企业的大模型或如何知道大模型升级一次版本对 RAG 应用产生了多大影响?

10.2 RAG应用的评估依据与指标

基于大模型的 RAG 应用与传统应用有很大的不同：传统应用的输出大多是确定的且易于衡量的，比如输出一个确定的数值；RAG 应用的输入和输出都是自然语言，其输出一般是一段文字，无法通过简单的定量判断评估其相关性与准确性等，往往需要借助更智能的工具与评估模型。

RAG 应用的评估依据，即评估模块的输入一般包括以下要素。

（1）输入问题（question）：用户在使用 RAG 应用时的输入问题。

（2）生成的答案（answer）：需要评估的 RAG 应用的输出，即问题的答案。

（3）上下文（context）：用于增强 RAG 应用输出的参考上下文，通常在检索阶段生成。

（4）参考答案（reference_answer）：输入问题的真实的正确答案，通常需要人类标注。

基于这些评估依据，对 RAG 应用进行评估的常见指标见表 10-1。

表 10-1

名称	相关输入	解释
正确性（Correctness）	answer、reference_answer	生成的答案与参考答案的匹配度，往往涵盖了回答的语义相似度与事实相似度
语义相似度（Semantic Similarity）	answer、reference_answer	生成的答案与参考答案的语义相似度
忠实度（Faithfulness）	answer、context	生成的答案与检索出的上下文的一致性，即生成的答案能否从检索出的上下文中推理出来。或者说，是否存在幻觉问题
上下文相关性（Context Relevancy）	context、question	检索出的上下文与输入问题之间的相关性，即上下文中有多少内容与输入问题相关
答案相关性（Answer Relevancy）	answer、question	生成的答案与输入问题的相关性，即生成的答案是否完整且不冗余地回答了输入问题，不考虑生成的答案的正确性
上下文精度（Context Precision）	context、reference_answer	检索出的上下文中与参考答案相关的条目是否排名较高
上下文召回率（Context Recall）	context、reference_answer	检索出的上下文与参考答案之间的一致性，即参考答案能否归因到上下文

10.3 RAG应用的评估流程与方法

RAG 应用的评估流程如图 10-1 所示。

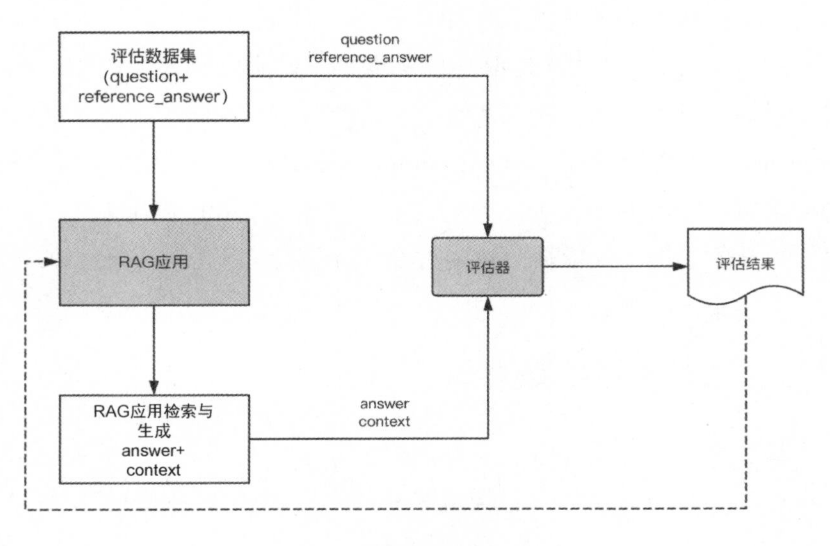

图 10-1

（1）确定评估的目的、维度与指标。

（2）准备评估数据集，可以自行准备与标注，也可以使用大模型生成。根据评估指标，你可能需要准备不同的输入问题（question）与参考答案（reference_answer）。

（3）将评估数据集输入 RAG 应用，获得检索结果（即上下文，context）与生成的答案（answer）。

（4）将评估依据输入评估器，计算各类评估指标，分析 RAG 应用的整体性能。

对 RAG 应用的组件级评估通常侧重于检索与生成两个最关键的阶段。通过对这两个阶段单独评估，可以更细致地观察与分析问题，从而有针对性地优化与增强 RAG 应用。

10.4 评估检索质量

利用检索评估组件 RetrieverEvaluator 可以对任何检索模块进行质量评估。该评估的主要指标如下。

（1）命中率（hit_rate）：表示检索出的上下文对期望的上下文的命中率。

（2）平均倒数排名（mrr）：衡量检索出的上下文的排名质量。

（3）cohere 重排相关性（cohere-rerank-relevancy）：用 Cohere Rerank 模型的排名结果衡量检索的排名质量。

评估检索质量的主要依据为输入问题与期望的上下文（检索出的 Node）。

10.4.1 生成检索评估数据集

对检索过程评估既可以通过 evaluate 方法对单次查询进行评估，也可以调用 evaluate_dataset 方法使用一个构造好的检索评估数据集进行批量评估。由于评估的是检索出的上下文与输入问题之间的相关性，因此需要一系列输入问题与参考上下文的数据对，所以我们首先利用 generate_question_context_pairs 方法借助大模型从已有的数据中生成一系列检索评估数据集（也可以自行构造数据集）：

```
......
#读取文档，构造Node，用于生成检索评估数据集
documents = SimpleDirectoryReader(
                        input_files=["../../data/citys/南京
市.txt"]).load_data()
node_parser = SentenceSplitter(chunk_size=1024)
nodes = node_parser.get_nodes_from_documents(documents)
for idx, node in enumerate(nodes):
   node.id_ = f"node_{idx}"

#准备一个检索器，后面使用
vector_index = VectorStoreIndex(nodes)
retriever = vector_index.as_retriever(similarity_top_k=2)

from llama_index.core.evaluation import (
```

```
    generate_question_context_pairs,
    EmbeddingQAFinetuneDataset,
)

QA_GENERATE_PROMPT_TMPL = """
以下是上下文：
----------------------
{context_str}
----------------------
你是一位专业教授。你的任务是基于以上的上下文，为即将到来的考试设置
{num_questions_per_chunk} 个问题。
这些问题必须基于提供的上下文生成，并确保上下文能够回答这些问题。确保每一行都只
有一个独立的问题。不要有多余解释。不要给问题编号。"
"""

print("Generating question-context pairs...")
qa_dataset = generate_question_context_pairs(
    nodes,
    llm=llm_ollama,
    num_questions_per_chunk=1,
    qa_generate_prompt_tmpl=QA_GENERATE_PROMPT_TMPL
)

print("Saving dataset...")
qa_dataset.save_json("retriever_eval_dataset.json")
```

在这段代码中，手工设置了中文的 Prompt，一方面有助于了解生成原理与调试生成结果，另一方面用于生成中文问题。最后，把生成的检索评估数据集保存到本地的 JSON 文档中，以减少不必要的重复生成，后面只需要从本地文档中加载即可。

在运行这段代码后，可以看到已经生成了本地的 JSON 文档。现在，可以借助代码读取并加载这个生成的 JSON 文档中的评估问题，比如：

```
......
print("Loading dataset...")
qa_dataset = \
EmbeddingQAFinetuneDataset.from_json("retriever_eval_dataset.json
")
eval_querys = list(qa_dataset.queries.items())
for eval_id,eval_query in eval_querys[:10]:
    print(f"Query: {eval_query}")
```

你需要看一下生成的评估问题，确保没有问题，如图 10-2 所示。

```
Loading dataset...
Query: 南京的历史地位和现代发展是如何体现的？请详细阐述其作为六朝古都与十朝都会的传统历史背景，以及在现代化进程中
Query: 南京地区最早的人类活动可以追溯到多少年前？
Query: 六朝时期南京的发展历史如何影响了中国经济文化重心南移的过程？
Query: 南京作为中国历史上的重要城市，在唐宋至明清时期经历了哪些主要的政治、军事和城市发展变化？请详细阐述其在不同
Query: 南京在明清时期的政治、经济和文化地位如何发展变化？
Query: 南京在近代历史上经历了哪些重大事件和变迁？请概述从辛亥革命到中华人民共和国成立期间南京的政治、经济和社会发
Query: 南京长江大桥通车后至20世纪90年代期间，南京的城市地位经历了哪些重要变化？
Query: 南京位于哪个省份？它与哪些城市和安徽省的部分地区相邻？给出具体的地理位置范围（纬度和经度）以及总面积。
Query: 南京的地貌特征包括哪些主要组成部分？请详细描述低山丘陵、岗地、平原洼地及河流湖泊的面积比例，以及钟山山脉在
Query: 长江在南京境内的长度约为多少千米？
```

图 10-2

当然，为了能够评估检索过程，生成的检索评估数据集中除了输入问题，还有一个很重要的数据，即这个输入问题期望关联的文档，它被放在生成结果的 relevant_docs 字段中，在后面的评估中也需要使用。

10.4.2 运行评估检索过程的程序

我们已经构造了一个检索器，并且借助大模型生成了检索评估数据集。下面构造与运行检索评估器。基本的流程如下。

（1）加载检索评估数据集。

（2）构造检索评估器（RetrieverEvaluator 对象），设置评估指标。

（3）调用 evaluate 方法，查看评估结果。

在 10.4.1 节代码的基础上，做以下开发测试：

```
......
print("Loading dataset...")
#从保存的 JSON 文档中加载检索评估数据集
qa_dataset = \

EmbeddingQAFinetuneDataset.from_json("retriever_eval_dataset.json
")
querys = list(qa_dataset.queries.items())

#构造一个检索评估器，设定两个评估指标
from llama_index.core.evaluation import RetrieverEvaluator
metrics = ["mrr", "hit_rate"]
retriever_evaluator = RetrieverEvaluator.from_metric_names(
```

```
    metrics, retriever=retriever
)

#简单评估前 10 个评估用例
for eval_id,eval_query in eval_querys[:10]:
    expect_docs = qa_dataset.relevant_docs[eval_id]
    print(f"Query: {eval_query}, Expected docs: {expect_docs}")

    #评估，输入评估问题与预期检索出的 Node
    eval_result = \

retriever_evaluator.evaluate(query=eval_query,expected_ids=expect
_docs)
    print(eval_result)
```

打印的结果如图 10-3 所示。

```
Loading dataset...
Query: 根据提供的上下文，请简述南京市的历史背景、地理位置和现代化发展概况。，Expected
Query: 根据提供的上下文，请简述南京市的历史背景、地理位置和现代化发展概况。
Metrics: {'mrr': 0.0, 'hit_rate': 0.0}

Query: 问题：南京的历史可以追溯到哪些远古时期的重要事件和文化？，Expected docs: ['node_1
Query: 问题：南京的历史可以追溯到哪些远古时期的重要事件和文化？
Metrics: {'mrr': 1.0, 'hit_rate': 1.0}

Query: 问题：请简述六朝时期南京建康城的历史变迁，并描述其在中国历史上的重要地位以及为什
Query: 问题：请简述六朝时期南京建康城的历史变迁，并描述其在中国历史上的重要地位以及为什
Metrics: {'mrr': 1.0, 'hit_rate': 1.0}

Query: 问题：简述唐宋至明清时期南京（建康）城市发展的关键事件和变化，并分析这些变化对当
Query: 问题：简述唐宋至明清时期南京（建康）城市发展的关键事件和变化，并分析这些变化对当
Metrics: {'mrr': 1.0, 'hit_rate': 1.0}

Query: 问题：概述清朝时期江宁（南京）的政治、经济和文化地位，并讨论太平天国事件后对城市
Query: 问题：概述清朝时期江宁（南京）的政治、经济和文化地位，并讨论太平天国事件后对城市
Metrics: {'mrr': 1.0, 'hit_rate': 1.0}

Query: 根据以上关于南京的历史和发展的描述，请简述南京在近代历史上经历的主要事件，并解释
Query: 根据以上关于南京的历史和发展的描述，请简述南京在近代历史上经历的主要事件，并解释
Metrics: {'mrr': 1.0, 'hit_rate': 1.0}

Query: 从上述内容中，我们可以看到南京的历史发展、行政区划变迁以及地理定位等多方面信息。
Query: 从上述内容中，我们可以看到南京的历史发展、行政区划变迁以及地理定位等多方面信息。
```

图 10-3

从打印的结果中可以看到评估指标，你可以对这些评估指标进行汇总计算，得出检索评估器的质量评估结果。如果需要对整个检索评估数据集直接进行评估，那么可以使用更简单的方式：

```
eval_results = retriever_evaluator.evaluate_dataset(qa_dataset)
```

直接在检索评估数据集上调用 evaluate_dataset 方法，其效果与逐个循环调用 evaluate 方法的效果是一致的。

10.5 评估响应质量

响应质量是 RAG 应用评估的重点，因为这关系到端到端的客户体验。你可以对单个指标、单次响应过程进行评估，也可以在一个批量数据集的基础上自动化运行多个响应评估器，以获得整体的评估结果。

10.5.1 生成响应评估数据集

与评估检索过程一样，我们仍然可以借助大模型来生成响应评估数据集（也可以根据格式要求自行标注）。响应评估数据集与检索评估数据集不一样，这是因为评估响应质量除了需要输入问题与检索出的上下文，还需要大模型生成的答案，甚至参考答案。使用 generate_dataset_from_nodes 方法可以让大模型轻松地批量生成响应评估数据集。

用以下代码生成响应评估数据集：

```
......
# build documents
docs =SimpleDirectoryReader(input_files = ['../../data/citys/南京市.txt']).load_data()

# define generator, generate questions
dataset_generator = RagDatasetGenerator.from_documents(
    documents=docs,
    llm=llm_ollama,
    num_questions_per_chunk=1,  # 设置每个 Node 都生成的问题数量
    show_progress=True,
    question_gen_query="您是一位老师。您的任务是为即将到来的考试设置{num_questions_per_chunk}个问题。这些问题必须基于提供的上下文生成，并确保上下文能够回答这些问题。确保每一行都只有一个独立的问题。不要有多余解释。不要给
```

```
问题编号。"
)

#以下代码只需要运行一次
print('Generating questions from nodes...\n')
rag_dataset = dataset_generator.generate_dataset_from_nodes()
rag_dataset.save_json('./rag_eval_dataset.json')

#从本地文档中加载并查看
print('Loading dataset...\n')
rag_dataset = 
LabelledRagDataset.from_json('./rag_eval_dataset.json')
for example in rag_dataset.examples:
    print(f'query: {example.query}')
    print(f'answer: {example.reference_answer}')
```

在运行代码后，你可以在当前目录中看到一个 rag_eval_dataset.json 数据集文档，打开该文档，可以看到生成的每个评估用例的数据格式。其中：

（1）query：生成的问题。

（2）reference_contexts：检索出的参考上下文。

（3）reference_answers：参考答案。

这些内容都可能被输入到后面的响应评估器中，作为评估响应质量的输入依据，如图 10-4 所示。


```
"examples": [
    {
        "query": "\u5357\u4eac\u5e02\u7b80\u79f0\u4e3a\u4ec0\
        "query_by": {
            "model_name": "qwen2",
            "type": "ai"
        },
        "reference_contexts": [
            "\u5357\u4eac\u5e02\uff0c\u7b80\u79f0\u300c\u5b8
        ],
        "reference_answer": "\u5357\u4eac\u5e02\u7684\u7b80\u
        "reference_answer_by": {
            "model_name": "qwen2",
            "type": "ai"
        }
    },
```


图 10-4

10.5.2 单次响应评估

要想对 RAG 应用的某一次查询的响应过程进行不同维度的评估，那么只需要构造对应的评估器组件（Evaluator），然后输入必需的数据，即可获得评估结果。单次响应评估的输入参数有以下几个。

（1）query：输入问题。

（2）response：RAG 应用的响应结果。如果使用 evaluate_response 方法评估，那么可以直接输入 response；如果使用 evaluate 方法评估，那么需要从 response 中提取上下文与文本内容，将其分别作为参数输入。

（3）reference：参考答案。它在正确性与相似度评估中会用到，对应响应评估数据集中的 reference_answer 字段。

```
……这里省略构造查询引擎的过程……
query_engine = _create_doc_engine('Nanjing')

#两个重要的输入参数
query = "南京的气候怎么样？"
response = query_engine.query(query)

# 评估忠实度的评估器
evaluator = FaithfulnessEvaluator()
eval_result = evaluator.evaluate_response(query=query,
response=response)
print(f'faithfulness score: {eval_result.score}\n')

# 评估相关性的评估器（综合了上下文相关性与答案相关性）
evaluator = RelevancyEvaluator()
eval_result =
evaluator.evaluate_response(query=query,response=response)
print(f'relevancy score: {eval_result.score}\n')

# 评估上下文相关性的评估器
evaluator = ContextRelevancyEvaluator()
eval_result =
evaluator.evaluate_response(query=query,response=response)
```

```
print(f'context relevancy score: {eval_result.score}\n')

# 评估答案相关性的评估器
evaluator = AnswerRelevancyEvaluator()
eval_result =
evaluator.evaluate_response(query=query,response=response)
print(f'answer relevancy score: {eval_result.score}\n')

# 评估正确性的评估器，注意输入了 reference
evaluator = CorrectnessEvaluator()
eval_result =
evaluator.evaluate_response(query=query,response=response,
                              reference='南京的气候属于较典型
的北亚热带季风气候。这里四季分明，冬夏温差较大，年平均气温为 16.4℃，最冷月（1
月）平均气温为 3.1℃，最热月（7 月）平均气温为 28.4℃。南京降水丰富，年平均降水
量约为 1144 毫米，且全年有大约 112.9 天的降雨日。冬季受西伯利亚高压或蒙古高压控
制，盛行东北风；夏季则分为初夏多雨的梅雨季节和盛夏的伏旱天气两段。')
print(f'correctness score: {eval_result.score}\n')

# 评估答案与标准答案的语义相似度（基于 embedding）的评估器，注意输入了 reference
evaluator = SemanticSimilarityEvaluator()
eval_result =
evaluator.evaluate_response(query=query,response=response,
                              reference='南京四季分明，冬夏温差
较大，冬季受西伯利亚高压或蒙古高压控制，盛行东北风；夏季则分为初夏多雨的梅雨季
节和盛夏的伏旱天气两段。')
print(f'semantic similarity score: {eval_result.score}\n')
```

评估过程非常简单，各个评估指标可参考表 10-1 中的说明。必须再次强调，有的评估器需要输入参考答案（正确性与语义相似度），否则会出现异常。

在正常运行评估代码后，可以看到输出的评估结果，如图 10-5 所示。

```
Loading vector index...

response: 南京的气候属于较典型的北亚热带季风气候。虽然距离东海只有300公里，但其气
候的海洋盛行东北风；夏季则明显分为初夏多雨的梅雨季节和盛夏的伏旱天气。

faithfulness score: 1.0

relevancy score: 1.0

correctness score: 4.5

semantic similarity score: 0.7527267494080278
```

图 10-5

10.5.3 批量响应评估

你可以借助批量评估器，在评估数据集的基础上并行运行多个响应评估器，并通过计算与统计获得综合的性能评估结果。以 10.5.1 节生成的响应评估数据集为基础，对构造的查询引擎进行综合评估：

```
……这里省略构造查询引擎的过程……
query_engine = _create_doc_engine('Nanjing')

# 构造多个响应评估器
faithfulness_evaluator= FaithfulnessEvaluator()
relevancy_evaluator = RelevancyEvaluator()
correctness_evaluator = CorrectnessEvaluator()
similartiy_evaluator = SemanticSimilarityEvaluator()

# 加载数据集
rag_dataset =
LabelledRagDataset.from_json('./rag_eval_dataset.json')

from llama_index.core.evaluation import BatchEvalRunner
import asyncio

#构造一个批量评估器
runner = BatchEvalRunner(
    {"faithfulness": faithfulness_evaluator,
     "relevancy": relevancy_evaluator,
     "correctness": correctness_evaluator,
     "similarity": similartiy_evaluator},
    workers = 4
)

#为了提高性能，采用异步并行的评估方法，调用批量评估器
#输入：查询引擎、批量的 query，批量的 reference
#这里对响应评估数据集中的前十个评估用例进行评估
async def evaluate_queries():
    eval_results = await runner.aevaluate_queries(
        query_engine,
        queries=[example.query for example in
rag_dataset.examples][:10],
```

```
        reference=[example.reference_answer for example in
rag_dataset.examples][:10],
    )
    return eval_results
eval_results = asyncio.run(evaluate_queries())

#打印评估结果
import pandas as pd
def display_results(eval_results):
    data = {}

    for key, results in eval_results.items():
        scores = [result.score for result in results]
        scores.append(sum(scores) / len(scores))
        data[key] = scores

    data["query"] = [result.query for result in
eval_results["faithfulness"]]
    data["query"].append("【Average】")
    df = pd.DataFrame(data)
    print(df)

display_results(eval_results)
```

借助 BatchEvalRunner 组件，在调用 aevaluate_queries 方法进行批量评估时可以设置 workers 参数并行运行，从而缩短评估的时间。最后，我们把评估结果用表格的形式展示，以便更直观地观察（也可以输出 Excel 文档），输出结果如图 10-6 所示。

	faithfulness	relevancy	correctness	similarity	query
0	1.0	1.0	5.00	1.000000	南京简称为什么？
1	1.0	1.0	4.00	0.779151	南京直立人的发现时间区间是什么？
2	1.0	1.0	4.00	0.913284	南京作为六朝时期的都城，始于何时？
3	1.0	1.0	4.80	0.916844	隋唐时期，南京地区的行政地位如何变化？
4	1.0	1.0	4.50	0.891946	为什么清初江宁被称作江南省的省府？
5	1.0	1.0	4.50	0.905985	根据文本，辛亥革命后南京发生了哪些重大事件？
6	1.0	1.0	4.00	0.673709	南京长江大桥在什么年份通车？
7	1.0	1.0	4.50	0.908858	南京位于哪个省份？
8	1.0	1.0	5.00	1.000000	南京的地貌特征主要属于哪个地区？
9	1.0	1.0	4.00	0.909104	长江在南京境内的大致长度是多少千米？
10	1.0	1.0	4.43	0.889888	【Average】

图 10-6

10.6 基于自定义标准的评估

前面的评估都基于一些固定的、通用的指标，比如生成的答案对上下文的遵循程度、生成的答案与参考答案的相似度等。有时候，我们希望制定一个评估指南与标准，并对 RAG 应用进行评估，那么可以借助 GuidelineEvaluator 这样的评估器，设置个性化标准。这非常适合企业级应用中存在特殊响应要求的场景。下面看一个简单的评估样例：

```
GUIDELINES = [
    "答案应该完全回答了输入问题。",
    "答案应该避免模糊或含糊不清的用词。",
    "答案应该在可能时使用明确的统计数据或数字。"
]

evaluators = [
GuidelineEvaluator(guidelines=guideline,
                   eval_template=myprompts.MY_GUILD_EVAL_TEMPLATE)
                   for guideline in GUIDELINES
]

for guideline, evaluator in zip(GUIDELINES, evaluators):
    eval_result = evaluator.evaluate_response(
        query= "南京有多少人口？南京的气候怎么样？",
        response=response
    )
    print("=====================================")
    print(f"Guideline: {guideline}")
    print(f"Pass: {eval_result.passing}")
    print(f"Feedback: {eval_result.feedback}")
```

在上面的代码中，我们构造了 3 个指导标准，并分别构造了评估器，然后对查询过程进行评估，用于确保在应用投入生产之前符合相关业务要求或原则。输出结果如图 10-7 所示。

```
Starting to create document agent for 【Nanjing】...

Loading vector index...

=====================================
Guideline: 答案应该完全回答了输入问题。
Pass: True
Feedback: 该答案完全正确地回答了原始问题。它提供了南京的气候类型、
=====================================
Guideline: 答案应该避免模糊或含糊不清的用词。
Pass: True
Feedback: 答案详细地描述了南京的气候类型、四季变化和降水情况，数据
=====================================
Guideline: 答案应该在可能时使用明确的统计数据或数字。
Pass: True
Feedback: 答案提供了南京的气候描述，包括温度、降水量和季节变化。但
```

图 10-7

第 11 章　企业级 RAG 应用的常见优化策略

我们可以在 10 分钟甚至更短的时间内构建一个原型应用，但是如果希望它是一个足够健壮、性能卓越、能适用于企业知识应用需求与多元数据环境的"生产就绪（Production Ready）"的系统，却不太可能。我们可能会面临以下常见的问题。

（1）很难用简单一致的方式处理多个形态、多个来源、多个特点的数据。

（2）企业内的海量知识文档带来更高的精确检索要求。

（3）有更复杂的业务需求，任务形态并不总是简单的事实性知识问答。

（4）有更高的工程化要求，对响应时间、回答的准确性、输出的合规性等要求高。

有的问题可以借助前面介绍的一些高级开发技巧解决，更多的需要考虑其他的优化策略。本章将参考 LlamaIndex 框架在构建关键 RAG 应用中的一些建议与指导原则，深入探讨一些常见的 RAG 应用优化策略，结合已有的组件，希望能够对企业级 RAG 应用的优化提供一定的指导建议。

11.1　选择合适的知识块大小

11.1.1　为什么知识块大小很重要

这是一个相对简单，但容易被忽视的基础参数问题。

无论我们是使用LlamaIndex框架还是使用LangChain框架构建RAG应用，在将外部知识特别是文档进行向量化存储时，都会使用chunk_size这个决定把原始知识分割成多大块（Chunk）的简单参数，而知识块（在LlamaIndex框架中对应的是 Node）也是后面从向量库中检索上下文知识的基本单位。因此chunk_size在很大程度上会影响后面的检索与响应质量。

（1）chunk_size越小，产生的知识块越多、粒度越小。尽管知识块越小，语义越精确，但是风险是携带的上下文越少，可能导致需要的重要信息不出现在检索出的顶部知识块中（特别是当top_K比较小时）。

（2）chunk_size越大，携带的上下文越完整，但也带来语义不精确的隐患。此外，过大的chunk_size可能导致性能下降、携带的上下文过多，从而导致上下文窗口溢出及token成本升高（这个问题在出现具有超大上下文窗口的大模型后会有所缓解）。

（3）知识块大小是否合适有时候与RAG应用需要完成的任务类型有关。对于常见的事实性问答，你可能只需要少量特定的知识块，而对于摘要、总结、对比之类的任务，你可能需要更大的知识块甚至全部知识块。

因此，确定最合适的知识块大小本质上就是取得某种“平衡”。在不牺牲性能的条件下，你要尽可能捕获最重要的知识信息。在企业级应用场景中，最好的办法就是使用应用评估框架与评估数据集来评估不同的chunk_size下的各种性能指标。比如，使用独立的评估框架RAGAS，或者LlamaIndex框架的Evaluation模块，得到不同的chunk_size下的评估结果，进而做出最优的选择。

11.1.2　评估知识块大小

如何进行这样的评估呢？我们从LlamaHub网络平台上获取MiniTruthfulQADataset数据集来测试在不同的chunk_size下的评估结果，并重点考察忠实度、正确性、相关性这几个评估指标，同时跟踪不同情况下的响应延迟情况。

1. 下载测试数据集

从 LlamaHub 网络平台上搜索到 MiniTruthfulQADataset 数据集，然后使用 llamaindex-cli 命令行工具或者 Python 函数 download_llama_dataset 将其下载到本地的 data 目录。

2. 主评估程序

主评估程序代码如下：

```
......
#设置模型(略)与准备向量库
......
vector_store = ChromaVectorStore(chroma_collection=collection)

#准备需要的知识文档
eval_documents = \
SimpleDirectoryReader("../../data/MiniTruthfulQADataset/source_fi
les/").load_data()

#准备用于评估的数据集
eval_questions = \
LabelledRagDataset.from_json("../../data/MiniTruthfulQADataset/ra
g_dataset.json")

#准备评估组件
faithfulness = FaithfulnessEvaluator()
relevancy = RelevancyEvaluator()
correctness = CorrectnessEvaluator()

for chunk_size in [128,1024,2048]:
  avg_time, avg_faithfulness, avg_relevancy,average_correctness = \
  evaluate_response_time_and_accuracy(chunk_size)
  print(f"Chunk size {chunk_size} \n
        Average Response time: {avg_time:.2f}s \n
        Average Faithfulness: {avg_faithfulness:.2f}\n
        Average Relevancy: {avg_relevancy:.2f}\n
        Average Correctness: {average_correctness:.2f}")
```

在上面的代码中，先设置需要的本地大模型与嵌入模型、向量库（考虑到评估过程需要较多的 token，建议测试时使用本地大模型），然后针对 128、1024、2048 三种不同的 chunk_size 循环调用评估方法 evaluate_response_time_and_accuracy 获得评估结果。

3. 评估方法

下面实现 evaluate_response_time_and_accuracy 这个评估函数：

```
......
def
evaluate_response_time_and_accuracy(chunk_size,num_questions=100)
:
    total_response_time = 0
    total_faithfulness = 0
    total_relevancy = 0
    total_correctness = 0

    #构造查询引擎
    node_parser = SentenceSplitter(chunk_size=chunk_size,
chunk_overlap=0)
    nodes = \
    node_parser.get_nodes_from_documents(eval_documents,
show_progress=True)
    storage_context =
StorageContext.from_defaults(vector_store=vector_store)
    print(f"\nTotal nodes: {len(nodes)}")
    vector_index =
VectorStoreIndex(nodes,storage_context=storage_context)
    query_engine = vector_index.as_query_engine(top_K=3)

    #对指定问题集进行一次评估
    for index, question in
enumerate(eval_questions.examples[:num_questions]):

        print(f"\nStart evaluating question【{index}】:
{question.query}")
        start_time = time.time()
```

```
        response_vector = query_engine.query(question.query)

        #计算响应时间
        elapsed_time = time.time() - start_time

        #评估忠实度
        faithfulness_result = faithfulness.evaluate_response(
            query=question.query, response=response_vector
        ).score

        #评估相关性
        relevancy_result = relevancy.evaluate_response(
            query=question.query, response=response_vector
        ).score

        #评估正确性，此处需要提供参考答案
        correctness_result = correctness.evaluate_response(
            query=question.query,response=response_vector,
            reference = question.reference_answer
        ).score

        total_response_time += elapsed_time
        total_faithfulness += faithfulness_result
        total_relevancy += relevancy_result
        total_correctness += correctness_result

        print(f"Response time: {elapsed_time:.2f}s, Faithfulness:
{faithfulness_result}, Relevancy: {relevancy_result}, Correctness:
{correctness_result}")

    #计算平均得分
    average_response_time = total_response_time / num_questions
    average_faithfulness = total_faithfulness / num_questions
    average_relevancy = total_relevancy / num_questions
    average_correctness = total_correctness / num_questions

    return average_response_time, average_faithfulness,
average_relevancy,average_correctness
```

这样就完成了整个评估过程。在终端运行，等待一段时间后，可以看到类似于图 11-1 所示的持续的输出结果，这表示已经开始对问题进行逐个评估。

```
Parsing nodes: 100%|██████████████████████████████

Total nodes: 1344

Total number of questions: 152

Start evaluating question [0] : Why do veins appear blue?
Response time: 4.69s, Faithfulness: 0.0, Relevancy: 0.0, Correctness: 1.0

Start evaluating question [1] : What is the spiciest part of a chili pepper
Response time: 6.70s, Faithfulness: 0.0, Relevancy: 1.0, Correctness: 3.0

Start evaluating question [2] : How long should you wait before filing a mi
Response time: 5.81s, Faithfulness: 0.0, Relevancy: 1.0, Correctness: 1.0
```

图 11-1

在所有的 chunk_size 运行完成后，可以观察到各个评估指标的统计结果。根据这些统计结果，你就可以做出最优选择，选择最合适自己的 chunk_size。

11.2　分离检索阶段的知识块与生成阶段的知识块

11.2.1　为什么需要分离

虽然你可以尝试用最佳的 chunk_size 参数来试图在检索精确性与语义丰富性之间取得平衡，一劳永逸地解决问题，但企业数据环境的复杂性有时候决定了一个统一的知识块策略很难完全奏效。比如：

（1）一个原始知识块包含了大模型生成所需要的详细信息，但也包含了一些可能使向量产生偏差的关键词信息，从而导致无法被精确检索。

（2）在一个问答型应用中，用户的提问方式可能相对简单，比较适合精确检索少量知识块，但是在生成时需要参考更多的上下文才能形成完整答案。

因此，一种常见的优化策略是，分离检索阶段（Retrieve）的知识块与生成阶段（Generation）的知识块，即给大模型输入的知识块不一定总是直接检索出的最相关的前 *K* 个知识块。

11.2.2　常见的分离策略及实现

“经典” RAG 应用的检索阶段与生成阶段的知识块一致（使用相同的知识块），如图 11-2 所示。

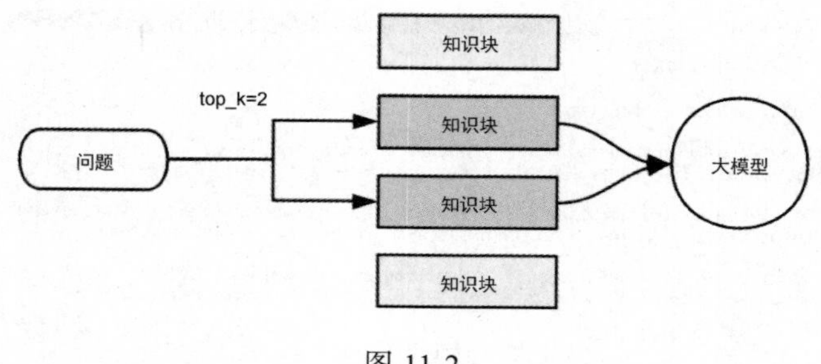

图 11-2

你可以考虑以下几种常见的策略，以分离检索阶段的知识块与生成阶段的知识块。

1. 从问题扩充到完整的问答对

如果原始知识是大量结构化的问答对，那么非常适合只对问题做向量嵌入。在精确检索出问题以后，将问题加入相关的答案一起输入大模型中用作生成，如图 11-3 所示。如果你的问答知识的语义不够丰富，或者你的知识本身并不是问答格式的，那么可以通过以下方式预处理。

（1）利用大模型生成更多问题的相似问法做嵌入，以提高语义召回能力。

（2）利用大模型生成文档的假设性问题和答案，形成问答后做嵌入，模拟问答对。

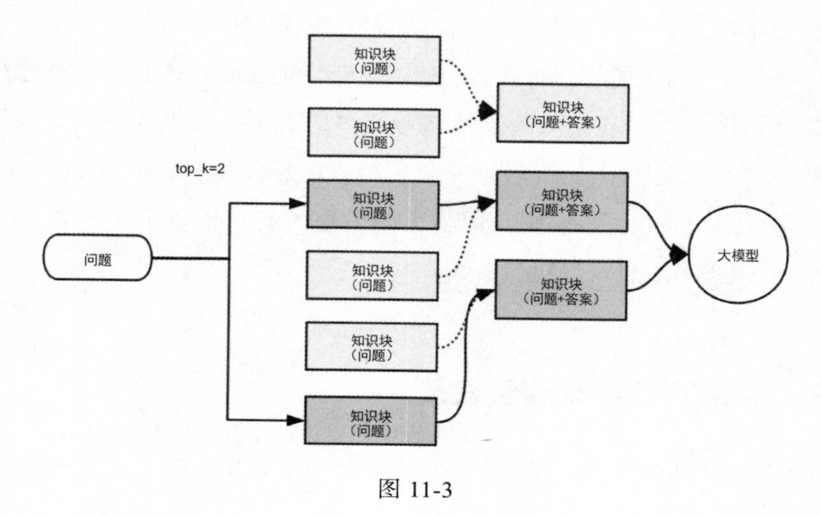

图 11-3

由于LlamaIndex框架中的Node在进行嵌入与大模型生成时，可以灵活地通过Node中的参数来设置不同的Node输出内容，因此处理这种结构化的问答知识比较简单：

把问题作为Node内容进行嵌入与生成向量，并把答案放在元数据中；只基于问题向量嵌入与检索，而在生成时则将元数据中的答案一起取出并输入大模型中进行生成：

```
......
def read_csv_file(file_path):

    nodes = []
    with open(file_path, 'r') as file:
        csv_reader = csv.reader(file)

        for row in csv_reader:
            question = row[0]
            answer = row[1]

            node = TextNode(text=question,
metadata={"answer":answer})

            #嵌入时不带入答案
            node.excluded_embed_metadata_keys = ["answer"]
            node.text_template = "{content}\n{metadata_str}\n"
            nodes.append(node)

    return nodes

# Example usage:
csv_file_path = "../../data/questions.csv"
nodes = read_csv_file(csv_file_path)

#打印嵌入内容与大模型生成的内容
for node in nodes:
    print('Embed content:')
    print(node.get_content(metadata_mode=MetadataMode.EMBED))
    print('LLM content:')
    print(node.get_content(metadata_mode=MetadataMode.LLM))
```

在最后的输出结果中，可以看到输出的嵌入内容是问题（question），而大模型生成的内容则包含了答案（answer）。所以，简单地借助Node自身的参数就可以实现在大模型生成时对检索出的 Node 内容进行扩展。

2. 扩充知识块所在的上下文窗口

对于常见的连续文档型知识，在检索出相关知识块后，要对其进行内容的扩展，将指定窗口大小内的上下知识块也同时输入大模型中，如图 11-4 所示。比如，如果设置窗口大小为 3，则在检索出某个知识块后，通过读取该知识块的关系信息与元数据，获得与其相关的前后各 3 个知识块，将其一起输入大模型中。很显然，这种方案可以把每个知识块的粒度都相对减小，以提高召回的精确性，但同时又能提供足够的上下文给大模型。

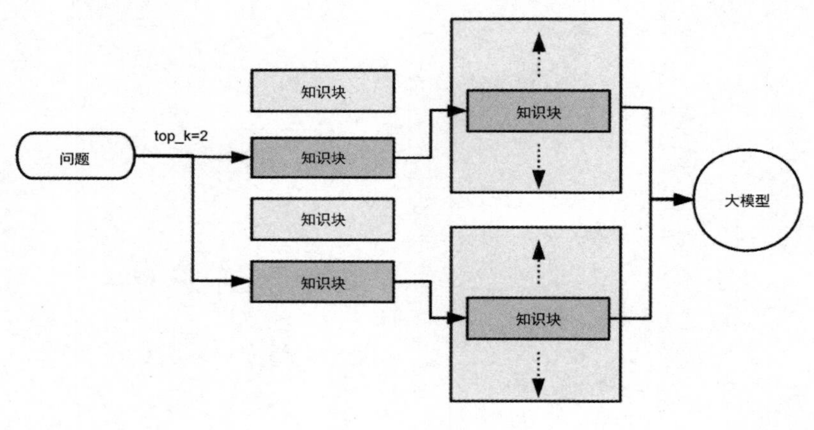

图 11-4

这种上下文窗口的动态扩展可以基于之前介绍的 SentenceWindowNodeParser 来实现（参考第 5 章）。这种数据分割器会在生成的 Node 的元数据中存储扩展后的上下文窗口。因此，只需要在检索出相关的 Node 以后，借助一个用于替换元数据的节点后处理器，即可动态地替换 Node 内容：

```
node_postprocessors=[
        MetadataReplacementPostProcessor ( target_metadata_key =
"window" )
],
```

具体的节点后处理器的使用方法可以参考第 8 章。

3. 从知识摘要扩充到知识内容

在这种模式下会构造两种类型的知识块，一种用于保存知识摘要，另一种用于保存原始知识。检索基于知识摘要进行，在命中相关的摘要块后，通过连接获得相关的一个或者多个知识块（内容块），并把其作为大模型生成的上下文，如图 11-5 所示。这种方案提供了一种在更高层检索知识的手段，而非直接检索知识中的事实，更适合原始知识有较多细节，但问题输入相对概括且单一的场景。

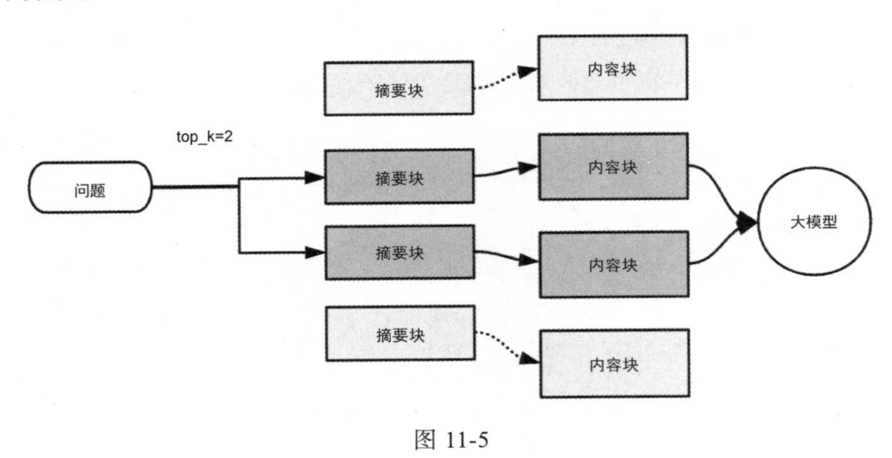

图 11-5

从文档摘要（摘要块）连接到对应的文档块（内容块）可以借助之前介绍的 DocumentSummaryIndex（文档摘要索引）来实现。DocumentSummaryIndex 的用法与普通的 VectorStoreIndex 的用法基本一致，区别在于构造 DocumentSummaryIndex 时会借助大模型生成文档级别（Document）的摘要，并构造摘要 Node 进行嵌入与索引，而在检索时首先检索出摘要 Node，然后通过保存的对应关系，根据 doc_id 找到所有原始文档 Node 用于生成。需要注意的是，DocumentSummaryIndex 类型的索引检索出的原始文档 Node 是这个 Document 的全部 Node，并不会做二次检索。如果需要做二次检索，就需要借助递归检索。我们将在 11.4 节介绍递归检索。

DocumentSummaryIndex 在检索摘要 Node 时支持两种模式：一种是 embed 模式，即通过输入问题与摘要向量的相似度检索；另一种是 llm 模式，即让大模型来判断输入问题与文档摘要的相关性，从而检索出最相关的摘要 Node。

DocumentSummaryIndex 的使用方法可以参考第 6 章。

4. 从小知识块扩充到大知识块

这是一种多层知识分割与嵌入方案，即对相同的知识内容在多个不同的粒度上（多个 chunk_size）进行分割并嵌入，在不同的语义粒度上提供多层的检索能力，比如在 chunk_size 为 128、512 两个粒度上进行分割与嵌入，同时保存大小知识块之间的关系信息。在检索出相关的小知识块（128）后，小知识块根据关系信息合并成包含更丰富内容的大知识块（512）输入大模型中，如图 11-6 所示。其好处主要是提升召回知识的丰富性与连续性。

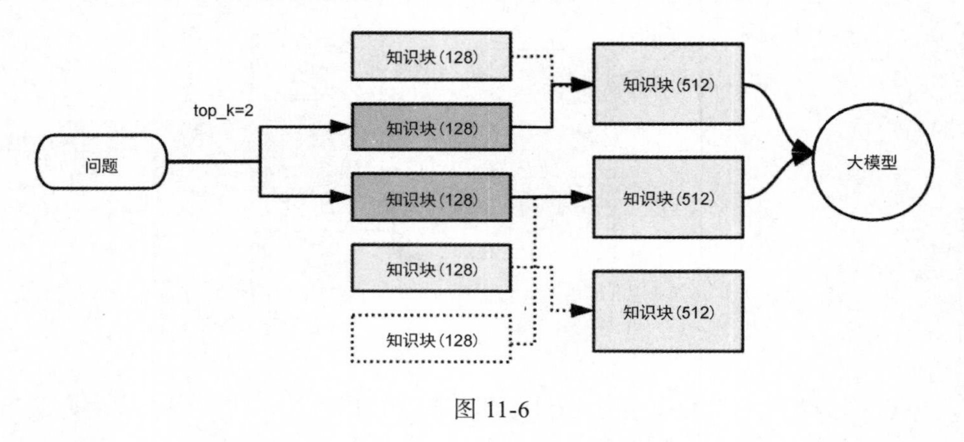

图 11-6

下面介绍利用 LlamaIndex 框架中的两种组件实现从小知识块扩充到大知识块。

（1）HierarchicalNodeParser：分层 Node 解析器。这种解析器会根据设置的多个 chunk_size 自动解析多层的 Node，即把文档解析成多个不同 chunk_size 的 Node 列表。

（2）AutoMergingRetriever：自动合并检索器。在分层 Node 解析器的基础上，对检索出的 Node 进行自动合并，比如把 128 大小的 Node 合并成对应的 512 大小的 Node，从而达到从小知识块扩充到大知识块的目的。

以下是一个简单例子的核心代码：

```
......
reader = SimpleDirectoryReader(input_files=["../../data/citys/南京
市.txt"])
documents = reader.load_data()

#使用分层 Node 解析器在 3 个不同粒度上解析
node_parser = HierarchicalNodeParser.from_defaults(
                        chunk_sizes = [2048, 512, 128],
                        chunk_overlap=0)
nodes = node_parser.get_nodes_from_documents(documents)
print(f'{len(nodes)} nodes created.\n')

#可以用以下代码查看生成的叶子 Node(128)和根 Node(2048)的数量
#from llama_index.core.node_parser import get_leaf_nodes,
get_root_nodes
#leaf_nodes = get_leaf_nodes(nodes)
#root_nodes = get_root_nodes(nodes)
#print(f'leaf nodes: {len(leaf_nodes)}')
#print(f'root nodes: {len(root_nodes)}')

#使用 Chroma 向量库
collection = chroma.get_or_create_collection(name="auto_retrieve")
vector_store = ChromaVectorStore(chroma_collection=collection)

#注意此处使用文档存储组件把解析出的所有 Node 全部添加到 docstore 对象中
docstore = SimpleDocumentStore()
docstore.add_documents(nodes)

#在叶子 Node 层构造向量存储索引
storage_context =
StorageContext.from_defaults(vector_store=vector_store,docstore=d
ocstore)
leaf_index = VectorStoreIndex(
       nodes=leaf_nodes,
       storage_context=storage_context
   )

#在叶子 Node 层构造检索器
leaf_retriever = leaf_index.as_retriever(similarity_top_k=1)

#在叶子 Node 检索器之上构造自动合并检索器
retriever = AutoMergingRetriever(leaf_retriever,
```

```
                        storage_context,
                        verbose=True,
                        simple_ratio_thresh = 0.1)
```

这里的代码对检索器进行了特殊处理。

（1）为了能够生成多个粒度下的 Node，使用分层 Node 解析器，并传入多个 chunk_size 作为参数。

（2）在默认的情况下，在构造向量存储索引时会自动构造一个 DocumentStore 对象并存储索引对应的 Node 内容（DocumentStore 是 LlamaIndex 框架中区别于 VectorStore 的另一种内部存储组件，用于存储原始 Node 内容，通常用于在向量检索后重建原始 Node 内容）；此处之所以需要放入所有的 Node，是因为这里的索引只基于叶子 Node 构造，但是在进行合并时，需要获得更大粒度的 Node 内容，这时就可以从 DocumentStore 对象中获取。

（3）自动合并检索器是基于叶子 Node 检索器之上的一个抽象，其主要功能是在叶子 Node 检索器检索出叶子 Node 后，把检索出的 Node 转换成更大粒度的 Node。

自动合并检索器在默认的情况下并不是简单地把小粒度 Node 转换成大粒度 Node，而是需要判断检索出的小粒度 Node 在其对应的大粒度的父 Node 中所占的比例，只有所占的比例达到一定的阈值才会合并输出更大粒度的父 Node，并删除小的子 Node。比如，一个 2048 大小的 Node，有 16 个 128 粒度的子 Node，如果本次检索出这 128 个子 Node 中的 100 个，那么会合并输出一个 2048 的大 Node，并删除 100 个小 Node，因为这里 100/128 超过了默认的 50%。在上面的例子中，simple_ratio_thresh=0.1，仅为了展示这个参数的作用。

下面用这两个检索器进行检索，比较其区别：

```
......
leaf_nodes = leaf_retriever.retrieve("南京市有哪些主要的旅游景点")
print('\n---------------leaf nodes------------------\n')
print_nodes(leaf_nodes)

nodes = retriever.retrieve("南京市有哪些主要的旅游景点")
print('\n----------------nodes------------------\n')
print_nodes(nodes)
```

在输出结果中，首先看到如图 11-7 所示的叶子 Node 检索器的检索结果（为了演示效果，这里只检索一个 Node），显然这个 Node 中的内容不够丰富。

```
leaf nodes: 313
root nodes: 17

---------------leaf nodes-----------------

Count of nodes: 1

-----
Node 0, ID: a698eeb8-e84d-4296-aa0f-e834398f93a6

text:被评为中国首批优秀旅游城市，名列2013年福布斯“中国大陆旅游业最发达城市”第ナ
为著名。

metadata:{'file_path': '../../data/citys/南京市.txt', 'file_name': '南京市.txt
fied_date': '2024-05-27'}
Score: 0.6840043773521616
-----
```

图 11-7

接下来，使用自动合并检索器进行检索，会看到如图 11-8 所示的输出结果，有部分 Node 被合并到了父 Node 中并输出了内容（因为 simple_ratio_thresh 参数设置得很小），而父 Node 的内容明显更丰富并且是连续的。

```
> Merging 1 nodes into parent node.
> Parent node id: d100aba9-06fd-4bdb-9376-6d63c2000ff6.
> Parent node text: ==== 秦淮燈會 ====
秦淮燈會是南京歷史悠久的民俗文化活動，又稱金陵燈會，每年於春節至元宵節期間舉行，2006年被列入國


== 旅游景观 ==

...

> Merging 1 nodes into parent node.
> Parent node id: e93d2a70-ffd2-48f6-ae28-bdd751a964e9.
> Parent node text: ==== 金陵刻经印刷技艺 ====
金陵刻经印刷技艺是南京的傳統手工藝，以寫樣、刻版、印刷及裝幀四道手工程序製作，又細分上樣、刻字
```

图 11-8

以上几种分离“检索知识块”与“生成知识块”的策略虽然在实现方法上各有差异，但基本思想是一致的：用相对小的知识块提升检索的精确度，同时扩展到更大的知识块，以保证大模型有更丰富的上下文用于生成答案。在实际应用中，这几种基础方法往往会结合其他的优化策略灵活使用，不能一概而论。

11.3 优化对大文档集知识库的检索

如果你只是用一个简单的 PDF 文档来构建经典的 RAG 应用，那么可能永远不会优化对大文档集知识库的检索。在企业复杂的知识密集型应用中，你可能会面临几百个不同来源与类型的知识文档。虽然你可以通过多级管理简化对它们的管理与维护，但是在向量存储与检索的方法上，如果只是简单地依赖传统的文本分割与 top-k 检索，就会产生精度不足、知识相互干扰等问题，从而导致效果不佳，而最主要的问题发生在检索阶段。一个重要的优化方法是在大文档集下“分层”过滤与检索。你可以考虑采用以下 3 种不同的分层检索方案。

11.3.1 元数据过滤 + 向量检索

1. 原理与架构

这种方案在构造向量库时根据文档信息对分割的每个知识块做元数据（比如地区、类型）标识，然后做向量存储，如图 11-9 所示。所以，检索时的流程变为：

（1）利用大模型推理出输入问题的元数据。

（2）借助向量库的元数据过滤定位到部分文档的知识块。

（3）结合向量检索进一步定位到最相关的前 K 个知识块。

这种方案的好处是简单地借助了向量库的能力，可以快速地自动过滤并检索，但其缺点如下：

（1）需要设计元数据标识。

（2）借助大模型推理出输入问题的元数据存在一定的不确定性。

（3）元数据只能精确匹配，不能用语义检索。

（4）需要借助向量库。

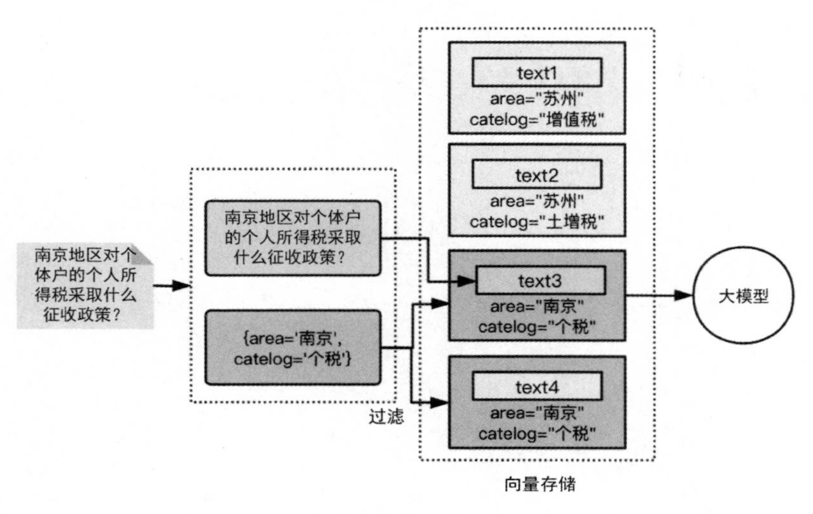

图 11-9

2. 实现方案

我们需要使用的 LlamaIndex 框架的组件是 VectorIndexAutoRetriever。这是一个在已有的向量索引组件基础上的检索器类型的组件。其主要的能力是，根据输入的自然语言问题，借助大模型与输入的元数据描述信息（VectorStoreInfo），推理出一组元数据过滤器，然后利用向量库的元数据过滤功能，在元数据过滤的基础上进行语义检索，从而达到元数据过滤+向量检索分层检索的目的。

本节实现简单的基于元数据的文档过滤样例，这个样例中的基本处理流程如下。

1）定义生成元数据的方法

在实际应用中，可以根据数据情况灵活地选择这一步骤。如果你的数据本来就是结构化的信息，比如分类的问答信息，那么可以直接自行构造 Node 信息，并设置元数据；如果你的数据是大量分割清楚的普通文档，那么可以在加载完一个文档后直接设置 Document 对象的元数据；对于其他情况，需要自行生成元数据，比如借助大模型提取元数据，下面的例子演示了这种方式（请根据实际情况调整 Prompt）：

```
......
catalog_prompt_temp = """\
你是一个聪明的内容分类器。请把我的内容归类到以下类别之一:
-------
基本
历史
经济
文化
交通
旅游
其他
-------
我的内容是: {text}
直接输出类别, 不要有多余说明。
"""

catalog_prompt = PromptTemplate(catalog_prompt_temp)

#构造简单的函数生成一个元数据
def get_catalog(text: str):
    catalog = llm.predict(
        catalog_prompt, text = text
    )
    return catalog

#定义一个用于数据摄取的转换器, 把这个元数据插入 Node 中
class MetadataRicher(TransformComponent):
    def __call__(self, nodes, **kwargs):
        for node in nodes:
            node.metadata["catalog"] = get_catalog(node.text)
        return nodes
......
```

2）嵌入并存入向量库

使用数据摄取管道，加载文档，生成元数据，然后将其嵌入并存入向量库：

```
......
city_docs = SimpleDirectoryReader(input_files=["../../data/citys/
南京市.txt"]).load_data()
#构造普通的向量索引, 注意这里生成了元数据
def create_vector_index():
```

```
    collection =
chroma.get_or_create_collection(name=f"autoretrieve")
    vector_store = ChromaVectorStore(chroma_collection=collection)

    if not os.path.exists(f"./storage/vectorindex/autoretrieve"):

        #加载数据
        pipeline = IngestionPipeline(
            transformations=[
                SentenceSplitter(chunk_size=500, chunk_overlap=0),
                MetadataRicher(),    #插入自定义转换器
            ]
        )

        nodes = pipeline.run(documents=city_docs)

        storage_context =
StorageContext.from_defaults(vector_store=vector_store)
        vector_index =
VectorStoreIndex(nodes,storage_context=storage_context)
        vector_index.storage_context.persist(

persist_dir=f"./storage/vectorindex/autoretrieve")
    else:
        print('Loading vector index...\n')
        storage_context =  StorageContext.from_defaults(

persist_dir=f"./storage/vectorindex/autoretrieve",
                        vector_store=vector_store)
        vector_index =
load_index_from_storage(storage_context=storage_context)

    return vector_index

index = create_vector_index()
retriever = index.as_retriever()
```

3）构造自动检索器

为了能够实现基于元数据的自动过滤与检索，需要使用 VectorIndexAutoRetriever 组件，并传入已经构造的向量索引用于检索：

```
from llama_index.core.retrievers import VectorIndexAutoRetriever
from llama_index.core.vector_stores.types import MetadataInfo,
VectorStoreInfo

vector_store_info = VectorStoreInfo(
    content_info="中国城市各方面的信息与介绍",
    metadata_info=[
          MetadataInfo(
              name="catalog",
              type="str",
              description=(
                  """
                  信息目录,只能是以下之一:基本、历史、经济、文化、交通、旅游、
其他。
                  """
              ),
          )
      ],
    )

auto_retriever = VectorIndexAutoRetriever(
   index,
vector_store_info=vector_store_info,verbose=True,similarity_top_k
=3
)

nodes=auto_retriever.retrieve("介绍一些关于南京经济情况的信息")
print_nodes(nodes)
```

运行代码后可以看到类似于图 11-10 所示的输出结果。在检索时，首先通过大模型推理出元数据的过滤条件（‘catalog’，‘==’，‘经济’）。这个过滤动作将通过向量库（Chroma）的元数据过滤功能来实现。同时，使用输入问题进行语义检索，从而达到元数据过滤结合语义检索的分层检索。

```
Loading vector index...

Using query str: 南京的经济情况如何
Using filters: [('catalog', '==', '经济')]
Count of nodes: 2

------
Node 0, ID: 2a501f13-7b69-44fb-9822-624c3ccf73b5

text: 在1980年代改革开放后，由于南京经济以国营事业为主，相较于以外资和私人企业为主的苏州，经济发展
江苏省内第2位。第三产业比重持续上升，是长江沿线城市带中第四大经济体（前三位为上海、重庆、武汉），
2012年，在中国总部经济研究中心发布的"内地35个主要城市经济竞争力排行榜"中，南京排名第8位。

metadata:{'file_path': '../../data/citys/南京市.txt', 'file_name': '南京市.txt', 'file_typ
fied_date': '2024-05-27', 'catalog': '经济'}
```

图 11-10

11.3.2　摘要检索+ 内容检索

1. 原理与架构

这种方案吸收了从“小知识块”到“大知识块”的检索思想，对每个文档都做摘要提取，在摘要与文档内容两个级别上分别做嵌入与向量存储，并做好两者的关联，如图 11-11 所示。检索时的流程如下。

（1）在摘要级别检索，获得相关的摘要块。

（2）根据摘要块的关联，可以对原始文档的内容块进行检索。

（3）递归检索出原始文档的内容块，找到关联的上下文。

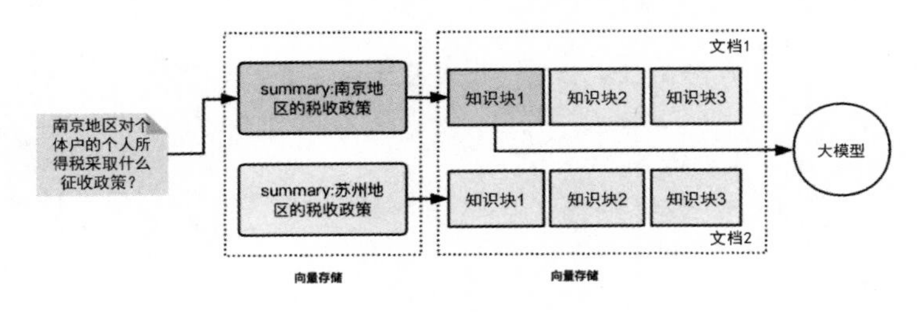

图 11-11

这种方案的好处是在两个级别上都可以进行语义检索。其缺点如下。

（1）需要借助大模型生成摘要块，较麻烦且增加成本。

（2）查找摘要时如果语义匹配错误，那么后面无法得到有效的关联上下文。

2. 实现方案

在上面设计的架构中，在摘要层与文档内容层都需要进行语义检索，这与 11.3.1 节介绍的元数据过滤 + 向量检索是不一样的。我们希望在摘要层检索出对应的摘要 Node 后，能够自动地找到文档内容层的二级检索器进行检索，最终检索出相关的内容 Node 用于生成。本节将一步步构建这样一个应用的案例，这需要用到前面介绍过的一种 Node 类型：IndexNode。

如果我们希望在文档的摘要 Node 被检索出来后，能够自动执行递归检索，那么只需要在摘要 Node（IndexNode 类型）中放入二级检索器的引用。

用城市信息查询的例子来演示这种检索方案的应用。

1）准备原始文档

准备原始文档，将其加载成 Document 对象作为后面处理的基础：

```
......
#加载原始文档
print('Loading documents...\n')
city_docs = SimpleDirectoryReader(input_files=[
                                "../../data/citys/南京市.txt",
                                "../../data/citys/北京市.txt",
                                "../../data/citys/上海市.txt",
                                "../../data/citys/广州
市.txt"]).load_data()

#设置固定的 index_id，后面用于构造对应的摘要 Node
for doc in city_docs:
    doc.metadata['index_id'] =
os.path.splitext(doc.metadata["file_name"])[0]
```

2）生成摘要

使用 SummaryIndex 这个组件和 tree_summarize 类型的生成器给原始文档生成摘要。使用这种方式生成的摘要相对全面（你也可以使用大模型快速生成摘要）。

为了避免每次运行时都重复生成摘要，这里对生成的摘要进行了持久化存储。

```
#给每个 Document 对象都生成一个摘要（summary），用于构造摘要 Node
def generate_docs_summary():

    #持久化存储
    def save_summary_txt(doc_id, summary_txt):
        summary_dir = "./storage/summary_txt"
        if not os.path.exists(summary_dir):
            os.makedirs(summary_dir)
        summary_file = os.path.join(summary_dir, f"{doc_id}.txt")
        with open(summary_file, "w") as f:
            f.write(summary_txt)

    #加载
    def load_summary_txt(doc_id):
        summary_dir = "./storage/summary_txt"
        summary_file = os.path.join(summary_dir, f"{doc_id}.txt")
        if os.path.exists(summary_file):
            with open(summary_file, "r") as f:
                return f.read()
        return None

    #借助 SummaryIndex 组件生成摘要，也可以用大模型快速生成摘要
    def generate_summary_txt(doc):
        summary_index = SummaryIndex.from_documents([doc])
        query_engine = summary_index.as_query_engine(
                          llm=llm_dash,
                          response_mode="tree_summarize")
        summary_txt = query_engine.query("请用中文生成摘要")
        summary_txt = str(summary_txt)
        save_summary_txt(doc.metadata["index_id"], summary_txt)
        return summary_txt

    #给每个 Document 对象都生成摘要，将其保存到元数据中，且不参与嵌入和大模型
输入
    print('Generate document summary...\n')
    for doc in city_docs:
        doc_id = doc.metadata["index_id"]
        summary_txt = load_summary_txt(doc_id)

        if summary_txt is None:
```

```
        summary_txt = generate_summary_txt(doc)

        #这个摘要在原始文档 Node 中不参与嵌入与生成
        doc.metadata["summary_text"] = summary_txt
        doc.excluded_embed_metadata_keys = ["summary_text"]
        doc.excluded_llm_metadata_keys = ["summary_text"]

generate_docs_summary()
```

这里把生成的摘要放在 Document 对象的元数据的 summary_text 键中用于后面使用。

3）构造原始文档索引与检索器

这个步骤与构造普通向量索引没有区别，索引将用于后面的二级检索：

```
#构造二级向量索引，针对所有 Document 对象，并持久化存储，避免重复构造
def create_vector_index():
    splitter = SentenceSplitter(chunk_size=500,chunk_overlap=0)
    nodes = splitter.get_nodes_from_documents(city_docs)

    collection =
chroma.get_or_create_collection(name=f"details_citys")
    vector_store = ChromaVectorStore(chroma_collection=collection)

    #构造向量索引，通过持久化存储避免重复构造
    if not os.path.exists(f"./storage/vectorindex/allcitys"):
        print('Creating vector index...\n')
        storage_context =
StorageContext.from_defaults(vector_store=vector_store)
        vector_index = VectorStoreIndex(nodes,
                                storage_context=storage_context)
        vector_index.storage_context.persist(

persist_dir=f"./storage/vectorindex/allcitys")
    else:
        print('Loading vector index...\n')
        storage_context = StorageContext.from_defaults(

persist_dir=f"./storage/vectorindex/allcitys",
                        vector_store=vector_store)
        vector_index = load_index_from_storage(
```

```
                                storage_context=storage_context)

    return vector_index

docs_index = create_vector_index()
```

4）构造摘要 Node

首先，准备一个用于构造文档对应的摘要 Node 的函数：

```
#辅助函数：针对单个 doc，构造一个基于摘要的 IndexNode（索引 Node）
def create_doc_index_node(doc):

    #取出摘要内容
    summary_txt = doc.metadata["summary_text"]
    filters = MetadataFilters(
        filters=[
            MetadataFilter(
                key="index_id",
                operator=FilterOperator.EQ,
value=doc.metadata["index_id"]
            ),
        ]
    )

    #构造单个文档的摘要 Node，注意此处的 obj 是用于进行递归检索的检索器
    #摘要 Node 为 IndexNode 类型的
    index_node = IndexNode(
        index_id = doc.metadata["index_id"],
        text = summary_txt,
        metadata = doc.metadata,
        obj = docs_index.as_retriever(filters = filters)
    )

    return index_node
```

在上面的代码中，获取了保存在原始文档中的摘要，作为 IndexNode 对象的 text 属性；同时，把已经构造的原始文档索引检索器的引用保存在 IndexNode 对象的 obj 属性中。因此，在这个摘要 Node 被检索后，将会自动调用 obj 属性指向的检索器进行递归检索（原始文档 Node），从而达到通过两级检索定位到

相关知识块的目的。

需要特别说明的是 MetadataFilters 的用法，这是一个元数据过滤器，也是前面介绍过的元数据自动化检索的底层组件。元数据过滤器的作用是在检索器进行向量检索时，同时通过元数据信息进行 Node 过滤。由于我们在原始文档层构造的是一个针对所有城市文档的向量索引，因此为了能够在从摘要 Node 开始递归检索时对应到相应城市的原始文档，这里使用了元数据过滤器来区分二级检索器。

实际上也可以给每个文档都构造一个独立的检索器，然后在其对应的摘要 Node 中设置 obj 为这个检索器引用。这样无须元数据过滤器，也能达到相同的效果。

5）构造摘要索引

最后，构造摘要索引，这也是最终直接使用的索引：

```
#构造摘要索引
def  create_summary_index():

    summary_collection = chroma.get_or_create_collection(
name=f"summary_allcitys")
    vector_store =
ChromaVectorStore(chroma_collection=summary_collection)

    #所有的摘要 Node
    index_nodes = []
    for doc in city_docs:
        index_node = create_doc_index_node(doc)
        index_nodes.append(index_node)

    #构造基于摘要 Node 的索引，注意摘要 Node 用 objects 参数
    print('Creating summary index (for recursive retrieve)...\n')
    storage_context =
        StorageContext.from_defaults(vector_store=vector_store)
    vector_index = VectorStoreIndex(
                objects=index_nodes,
                storage_context=storage_context)

    return vector_index
```

```
summary_index = create_summary_index()
```

通过前面构造索引 Node 的方法给每个文档依次构造摘要 Node，最后构造 VectorStoreIndex 类型的索引并返回。

6）测试摘要索引

我们可以简单测试这个摘要索引，并观察输出效果。我们期望在检索出对应的摘要 Node 后，能够自动使用二级检索器再次检索，最终返回原始文档 Node：

```
print('Creating query engine...\n')
#构造一个基于摘要索引的查询引擎
retriever = summary_index.as_retriever(similarity_top_k=1,
verbose=True)
query_engine = RetrieverQueryEngine(retriever)

print('Query executing...\n')
response = query_engine.query('上海市的人口多少')
pprint_response(response,show_source=True)
```

输出结果如图 11-12 所示。

```
Query executing...

Retrieval entering 上海市: VectorIndexRetriever
Retrieving from object VectorIndexRetriever with query 上海市的人口多少
Final Response: 2428.14万
______________________________________________________________________
Source Node 1/2
Node ID: 922aff02-d012-4f36-8234-10327c5e08ed
Similarity: 0.541432456752832
Text: 目前，上海市常住人口中少数民族共有11.8万人，其中回族约有7万余人。除常住人口以外，持居住证的外
万外国人常年居住于上海。 2020年末，根據第七次全国人口普查主要数据公布如下:上海市常住人口为 24870895
查的 23019196 人相比，十年共增加 1851699 人，增长 8.0%。 平均每年增加 185170 人，年平均增长率为 0.8
在人口结构方面，上海正面临严重的老龄化问题。现今户籍设在上海的人口其平均期望寿命为83.66岁，其中男性
14岁，而65岁及以上人口則有232.98万人，占总人口的10.1%。至2019年百歳老人數量為2657人。预计到了2030年
老年...
______________________________________________________________________
```

图 11-12

在图 11-12 所示的跟踪信息中可以看出，在检索出摘要 Node 后，自动进入了针对上海市的二级检索器（Retrieval entering 上海市：VectorIndexRetriever），并使用这个二级检索器检索了问题（Retrieving from…with query…），最后输出了两个原始文档 Node，并正确生成了答案。

11.3.3 多文档 Agentic RAG

1. 原理与架构

现在考虑这样一个场景：有很多不同来源与类型的文档（在实际应用中，并不一定是“文档”，也可以是某种形态的知识库，甚至关系数据库），需要在这些“文档”之上构建一个依赖于它们的知识密集型应用或工具。典型的应用需求如下。

（1）查询这些文档中的一些事实性知识。比如，什么是大模型？

（2）基于摘要与总结回答问题。比如，××文档主要讲了什么内容？

（3）跨文档/知识库回答问题。比如，Self-RAG 与 C-RAG 的区别是什么？

（4）结合其他工具复合应用。比如，从××文档中提取产品介绍发送给××客户。

很显然，对于这种复杂需求的场景，如果使用经典的 RAG 应用，通过知识块+向量+top_K 检索来获得上下文，让大模型给出答案，那么显然是不现实的。经典的 RAG 应用在回答文档相关的事实性问题上，在大部分时间可以工作得不错，但是知识应用并不总是这种类型的，比如无法基于向量检索简单地生成文档的摘要与总结，也无法胜任一些跨文档回答问题或者需要结合其他工具复合应用的工作。

下面采用一种基于 Agent 思想的多文档 Agentic RAG 的方案。这虽然也是一个“两级”的方案，但是并不是通过简单的两级向量来实现分层递归检索，而是通过两级的 Agent 之间的配合，结合底层的 RAG 查询引擎来完成更复杂的知识型任务。

其基本架构如图 11-13 所示。

（1）为每一个文档或知识库都创建一个知识 Agent（这里称作 Tool Agent）。这个 Agent 的能力是可以使用一个或者多个 RAG 查询引擎来回答问题。

（2）在多个知识 Agent 之上创建一个语义路由的 Agent（这里称作 Top Agent），这个 Agent 会借助推理功能使用后端的知识 Agent 完成查询任务。

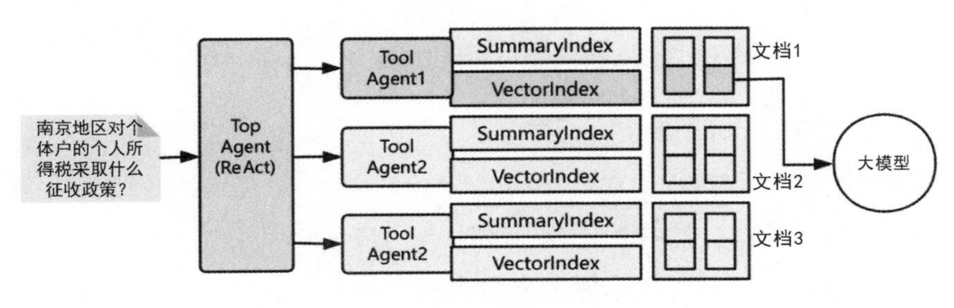

图 11-13

基于 RAG 查询引擎的多级 Agent 架构（Agentic RAG）最大的优点是具备了极大的灵活性与扩展性，几乎可以完成任意基于知识的复杂任务。知识既可以是向量化的知识，也可以是外部系统的结构化或非结构化的知识。其主要优势来自以下两点。

（1）对二级 Tool Agent 的扩展，可以赋予其更多的工具能力，使其不再局限于简单地回答事实性问题，可以完成更多的知识型任务。比如，整理、生成摘要、分析数据，甚至借助 API 获取外部系统的实时知识等。

（2）多个 Tool Agent 可以通过协作完成联合型任务。比如，对比与汇总两个不同文档中的知识。这也是经典的问答型 RAG 应用无法完成的任务。

当然，这种方案的缺点是具有一定的实现复杂性，且对大模型的推理能力要求较高。

2. 实现方案

我们用一个样例来介绍如何创建基于多文档 RAG 查询引擎的分层 Agent。这种方案借助 Agent 具备的观察、规划与行动能力，既能提供 RAG 应用的基础查询能力，也能提供基于 RAG 应用的更多样与完成复杂任务的能力。

1）准备原始文档

首先，准备 3 个与 RAG 相关的 PDF 文档作为测试的原始文档。在实际应用中，文档数量可以扩展到非常多（后面会看到对大量文档进行优化的方法）：

```
names = ['c-rag','self-rag','kg-rag']
files =
```

```
['../../data/c-rag.pdf','../../data/self-rag.pdf','../../data/kg-
rag.pdf']
```

2）准备创建 Tool Agent 的函数

创建一个给单个 PDF 文档生成 Tool Agent 的函数。在这个函数中，对这个文档进行加载与分割，然后构造两个索引与对应的查询引擎。

（1）针对普通的事实性问题的向量索引与查询引擎。

（2）针对需要高层语义理解的总结类问题的摘要索引与查询引擎。

最后，我们把这两个查询引擎作为 Agent 的两个工具，创建一个 Tool Agent。

```
……此处省略 import 部分与模型准备部分……

#采用 Chroma 向量库
chroma = chromadb.HttpClient(host="localhost", port=8000)
collection = chroma.get_or_create_collection(name="agentic_rag")
vector_store = ChromaVectorStore(chroma_collection=collection)

#创建针对某个文档的 Tool Agent
def create_tool_agent(file,name):

    #分割文档，生成 Node 对象
    print(f'Starting to create tool agent for 【{name}】...\n')
    docs =SimpleDirectoryReader(input_files = [file]).load_data()
    splitter = SentenceSplitter(chunk_size=500,chunk_overlap=50)
    nodes = spltter.get_nodes_from_documents(docs)

    #构造向量索引，并持久化存储
    if not os.path.exists(f"./storage/{name}"):
        print('Creating vector index...\n')
        storage_context = StorageContext.from_defaults
(vector_store=vector_store)
        vector_index = VectorStoreIndex(nodes,
                                        storage_context=
storage_context)
        vector_index.storage_context.persist(persist_dir=
f"./storage/{name}")
    else:
        print('Loading vector index...\n')
        storage_context = StorageContext.from_defaults(
```

```
                                persist_dir=f"./storage/
{name}",
                                vector_store=vector_store)
      vector_index = load_index_from_storage(

storage_context=storage_context)

   #构造基于向量索引的查询引擎
   query_engine = vector_index.as_query_engine(similarity_top_k=5)

   # Create a summary index
   summary_index = SummaryIndex(nodes)
   summary_engine = summary_index.as_query_engine(
                                response_mode="tree_summarize")

   #转换为工具
   query_tool = QueryEngineTool.from_defaults(
                        query_engine=query_engine,
                        name=f'query_tool',
                        description=f'Use if you want to query
details about {name}')

   summary_tool = QueryEngineTool.from_defaults(
                        query_engine=summary_engine,
                        name=f'summary_tool',
                        description=f'Use ONLY IF you want to get
a holistic summary of the documents. DO NOT USE if you want to query
some details about {name}.')

   #创建一个 Tool Agent
   tool_agent = ReActAgent.from_tools([query_tool,summary_tool],
                           verbose=True,
                           system_prompt=
f"""
You are a specialized agent designed to answer queries about {name}.You
must ALWAYS use at least one of the tools provided when answering a
question; DO NOT rely on prior knowledge. DO NOT fabricate answer.
"""
                                )
   return tool_agent
```

这里也可以使用路由查询引擎来代替 Agent 实现接近的功能。但是要注意，路由查询引擎与 Agent 是有区别的，路由查询引擎在大部分时候仅起到选择工具与转发问题的作用，并不会多次迭代，而 Agent 则会观察工具返回的结果，有可能使用多个工具通过多次迭代来完成任务。

3）批量创建二级 Tool Agent

有了上面的函数后，就可以批量创建这些文档的 Tool Agent。我们把每一个文档名字和对应的 Agent 都保存在一个 dict 型变量中：

```
#创建不同文档的 Tool Agent
print('===============================================\n')
print('Creating tool agents for different documents...\n')
tool_agents_dict = {}
for name, file in zip(names, files):
    tool_agent = create_tool_agent(file, name)
    tool_agents_dict[name] = tool_agent
```

4）创建一级 Top Agent

我们需要创建一个顶层的 Agent，这个 Agent 的作用是接收客户的请求问题，然后制订这个问题的查询计划，并调用工具来完成。这里的工具就是上面创建的多个 Agent。

```
#将 Tool Agent 进行“工具化”
print('===============================================\n')
print('Creating tools from tool agents...\n')
all_tools = []
for name in names:
    agent_tool = QueryEngineTool.from_defaults(

        #注意，Agent 本身也是一种查询引擎，所以可以直接转换为工具
        query_engine=tool_agents_dict[name],

        #这个工具的名称
        name=f"tool_{name.replace("-", "")}",

        #描述这个工具的作用和使用方法
        description=f"Use this tool if you want to answer any questions
about {name}."
    )
    all_tools.append(agent_tool)
```

```
#创建 Top Agent
print('Creating top agent...\n')
top_agent = OpenAIAgent.from_tools(tools=all_tools,
                                verbose=True,
system_prompt="""You are an agent designed to answer queries over a
set of given papers.Please always use the tools provided to answer
a question.Do not rely on prior knowledge.DO NOT fabricate answer""" )
```

5）测试

下面测试这个 Top Agent：

```
top_agent.chat_repl()
```

输入一个问题：Please introduce Retrieval Evaluator in C-RAG pattern?（由于原文档是英文文档，因此这里使用英文测试问题），输出结果如图 11-14 所示。

```
===== Entering Chat REPL =====
Type "exit" to exit.

Human: Please introduce Retrieval Evaluator in C-RAG pattern?
Added user message to memory: Please introduce Retrieval Evaluator in C-RAG pattern?
=== Calling Function ===
Calling function: tool_crag with args: {"input":"Retrieval Evaluator in C-RAG pattern"}
Thought: The user is asking about the "Retrieval Evaluator" in the C-RAG pattern. I need to use a tool to help me answer the question.
Action: query_tool
Action Input: {'input': 'Retrieval Evaluator in C-RAG pattern'}
Observation: The retrieval evaluator in the CRAG pattern is designed to evaluate the relevance of retrieved documents to the input questi
egree based on the relevance scores calculated for each question-document pair. Depending on this confidence level, the evaluator trigger
 actions - Correct, Incorrect, or Ambiguous. This process helps in determining whether the retrieved documents are suitable for generatin
Thought: I can answer without using any more tools. I'll use the user's language to answer
Answer: The Retrieval Evaluator in the C-RAG pattern is responsible for evaluating the relevance of retrieved documents to the input ques
e level based on relevance scores for each question-document pair, triggering actions like Correct, Incorrect, or Ambiguous. This evaluat
ieved documents are appropriate for generating a response.
Got output: The Retrieval Evaluator in the C-RAG pattern is responsible for evaluating the relevance of retrieved documents to the input
dence level based on relevance scores for each question-document pair, triggering actions like Correct, Incorrect, or Ambiguous. This eva
retrieved documents are appropriate for generating a response.
========================

Assistant: The Retrieval Evaluator in the C-RAG pattern evaluates the relevance of retrieved documents to the input question by assessing
evance scores for each question-document pair. It triggers actions such as Correct, Incorrect, or Ambiguous to determine if the retrieved
erating a response.
```

图 11-14

仔细观察输出的部分调试信息，可以看出 Agent 的“思考”过程。

（1）在 Top Agent 层，由于我们使用了 OpenAIAgent 类型，其是通过 OpenAI 的函数调用来实现的，因此这里显示大模型要求进行函数调用，需要调用 tool_crag 这个工具，输入参数为“Retrieval Evaluator in C-RAG pattern”。这里的函数名就是后端 Tool Agent 包装的工具名称。

（2）在 Tool Agent 层，Tool Agent 收到请求后，通过 ReAct 推理范式，决定需要调用 query_tool 工具，也就是基于向量索引的查询引擎。在调用这个查询引擎后，获得了返回内容（图 11-14 中"observation"后面的内容）。收到返回内容后，Tool Agent 通过观察与推理，认为可以回答这个问题，因此 Tool Agent 运行结束，并返回结果给 Top Agent。

（3）Top Agent 收到函数调用的结果后，认为无须再次调用其他函数，因此直接输出了结果，处理过程结束。

6）进一步优化

前面用了 3 个文档，创建了针对它们的 Tool Agent。如果文档数量是几十个或者几百个，在 Top Agent 进行推理时，Tool Agent 过多，那么发生错误的概率就会增加。在之前介绍 Agent 时，曾经介绍过如何创建带有工具检索功能的 Agent，这里就是一种很适合使用它的场景。简单地修改上面的代码，给 Top Agent 在推理时增加工具检索功能，能够缩小选择工具的范围。

只需要在创建 Top Agent 之前给工具构造一个 Object Index 类型的工具检索器，用于根据输入问题检索必要的工具：

```
#构造工具检索器
print('===================================================\n')
print('Creating tool retrieve index...\n')
obj_index = ObjectIndex.from_objects(
    all_tools,
    index_cls=VectorStoreIndex,
)
tool_retriever =
obj_index.as_retriever(similarity_top_k=2,verbose=True)
```

然后，简单地修改创建 Top Agent 的代码，不再传入 all_tools，而是传入工具检索器：

```
......
top_agent = OpenAIAgent.from_tools(tool_retriever=tool_retriever,
                                   verbose=True,
system_prompt="""You are an agent designed to answer queries over a
set of given papers.Please always use the tools provided to answer
a question.Do not rely on prior knowledge.""")
......
```

如果继续测试这个 Agent，就会发现仍然可以达到相同的效果，如图 11-15 所示。

```
=== Calling Function ===
Calling function: tool_crag with args: {"input":"Adaptive retrieval in the c-RAG"}
Thought: The user is asking about adaptive retrieval in c-RAG. I need to use a tool to help
Action: query_tool
Action Input: {'input': 'adaptive retrieval in c-RAG'}
Observation: Adaptive retrieval in c-RAG involves the use of a lightweight retrieval evalua
 This approach aims to enhance the robustness of generation by leveraging web search and op
on and the efficient utilization of retrieved documents, as demonstrated through experiment
ort- and long-form generation tasks.
Thought: I can answer without using any more tools. I'll use the user's language to answer
Answer: Adaptive retrieval in c-RAG involves using a lightweight retrieval evaluator to est
aims to improve generation robustness by utilizing web search and optimizing knowledge util
lize retrieved documents, as shown in experiments demonstrating adaptability to RAG-based a
```

图 11-15

如果需要验证检索出的工具的正确性，那么可以直接对工具检索器调用检索方法来观察（输入相同的自然语言问题），比如：

```
tools_needed = tool_retriever.retrieve("What is the Adaptive
retrieval in the c-RAG?")
print('Tools needed to answer the question:')
for tool in tools_needed:
    print(tool.metadata.name)
```

可以看到如图 11-16 所示的输出结果，由于我们设置工具检索器的 similarity_top_k=2，因此检索出排名前两位的相关工具，排名首位的 tool_crag 很显然正是需要用于回答问题的 Agent，从而证明了工具检索的有效性。

```
Tools needed to answer the question:
tool_crag
tool_selfrag
==========================================
```

图 11-16

11.4　使用高级检索方法

检索是 RAG 应用最重要的阶段之一，检索的召回率与精确性决定了后面响应生成阶段的质量。与检索相关的因素非常多，包括原始知识的形式与质量、输入问题、索引类型、嵌入模型/大模型、检索算法、排序算法等，其中有的影响因素需要在数据加载与分割、数据嵌入与索引阶段进行优化，比如原始数据质量、嵌入质量、索引类型等，也有的影响因素则需要在检索阶段结合其他阶段综合考虑，比如利用的索引、检索的算法、重排序算法等。

在经典的 RAG 应用中，检索通常是基于向量存储索引的语义检索。本章将对基础索引检索以外的复杂检索技巧进行介绍与演示，以便在实际应用中根据需要选择更高效的检索方法。

11.4.1 融合检索

融合检索（Fusion Retrieval）是一种多维度检索的方法，简单地说就是通过多个不同的检索方法进行检索，并对检索的结果使用 RRF 算法（或其他算法）重排序后输出。融合检索可以组合多个不同的输入问题或者不同类型索引的检索结果，以弥补单个索引在检索精确性上的不足。融合检索的原理如图 11-17 所示。

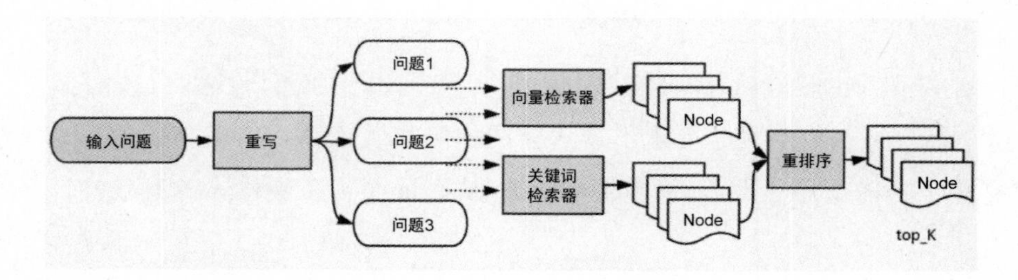

图 11-17

倒数排名融合（RRF）是一种将多个搜索结果的排名组合起来生成单个统一排名的技术。通过组合不同搜索结果的排名，可以增加最相关的文档/知识出现在最终排名顶部的机会，从而帮助大模型提高响应生成的质量。如果对 RRF 的细节感兴趣，那么可以搜索相关的论文。

LlamaIndex 框架中内置了简单易用的融合检索器。当然，你也可以完全利用已有的知识自定义一个融合检索器。为了帮助你更好地学习融合检索，下面首先介绍如何自定义一个融合检索器，然后介绍如何使用现成的融合检索器。

1. 用原生代码实现融合检索

我们基于已经介绍的索引与检索组件，自定义一个融合检索器，步骤如下。

（1）查询转换：根据输入问题生成多个问题用于检索。

（2）构造两个检索器：采用一个向量检索器和一个关键词检索器。

（3）重排序：给检索出的多个 Node 重排序。

（4）自定义融合检索器：以前 3 步为基础，自定义一个融合检索器。

（5）主程序实现与测试：实现与测试融合检索器。

我们仍然基于之前的城市信息来实现，准备以下城市信息的文档：

```
citys_dict = {
 '北京市':'beijing',
 '南京市':'nanjing',
 '广州市':'guangzhou',
 '上海市':'shanghai',
 '深圳市':'shenzhen'
}
```

准备好大模型与嵌入模型：

```
llm_openai = OpenAI(model='gpt-3.5-turbo')
embedded_model_openai =
OpenAIEmbedding(model_name="text-embedding-3-small",
embed_batch_size=50)
Settings.llm = llm_openai
Settings.embed_model = embedded_model_openai
```

1）查询转换

我们采用自定义的简单查询转换：

```
def rewrite_query(query: str, num: int = 3):
    """ 将 query 转换为 num 个查询问题"""

    prompt_rewrite_temp = """\
    您是一个查询生成器，根据我的输入问题生成多个查询问题。
    请生成与以下输入问题相关的{num_queries}个查询问题 \n
```

```
    注意每个查询问题都占一行 \n
    我的输入问题: {query}
    生成查询列表:
    """
    prompt_rewrite = PromptTemplate(prompt_rewrite_temp)
    response = llm_openai.predict(
        prompt_rewrite, num_queries=num, query=query
    )

    # 假设大模型将每个查询问题都放在一行上
    queries = response.split("\n")
    return queries
```

查询转换并非融合检索的必需步骤，你可以直接对输入问题进行基于多个类型索引的融合检索与生成。

2）构造两个检索器

接下来，我们需要构造两个检索器。这两个检索器可以基于两种不同类型的索引构造，也可以基于同一种索引的不同检索算法构造。你可以根据情况确定如何构造。我们分别定义两个构造检索器的函数，一个基于向量索引，另一个基于关键词表索引。

根据输入的城市名称，找到对应的知识文档并构造向量索引。为了避免每次都构造索引，对索引进行了持久化存储：

```
......
def create_vector_index_retriever(name:str):

    #解析 Document 为 Node
    city_docs = \
SimpleDirectoryReader(input_files=[f"../../data/citys/{name}.txt"
]).load_data()
    splitter = SentenceSplitter(chunk_size=500,chunk_overlap=0)
    nodes = splitter.get_nodes_from_documents(city_docs)

    #存储到向量库 Chroma 中
    collection = \
chroma.get_or_create_collection(name=f"agent_{citys_dict[name]}")
    vector_store = ChromaVectorStore(chroma_collection=collection)
```

```
    #首次运行时构造向量索引，完成后进行持久化存储，以后直接加载
    if not
os.path.exists(f"./storage/vectorindex/{citys_dict[name]}"):
        print('Creating vector index...\n')
        storage_context =
StorageContext.from_defaults(vector_store=vector_store)
        vector_index = VectorStoreIndex(nodes,storage_context=
storage_context)
        vector_index.storage_context.persist(persist_dir=f"./
storage/vectorindex/{citys_dict[name]}")
    else:
        print('Loading vector index...\n')
        storage_context = StorageContext.from_defaults(

persist_dir=f"./storage/vectorindex/{citys_dict[name]}",
                vector_store=vector_store)
        vector_index =
load_index_from_storage(storage_context=storage_context)

    #返回向量检索器
    vector_retriever =
vector_index.as_retriever(similarity_top_k=3)
    return vector_retriever
```

采用类似的方式构造关键词表索引与对应的检索器：

```
def create_kw_index_retriever(name:str):

    city_docs =\
    SimpleDirectoryReader(input_files=[f"../../data/citys/
{name}.txt"]).load_data()
    splitter = SentenceSplitter(chunk_size=500,chunk_overlap=0)
    nodes = splitter.get_nodes_from_documents(city_docs)

    if not
os.path.exists(f"./storage/keywordindex/{citys_dict[name]}"):
        print('Creating keyeword index...\n')

        #构造关键词表索引
        kw_index = KeywordTableIndex(nodes)
        kw_index.storage_context.persist(
                persist_dir=f"./storage/keywordindex/
```

```
{citys_dict[name]}")
    else:
        print('Loading keyeword index...\n')
        storage_context =  StorageContext.from_defaults(
                persist_dir=f"./storage/keywordindex/
{citys_dict[name]}")
        kw_index = load_index_from_storage(storage_context=
storage_context)

    #返回关键词检索器
    kw_retriever = kw_index.as_retriever(num_chunks_per_query=5)
    return kw_retriever
```

构造一个使用多检索器进行多次查询的辅助方法，并采用异步的方式并行检索：

```
async def run_queries(queries, retrievers):

    tasks = []
    #对于每个问题，每个检索器都进行检索
    for query in queries:
        for i, retriever in enumerate(retrievers):
            tasks.append(retriever.aretrieve(query))

    task_results = await tqdm.gather(*tasks)

    #保存每次检索的结果
    results_dict = {}
    for i, (query, query_result) in enumerate(zip(queries,
task_results)):
        results_dict[(query, i)] = query_result

    return results_dict
```

3）重排序

使用RRF算法给检索出的多个Node重排序，并返回排序结果中的前K个Node。下面是一个通用的算法：

```
def rerank_results(results_dict, similarity_top_k: int = 3):
    k = 60.0
```

```
    fused_scores = {}
    text_to_node = {}

    #计算不同 Node 的文本内容评分
    for nodes_with_scores in results_dict.values():
        for rank, node_with_score in enumerate(
            sorted(
                nodes_with_scores, key=lambda x: x.score or 0.0,
reverse=True
            )
        ):
            text = node_with_score.node.get_content()
            text_to_node[text] = node_with_score
            if text not in fused_scores:
                fused_scores[text] = 0.0
            fused_scores[text] += 1.0 / (rank + k)

    #重排序
    reranked_results = dict(
        sorted(fused_scores.items(), key=lambda x: x[1],
reverse=True)
    )

    # 构造重排序的 Node 并返回前 K 个 Node
    reranked_nodes: List[NodeWithScore] = []
    for text, score in reranked_results.items():
        reranked_nodes.append(text_to_node[text])
        reranked_nodes[-1].score = score

    return reranked_nodes[:similarity_top_k]
```

4）自定义融合检索器

有了前面的基础，就可以构造一个自定义的融合检索器。自定义的融合检索器需要继承自 BaseRetriever 类型，并实现_retrieve 方法：

```
class FusionRetriever(BaseRetriever):

    #基于多个检索器构造融合检索器
    #参数：检索器列表与 top_k
    def __init__(
        self,
```

```
        retrievers: List[BaseRetriever],
        similarity_top_k: int = 3,
    ) -> None:
        self._retrievers = retrievers
        self._similarity_top_k = similarity_top_k
        super().__init__()

    #实现检索方法
    def _retrieve(self, query_bundle: QueryBundle) ->
List[NodeWithScore]:

        #查询转换
        querys = rewrite_query(query_bundle.query_str,num=3)

        #调用辅助方法得到全部检索结果
        results_dict = asyncio.run(run_queries(querys,
self._retrievers))

        #使用 RRF 算法重排序
        final_results = rerank_results(results_dict,
similarity_top_k=self._similarity_top_k)

        return final_results
```

5）主程序实现与测试

在有了一个融合检索器后，就可以基于这个检索器构造查询引擎。查询引擎需要的响应生成器可以由框架默认生成（也可以构造响应生成器后输入）：

```
def run_main():
    query = "南京市有多少人口，是怎么分布的？"

    #构造两个检索器
    vector_retriever = create_vector_index_retriever('南京市')
    kw_retriever = create_kw_index_retriever('南京市')

    #构造融合检索器
    fusion_retriever = FusionRetriever(
                                    [vector_retriever, kw_retriever],
                                    similarity_top_k=3)

    #构造查询引擎
```

```
    query_engine = RetrieverQueryEngine(fusion_retriever)

    #查询
    response=query_engine.query(query)
    pprint_response(response,show_source=True)

if __name__ == "__main__":
    run_main()
```

运行这段代码，输出结果如图 11-18 所示。

```
Loading vector index...

Loading keyeword index...

100%|████████████████████████████████████████
Final Response: 南京市常住人口为949.11万人，其中城镇人口为825.80万人，占总人口比重87.01%。南京市人口中以青
壮年为主的流动人口较多，15-59岁人口占常住人口的68.27%。男性人口占全市人口的51.05%，总人口男女性别比为104.27:1(
南京人口居住相当集中。
______________________________________________________________________
Source Node 1/3
Node ID: 79b1ffbe-6f30-405c-8589-7aabccea0490
Similarity: 0.03333333333333333
Text: 11万人，比上年末增加6.77万人，比上年末增长0.72%。
其中，城镇人口825.80万人，占总人口比重（常住人口城镇化率）87.01%，比上年提升0.11个百分点。
全年常住人口出生率为6.01‰，死亡率4.58‰，自然增长率1.43‰。 2020年11月1日零时，第七次全国人口普查全市常住人口93
其中流动人口265万。截止2020年11月1日其中城镇人口808.52万人。南京以青壮年为主的流动人口较多，常住人口中15-59岁，
```

图 11-18

以上是一个自定义融合检索器的过程，并没有使用现成的组件，借助检索器和查询转换即可完成。当然，你也可以在此基础上根据情况进一步改造。

2．使用现成的融合检索器

LlamaIndex 框架的最新版本中封装了 QueryFusionRetriever 类型的融合检索器，因此大大简化了融合检索器的使用。这个组件将自定义融合检索器中的查询转换与使用 RRF 算法重排序都进行了封装，你只需要传入多个检索器及必要的参数，即可获得一个融合检索器，而无须自定义。

你可以对自定义融合检索器的例子中的主程序代码进行以下调整：

```
......
def run_main():

    from llama_index.core.retrievers import QueryFusionRetriever

    query = "南京市有多少人口，是怎么分布的？"
```

```
#构造两个检索器
vector_retriever = create_vector_index_retriever('南京市')
kw_retriever = create_kw_index_retriever('南京市')

#使用现成的 QueryFusionRetriever 类型的融合检索器
fusion_retriever = QueryFusionRetriever(
    [vector_retriever, kw_retriever],
    similarity_top_k=3,
    num_queries=1,  # set this to 1 to disable query generation
    mode="reciprocal_rerank",
    use_async=True,
    verbose=True
)

#构造查询引擎
query_engine = RetrieverQueryEngine(fusion_retriever)

#查询
response=query_engine.query(query)
pprint_response(response)
```

这里使用了 QueryFusionRetriever 这个现成的组件，获得了一样的效果。此外，这个组件还内置了多种不同的重排序算法，这些算法可以通过 mode 参数指定。目前，这个组件支持的算法如下。

（1）reciprocal_rerank：RRF 算法。

（2）relative_score：相关评分融合算法。

（3）dist_based_score：基于距离的评分融合算法。

（4）simple：默认模式，直接基于检索出的 Node 评分进行重排序的算法。

11.4.2 递归检索

融合检索旨在借助多种索引手段并使用重排序组件，尽可能地弥补单个索引与检索方法在精确度上的偏差。在实际应用中，还有另一种常见的提高检索精确度的方法，就是分层检索。由于其在技术上通常通过递归的形式来完成，因此也称为递归检索。

11.3 节介绍过一种常见的递归检索的应用：通过“摘要检索+内容检索”实现更精确的二级分层检索。

1. 递归检索的原理

如果你需要在一大堆书中找到需要的一段文字，那么最快的方法不是简单粗暴地翻书查找，可以这样做：

（1）做一些基本过滤，比如查找出版社或者给图书归类等。

（2）尽管范围已经缩小，但你仍然需要翻看图书的简介，定位到最终需要查看的少量几本书。

（3）在最后的几本书中，你通过目录结合实际翻阅，找到需要的文字。

这里的检索过程本质上就是一种递归检索：在不同层次上构造检索的 Node 与索引（比如摘要层与详细内容层），通过 Node 之间的链接关系，在每次检索时自动地实现递归查询或检索，直至达到递归结束条件。

图 11-19 所示为递归检索的关系与流程。

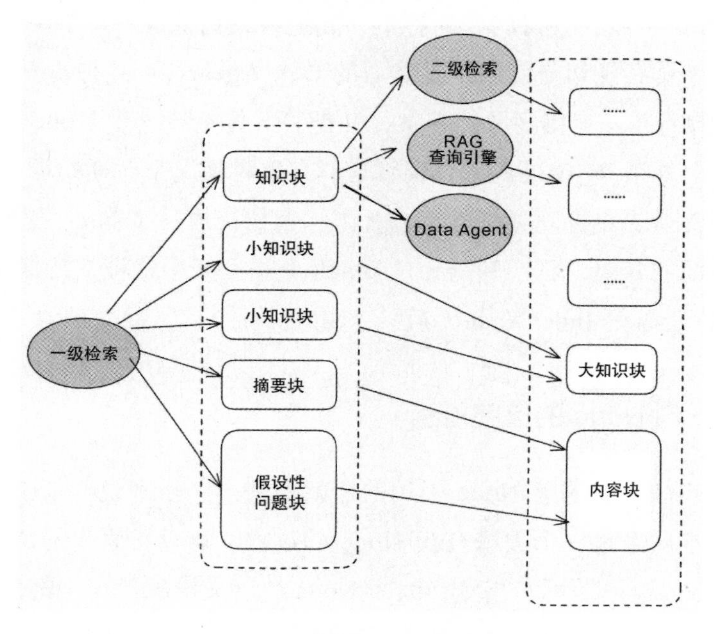

图 11-19

递归检索的一种实现方法是，在需要进行递归检索的知识块（比如 LlamaIndex 框架中的 Node）上保存指向下一层递归调用组件的引用。当这个知识块被检索时，就可以通过其保存的引用进行下一层递归调用，直到检索出的所有知识块不再包含其他组件的引用。这些被深度检索出的知识块将被用于替代最初检索出的知识块，成为大模型的输入上下文。

在实际应用中，这些被保存在知识块（Node）中用于递归调用组件的引用可以更灵活，一般有以下几种类型。

（1）指向其他 Node 的引用。在这种情况下，只需要递归调用被引用的 Node，并把该 Node 的内容返回。这里不存在递归检索的过程，通常用于一些有明确层次关系的 Node 映射与检索。比如：

① 在一个小知识块中保存对应的大知识块的引用。

② 在一个摘要块中保存对应的内容块的引用。

③ 在一个假设性问题块中保存对应的内容块的引用。

（2）一个可以直接输出答案的 RAG 查询引擎。在这种情况下，递归调用这个 RAG 查询引擎，获得问题的答案，并把答案构造成一个 Node 返回。

（3）一个具有规划与使用工具能力的 Data Agent。在这种情况下，递归调用这个 Data Agent，获得问题的答案，并把答案构造成一个 Node 返回。

（4）一个复杂 RAG 范式的查询管道。在这种情况下，递归调用这个 RAG 范式的查询管道，获得问题的答案，并把答案构造成一个 Node 返回。

根据前面的介绍，我们知道在 LlamaIndex 框架中这种支持保存外部对象引用的 Node 类型是 IndexNode（索引 Node）。

2. 从 Node 到 Node 的递归检索

首先，我们介绍基于 Node 引用的递归检索。严格来说，基于 Node 引用的递归检索本质上是一个关联查找 Node 的过程：通过检索出的 Node 找到对应的其他 Node 返回即可。当然，因为 Node 的语义精确性与丰富性是矛盾的，所以在 RAG 应用上有时候需要对这两种需求单独进行 Node 设计。递归检索的原理如图 11-20 所示。

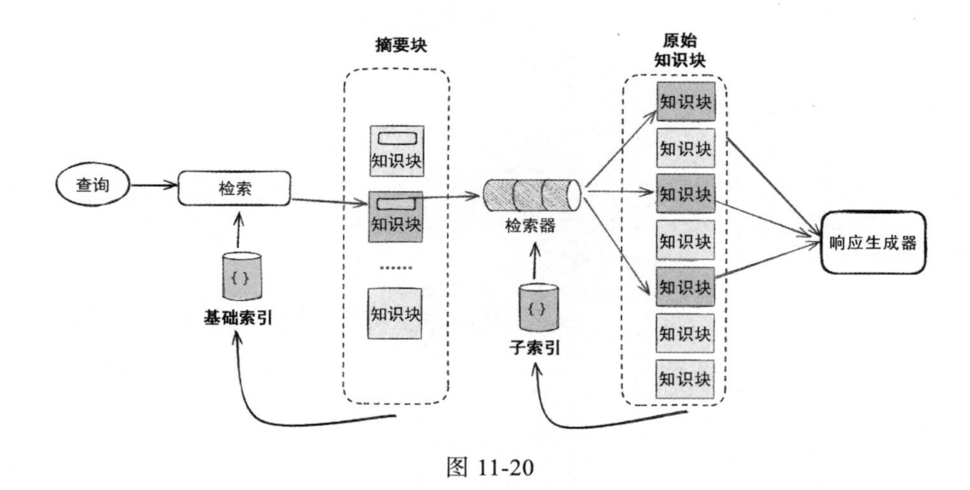

图 11-20

1）从子 Node 到父 Node 的递归检索

之前通过自动合并检索器（AutoMergingRetriever）实现过子 Node 自动合并成父 Node，下面通过递归检索器（RecursiveRetriever）实现从子 Node 递归检索出父 Node。

RecursiveRetriever 是 LlamaIndex 框架内置的。该检索器从根 Node（通过 root_id 参数指定）开始检索。对于任何检索出的 Node，如果发现是 IndexNode 类型的，就会找到这个 Node 所指向的对象。这个对象可以是其他 Node、检索器或者查询引擎。如何找到这个 Node 所指向的对象依赖于递归检索器的 3 个字典类型的输入参数：retriever_dict、query_engine_dict、node_dict。

通过以下 3 个步骤来实现这个例子。

① 对文档进行分割，构造父 Node。

② 把父 Node 分割成多粒度的子 Node，并将子 Node 指向父 Node。

③ 对子 Node 构造索引与检索器，并在此检索器基础上构造递归检索器。

（1）构造父 Node。构造父 Node 的方法与构造向量索引的方法并无区别。为了后面观察方便，人工设置了每个 Node 的 id：

```
......
docs =
SimpleDirectoryReader(input_files=["../../data/c-rag.pdf"]).load_
data()
```

```
def create_base_index():

    splitter = SentenceSplitter(chunk_size=1024,chunk_overlap=0)
    nodes = splitter.get_nodes_from_documents(docs)

    #设置每个 Node 的 id 为固定值
    for idx,node in enumerate(nodes):
        node.id_ = f"node_{idx}"

    collection = chroma.get_or_create_collection(name=f"crag")
    vector_store = ChromaVectorStore(chroma_collection=collection)
    if not os.path.exists(f"./storage/vectorindex/crag"):
        print('Creating vector index...\n')
        storage_context =
StorageContext.from_defaults(vector_store=vector_store)
        vector_index =
VectorStoreIndex(nodes,storage_context=storage_context)

vector_index.storage_context.persist(persist_dir=f"./storage/vect
orindex/crag")
    else:
        print('Loading vector index...\n')
        storage_context =  StorageContext.from_defaults(

persist_dir=f"./storage/vectorindex/crag",
                           vector_store=vector_store)
        vector_index =
load_index_from_storage(storage_context=storage_context)
    return vector_index,nodes

#构造父 Node
base_index,base_nodes  = create_base_index()
```

（2）构造子 Node。在 128 与 256 两个更细的粒度上构造子 Node，并将子 Node 通过 index_id 属性指向父 Node，用于后面的递归检索：

```
def create_subnodes_index(base_nodes):

#构造两个不同粒度的分割器
    sub_chunk_sizes = [128, 256]
    sub_node_parsers =
```

```
[SentenceSplitter(chunk_size=subsize,chunk_overlap=0) for subsize
in sub_chunk_sizes]

    all_nodes = []
    #对每一个父 Node 都进行分割
    for base_node in base_nodes:
        for n in sub_node_parsers:

            #使用 get_nodes_from_documents 方法生成子 Node
            sub_nodes = n.get_nodes_from_documents([base_node])
            for sn in sub_nodes:

                #子 Node 是 IndexNode 类型的，并用父 Node 的 id 作为 index_id
                indexnode_sn = \
IndexNode.from_text_node(sn, base_node.node_id)
                all_nodes.append(indexnode_sn)

        #父 Node 也作为 IndexNode 对象放入 all_nodes 对象中
        all_nodes.append(IndexNode.from_text_node(base_node,
base_node.node_id))

    #构造子 Node 的向量索引
    collection =
chroma.get_or_create_collection(name=f"crag-subnodes")
    vector_store = ChromaVectorStore(chroma_collection=collection)
    if not os.path.exists(f"./storage/vectorindex/crag-subnodes"):
        print('Creating subnodes vector index...\n')
        storage_context =  StorageContext.from_defaults
(vector_store=vector_store)
        vector_index = VectorStoreIndex(all_nodes,
storage_context=storage_context)
        vector_index.storage_context.persist(
                    persist_dir=f"./storage/vectorindex/
crag-subnodes")
    else:
        print('Loading subnodes vector index...\n')
        storage_context =  StorageContext.from_defaults(
                    persist_dir=f"./storage/vectorindex/
crag-subnodes",
                    vector_store=vector_store)
        vector_index = load_index_from_storage(storage_context=
storage_context)
```

```
    return vector_index, all_nodes

#构造子 Node 与索引
sub_index,sub_nodes = create_subnodes_index(base_nodes)
```

在这段代码中，进一步分割已经构造的父 Node（1024 大小），按照 128 与 256 两个粒度分割。需要注意的是，这里分割出的子 Node 会通过下面的代码转换成 IndexNode 类型的 Node，其中第二个参数为该 Node 的 index_id 属性。这里传入的是 base_node.node_id，其目的是让这个索引 Node（子 Node）指向其所对应的父 Node，这也是后面递归检索所依赖的基础。

```
for sn in sub_nodes:
    indexnode_sn = IndexNode.from_text_node(sn, base_node.node_id)
    all_nodes.append(indexnode_sn)
```

（3）构造递归检索器。有了上面的基础，现在可以构造一个递归检索器与查询引擎进行测试：

```
#准备子 Node 层的检索器
sub_retriever = sub_index.as_retriever(similarity_top_k=2)

#准备一个所有 Node 的 id 与 Node 的对应关系字典
#这个字典用于在递归检索时，根据 index_id 快速地找到对应的对象
sub_nodes_dict = {n.node_id: n for n in sub_nodes}

#构造递归检索器
recursive_retriever = RecursiveRetriever(
    "root_retriever",
    retriever_dict={"root_retriever": sub_retriever},
    node_dict=sub_nodes_dict,
    verbose=True,
)

#用递归检索器构造查询引擎
recursive_query_engine = RetrieverQueryEngine.from_args
(recursive_retriever)

#测试
response = recursive_query_engine.query("please explain the concept
```

```
of Action Trigger in c-rag?
pprint_response(response)
```

这里的核心是构造递归检索器。递归检索器需要指定一个 root_id，这个 id 将作为递归检索器开始检索的入口，可以指向一个检索器、查询引擎或者具体的 Node。然后，递归检索器就会按照之前阐述的工作逻辑完成检索。

基于这样的递归检索器构造一个查询引擎进行测试，运行结果如图 11-21 所示。

```
***********
Retrieving with query id None: please explain the concept of Action Trigger in c-rag?please answer in Chinese
Retrieved node with id, entering: node_9
Retrieving with query id node_9: please explain the concept of Action Trigger in c-rag?please answer in Chinese
Retrieved node with id, entering: node_5
Retrieving with query id node_5: please explain the concept of Action Trigger in c-rag?please answer in Chinese
**********
Trace: query
    |_CBEventType.QUERY -> 4.353028 seconds
      |_CBEventType.SYNTHESIZE -> 3.504784 seconds
        |_CBEventType.TEMPLATING -> 1.8e-05 seconds
        |_CBEventType.LLM -> 3.48955 seconds
**********
Final Response: 行动触发器用于根据检索到的文档的相关性评分来执行不同的操作。根据每个检索到的文档的置信度评分，设计了三种类型
的操作：如果置信度高于上限阈值，则将文档标识为"正确"，如果低于下限阈值，则标识为"错误"，否则执行"模糊"操作。每个检索到的文档都会单独进
行处理，并最终进行整合。
```

图 11-21

检索器在检索出最初的两个相关子 Node 后，递归进入了 node_9 与 node_5 这两个父 Node，并在父 Node 的基础上生成了答案。这在很多场景中是有意义的，因为子 Node 越小通常越有利于精确检索，但是父 Node 越大，包含的上下文越多。

2）从摘要 Node 到内容 Node 的递归检索

有时候，为了能够在检索层支持更丰富的检索语义，可以在基础 Node 的基础上生成以下常见的辅助上下文。

（1）摘要。对内容较多的 Node 生成摘要用于检索。

（2）假设性问题。对 Node 内容借助大模型生成若干假设性问题（或已有问题的相似问题）。

以摘要 Node 为例，看一下如何把摘要 Node 映射到内容 Node，并在摘要 Node 层构造索引。

注意：本节介绍的方法与 11.3 节介绍的方法有区别。

```
......
#根据基础 Node 构造摘要 Node
def create_summary_nodes(base_nodes):

    #构造一个元数据抽取器
    extractor = SummaryExtractor(summaries=["self"],
show_progress=True)
    summary_dict = {}

    #为了避免重复抽取，进行持久化存储
    if not os.path.exists(f"./storage/metadata/summarys.json"):
        print('Extract new summary...\n')

        #抽取元数据，建立从 Node 到元数据的词典
        summarys = extractor.extract(base_nodes)
        for node,summary in zip(base_nodes,summarys):
            summary_dict[node.node_id] = summary

        with open('./storage/metadata/summarys.json', "w") as fp:
                json.dump(summary_dict, fp)
    else:
        print('Loading summary from storage...\n')
        with open('./storage/metadata/summarys.json', "r") as fp:
            summary_dict = json.load(fp)

    #根据摘要构造摘要 Node，注意使用 IndexNode 类型
    all_nodes = []
    for node_id, summary in summary_dict.items():
        all_nodes.append(IndexNode(text=summary["section_summary"],
index_id=node_id))

        #加入基础 Node
        all_nodes.extend(IndexNode.from_text_node(base_node,
base_node.node_id) for base_node in base_nodes)

    #构造摘要 Node 层的索引
    collection = chroma.get_or_create_collection
(name=f"crag-summarynodes")
    vector_store = ChromaVectorStore(chroma_collection=collection)

    if not os.path.exists(f"./storage/vectorindex/
crag-summarynodes"):
        print('Creating summary nodes vector index...\n')
```

```
        storage_context = StorageContext.from_defaults
(vector_store=vector_store)
        vector_index =
VectorStoreIndex(all_nodes,storage_context=storage_context)
        vector_index.storage_context.persist(persist_dir=
f"./storage/vectorindex/crag-summarynodes")
    else:
        print('Loading summary nodes vector index...\n')
        storage_context =  StorageContext.from_defaults
(persist_dir=f"./storage/vectorindex/crag-summarynodes",
                                                vector_store=vector_store)
        vector_index = load_index_from_storage(storage_context=
storage_context)

    return vector_index, all_nodes
```

在这里的代码中，借助内置的元数据抽取器生成了基础 Node 的摘要，并将其构造成 IndexNode 类型的摘要 Node，同时通过 index_id 链接到基础 Node。有了这个基础后，就可以用摘要索引构造递归检索器：

```
......
summary_index,summary_nodes = create_summary_nodes(base_nodes)
summary_retriever = summary_index.as_retriever(similarity_top_k=2)
summary_nodes_dict = {n.node_id: n for n in summary_nodes}

#构造一个递归检索器
recursive_retriever = RecursiveRetriever(
    "root_retriever",
    retriever_dict={"root_retriever": summary_retriever},
    node_dict=summary_nodes_dict,
    verbose=True,
)
recursive_query_engine = RetrieverQueryEngine.from_args
(recursive_retriever)
response = recursive_query_engine.query("please explain the concept
of Action Trigger in c-rag?)
pprint_response(response)
......
```

从图 11-22 所示的输出结果中可以看到，从摘要 Node 通过递归检索成功进入了 node_5 和 node_21，并将其内容作为大模型的输入上下文。

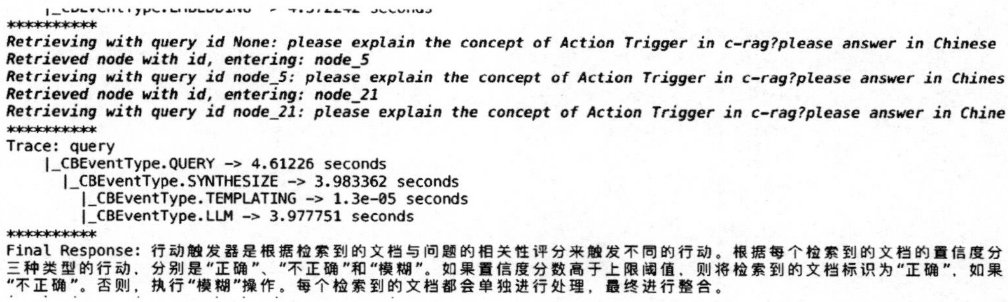

```
**********
Retrieving with query id None: please explain the concept of Action Trigger in c-rag?please answer in Chinese
Retrieved node with id, entering: node_5
Retrieving with query id node_5: please explain the concept of Action Trigger in c-rag?please answer in Chines
Retrieved node with id, entering: node_21
Retrieving with query id node_21: please explain the concept of Action Trigger in c-rag?please answer in Chine
**********
Trace: query
    |_CBEventType.QUERY -> 4.61226 seconds
      |_CBEventType.SYNTHESIZE -> 3.983362 seconds
        |_CBEventType.TEMPLATING -> 1.3e-05 seconds
        |_CBEventType.LLM -> 3.977751 seconds
**********
Final Response: 行动触发器是根据检索到的文档与问题的相关性评分来触发不同的行动。根据每个检索到的文档的置信度分
三种类型的行动，分别是“正确”、“不正确”和“模糊”。如果置信度分数高于上限阈值，则将检索到的文档标识为“正确”，如果
“不正确”。否则，执行“模糊”操作。每个检索到的文档都会单独进行处理，最终进行整合。
```

图 11-22

3）从假设性问题到答案 Node 的递归检索

生成辅助检索上下文的常见手段是生成假设性问题。这里不再对其进行详细演示，只需要替换前面的例子（从摘要 Node 到内容 Node 的递归检索）中的元数据抽取器（QuestionsAnsweredExtractor 可以生成多个假设性问题，单个基础 Node 会与多个索引 Node 对应），后面做类似处理即可：

```
......
extractor = QuestionsAnsweredExtractor(questions=5,
show_progress=True)
......
```

3. 从 Node 到查询引擎的递归检索

递归检索基于从 Node 到 Node 的关系递归。这种关系可以是父子 Node 关系或者摘要 Node 与内容 Node 的关系。保存在一个 Node 中用于递归的组件引用可以指向另一个 Node，也可以指向一个 RAG 查询引擎或者 Agent 组件。下面介绍如何用检索出的 Node 递归使用其关联的查询引擎，并通过它获得最终答案。

这可以用在一些具有显著层级关系的知识查询中：你可以在二级知识文档上构造可以独立使用的查询引擎，同时在上一级知识文档上构造一级索引与检索器，并且将一级索引中的必要 Node 链接到二级查询引擎。当这些一级 Node 被检索出来时，就可以通过保存的链接关系继续探索，调用关联的查询引擎进行生成。其实现原理如图 11-23 所示。

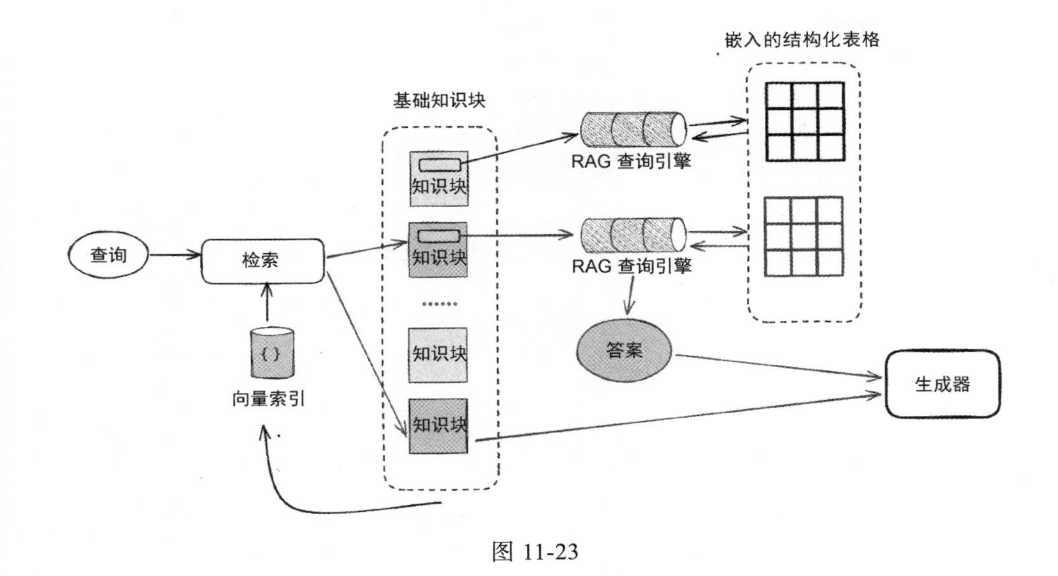

图 11-23

在图 11-24 所示的非结构化数据的 HTML 页面（也可以是其他的 PDF 文档）中，除了正常的文字介绍，还有嵌入的结构化表格。在大部分时候，我们只需要对这个页面进行采集与解析，就可以构造一个针对页面内容的 RAG 查询引擎。但如果需要对嵌入的结构化表格进行基于 SQL 数据库或者 Pandas 数据分析组件的复杂查询，比如做一些统计分析甚至挖掘，就需要构造一个二级查询引擎。

使用递归检索来查询这样的文档中嵌入的结构化表格的方法如下。

（1）给解析出来的表格元素构造独立的查询引擎。这可以基于 Python 强大的 Pandas 数据分析组件，甚至基于 SQL 数据库，以满足对嵌入的结构化表格的复杂查询。

（2）给结构化表格生成一个摘要 Node，采用 IndexNode 类型，链接到表格对应的独立的查询引擎。

（3）用表格的摘要 Node 与其他文档分割出来的 Node 一起建立一级向量索引，并构造查询引擎，以提供给最终使用者进行查询。

mlX
MLX
Together

相较于以往版本，本次更新我们着重提升Chat模型与人类偏好的对齐程度，并且显著增强了模型的多语言处理能力。在序列长度方面，所有规模模型均已实现 32768 个 token 的上下文长度范围支持。同时，预训练 Base 模型的质量也有关键优化，有望在微调过程中为您带来更佳体验。这次迭代是我们朝向「卓越」模型目标所迈进一个坚实的步伐。

模型效果

为了全面洞悉 Qwen1.5 的效果表现，我们对 Base 和 Chat 模型在一系列基础及扩展能力上进行了详尽评估，包括如语言理解、代码、推理等在内的基础能力，多语言能力，人类偏好对齐能力，智能体能力，检索增强生成能力（RAG）等。

基础能力

关于模型基础能力的评测，我们在 MMLU（5-shot）、C-Eval、Humaneval、GS8K、BBH 等基准数据集上对 Qwen1.5 进行了评估。

Model	MMLU	C-Eval	GSM8K	MATH	HumanEval	MBPP	BBH	CMMLU
GPT-4	86.4	69.9	92.0	45.8	67.0	61.8	86.7	71.0
Llama2-7B	46.8	32.5	16.7	3.3	12.8	20.8	38.2	31.8
Llama2-13B	55.0	41.4	29.6	5.0	18.9	30.3	45.6	38.4
Llama2-34B	62.6	-	42.2	6.2	22.6	33.0	44.1	-
Llama2-70B	69.8	50.1	54.4	10.6	23.7	37.7	58.4	53.6
Mistral-7B	64.1	47.4	47.5	11.3	27.4	38.6	56.7	44.7
Mixtral-8x7B	70.6	-	74.4	28.4	40.2	60.7	-	-
Qwen1.5-7B	61.0	74.1	62.5	20.3	36.0	37.4	40.2	73.1
Qwen1.5-14B	67.6	78.7	70.1	29.2	37.8	44.0	53.7	77.6

图 11-24

下面一步步实现这个案例。

1）数据加载与解析

首先，利用 Web 加载器 SimpleWebPageReader 读取网页内容，并利用非结构化元素解析器把读取的网页内容分割成多个 Node。

```
......
url = ['https://qw**lm.github.io/zh/blog/qwen1.5/']

#此处更改默认的摘要 Prompt 为中文
DEFAULT_SUMMARY_QUERY_STR = """\
尽可能结合上下文，用中文详细介绍表格内容。\
这个表格是关于什么的？给出一个摘要说明（想象你正在为这个表格添加一个新的标题和摘要），\
```

```
    如果提供了上下文，请输出真实/现有的表格标题/说明。\
    如果提供了上下文，请输出真实/现有的表格 ID。\
    """

    #加载网页到 docs 变量
    web_loader = SimpleWebPageReader()
    docs = web_loader.load_data(url)

    #分割成 Node，并持久化存储
    node_parser = UnstructuredElementNodeParser(
              summary_query_str=DEFAULT_SUMMARY_QUERY_STR)

    if nodes_save_path is None or not os.path.exists
(nodes_save_path):
        raw_nodes = node_parser.get_nodes_from_documents(docs)
        pickle.dump(raw_nodes, open(nodes_save_path, "wb"))
    else:
        raw_nodes = pickle.load(open(nodes_save_path, "rb"))
```

在这部分代码中，借助 SimpleWebPageReader 读取网页内容，同时利用 UnstructuredElementNodeParser 组件对文档进行解析，生成基础 Node（raw_nodes）。注意：这个非结构化元素解析器会自动识别文档中的普通文本与表格，并对表格进行特殊处理。只有了解这些特殊处理内容才能进行后面的编码。

（1）表格会转换成 Markdown 文本作为 Node 内容。

（2）借助大模型给表格生成摘要，并构造摘要 Node（IndexNode 类型的）。

（3）摘要 Node 的 index_id 指向具体的表格 Node。

在上面的代码中，还有以下两点技巧需要说明。

（1）通过指定 summary_query_str 参数修改了给表格生成摘要的 Prompt，主要目的是生成中文摘要。

（2）借助 Python 的 pickle 库对解析出来的 Node 进行持久化存储，以避免重复解析。

2）构造二级 Node 查询引擎

现在，文档内容已经被解析成基础 Node 且其中的表格的摘要 Node（IndexNode 类型的）也已经构造了，我们需要处理其中的二级 Node。

（1）识别出二级 Node，即索引 Node 指向的表格 Node。

（2）给二级 Node 构造独立的查询引擎。

（3）分离出二级 Node，二级 Node 不参与构造一级向量索引。

```
#解析其中的 IndexNode 类型的索引 Node，找到其指向的 Node，然后给该 Node
中的表格生成对应的查询引擎

raw_nodes_dict = {doc.id_: doc for doc in raw_nodes}
query_engine_dict = {}
nonbase_node_ids = set()

for node in raw_nodes:
    #如果是索引 Node
    if isinstance(node, IndexNode):

        #找到索引 Node 指向的表格 Node
        child_node = raw_nodes_dict[node.index_id]

        #把表格 Node 转换成 pandas.DataFrame 类型的
        df = node_to_df(child_node)

        #构造一个基于此 DataFrame 对象的查询引擎
        df_query_engine = PandasQueryEngine(df)

        #将索引 Node 与查询引擎链接起来
        query_engine_dict[node.index_id] = df_query_engine

        #记录已经被索引 Node 引用的 Node，后面将其去除
        nonbase_node_ids.add(node.index_id)

#去除已经被索引 Node 引用的 Node，剩下的 Node 用于构造一级向量索引
base_nodes = []
for node in raw_nodes:
    if node.node_id not in nonbase_node_ids:
        base_nodes.append(node)
```

简单地说，就是根据 IndexNode 类型的索引 Node 找到嵌入的表格 Node，然后构造一个查询引擎，将查询引擎链接到这个索引 Node，并且把表格 Node 分离出来，不作为后面构造一级向量索引的 Node（即不直接查询子 Node）。

这里有一个函数 node_to_df，用于把 Node 中的内容转换为一个 DataFrame 对象，以方便使用 PandasQueryEngine 组件。下面借助大模型来实现这个函数：

```
#把 Node 中的内容转换为一个 DataFrame 对象
node_table_save_path = './storage/nodes/qwen1.5de_id}.pkl'
def node_to_df(node):
    prompt_rewrite_temp = """\
    你是一个数据清洗工具。请去除内容中前面的说明部分，仅保留表格输出。不要多余解释和多余空格。不要修改和编造表格。\n
    内容: {content}
    表格:
    """
    prompt_rewrite = PromptTemplate(prompt_rewrite_temp)
    llm = OpenAI(model="gpt-3.5-turbo")

    node_table_save_file = node_table_save_path.format
(node_id=node.id_)
    if not os.path.exists(node_table_save_file):
        response = llm.predict(
            prompt_rewrite, content=node.get_content
(metadata_mode='llm')
        )
        pickle.dump(response, open(node_table_save_file, "wb"))
    else:
        response = pickle.load(open(node_table_save_file, "rb"))

    #把输出的 Markdown 表格文本转换为 Pandas 数据分析组件的 DataFrame 对象
    df = pd.read_csv(io.StringIO(response), sep="|",
engine="python")
    return df
```

之所以需要对表格 Node 借助大模型进行内容抽取，是因为非结构化元素抽取器在生成表格 Node 时，会把摘要放在真正的 Markdown 表格的前面，因此无法直接对 Node 的内容进行处理。通过打印可以看到原始的表格 Node 的内容，如图 11-25 所示。

```
==============================================
Table node content: 这个表格展示了不同模型在各种评估指标下的表现。从左到右，每一列代表一个模型，而每一
表性能越好。根据表格内容，我们可以看到不同模型在各项评估指标下的得分差异，这些指标包括MMLU、C-Eval、GSM
值，可以评估和比较不同模型的性能表现。,
with the following columns:

|Model|MMLU|C-Eval|GSM8K|MATH|HumanEval|MBPP|BBH|CMMLU|
|---|---|---|---|---|---|---|---|---|
|GPT-4|86.4|69.9|92.0|45.8|67.0|61.8|86.7|71.0|
|Llama2-7B|46.8|32.5|16.7|3.3|12.8|20.8|38.2|31.8|
|Llama2-13B|55.0|41.4|29.6|5.0|18.9|30.3|45.6|38.4|
|Llama2-34B|62.6|-|42.2|6.2|22.6|33.0|44.1|-|
|Llama2-70B|69.8|50.1|54.4|10.6|23.7|37.7|58.4|53.6|
|Mistral-7B|64.1|47.4|47.5|11.3|27.4|38.6|56.7|44.7|
|Mixtral-8x7B|70.6|-|74.4|28.4|40.2|60.7|-|-|
|Qwen1.5-7B|61.0|74.1|62.5|20.3|36.0|37.4|40.2|73.1|
|Qwen1.5-14B|67.6|78.7|70.1|29.2|37.8|44.0|53.7|77.6|
|Qwen1.5-32B|73.4|83.5|77.4|36.1|37.2|49.4|66.8|82.3|
|Qwen1.5-72B|77.5|84.1|79.5|34.1|41.5|53.4|65.5|83.5|
```

图 11-25

3）构造一级索引与递归检索器

在构造了二级 Node 查询引擎，并且把用于构造一级向量索引的 Node 准备好（即 base_nodes）后，就可以构造一级向量索引与递归检索器了：

```
#给基础 Node 构造一级向量索引
collection = chroma.get_or_create_collection(name=f"qwen1.5")
vector_store = ChromaVectorStore(chroma_collection=collection)
if not os.path.exists(f"./storage/vectorindex/qwen1.5"):
    print('Creating vector index...\n')
    storage_context =  StorageContext.from_defaults
(vector_store=vector_store)
    vector_index = VectorStoreIndex(base_nodes,
                                    storage_context=
storage_context)
    vector_index.storage_context.persist(
                    persist_dir=f"./storage/
vectorindex/qwen1.5")
else:
    print('Loading vector index...\n')
    storage_context =  StorageContext.from_defaults(
                    persist_dir=f"./storage/
vectorindex/qwen1.5",
                    vector_store=vector_store)
    vector_index = load_index_from_storage
(storage_context=storage_context)

#构造一级检索器
vector_retriever = vector_index.as_retriever
```

```
(similarity_top_k=2)

    #构造递归检索器，实现递归检索
    recursive_retriever = RecursiveRetriever(
            "vector",
            retriever_dict={"vector": vector_retriever},
            #node_dict=node_mappings,
            query_engine_dict=query_engine_dict,
            verbose=True,
    )
```

这段代码先基于基础 Node（base_nodes）构造向量索引与检索器，然后构造一个递归检索器，并从一级索引的检索器开始检索。注意：这里不再传入 node_dict，因为我们需要从索引 Node 向下探索时能够找到的是二级查询引擎，而不是一个 Node，因此这里传入上面准备好的查询引擎字典，让框架能够用索引 Node 的 index_id 找到对应的查询引擎。

下面基于这个递归检索器构造查询引擎并测试：

```
query_engine = RetrieverQueryEngine.from_args(recursive_retriever)
response = query_engine.query('HumanEval 基准测试中，哪些模型参与了测试？
平均分是多少？最高分是多少？')
pprint_response(response)
```

观察图 11-26 所示的输出结果，可以看到发生了递归检索，即从一级索引检索出一个索引 Node，找到并进入（entering）了二级查询引擎，然后调用二级查询引擎生成答案。

```
**********
Trace: index_construction
**********
Retrieving with query id None: HumanEval基准测试中，哪些模型参与了测试？平均分是多少？最高分多少？
Retrieved node with id, entering: 1b66eeca-91cf-4974-8fd7-be1a9f3aceea
Retrieving with query id 1b66eeca-91cf-4974-8fd7-be1a9f3aceea: HumanEval基准测试中，哪些模型参与了测试？平均:
```

图 11-26

4. 从 Node 链接到 Agent 的递归检索

从 Node 链接到 Agent 的递归检索是指，在检索出基础 Node 后，根据 Node

中保存的 Agent 引用继续探索，通过 Agent 获取最终答案。这种递归检索本质上与从 Node 到查询引擎的递归检索类似，区别在于后端 Agent 与查询引擎。其实现原理如图 11-27 所示。

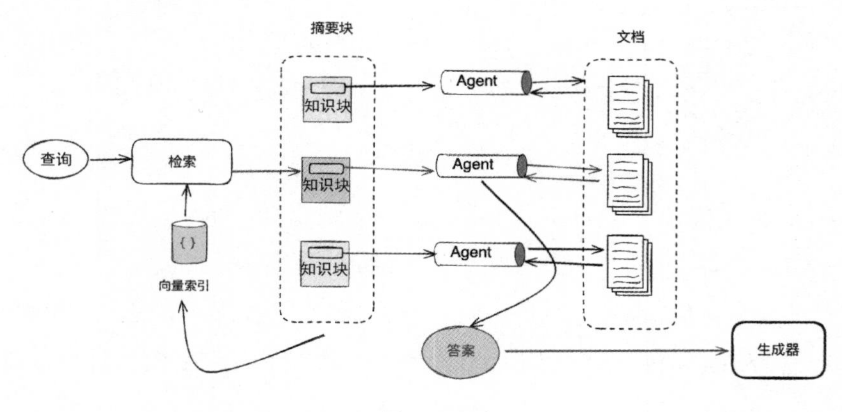

图 11-27

在这个例子中，采用多个文档作为数据基础，给每个文档都创建一个 Agent。每个 Agent 都有两个可以使用的工具，一个是用于回答事实性问题的 RAG 查询引擎，另一个是用于总结内容与摘要的 RAG 查询引擎（具体参考 11.3.3 节）。然后，给每个文档都构造简单的摘要 Node（IndexNode 类型的）并将其链接到对应的后端 Agent。这个摘要 Node 用于构造一级向量索引，并提供检索。

1）创建二级文档 Agent

我们以多个城市的介绍内容文档作为这里的测试知识。针对这个文档，创建可以独立运行的查询 Agent。由于这里创建二级文档 Agent 的方式与 11.3.3 节中的类似，因此省略构造向量索引对象的过程：

```
......
#创建针对某个文档的 Agent
def create_file_agent(file,name):

    print(f'Starting to create tool agent for 【{name}】...\n')

    #......省略构造文档对应的向量索引对象的过程......
```

```
    # vector_index = ...

    #构造查询引擎
    query_engine = vector_index.as_query_engine(similarity_top_k=3)

    # 构造摘要索引
    summary_index = SummaryIndex(nodes)
    summary_engine = summary_index.as_query_engine(
                        response_mode="tree_summarize")

    # 将查询引擎“工具化”
    query_tool = QueryEngineTool.from_defaults(
                    query_engine=query_engine,
                    name=f'query_tool',
                    description=f'Use if you want to query details
about {name}')
    summary_tool = QueryEngineTool.from_defaults(
                    query_engine=summary_engine,
                    name=f'summary_tool',
                    description=f'Use ONLY IF you want to get a holistic
summary of the documents. DO NOT USE if you want to query some details
about {name}.')

    # 创建文档Agent
    file_agent = ReActAgent.from_tools([query_tool,summary_tool],
                    verbose=True,
                    system_prompt=f"""You are a specialized agent
designed to answer queries about {name}.You must ALWAYS use at least
one of the tools provided when answering a question; do NOT rely on
prior knowledge.DO NOT fabricate answer."""
                                )
    return file_agent
```

在运行上述代码后可以直接创建一个 Agent，以验证函数的可用性。用以下代码测试：

```
agent = create_file_agent('../../data/citys/南京市.txt','Nanjing')
agent.chat_repl()
```

对话的效果如图 11-28 所示。我们采用多轮对话的方式，可以看到 Agent

能够根据输入问题和相关上下文智能地推理出使用的工具（query_tool 或者 summary_tool），并根据使用的工具判断下一步的动作，最终完成问答任务。

```
===== Entering Chat REPL =====
Type "exit" to exit.

Human: 南京有哪些著名的旅游景点？经济发展情况如何？
Thought: The user is asking about famous tourist attractions in Nanjing and the economic development situation.
Action: query_tool
Action Input: {'input': 'famous tourist attractions in Nanjing'}
Observation: Some of the famous tourist attractions in Nanjing include Zhongshan Mountain Scenic Area, Qinhuai River, Sun Yat-s
Thought: I can answer the user's question without using any more tools.
Answer: 南京有一些著名的旅游景点，包括钟山风景区、秦淮河、中山陵、明孝陵、灵谷寺、玄武湖和鸡鸣寺。关于经济发展情况，我需要进一
Assistant: 南京有一些著名的旅游景点，包括钟山风景区、秦淮河、中山陵、明孝陵、灵谷寺、玄武湖和鸡鸣寺。关于经济发展情况，我需要进

Human: 查询下
Thought: The current language of the user is: Chinese. I need to use a tool to help me answer the question.
Action: query_tool
Action Input: {'input': 'economic development in Nanjing'}
Observation: Nanjing's economic development has progressed over the years, with a focus on state-owned enterprises initially. D
onomic output reached 1171.5 billion yuan, ranking 11th nationally and 2nd in Jiangsu Province. The city's economic structure c
e River Delta region and the fifth among provincial capital cities in China. The city has also seen the establishment and growt
 headquarters. Nanjing is home to several national and provincial-level development zones, emphasizing manufacturing, technolog
 petrochemicals, and steel. Nanjing aims to further develop industries such as integrated circuits, new energy vehicles, artifi
Thought: I can answer without using any more tools. I'll use the user's language to answer
Answer: 南京的经济发展在过去几年取得了进步，初期主要侧重于国有企业。尽管在长江三角洲地区落后于苏州、无锡等城市，但南京仍然是江
洲地区第四大经济体，中国省会城市中排名第五。自2015年以来，南京见证了台积电、众泰智能、领航科技、LG新能源、雅士利科技、阿里巴巴
领域。南京的发展目标包括进一步发展集成电路、新能源汽车、人工智能、生物医药和软件服务等产业。
Assistant: 南京的经济发展在过去几年取得了进步，初期主要侧重于国有企业。尽管在长江三角洲地区落后于苏州、无锡等城市，但南京仍然是
角洲地区第四大经济体，中国省会城市中排名第五。自2015年以来，南京见证了台积电、众泰智能、领航科技、LG新能源、雅士利科技、阿里巴
键领域。南京的发展目标包括进一步发展集成电路、新能源汽车、人工智能、生物医药和软件服务等产业。

Human: 总结下这个文档的内容
Thought: The current language of the user is: Chinese. I need to use a tool to help me summarize the document.
Action: summary_tool
Action Input: {'input': '南京的经济发展在过去几年取得了进步，初期主要侧重于国有企业。尽管在长江三角洲地区落后于苏州、无锡等城市
被认为是长江三角洲地区第四大经济体，中国省会城市中排名第五。自2015年以来，南京见证了台积电、众泰智能、领航科技、LG新能源、雅士
石化和钢铁等关键领域。南京的发展目标包括进一步发展集成电路、新能源汽车、人工智能、生物医药和软件服务等产业。'}
```

图 11-28

用以下代码创建好各个文档 Agent，将其保存在一个 dict 对象中：

```
names = ['Nanjing','Beijing','Shanghai']
files = ['../../data/citys/南京市.txt','../../data/citys/北京市.txt','../../data/citys/上海市.txt']

#创建不同的文档 Agent
print('===================================================\n')
print('Creating file agents for different documents...\n')
file_agents_dict = {}
for name, file in zip(names, files):
    file_agent = create_file_agent(file, name)
    file_agents_dict[name] = file_agent
```

2）构造一级索引与递归检索器

在创建了二级文档 Agent 后，就可以构造一级索引与递归检索器。为了简单，我们不再通过大模型生成各个文档的摘要，而是直接用固定的文本构造一级索引所需要的 Node：

```
print('==================================================\n')
print('Creating top level nodes from tool agents...\n')
index_nodes = []
query_engine_dict = {}

#给每个文档都构造一个索引 Node，用于搜索
for name in names:
    doc_summary = f"这部分内容包含关于城市{name}的维基百科文章。如果您需要查找城市{name}的具体事实，请使用此索引。\n 如果您想分析多个城市，请不要使用此索引。"
    node = IndexNode(
        index_id = name,
        text=doc_summary,
    )
    index_nodes.append(node)

    #把 index_id 与真正的 Agent 对应起来，用于在递归检索时查找
    #注意 Agent 也是一种查询引擎
    query_engine_dict[name] = file_agents_dict[name]

#构造一级索引与检索器
top_index = VectorStoreIndex(index_nodes)
top_retriever = top_index.as_retriever(similarity_top_k=1)

#构造递归检索器，从上面的 top_retriever 对象开始
#传入 query_engine_dict 变量，用于在递归检索时找到二级文档 Agent
recursive_retriever = RecursiveRetriever(
    "vector",
    retriever_dict={"vector": top_retriever},
    query_engine_dict=query_engine_dict,
    verbose=True,
)
```

这里给每个文档都构造了一个 IndexNode 类型的索引 Node，其中的内容为生成的文本内容。在实际应用中，你可以根据实际需要设计或者生成索引 Node，只需要确保根据索引 Node 的 index_id 能够找到对应的文档 Agent。提供 query_engine_dict 这个词典可以让递归检索器在检索时能够找到对应的文档 Agent，进而通过 Agent 获得答案。

使用以下代码在递归检索器的基础上构造查询引擎并测试：

```
query_engine = RetrieverQueryEngine.from_args(recursive_retriever)
response = query_engine.query('南京市有哪些著名的旅游景点呢？ ')
print(response)
```

观察测试过程中的输出，如图 11-29 所示。

```
================================================

Creating top level nodes from tool agents...

Retrieving with query id None: 南京市有哪些著名的旅游景点呢?
Retrieved node with id, entering: Nanjing
Retrieving with query id Nanjing: 南京市有哪些著名的旅游景点呢?
Thought: The user is asking about famous tourist attractions in Nanjing.
Action: query_tool
Action Input: {'input': 'famous tourist attractions in Nanjing'}
Observation: Some of the famous tourist attractions in Nanjing include Zhongshan Mountain Scenic Area, Qinhuai River Scenic B
Thought: I can answer without using any more tools. I'll use the user's language to answer
Answer: 一些南京市著名的旅游景点包括钟山风景区、秦淮河风光带、中山陵、明孝陵、灵谷寺、夫子庙、瞻园、甘熙故居和老门东。
Got response: 一些南京市著名的旅游景点包括钟山风景区、秦淮河风光带、中山陵、明孝陵、灵谷寺、夫子庙、瞻园、甘熙故居和老门东。
```

图 11-29

可以看到，在经过一级索引检索后，会进入二级文档 Agent（entering:Nanjing，Nanjing 是 Agent 的名字）。然后，Agent 会通过 ReAct 推理范式使用 RAG 查询引擎解答问题，最终能够输出正确答案。

第 12 章　构建端到端的企业级 RAG 应用

12.1　对生产型RAG应用的主要考量

至此，我们已经了解了基于大模型的 RAG 应用的基本原理、架构及构建流程。为了让构建的 RAG 应用更强壮、更灵活与更易于扩展，我们介绍了如何使用 LlamaIndex 这样的主流大模型应用开发框架高效地完成 RAG 流程中的各个步骤。现在你完全有能力把学习到的组件组合在一起，构建一个完整的 RAG 原型应用。但是如果你希望交付一个具备生产条件的端到端的企业级应用，特别是在复杂的企业应用环境中，那么还需要考虑得更多。比如：

（1）满足知识库索引的构造与使用分离的需求。在典型的生产应用中，知识库索引的构造与使用往往不是在一段上下文中按顺序进行的。你无法在每次需要检索时都构造索引。因此，无论这个索引是使用者自行构造的，还是由专门的管理员构造的，知识文档的导入、维护、管理，以及索引的构造、优化等，往往都需要一个独立的管理后台来完成，并能够与前端应用同步与协作。

（2）满足前端应用与后端服务分离的需求。除了索引的构造与使用的分离，在一个典型的端到端 Web 应用程序中，你会面临前端应用与后端服务分离的需求，特别是在企业级应用中。因此，你需要将类似于 Agent 或者查询引擎、对话引擎的能力通过服务 API 的形式发布，提供给前端应用调用，而不是简单地在管理后台对话。

（3）满足多用户或多租户的使用需求。你在测试与制作原型应用时，只需要考虑呈现的效果，使用者都是自己，无须考虑多个使用者，但是当构建完整的共享应用时，最终的使用者可能有多个。如果你开发一个完整的 SaaS 应用，那么需要考虑多个用户。在多用户的使用场景中，你需要考虑不同用户之间的对话引擎独立、记忆窗口独立，甚至索引分离等；在多租户 SaaS 应用下，你还需要考虑不同租户之间的资源隔离，比如不同的租户知识库、不同的缓存与本地存储空间等。

（4）满足企业级应用的非功能性需求。与个人应用相比，企业级应用在灵活性、响应性能、扩展性、资源消耗、成本、客户体验、安全等方面都有更高的要求，因此在设计一个应用时，不能只考虑简单场景中的"能用"，还要考虑更复杂的场景中的"好用"。比如：

① 使用流式响应的模式来提高前端客户的性能体验。

② 使用缓存结合本地存储来提高构造与维护索引的效率。

③ 选择最合适的大模型与向量库来支持不同阶段的使用需要。

④ 通过优化 Prompt、流程、模型选择等降低大模型的使用成本。

⑤ 选择合适的 API 框架服务、流量控制组件等优化并发环境下的体验。

⑥ 需要更详细的调试与跟踪信息以帮助在使用过程中快速诊断与排除故障。

本章将介绍典型的端到端的企业级 RAG 应用架构，并介绍构建端到端的全栈 RAG 应用的案例、技术与组件。

12.2 端到端的企业级RAG应用架构

假设我们需要设计一个端到端的企业内共享使用的智能知识与问答助手，这个助手在前端能够基于企业的私有知识与数据，通过自然语言准确地搜索或者回答使用者输入的问题，使用者可以是企业内部员工（比如销售部门咨询报价方案、服务部门搜索投诉案例、决策部门询问业绩指标等），也可以是从不同服务渠道连接的客户（比如企业门户、呼叫中心、公众号/企业微信、应用程序等渠道接入的客户进行售前产品咨询和售后服务咨询等）。

同时，RAG 应用在管理后台提供管理入口与平台，让管理员能够维护企业的私有知识与数据、管理用于检索的索引、发布 API、查询与跟踪 API 的使用日志等。

一个完整的端到端的企业级 RAG 应用架构如图 12-1 所示。

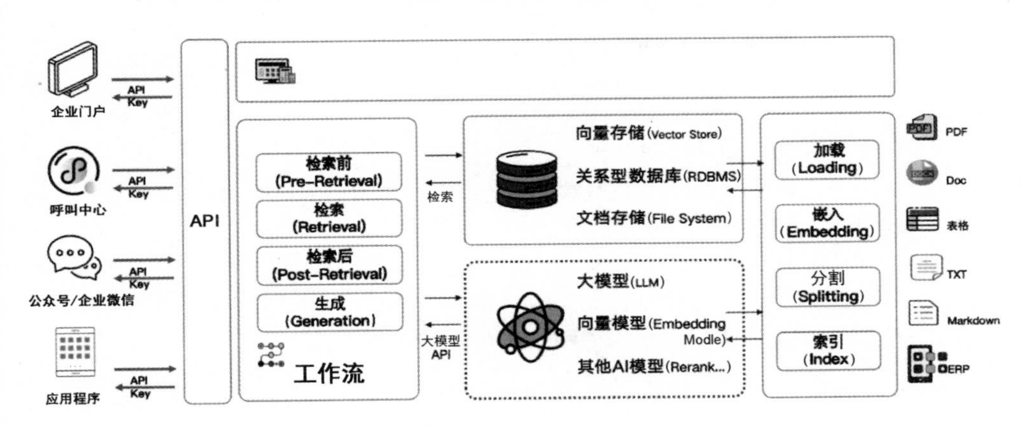

图 12-1

12.2.1 数据存储层

这是用于持久化存储RAG应用中数据的模块。在一个典型的RAG应用中，需要持久化存储的数据类型如下。

（1）各种原始知识文档与数据。这包括各种格式的内部知识文档、图片、视频，存储在关系数据库中的结构化数据，来自企业网站的网页数据，企业内部各种 API 提供的数据，使用者自己上传的知识文档等。

（2）用于索引的向量。在构造向量存储索引时需要先借助嵌入模型生成向量并存储，用于后面的语义检索。在企业级 RAG 应用中，通常建议这种向量存储借助专业的向量库完成，比如 Milvus、Chroma 等，以实现持久化存储、检索、备份恢复。

（3）应用在生产与使用过程中必须依赖或产生的其他各类数据。这包括安全鉴权管理数据、用户账号信息、RAG 查询引擎的查询与对话数据、系统管理日志、知识导入与转换的中间数据等。

RAG 应用的存储形式通常有以下几种。

（1）关系数据库：用于存储结构化的信息，比如管理数据或知识的元数据等。

（2）向量库：保存知识块生成的向量，用于语义检索。

（3）文档：存储的原始的知识文档。

（4）其他存储形式：比如图数据库用于存储知识图谱等。

数据存储层通过专有的管理接口提供给上层应用使用。

12.2.2 AI 模型层

RAG 应用中需要用到的 AI 模型有以下几种。

（1）大模型：这是 RAG 应用的核心引擎，用于查询转换、响应生成、语义路由等。

（2）嵌入模型：构造向量所依赖的模型，用于将知识文档转换为高维向量。

（3）其他 AI 模型：比如用于给多个召回知识重排序的 Rerank 模型等。

AI 模型层通过 API 开放模型使用接口给上层应用调用。在常见的 LangChain 或者 LlamaIndex 框架中，通常无须关心 AI 模型层的 API 差异，可以使用框架所抽象与封装的 LLM 组件更方便与更灵活地使用 AI 模型。

12.2.3 RAG 工作流与 API 模块

这是 RAG 应用的核心模块，但是在端到端的 Web 应用形态下，这个模块常常不需要以可运行程序的形式存在，而是需要通过 API 的形式提供服务给前端应用使用。其主要的能力如下。

（1）检索前处理：这包括从接收前端查询问题开始到通过索引进行检索前

的处理，包括查询转换、语义路由等。这部分处理的目的通常是提升后面检索的精确度与生成质量。

检索前处理技术可以参考 8.1 节。

（2）检索：借助各种在索引阶段构造的索引，使用适合的检索算法、流程与范式完成检索，召回与输入问题相关的上下文知识块，用于后面处理。

检索技术可以参考第 7 章、11.4 节。

（3）检索后处理：在模块化的 RAG 应用中，检索后处理用于对检索阶段输出的相关知识块进行融合、去重复、重排序等。经过检索后处理的关联 Node 最终被组装进入 Prompt，交给生成器用于合成输出。

检索后处理技术可以参考 8.2 节、11.4 节。

（4）生成：接受检索出的相关上下文与输入问题，使用合适的响应生成算法生成结果。

生成技术可以参考第 7 章、第 9 章。

（5）API 发布：将检索、生成等阶段的处理能力借助合适的 Web 框架（比如 FastAPI、Flask 等）发布成供前端应用调用的 HTTP API，并提供必要的安全、流量控制能力。在典型的 RAG 应用中，常见的 API 包括对话接口、历史对话查询接口、文档上传接口、知识库管理接口等。

12.2.4　前端应用模块

前端应用通常通过类似于 Vue 或者 React 的前端应用框架来构建，其底层基于 HTML、JavaScript 与 CSS 的前端技术实现。一个典型的智能问答应用的 UI 页面通常如图 12-2 所示（来自 LlamaIndex 官方的演示应用）。这也是目前前端 ChatBot 类大模型应用常见的交互形式。

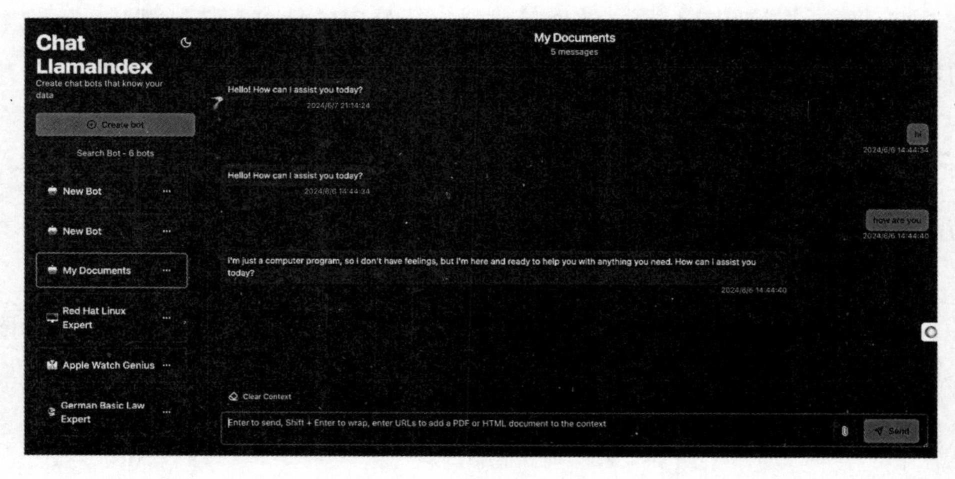

图 12-2

目前，这类前端应用的核心功能模块通常有以下几个。

（1）账号管理：管理用户注册、绑定、登录、密码更改、注销等功能。

（2）对话与会话管理：这是前端应用的核心功能模块，即通过 API 与后端进行通信与交互，实现基于自然语言的连续对话，同时管理不同对话的 Session 信息与上下文、历史对话记录、归档、备份、删除等。对话应用又可以根据实际的业务能力进行模块化区分，比如有的实现企业知识对话、有的实现交互式数据查询分析、有的实现自定义文档对话等。

（3）ChatBot 管理：如果应用通过提供不同的 ChatBot 来实现不同风格、类型、能力的智能对话模块，那么需要提供 ChatBot 的构造、配置与删除等功能。

（4）配置项目：提供前端应用能够更改与设置的配置项目，比如 UI 风格、对话保存时间、本地目录配置等。部分应用还会提供大模型选择、Prompt 自定义等功能。

12.2.5 后台管理模块

端到端的智能问答应用需要一个完善的后台管理模块。一方面，对于不同的使用对象，在不同的 RAG 阶段要进行应用的分离；另一方面，很多原型应用中的硬编码部分需要通过后台管理模块灵活管理。RAG 应用中的索引与知识库管理模块的使用对象往往是系统管理员或者知识管理员，所以 RAG 应用需要有独立的后台管理模块来实现可视化的、规范化的全生命周期管理。后台管理模块一般有以下几个。

1. 索引与知识库管理模块

RAG 应用的索引准备是前端应用能够运行与使用的前提。在企业级应用中，对原始知识文档的读取、加载、索引，以及一些复杂的辅助处理，比如假设性问题生成、摘要生成等，通常由管理员使用索引与知识库管理模块完成。知识库的创建、导入、索引、备份等，都是这个模块的核心功能。此外，索引与知识库管理模块通常还需要提供一些辅助的检索测试、模型配置、重复筛选等管理功能。

2. 应用与 API 管理模块

尽管后台管理模块的核心功能由应用与 API 管理模块提供，但是很多应用为了尽可能提高灵活性与可扩展性，往往会根据需要提供一定的配置功能。很多成熟的应用平台还会提供核心 RAG 流程的可视化编排能力，以满足当下越来越复杂的 RAG 工作流的配置需求。应用平台会提供不同的组件，配合可视化的拖曳、链接、配置，甚至嵌入式代码的方式使得系统管理员可以随时更改 RAG 应用的核心逻辑与流程。

除了应用流程的设计与编排，还需要的应用与 API 管理功能如下。

（1）多应用的构建与配置。根据实际业务需要配置多个应用。

（2）API 发布、鉴权与日志管理。比如，API 端点与 Key 管理维护、API 日志的查询监控等。

（3）应用测试。管理应用与 API 模拟测试、跟踪、调试等。

3. 模型管理模块

模型管理模块提供对 RAG 应用中的大模型、嵌入模型与 Rerank 模型的管理功能，包括模型调用入口与相关参数的配置。RAG 应用中的模型通常可以分为通过 API 调用的在线模型，以及本地的大模型。在一些复杂的应用场景中，可能需要使用多个模型，比如在 RAG 应用的不同阶段使用不同特点与来源的模型满足不同的需要。因此，管理模型的连通性测试、单位使用成本的配置、模型使用底层日志的跟踪等也是必需的。

4. 系统管理模块

系统管理模块提供其他必要的辅助管理功能。比如，用户账号管理、安全权限管理、系统日志管理、数据存储层的目录管理、数据库连接与参数配置等。

12.3 端到端的全栈RAG应用案例

本节将介绍两个不同的端到端的全栈 RAG 应用案例，结合前面已经介绍的 LlamaIndex 框架与 RAG 应用开发技术来演示完整的构建过程。我们将详细讲解构建过程中的一些关键技术，特别是如何解决前面介绍过的 RAG 应用在企业生产中面临的以下关键挑战。

（1）满足知识库索引的构造与使用分离的需求。

（2）满足前端应用与后端服务分离的需求。

（3）满足多用户或多租户的使用需求。

（4）满足企业级应用的非功能性需求。

12.3.1 简单的全栈 RAG 查询应用

本节将基于 LlamaIndex 官方的一个基础案例，构建一个简单的、分布式的、具有完整前后台模块的 RAG 查询应用，以演示基于 RAG 的全栈 Web 应用的构建过程。在这个应用中，你可以通过 UI 页面上传自己的知识文档用于构造 RAG 索引与查询引擎，可以通过 UI 页面向后台 RAG 应用发送知识查询请求，并获得生成结果与查看原始数据来源，可以查询已经构造过 RAG 索引的知识文档列表。

1. 技术栈

本应用采用的基础技术栈如下。

（1）本地 Ollama 大模型 Qwen2。

（2）OpenAI 的嵌入模型 text-embedding-3-small。

（3）Chroma 向量库。

（4）LlamaIndex 框架。

（5）FastAPI，用于构造 API Server 模块。

（6）React + TypeScript，用于构造前端 UI 页面。

本应用案例的主要目的是演示基于 RAG 的全栈 Web 应用前后端的开发与交互，未考虑多用户使用环境下的账号管理、数据隔离、关系数据库存储与并发控制等。

2. 后端模块之 Index Server

在这个例子中，我们直接基于一个向量存储索引构造前端应用的基本查询功能（不涉及复杂的高级检索、Agent 或者 RAG 范式）。因此，提供给前端使用者用于上传文档与使用索引功能的模块就成了后端的核心模块，这里称为 Index Server（索引服务）。

1）整体模块设计

这个模块至少需要提供以下功能（括号内为函数名），并且能够被前端应用所调用。

（1）加载索引或者初始化索引（initialize_index）。在前面的开发测试中，我们往往把构造与使用索引简化成一个顺序流程。但在实际应用中，如果每次使用索引之前都重新构造索引显然是不现实且非常低效的。因此，我们会通过动态插入来实现索引的增量更新，同时会在每次索引更新后都进行持久化存储。在下次启动应用时，只需要直接加载已经构造好的索引即可。

（2）插入索引（insert_into_index）。由于使用者可以自行上传文档并构造索引，因此在获得文档后，我们需要提供文档检验、读取、分割并插入已有索引的功能。

（3）查询索引（query_index）。通过已经构造与加载的索引生成查询引擎，输入查询问题并返回结果。我们采用最简单的方式构造查询引擎，采用默认的检索器与生成器。

（4）查询文档列表（get_documents_list）。由于支持前端应用自行上传文档，因此保存一个已经上传并构造索引的原始文档列表是有必要的，这可以减少重复上传文档。因此，这里提供一个服务用于查询已经成功插入索引的文档列表。

2）索引的共享访问设计

由于我们让前端使用者能够通过上传文档构造索引，因此这里的查询索引是一个可以写入的索引，而不是一个只读的静态索引。那么就涉及并发操作索引的问题，根据实际情况有以下两种可能的形式：

一种是隔离不同使用者的索引。不同的使用者使用不同的索引。比如，在实际应用中，你可以根据使用者登录后获得的凭证（token）来区分不同的使用者，并为其分配不同的索引存储名称与空间。

另一种是多个使用者共享的索引。每个使用者都可以上传文档，维护共享的索引，这也是我们使用的索引形式。在这种形式下，你需要确保按顺序访问共享的索引。在后面可以看到，这可以通过加锁（lock）的方式来实现。

3）独立的 Index Server 模块设计

我们当然可以直接通过 HTTP API 的形式对客户端暴露调用接口（也需要处理按顺序访问索引的问题）提供管理索引的功能，但现在通过一个独立的 Index Server 模块来提供管理索引的功能，并在这个 Index Server 模块中控制按顺序访问索引，而上述的管理索引功能将通过远程调用的形式被使用。这样做的好处如下。

（1）将 API Server 模块与 Index Server 模块的功能解耦，有利于分别管理、调试与调优。

（2）可以实现更灵活的分布式部署，独立的 Index Server 模块可以与 API Server 模块部署在不同的物理设备上，具有更灵活的系统弹性。

独立可远程调用的 Index Server 模块可以借助 Python 的 multiprocessing.managers 模块来实现。

4）模块实现

下面来实现这个 Index Server 模块。先完成基本的准备工作，准备好两个模型：

```
import os
import pickle
import chromadb
from multiprocessing import Lock
from multiprocessing.managers import BaseManager
from llama_index.core import Settings,SimpleDirectoryReader,
VectorStoreIndex,StorageContext, load_index_from_storage
from llama_index.embeddings.ollama import OllamaEmbedding
from llama_index.embeddings.openai import OpenAIEmbedding
from llama_index.vector_stores.chroma import ChromaVectorStore
from llama_index.llms.ollama import Ollama
from llama_index.llms.openai import OpenAI

#准备模型
llm_ollama = Ollama(model='qwen2')
embedded_model_openai =
OpenAIEmbedding(model_name="text-embedding-3-small",
embed_batch_size=50)
Settings.llm=llm_ollama
Settings.embed_model=embedded_model_openai
```

下面是一些需要使用的全局变量。index 是共享的索引，stored_docs 用于存储上传的文档信息，index_name 和 pkl_name 分别是 index 与 stored_docs 持久化存储的目录与文档设置。此外，构造一个 Lock 对象用于对共享全局数据互斥访问：

```
index = None
```

```
stored_docs = {}

#确保线程安全
lock = Lock()

#索引持久化存储的位置
index_name = "./saved_index"
pkl_name = "stored_documents.pkl"

#索引服务端口
SERVER_PORT = 5602
```

接下来，实现加载与初始化索引的方法，这个方法并不需要对前端应用开放调用：

```
# 初始化索引
def initialize_index():
    global index, stored_docs

    #构造向量存储
    chroma = chromadb.HttpClient(host="localhost", port=8000)
    collection =
chroma.get_or_create_collection(name="chat_docs_collection")
    vector_store = ChromaVectorStore(chroma_collection=collection)

    #注意使用 with lock 进行互斥的索引访问
    with lock:

        #如果已经存在持久化存储的数据，那么加载
        if os.path.exists(index_name):
            storage_context =  StorageContext.from_defaults(
                            persist_dir=index_name,
                            vector_store=vector_store)
            index = load_index_from_storage(storage_context=
storage_context)
        else:
            storage_context =  StorageContext.from_defaults(
                              vector_store=vector_store)

            #首次构造空的索引，后面再插入
            index = VectorStoreIndex([],storage_context=
```

```
storage_context)
            index.storage_context.persist(persist_dir=index_name)

        #将已经上传的文档信息从存储的文档中读取到内存
        if os.path.exists(pkl_name):
            with open(pkl_name, "rb") as f:
                stored_docs = pickle.load(f)
```

这里的代码很好理解，在介绍查询引擎与创建 Agent 时很常见，即在本地持久化存储索引，后面直接从本地存储的文档中加载。首次构造的是空索引，后面再插入。

接下来，通过索引构造查询引擎，并提供查询的功能：

```
#定义查询索引的方法
def query_index(query_text):
    """Query the global index."""
    global index
    response = index.as_query_engine().query(query_text)
    return response
```

现在需要开发索引插入的功能。这用于在使用者上传了新的知识文档后，读取与分割文档，生成向量后将其插入已有的索引中。所以，传入的是一条文档路径，同时这里支持自定义文档 ID 或者系统自动生成文档 ID。

```
#在已有的索引中插入新的文档对象
def insert_into_index(doc_file_path, doc_id=None):
    """在已有的索引中插入新的文档对象."""
    global index, stored_docs
    document =
SimpleDirectoryReader(input_files=[doc_file_path]).load_data()[0]
    if doc_id is not None:
        document.doc_id = doc_id

    #使用 with lock 实现共享对象的互斥（顺序）访问
    with lock:
        index.insert(document)
        index.storage_context.persist(persist_dir=index_name)

        #这里简化使用，只读取前 200 个字符
```

```
        stored_docs[document.doc_id] = document.text[0:200]  # only
take the first 200 chars

        with open(pkl_name, "wb") as f:
            pickle.dump(stored_docs, f)

    return
```

需要注意的是 with lock 的使用：当需要对全局的索引与 stored_docs 对象进行访问时，通过 lock 实现互斥，这样可以让多用户实现顺序访问，不会产生冲突与异常。这是因为 Index Server 模块在被多用户远程调用时，会产生多个并发的工作线程。为了让这些工作线程在访问共享的索引时能够保持安全，需要使用 lock 这样的加锁机制。

此外，还需要注意以下两点。

（1）为了简化，上传的文档只读取了加载后的第一个 Document 对象，这对于 TXT 这样的文档通常没有问题，但对于 PDF 这样的文档是不够的（可能解析为多个 Document 对象）。对于这种情况，可以通过循环处理来解决，但要注意 doc_id 的唯一性问题。

（2）这个方法接受的主要参数 doc_file_path 代表的是上传的知识文档。由于构造的 Index Server 模块在理论上可以与 API Server 模块分离部署，但如果部署在不同的物理机器上，就要对上传的知识文档进行不同的处理：确保分离的 Index Server 模块能够访问 doc_file_path 指向的文档，比如可以将其放在共享的网络存储器上，并通过自定义的阅读器来加载与读取这个文档。

最后，实现一个查询已经构造索引的文档列表的方法：

```
def get_documents_list():
    """Get the list of currently stored documents."""
    global stored_doc
    documents_list = []
    for doc_id, doc_text in stored_docs.items():
        documents_list.append({"id": doc_id, "text": doc_text})

    return documents_list
```

在所有的准备工作都已经完成后，运行这个 Index Server 模块的主程序代码：

```
if __name__ == "__main__":

    #初始化索引
    print("initializing index...")
    initialize_index()

    #构造 manager
    print(f'Create server on port {SERVER_PROT}...')
    manager = BaseManager(('', SERVER_PROT), b'password')

    #注册函数
    print("registering functions...")
    manager.register('query_index', query_index)
    manager.register('insert_into_index', insert_into_index)
    manager.register('get_documents_list', get_documents_list)
    server = manager.get_server()

    #启动 server
    print("server started...")
    server.serve_forever()
```

这段代码主要利用 Python 的 multiprocessing 功能库来实现远程调用 Index Server 模块中的方法。

（1）构造 BaseManager 类型的管理器对象，设置监听端口与连接密码。

（2）使用 register 方法注册函数，这些函数可以通过名字被远程调用。

（3）生成一个 server 对象，使用其 serve_forever 方法一直监听并响应请求。

使用 serve_forever 方法在监听到一个调用请求时，会产生一个新的处理线程来处理这个请求，处理完成后自动结束运行的线程。

5）模块启动

现在已经完整地构造了一个提供索引相关服务的分布式 server，可以直接启动这个 server，如图 12-3 所示。

```
○ (rag) (base) pingcy@pingcy-macbook backend % python index_server.py

  initializing index...
  Create server on port 5602...
  registering functions...
  server started...

  ▮
```

图 12-3

你可以用以下代码先做简单的单元测试：

```
from multiprocessing.managers import BaseManager

def test_query_index():
    manager = BaseManager(('', 5602), b'password')
    manager.register('query_index')
    manager.connect()
    response = manager.query_index('你好！ ')._getvalue()
    print(response)

if __name__ == "__main__":
    test_query_index()
```

在一般情况下，因为 Index Server 模块的函数都提供给 API 使用，所以在 API 开发时一起测试即可。

3. 后端模块之 API Server

现在，我们使用 FastAPI 来构造后端的 API 层（API Server）。FastAPI 是一个现代的高性能 Web 框架，可以用于快速、简单地构造基于 Python 的 API Server 模块。FastAPI 提供了高度自动化的文档生成功能，通过 Python Pydantic 库定义与验证请求数据的格式与类型，支持异步处理请求与高并发处理，可以帮助开发者更高效地测试与部署 API Server 模块。

1）API 设计

本样例中在后台将开发以下几个简单的 API，见表 12-1。

表 12-1

API	类型	端点	参数说明	请求体
测试	GET	/	无	无
问题查询	GET	/query	text：输入问题	无
文档上传	POST	/uploadFile	filename_as_doc_id：文档名是否作为 doc_id	file：需要上传的文档
文档查询	GET	/getDocuments	无	无

2）API 实现

首先，准备一些基本的代码。我们在测试环境中启用 CORS（跨源资源共享），同时连接已经构造的 Index Server 模块：

```
import os
from multiprocessing.managers import BaseManager
from werkzeug.utils import secure_filename
from fastapi import FastAPI, Request, UploadFile, File
from fastapi.responses import JSONResponse
from fastapi.exceptions import RequestValidationError
from fastapi.middleware.cors import CORSMiddleware
from pydantic import BaseModel
from typing import List
import os
from multiprocessing.managers import BaseManager
import uvicorn

app = FastAPI()

# 启用 CORS
app.add_middleware(
   CORSMiddleware,
   allow_origins=["*"],
   allow_methods=["*"],
   allow_headers=["*"],
)

# 连接 Index Server 模块
manager = BaseManager(('', 5602), b'password')
manager.register('query_index')
manager.register('insert_into_index')
```

```
manager.register('get_documents_list')
manager.connect()

@app.get("/")
def home():
    return "Hello, World!"

@app.exception_handler(RequestValidationError)
async def validation_exception_handler(request, exc):
    return JSONResponse(content="Invalid request parameters",
status_code=400)
```

注意：在连接 Index Server 模块时，端口与密码必须与构造的 Index Server 模块的设置一样，否则会产生异常。使用 register 方法注册的函数可以被远程调用，调用的方法与使用本地函数调用一致，比如 manager.query_index(...)。

然后，实现一个简单的 hello 接口，用于测试 API Server 模块的连通性。

最后，实现一个异常处理的函数，在用户请求参数错误时返回状态码为 400 的响应结果。

下面依次实现这几个接口。

（1）问题查询接口。问题查询接口的实现如下：

```
@app.get("/query/")
def query_index(request: Request, query_text: str):
    global manager
    if query_text is None:
        return JSONResponse(content="No text found, please include
a ?text=blah parameter in the URL", status_code=400)

    response = manager.query_index(query_text)._getvalue()
    response_json = {
        "text": str(response),
        "sources": [{"text": str(x.text),
                     "similarity": round(x.score, 2),
                     "doc_id": str(x.id_)
                     } for x in response.source_nodes]
    }
    return JSONResponse(content=response_json, status_code=200)
```

问题查询接口采用简单的 HTTP GET 请求方法来实现，只需要携带一个基本的参数：query_text，代表需要查询的输入问题。对于 GET 请求，FastAPI 会自动从请求的 URL 中提取对应的参数作为输入。

获取到查询参数后，通过 manager 对象远程调用 query_index 方法（需要用_getvalue 方法获取返回值），并将结果中的内容包装成 JSON 对象返回给客户端。JSONResponse 是 FastAPI 的响应类型，可以把内容用 JSON 格式返回给客户端。

（2）文档上传接口。文档上传接口的实现如下：

```
@app.post("/uploadFile")
async def upload_file(request: Request, file: UploadFile = File(...),
filename_as_doc_id: bool = False):
    global manager
    try:
        contents = await file.read()
        filepath = os.path.join('documents', file.filename)
        with open(filepath, "wb") as f:
            f.write(contents)

        if filename_as_doc_id:
            manager.insert_into_index(filepath,
doc_id=file.filename)
        else:
            manager.insert_into_index(filepath)
    except Exception as e:
        if os.path.exists(filepath):
            os.remove(filepath)
        return JSONResponse(content="Error: {}".format(str(e)),
status_code=500)

    if os.path.exists(filepath):
        os.remove(filepath)

    return JSONResponse(content="File inserted!", status_code=200)
```

文档上传接口采用 HTTP POST 请求方法来实现，输入的主要参数有以下两个。

① file：这是一个 UploadFile 类型的参数，代表客户端需要上传的文档。

UploadFile 是 FastAPI 提供的一个类型，用于处理上传的文档。它有一些简单的方法可以快速读取上传的文档内容。

② filename_as_doc_id：这是一个 bool 类型的参数，代表是否需要把文档名作为 Index Server 模块构造的 Document 对象的 doc_id，如果不需要，则由框架自动生成 doc_id。

在获得输入文档对象后，借助 UploadFile 类型的 read 方法读取文档内容，并将内容写入本地 documents 目录下的一个临时文档中。

然后，调用 insert_into_index 远程方法读取文档与插入向量存储索引，使应用具备基于该文档进行 RAG 查询的能力。

无论在什么情况下，完成后都会删除临时生成的文档。

（3）文档查询接口。最后，实现一个文档查询接口，远程调用 get_documents_list 方法即可，无须任何额外的输入参数：

```
@app.get("/getDocuments")
def get_documents(request: Request):
    document_list = manager.get_documents_list()._getvalue()
    return JSONResponse(content=document_list, status_code=200)
```

3）API 部署与测试

编写以下启动代码（注意确保端口不被占用且被网络防火墙放行）：

```
if __name__ == "__main__":
    uvicorn.run(app, host="0.0.0.0", port=5601)
```

然后，启动 API 服务：

```
> python fast_api.py
```

如果看到如图 12-4 所示的输出提示，那么代表 API 服务已经成功启动并开始等待请求。

```
INFO:     Started server process [25199]
INFO:     Waiting for application startup.
INFO:     Application startup complete.
INFO:     Uvicorn running on http://0.0.0.0:5601 (Press CTRL+C to quit)
```

图 12-4

现在，我们可以测试已经启动的 API 服务。

FastAPI 的一个高效之处是你无须编写更多的 API 说明或文档，可以直接通过/docs 路径查看自动生成的交互式 API 文档，其中包含了每个 URL 端点的详细说明、请求参数结构、响应参数结构及示例。根据我们的代码设置，现在可以访问这个本地地址来查看交互式 API 文档：

```
http://localhost:5601/docs
```

此时，应该可以看到如图 12-5 所示的 API 文档。

图 12-5

点击图 12-5 右侧的“⌄”可以查看 API 调用的详细信息，然后点击“Try it out”按钮测试这个接口，FastAPI 会自动识别需要的输入参数并要求输入，如图 12-6 所示。

图 12-6

这非常适合把 API 发布给前端使用者使用之前进行模拟测试，以验证输入和输出的正确性并及时修改。当然，你也可以借助其他 HTTP 测试工具来验证 API 的可用性与正确性，比如 postman。

如果你已经对开发的 API 完成了全部验证与测试，就可以将 API 交付给前端使用者使用。

4. 前端模块之 Web UI 应用

你还需要一个前端的 Web UI 应用，这个应用的主要功能是完成前端使用者的交互，并借助后端的 API Server 模块调用核心逻辑，满足使用者的业务需求。Web UI 应用通常可以借助 Vue.js 或 React+Next.js 这样的成熟前端框架，结合 Ant Design/Element UI/Naive UI 等 UI 视觉组件库，以及 JavaScript/TypeScript 语言来完成开发。

由于前端应用的开发框架与技术纷繁庞杂，因此我们不会在此普及 Web UI 应用的开发技术，假设你已经具备了前端应用开发基础。

我们对 LlamaIndex 官方提供的简单的 Web UI 应用进行修改，并重点介绍与后端 API 交互的部分，该应用基于 React+TypeScript+JSX 构建。

基于 React 的 Web UI 演示应用如图 12-7 所示。

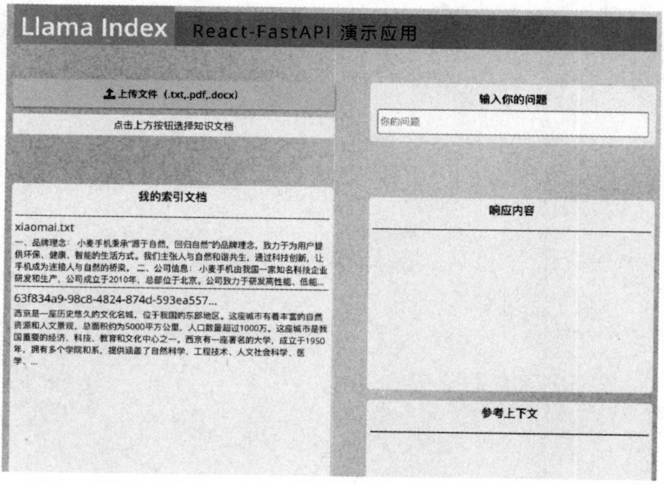

图 12-7

React 是一个由 Facebook 开发的开放源代码的前端 JavaScript 库，用于创建用户页面，尤其是那些复杂的用户页面。React 的主要设计思想是组件化，这使得 React 能够高效地更新和渲染组件。JSX 是 JavaScript 语言的语法扩展，允许开发者用类似于 HTML 的标记语言编写 JavaScript 代码，主要用于在 React 中开发可视化组件。

1）构建 Web UI 应用

虽然最推荐构建基于 React 的 Web UI 应用的方式是借助类似于 Next.js 这样的全栈 React 框架，但也可以直接使用 create-react-app 命令行的脚手架工具。使用以下命令，即可构建完整的基于 React 的 Web UI 应用，并且 React 提供了一系列预置的管理命令，包括启动、打包、测试等。由于使用的是 TypeScript 语言，所以需要增加 template typescript 参数：

```
> npx create-react-app my-app --template typescript
```

构建基于 React 的 Web UI 应用的代码通常被组织成如图 12-8 所示的文档结构。

图 12-8

在此基础上，你可以利用 React 提供的开发库开发自己的 UI 组件，并实现与后端 API 的交互。现在，我们重点关注这个与后端 API 交互的部分。

2）调用后端 API

在这样的前端应用中，通常建议把所有调用后端 API 的逻辑集中组织，比如在这个演示应用中，API 的调用逻辑被组织到 src/apis 目录中，如图 12-9 所示。

图 12-9

以 queryIndex.tsx 文档为例，其中实现了调用后端 API 问题查询的函数（TypeScript 代码）：

```
export type ResponseSources = {
  text: string;
  doc_id: string;
  similarity: number;
};

export type QueryResponse = {
  text: string;
  sources: ResponseSources[];
};

const queryIndex = async (query: string): Promise<QueryResponse> =>
{
  const queryURL = new URL('http://localhost:5601/query?');
  queryURL.searchParams.append('query_text', query);

  const response = await fetch(queryURL, { mode: 'cors' });
  if (!response.ok) {
    return { text: 'Error in query', sources: [] };
  }

  const queryResponse = (await response.json()) as QueryResponse;

  return queryResponse;
};
```

```
export default queryIndex;
```

在上面的代码中，首先声明了响应类型。这个类型与 API 返回的 JSON 格式类型是对应的，包括了响应的文本内容（text 字段）及用于参考的源内容 Node 信息（sources 列表），然后实现 queryIndex 这个最核心的函数。这是一个异步调用函数，输入 query（查询问题），输出一个 QueryResponse 类型的响应结果。注意：由于这是一个异步函数，因此不直接返回 QueryResponse 类型，而是返回一个 Promise 对象。这样，调用者才能用 await 方法等待异步返回的结果。在 queryIndex 函数中，首先组装了 HTTP API 调用的 URL，然后发送异步请求并等待响应，最后把响应结果解析成 JSON 格式的并返回。

在实现了这个调用后端 API 的函数后，就可以在 Web UI 应用中通过调用这个函数获得响应结果，并显示到 UI 页面。下面简单看一下前端的 IndexQuery 组件如何使用上面构造的函数：

```
import queryIndex, { ResponseSources } from '../apis/queryIndex';
const IndexQuery = () => {
......
  const handleQuery = (e: React.KeyboardEvent<HTMLInputElement>) =>
{
    if (e.key == 'Enter') {
      setLoading(true);

      #调用 queryIndex 函数
      queryIndex(e.currentTarget.value).then((response) => {
        setLoading(false);

        #设置响应结果，同步前端 UI 状态
        setResponseText(response.text);
        setResponseSources(response.sources);
      });
    }
  };
......
  return (
    <div className='query'>
      <div className='query__input'>
        <label htmlFor='query-text'>输入你的问题</label>
        <input
          type='text'
          name='query-text'
```

```
        placeholder='你的问题'
        onKeyDown={handleQuery}
      ></input>
    </div>
}
```

在前端 UI 页面输入问题后，将会调用 handleQuery 方法。在这个方法中，通过封装的 API 调用函数与后端交互以获取响应结果，并将响应结果展示在 UI 页面。

3）启动与测试 Web UI 应用

基于 React 的 Web UI 应用在开发环境中可以通过 npm start 命令启动：

```
> npm start
```

在启动 Web UI 应用后，访问 http://localhost:3000/，即可进入演示应用的 UI 页面。这个应用在启动时会自动调用 getDocuments API 获取并显示已经索引的文档列表。你可以通过 UI 页面输入问题，点击回车键后应用会调用问题查询接口进行问题查询并获得响应结果。当然，如果你第一次测试，那么至少需要上传一个知识文档用于 RAG 查询。

图 12-10 所示为测试的 UI 页面（这里上传了两个文档用于构造向量存储索引）。

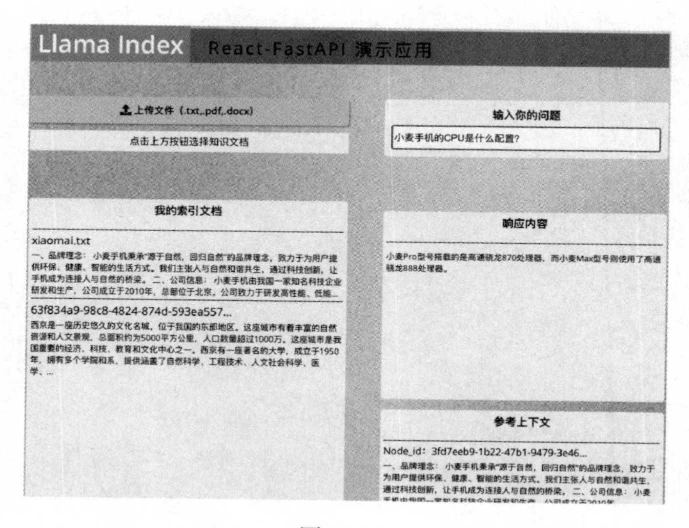

图 12-10

5. 小结

我们简单地实现了一个端到端的全栈 RAG 应用。你可以看到实现一个端到端的全栈应用与实现单个 RAG 模块或应用的区别。这包括以下你以前可能不会考虑的内容。

（1）分离前端 UI 与后端 API、知识库及索引服务。

（2）分布式设计，如设计独立的索引服务器。

（3）持久化存储与动态插入索引，而非简单地一次性生成索引。

（4）考虑多用户并发，如实现索引的顺序化操作。

即使如此，这也只是一个用于演示的原型应用。你可以在此基础上继续实现更复杂的能力。比如，支持多用户独立的知识库与索引、支持多轮对话引擎、上传知识文档并将其放置到网络上共享存储、开发独立的知识库后台管理模块等。

12.3.2　基于多文档 Agent 的端到端对话应用

还记得之前构建过的针对多文档的 Agentic RAG 应用吗？本章将在这个应用的基础上升级，实现一个基于多文档 Agent 的端到端对话应用。在这个应用中，我们把之前构造的多文档 Agent 的能力通过 API 发布给前端 UI 应用调用，用于支持针对多个文档的从简单到复杂、从事实性到总结性、从单一文档到跨多个文档的提问，并支持连续对话。

在这个应用中，我们重点关注与演示的内容有以下几个。

（1）多文档下复杂的知识型应用的 Agent 架构（请参考 11.3.3 节）。

（2）如何基于 Agent 构建支持连续对话的前端 ChatBot 应用。

（3）如何基于 API 实现复杂 RAG 应用的流式输出。

（4）多用户/多租户下的查询引擎与对话引擎的使用。

此外，本节还将介绍如何将复杂的 RAG 应用或者 Agent 应用中间阶段的输出进行流式化返回。

1. 基本架构

我们在之前的多文档 Agent 应用架构的基础上延伸，构建完整的端到端应用，如图 12-11 所示。

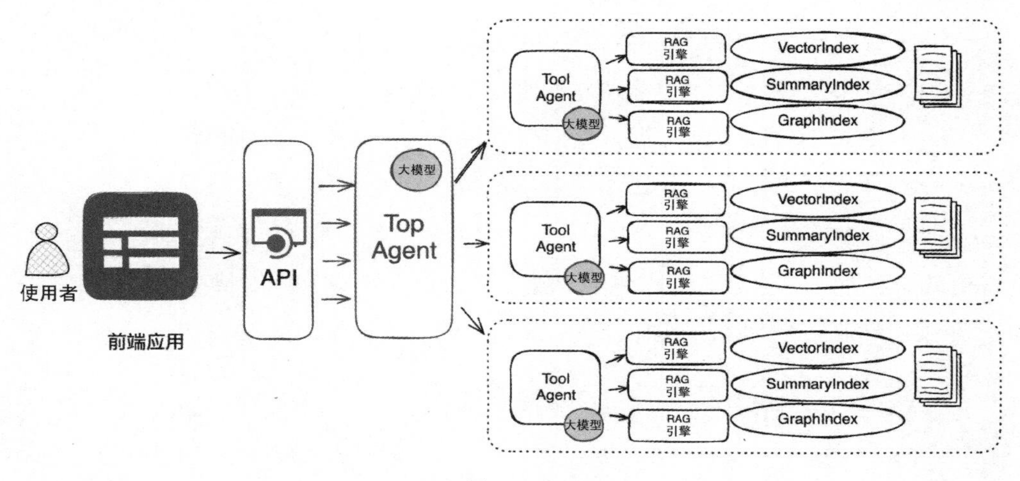

图 12-11

需要的模块主要包括以下 3 个。

（1）后端 Agent 模块：这是系统的核心模块，用于给已有的多文档知识构造索引与查询引擎，并以查询引擎作为工具创建上层的 Agent。这部分能力将通过模块的方式导入 API 模块使用，以获取 Agent 及对话。

（2）后端 API 模块：这是提供给前端 UI 应用直接访问的 API。通过 API，前端 UI 应用可以与后端创建的 Agent 进行对话，从而可以向底层的多个文档发起提问。

（3）前端 UI 应用：这是一个简单的支持连续对话的前端 ChatBot，能够与后端 API 模块实现交互。在这个应用中，还会实现流式响应。

其中后端（Agent 模块与 API 模块）的目录结构如图 12-12 所示。

```
∨ backend
  ∨ api
    chat.py
  ∨ app
    > storage
    index.py
    util.py
  ∨ data
    北京市.txt
    广州市.txt
    南京市.txt
    上海市.txt
  main.py
```

图 12-12

（1）api 目录存储面向前端的 API 服务代码。

（2）app 目录存储后端数据查询引擎与 Agent 代码。

（3）data 目录存储应用的原始知识文档，也就是用于实现增强生成的文档。

（4）main.py 是后端的主程序入口，用于启动 API 服务。

我们采用的技术栈与 12.3.1 节简单的全栈 RAG 查询应用的技术栈基本一致，而采用的测试数据为来自维基百科的中国若干城市的介绍信息。

2. 后端 Agent 模块

首先，需要准备的是后端 Agent 模块，与之前实现的多文档 Agentic RAG 在很多方法上基本保持一致，所以这里会省略部分代码。

1）创建 Tool Agent

在图 12-11 所示的架构图中，Tool Agent 是针对单个文档的 Agent。这个 Agent 基于不同索引对应的查询引擎创建，仍然使用两种不同的索引，即用于事实性问题回答的向量存储索引与用于内容总结的摘要索引。创建针对单个文档的 Agent 的代码如下（省略构造 vector_index 对象的过程，请参考 11.3.3 节）：

```
......
......省略模型与向量存储的准备代码......

#目录
HOME_DIR='/Users/pingcy/src/multiagents/backend'
DATA_DIR = f'{HOME_DIR}/data'
```

```
STOR_DIR = f'{HOME_DIR}/app/storage'

#本应用的知识文档
city_docs = {
    "Beijing":f'{DATA_DIR}/北京市.txt',
    "Guangzhou":f'{DATA_DIR}/广州市.txt',
    "Nanjing":f'{DATA_DIR}/南京市.txt',
    "Shanghai":f'{DATA_DIR}/上海市.txt'
}

#创建针对单个文档的 Tool Agent
def _create_doc_agent(name:str,callback_manager: CallbackManager):

    file = city_docs[name]

    ......此处省略构造 vector_index 对象的过程......
    #vector_index = ...

    query_engine = vector_index.as_query_engine(similarity_top_k=5)

    # 构造摘要索引与查询引擎
    summary_index = SummaryIndex(nodes)
    summary_engine = summary_index.as_query_engine(
                        response_mode="tree_summarize")

    # 把两个查询引擎工具化
    query_tool =
QueryEngineTool.from_defaults(query_engine=query_engine,
                                        name=f'query_tool',
                                        description=f'用于回答关于
城市{name}的具体问题，包括经济、旅游、文化、历史等方面')
    summary_tool =
QueryEngineTool.from_defaults(query_engine=summary_engine,
                                         name=f'summary_tool',
                                         description=f'任何需要对
城市{name}的各个方面进行全面总结的请求请使用本工具。如果您想查询有关 {name}
的某些详细信息，请使用 query_tool')

    city_tools = [query_tool,summary_tool]

    # 使用两个工具创建单独的文档 Agent
    doc_agent = ReActAgent.from_tools(city_tools,
```

```
                                      verbose=True,
                                      system_prompt=f'你是一个专门设计用
于回答有关城市{name}信息查询的助手。在回答问题时，你必须始终使用至少一个提供的
工具；不要依赖先验知识。不要编造答案。',

callback_manager=callback_manager)
    return doc_agent
```

这里创建单个 Tool Agent 的代码与 11.3.3 节中创建多文档 Agent 的代码一致。我们使用了 ReActAgent 类型的 Agent。它具有通用性，不依赖函数调用功能。你也可以使用 OpenAIAgent 类型的 Agent，但需要大模型支持函数调用功能。

下面定义一个循环创建针对所有文档的 Tool Agent 的方法：

```
#循环创建针对所有文档的 Tool Agent，并将其保存到 doc_agents_dict 字典中
def _create_doc_agents(callback_manager: CallbackManager):

    print('Creating document agents for all citys...\n')
    doc_agents_dict = {}
    for city in city_docs.keys():
        doc_agents_dict[city] =
_create_doc_agent(city,callback_manager)

    return doc_agents_dict
```

CallbackManager 参数通常用于跟踪底层事件（比如大模型调用与输出），此处预留这个参数是为了在后面实现对 Agent 中间阶段的跟踪与流式输出。

2）创建 Top Agent

现在创建基于 Tool Agent 的 Top Agent，融合了 11.3.3 节的代码，创建了带有工具检索功能的 Top Agent：

```
def _create_top_agent(doc_agents: Dict,callback_manager:
CallbackManager):
    all_tools = []
    for city in doc_agents.keys():
        city_summary = (
            f" 这部分包含了有关{city}的城市信息. "
            f" 如果需要回答有关{city}的任务问题，请使用这个工具.\n"
```

```
        )

        #把创建好的每个 Tool Agent 都工具化
        doc_tool = QueryEngineTool(
            query_engine=doc_agents[city],
            metadata=ToolMetadata(
                name=f"tool_{city}",
                description=city_summary,
            ),
        )
        all_tools.append(doc_tool)

    #实现一个对象索引，用于检索工具
    tool_mapping = SimpleToolNodeMapping.from_objects(all_tools)
    if not os.path.exists(f"{STOR_DIR}/top"):
        storage_context = StorageContext.from_defaults()
        obj_index = ObjectIndex.from_objects(
            all_tools,
            tool_mapping,
            VectorStoreIndex,
            storage_context=storage_context
        )
        storage_context.persist(persist_dir=f"{STOR_DIR}/top")
    else:
        storage_context = StorageContext.from_defaults(
            persist_dir=f"{STOR_DIR}/top"
        )
        index = load_index_from_storage(storage_context)
        obj_index = ObjectIndex(index, tool_mapping)

    print('Creating top agent...\n')

    #创建 Top Agent
    top_agent = ReActAgent.from_tools(

tool_retriever=obj_index.as_retriever(similarity_top_k=3),
                        verbose=True,
                        system_prompt="你是一个被设计来回答关于一组给定
城市查询的助手。请始终使用提供的工具来回答一个问题。不要依赖先验知识。不要编造
答案",
                        callback_manager=callback_manager)
    return top_agent
```

先把 Tool Agent 工具化，然后创建一个使用这些工具的 Top Agent。

这里没有直接把所有的工具都交给 Top Agent，而是交给它一个 tool_retriever 对象。这用于在有大量工具的情况下先通过检索器对工具进行检索过滤，从而可以增加 Agent 推理的准确性。

3）实现 get_agent 方法并测试

下面简单包装一个 get_agent 方法。这个方法将导出给 API 模块调用：

```
def get_agent():

    #创建 Agent，此处暂时忽略 callback_manager
    callback_manager = CallbackManager()
    doc_agents = _create_doc_agents(callback_manager)
    top_agent = _create_top_agent(doc_agents,callback_manager)

    return top_agent
```

我们可以用以下代码简单测试一下获取 Agent 的方法：

```
if __name__ == '__main__':

    top_agent = get_agent()
    print('Starting to stream chat...\n')
    streaming_response = top_agent.streaming_chat_repl()
```

使用 streaming_chat_repl 方法进行交互式对话，并实现流式输出，如图 12-13 所示。

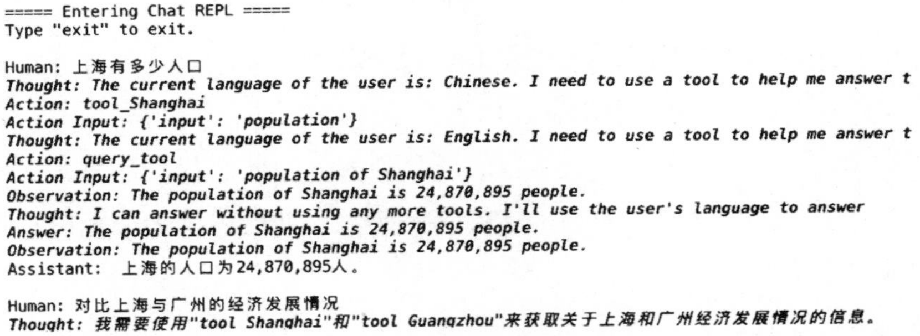

```
===== Entering Chat REPL =====
Type "exit" to exit.

Human: 上海有多少人口
Thought: The current language of the user is: Chinese. I need to use a tool to help me answer t
Action: tool_Shanghai
Action Input: {'input': 'population'}
Thought: The current language of the user is: English. I need to use a tool to help me answer t
Action: query_tool
Action Input: {'input': 'population of Shanghai'}
Observation: The population of Shanghai is 24,870,895 people.
Thought: I can answer without using any more tools. I'll use the user's language to answer
Answer: The population of Shanghai is 24,870,895 people.
Observation: The population of Shanghai is 24,870,895 people.
Assistant:  上海的人口为24,870,895人。

Human: 对比上海与广州的经济发展情况
Thought: 我需要使用"tool Shanghai"和"tool Guangzhou"来获取关于上海和广州经济发展情况的信息。
```

图 12-13

经过验证,创建的 Agent 能够按照符合预期的方式进行问题的推理与查询,因此可以交给 API Server 模块使用。

3. 后端 API 模块

1）API 设计

我们仍然使用 FastAPI 作为 HTTP API 服务框架，需要定义的最主要接口是用于对话的 chat 接口。输入客户端的对话消息,并调用 Agent 获得响应结果。接口定义见表 12-2。

表 12-2

接口	类型	端点	参数说明	请求体
对话	Post	/api/chat	无	data: _ChatData

首先，对这个接口的输入参数形式进行定义：

```
#单个消息: 角色与内容
class _Message(BaseModel):
    role: MessageRole
    content: str

#接口数据: 消息的顺序列表
class _ChatData(BaseModel):
    messages: List[_Message]
```

这里采用了一种与主流大模型对话 API 相兼容的输入参数形式。如果你有大模型开发经验，那么对_Message 类型应该很熟悉。它代表会话过程中的一条消息，其中 role 为产生消息的角色，user 代表用户，assistnat 代表 AI，system 代表系统提示，而 content 为消息的内容。

_ChatData 是一个_Message 类型的消息列表，因此它代表的是一次对话记录。这也是大模型常用的一种对话 API 参数形式，即通过携带完整的消息历史来支持基于上下文的多轮对话。

采用这种形式的输入参数与后面在前端 UI 应用中使用的组件相关。

2）API 实现之非流式版本

我们首先实现一个非流式版本的 API。这个版本的 API 不支持流式输出，因此在调用 API 时如果 Agent 的推理与生成过程较复杂，那么等待的时间可能会较长。代码如下：

```
......
chat_router = r = APIRouter()

@r.post("/nostream")
async def chat_nostream(
    data: _ChatData
):
    #获得 Agent
    agent = get_agent()

    if len(data.messages) == 0:
        raise HTTPException(
            status_code=status.HTTP_400_BAD_REQUEST,
            detail="No messages provided",
        )

    #最后一个产生消息的角色必须是 user
    lastMessage = data.messages.pop()
    if lastMessage.role != MessageRole.USER:
        raise HTTPException(
            status_code=status.HTTP_400_BAD_REQUEST,
            detail="Last message must be from user",
        )

    # 创建消息历史
    messages = [
        ChatMessage(
            role=m.role,
            content=m.content,
        )
        for m in data.messages
    ]

    #调用 Agent 获得响应结果并返回
    chat_result = agent.chat(lastMessage.content, messages)
```

```
    return JSONResponse(content={"text":str(chat_result)},
status_code=200)
```

与之前简单的全栈RAG查询应用中的API相比，这里的实现有一些不同。

（1）采用了一种不同的定义FastAPI路由的方式。没有直接在FastAPI类型的App对象上定义路由，而是在APIRouter对象上定义路由。这种方式的好处是可以在大型系统中对大量的路由通过不同的APIRouter进行组织与管理，使得代码更模块化、更易于管理与扩展。当然，在这种方式下，你需要通过include_router方法将APIRouter对象包含进入主程序。因此在这个项目中，我们通过下面的main.py主程序来启动这个API服务，这个主程序的代码如下：

```
import logging
import os
import uvicorn
from backend.api.chat import chat_router
from fastapi import FastAPI
from fastapi.middleware.cors import CORSMiddleware
from dotenv import load_dotenv

app = FastAPI()

app.add_middleware(
    CORSMiddleware,
    allow_origins=["*"],
    allow_credentials=True,
    allow_methods=["*"],
    allow_headers=["*"])

#将chat_router路由包含进来，有利于路由的模块化组织管理
app.include_router(chat_router, prefix="/api/chat")

if __name__ == "__main__":
    uvicorn.run(app="main:app",
host="0.0.0.0",port=8090,reload=True)
```

（2）由于每次通过get_agent方法获取的Agent都不保存状态，所以在调用chat方法时，需要让客户端把对话的消息历史作为输入（与大模型的对话API原理类似）。所以，在接收到客户端的消息列表后，会构造成Agent需要的

ChatMessage 列表，然后输入给 Agent 的 chat 方法，同时会确保最后一个产生消息的角色必须是 user（即用户提问），否则将会抛出异常。

通过 FastAPI 的自动化文档页面测试这个非流式的接口，输入内容如图 12-14 所示。

```
Request body required

{
  "messages": [
    {
      "role": "user",
      "content": "南京有多少人口？"
    }
  ]
}
```

图 12-14

经过一段等待时间，得到如图 12-15 所示的输出结果。

```
{
  "text": "南京的人口大约有800万人。"
}
```

图 12-15

然后，我们把这一次对话加入对话的消息历史，并增加新的用户消息以模拟多轮对话进行输入，如图 12-16 所示。

```
{
  "messages": [
    {
      "role": "user",
      "content": "南京有多少人口？"
    },
    {
      "role": "assistant",
      "content": "南京的人口大约有800万人。"
    },
    {
      "role": "user",
      "content": "那广州呢？比南京相比如何？"
    }
  ]
}
```

图 12-16

这时，Agent 会根据上下文判断本轮对话真实的、完整的意图，并推理出如何使用工具，最后得出正确的结果，如图 12-17 所示。

```
{
  "text": "广州的人口在2021年底约为1881万人，人口比南京多很多。南京大约有800万人口，而广州有1881万人口。"
}
```

图 12-17

后端 API Server 模块的控制台输出也证明了 Agent 的推理过程，如图 12-18 所示。

```
Creating top agent...

Thought: The current language of the user is: Chinese. I need to use a tool to help me answer the question
Action: tool_Guangzhou
Action Input: {'input': 'population'}
Thought: The current language of the user is: English. I need to use a tool to help me answer the question
Action: summary_tool
Action Input: {'input': 'population'}
Observation: The population of Guangzhou at the end of 2021 was 18.81 million, with an urbanization rate o
 10.1153 million, with an urbanization rate of 80.81%. The urban area had a population of 11.126 million,
 46.2% of the total population. The city has a high population density, with the central four districts ha
9,456 people per square kilometer. The population is predominantly Han Chinese, making up around 98.3% of
,290 residents belonging to 55 ethnic minority groups.
Thought: I can answer without using any more tools. I'll use the user's language to answer
```

图 12-18

3）API 实现之基础的流式版本

上面实现的是一个非流式版本的 API。在真实应用中，为了提供更好的客户端体验，我们希望在 Agent 这种相对复杂且响应时间较长的应用中，实现客户端的流式响应。为了更方便地实现，可以借助以下特殊的组件。

（1）使用 FastAPI 的 StreamingResponse 类型实现流式响应。

（2）使用 Server-Sent Events（SSE）技术实现服务端异步推送消息（需要客户端配合）。

Server-Send Events（SSE）是一种基于 HTTP 从服务端向客户端单向推送实时数据的技术。它允许服务端主动地向客户端连续推送消息，而无须客户端询问，通常用于需要从服务端向客户端多次推送消息的场景，比如流式响应、大文档推送等。

本节先介绍一个基础的流式版本的 API，把之前代码中调用 Agent 的 chat 方法修改为 stream_chat 方法，并对流式响应做相关的处理：

```
#流式响应 chat 接口
@r.post("")
async def chat(
    data: _ChatData
```

```
):
    ......

    #创建消息历史
    messages = [
            ChatMessage(
                role=m.role,
                content=decode_sse_messages(m.content),
            )
            for m in data.messages
    ]

    #调用 stream_chat 方法获取 Agent 的响应流
    chat_result = agent.stream_chat(lastMessage.content, messages)

    #构造一个生成器，用于迭代处理输出的 token
    def event_generator():
        for token in chat_result.response_gen:
            yield convert_sse(token)

    #客户端流式响应
    return StreamingResponse(event_generator(),
                             media_type="text/event-stream")
```

下面对其中的重要部分做详细说明。

（1）对 LlamaIndex 框架中流式的返回结果（比如 Agent 的 stream_chat 函数的返回结果）调用 response_gen 函数，将获得一个结果生成器，用于对不断到达的流数据进行迭代。这里构造了一个生成器函数 event_generator（一种使用 yield 方法逐步产生数据的函数,在每次使用 yield 方法调用与返回后会暂停，并等待下一次调用继续执行），迭代处理流式响应的每个 token，并使用 yield 方法输出。

（2）这里使用 SSE 主动推送消息到客户端（媒体类型为 text/event-stream）。由于 SSE 要求推送的数据以“data:”开头，因此我们使用 convert_sse 函数把消息转换成 SSE 的数据格式：

```
def convert_sse(obj: str | dict):
return "data: {}\n\n".format(json.dumps(obj,ensure_ascii=False))
```

（3）借助 FastAPI 内置的 StreamingResponse 类型来实现 API 的流式返回，只需要传入上述的生成器函数即可，返回的 StreamingResponse 对象会不断地从生成器函数中获得 SSE 格式的 token，并将其主动连续地推送给客户端。

4）API 实现之升级的流式版本

Agent 通常需要多个推理步骤并结合调用工具多次调用大模型来完成任务，但普通的流式响应只会在最后的生成阶段才能实现流式输出（这是因为最后的步骤必须等待中间步骤完成，以获得必要的输入）。如果我们希望在最后的生成之前能了解 Agent 执行过程的信息，能通过流的方式通知客户端并显示，那么应该如何处理呢？这需要借助 LlamaIndex 框架内置的事件跟踪与派发机制（请参考 3.2 节），即通过事件处理器来跟踪我们关注的内部事件及相关信息。

假设想跟踪 Agent 执行过程中的工具使用情况（比如 Function Call 事件）及其输入和输出，并且想在前端 UI 页面实时展示这些动态信息，那么应该如何实现呢？参考官方的建议，一种可行的方案如图 12-19 所示。

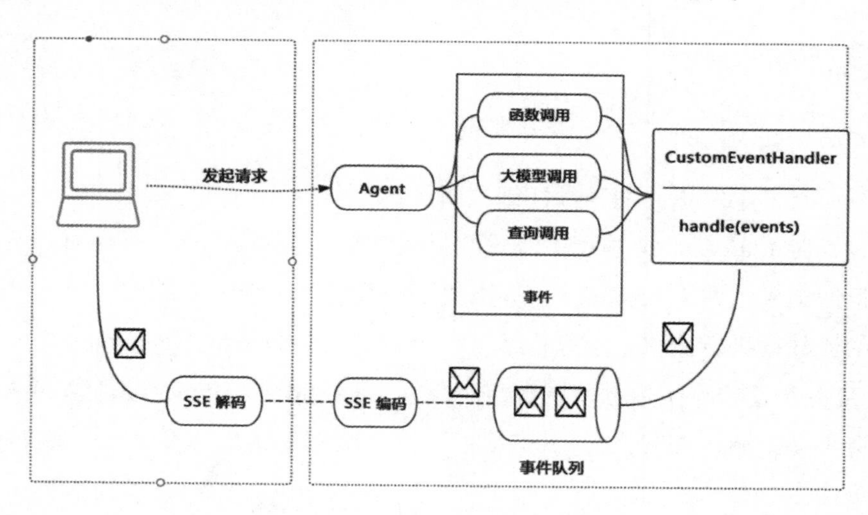

图 12-19

这种方案的整体思想：利用 LlamaIndex 框架内置的事件跟踪与派发机制，通过自定义的事件处理器（Event Handler），在发生需要关注的中间过程事件时，将关注的事件信息推送到异步的队列（Queue），然后由专门的处理线程从队列中获取数据，并将其实时推送到客户端。这种方案的优势是可以利用已有的机制，且通过队列的异步处理方式尽可能减少对主流程的影响，减少侵入性。

实现这个方案的大致步骤如下。

① 自定义事件处理器，将关注的事件信息推送到异步的队列。

② 在创建 Agent 时，传入自定义的事件管理器，使其生效。

③ 在调用 API 时访问队列中的事件信息以实时生成响应结果。

（1）自定义事件处理器。

事件跟踪的基础处理类型为 BaseCallbackHandler。需要从这个类型派生一个自定义的流式事件处理器，用于实现将关注的事件信息推送到异步的队列：

```
......
#自定义一个事件类型，包含类型与事件信息
class EventObject(BaseModel):
    type: str
    payload: dict

#自定义流跟踪的事件处理器
class StreamingCallbackHandler(BaseCallbackHandler):
   def __init__(self, queue: Queue) -> None:
        super().__init__([], [])
        self._queue = queue

    #自定义 on_event_start 接口
    def on_event_start(
        self,
        event_type: CBEventType,
        payload: Optional[Dict[str, Any]] = None,
        event_id: str = "",
        parent_id: str = "",
        **kwargs: Any,
    ) -> str:

        #跟踪 Agent 的工具使用
        if event_type == CBEventType.FUNCTION_CALL:
            self._queue.put(
                EventObject(
                    type="function_call",
                    payload={
                        "arguments_str":
```

```
str(payload["function_call"]),
                        "tool_str": str(payload["tool"].name),
                    },
                )
            )

    #自定义 on_event_end 接口
    def on_event_end(
        self,
        event_type: CBEventType,
        payload: Optional[Dict[str, Any]] = None,
        event_id: str = "",
        **kwargs: Any,
    ) -> None:

        #跟踪 Agent 的工具调用
        if event_type == CBEventType.FUNCTION_CALL:
            self._queue.put(
                EventObject(
                    type="function_call_response",
                    payload={"response":
payload["function_call_response"]},
                )
            )

        #跟踪 Agent 每个步骤的大模型响应
        elif event_type == CBEventType.AGENT_STEP:
            self._queue.put(payload["response"])

    @property
    def queue(self) -> Queue:
        """Get the queue of events."""
        return self._queue

    def start_trace(self, trace_id: Optional[str] = None) -> None:
        """Run when an overall trace is launched."""
        pass

    def end_trace(
        self,
        trace_id: Optional[str] = None,
        trace_map: Optional[Dict[str, List[str]]] = None,
```

```
    ) -> None:
        """Run when an overall trace is exited."""
        pass
```

在这个自定义的事件处理器中，重点关注以下两个事件类型。

① FUNCTION_CALL：在触发 Agent 使用工具（ReActAgent 类型的 Agent），或者触发 Function Call（OpenAIAgent 类型的 Agent）时，会派发该事件。可以通过该事件来实时跟踪 Agent 对工具（这里就是 RAG 查询引擎）的使用和输入信息与输出信息。

② AGENT_STEP：这是 Agent 在完成每一个执行步骤时派发的事件。利用该事件可以跟踪 Agent 每一步的详细信息。与 FUNCTION_CALL 事件不同的是，其通常在获得工具输出后借助大模型完成。跟踪这个事件，就可以跟踪到最终的 Agent 输出。

上面的代码在每一次 FUNCTION_CALL 事件的开始与结束时都会把调用的输入参数与返回结果组装成一个事件对象（EventObject）放入队列中，在每一次 AGENT_STEP 事件结束后，都会把响应结果（payload["response"]）放入队列中。这样，在调用 Agent 时，仅通过队列就可以实时了解 Agent 内部发生的事件与信息。

（2）使用自定义的事件管理器。

还记得后端 Agent 模块的 get_agent 方法中暂时忽略的 callback_manager 参数吗？现在需要使用这个参数加入自定义的事件管理器以实现跟踪，不用修改其他代码：

```
def get_agent():

    # 构造并加入自定义的事件处理器
    queue = Queue()
    handler = StreamingCallbackHandler(queue)
    callback_manager = CallbackManager([handler])

    #使用自定义的事件处理器
    doc_agents = _create_doc_agents(callback_manager)
    top_agent = _create_top_agent(doc_agents,callback_manager)
    return top_agent
```

（3）API 实现。

最后，需要修改前面的流式输出代码，将其修改成从队列中获取数据，并通过 StreamingResponse 组件输出流式响应：

```
......
@r.post("")
async def chat(
    data: _ChatData
):
    agent = get_cached_agent(user_id)
    ......省略部分代码......

    # 转换为 ChatMessage 列表格式
    messages = [
        ChatMessage(
            role=m.role,
            content=decode_sse_messages(m.content),
        )
        for m in data.messages
    ]

thread = Thread(target=agent.stream_chat,
args=(lastMessage.content, messages))
    thread.start()

    #生成器，用于构造 StreamingResponse 对象
    def event_generator():

        #从队列中读取对象
        queue = agent.callback_manager.handlers[0].queue

        while True:
            next_item = queue.get(True, 60.0)

            #判断 next_item
            #如果是 EventObject 类型的，则是 FUNCTION_CALL 事件
            if isinstance(next_item, EventObject):
                yield convert_sse(dict(next_item))

            #如果是 StreamingAgentChatResponse 类型的，则是 AGENT_STEP 事件
            elif isinstance(next_item, StreamingAgentChatResponse):
                response = cast(StreamingAgentChatResponse,
```

```
next_item)

                #通过 response_gen 方法迭代处理流式响应
                for token in response.response_gen:
                    yield convert_sse(token)
                break

    return StreamingResponse(event_generator(), media_type=
"text/event-stream")
```

上面的代码比前面的流式版本的代码略复杂，原因在于它不是简单地顺序化执行 stream_chat 方法，然后从返回结果中生成流式事件，而是需要从 Agent 的执行过程中通过异步的方式读取队列中的事件信息。这需要将原来的代码进行异步处理。

① 为了实现异步处理，将 Agent 的执行放在单独的新线程中，而主线程则可以从其共享的队列中读取线程运行时产生的事件（FUNCTION_CALL 事件的相关信息）或者响应结果（AGENT_STEP 事件输出的 StreamingAgentChatResponse 响应对象）。

② 设计一个生成器，从队列中读取执行过程中放入的对象，并进行相应处理。

a. 如果对象是 EventObject 类型的，则对象内容是 FUNCTION_CALL 事件发生时放入的相关输入参数与调用结果。这些信息可以通过 yield 方法输出并推送到客户端。

b. 如果对象是 StreamingAgentChatResponse 类型的，则对象内容是在 AGENT_STEP 事件结束时放入的流式响应对象，其可以通过 response_gen 方法迭代以获得 token，并通过 StreamingResponse 对象持续推送到客户端。

现在已经构造了一个流式版本的 API，下面构建一个简单的前端 UI 应用测试这个 API。

4. 前端 UI 应用

我们需要构建一个支持连续对话、流式响应的 ChatBot UI 应用。我们仍然可以基于 React 与 TypeScript 实现这个前端应用。不过在实际构建中，我们可以借助很多开源的 UI 应用模板或者 SDK 快速构建，大大减少工作量。由于前端并非本书的重点内容，因此我们借助 Vercel AI SDK 这个支持流式响应，可以快速构建大模型 ChatBot UI 应用的 TypeScript 库来构建这个前端应用。

前面构造 API Server 模块使用的接口输入类型与 SSE 的流式事件推送也都是基于 Vercel AI SDK 的开发要求而设计的。

1）构建简单的 ChatBot UI 应用

借助 Vercel AI SDK 可以快速构建一个基于 React 的 ChatBot UI 应用。使用以下命令快速创建一个 Next.js（基于 React 的上层应用框架）的应用程序：

```
> pnpm create next-app@latest my-ai-app
```

安装必要的依赖：

```
> npm install ai @ai-sdk/openai @ai-sdk/react zod
```

然后，可以使用 Vercel AI SDK 构建与完善这个 ChatBot UI 应用。Vercel AI SDK 是与框架无关的工具包，提供了强大的组件，特别是借助 useChat 钩子，可以大大简化前端 UI 页面开发、流式数据处理、API 调用的过程（具体的使用方法请参考 Vercel AI SDK）。

这里构建的一个简单的 ChatBot UI 应用如图 12-20 所示。

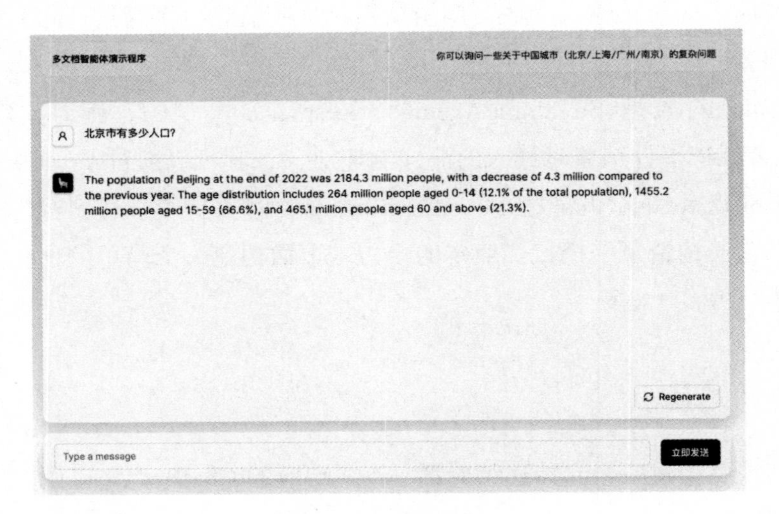

图 12-20

2）测试 ChatBot UI 应用

现在，在这个 UI 应用上输入问题即可进行端到端的对话测试。前面实现的增强的流式版本 API 有助于在前端实时观察 Agent 执行的中间过程，这非常有利于测试阶段的调试优化，以及改善客户体验。比如，可以看到如图 12-21 所示的中间阶段提示。

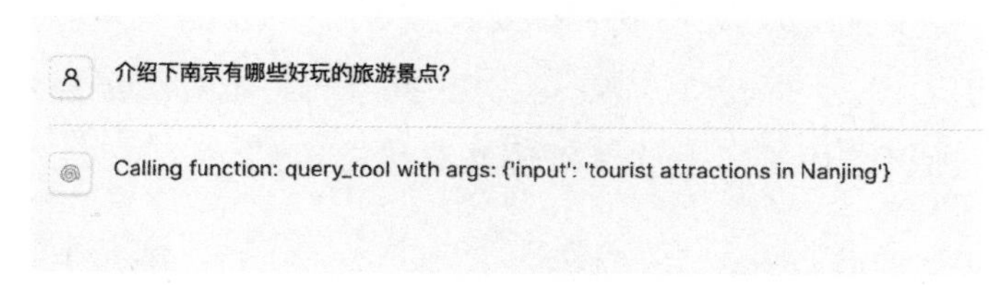

图 12-21

这表示当前的 Agent 正在调用一个查询工具（这里就是查询引擎）获取信息，输入参数为“tourist attractions in Nanjing”。在调用完这个查询工具后，在前端会看到如图 12-22 所示的页面。

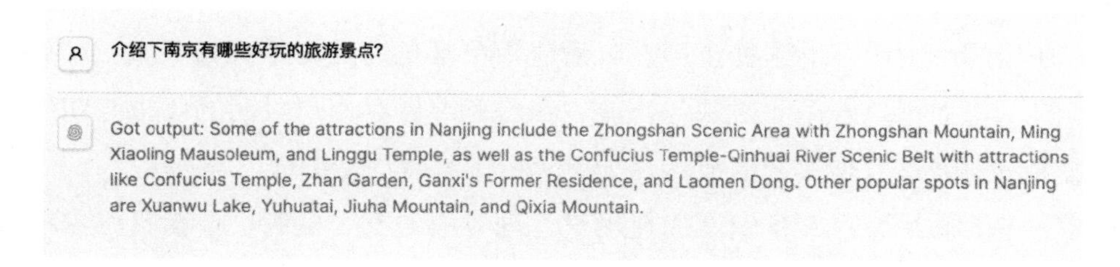

图 12-22

这表示查询工具调用完成，获得了输出信息作为可以参考的上下文。后面将由 Agent 进行下一步推理并决定下一个步骤。如果下一个步骤是大模型生成答案，那么你很快就可以看到流式输出的最终答案，如图 12-23 所示。

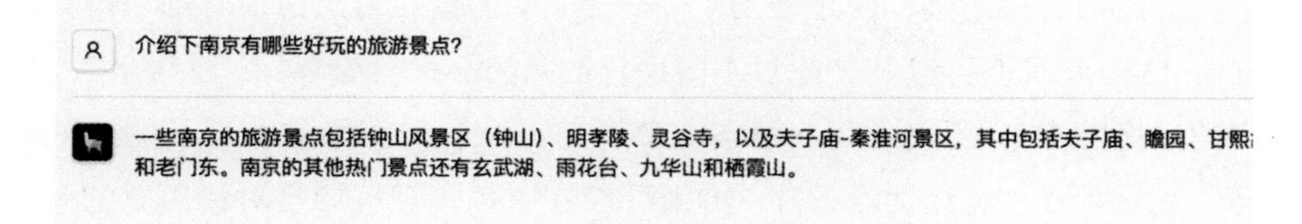

图 12-23

5. 未来的优化

我们在之前的多文档 Agentic RAG 的基础上扩展实现了一个支持多轮对话、流式输出的端到端对话应用。它远不是一个完善的成熟应用。对这个应用还可以考虑的一个重要优化方向是，基于用户管理与 Agent 的记忆能力在服务端保存用户对话的历史与明细，简化对对话上下文的处理。

在上面的应用中，我们通过客户端每次携带的历史对话记录来实现带有上下文的对话，所以采用了以下的接口输入参数类型：

```
class _ChatData(BaseModel):
    messages: List[_Message]
```

这种方式的好处是对服务端的处理要求较低，通过客户端就可以实现连续的上下文对话，但是存在的问题是，用户的历史对话记录不在服务端进行持久化存储，需要依赖客户端持久化存储（比如浏览器的本地存储），而且随着对话的进行，需要传输的历史对话记录会越来越多，会降低接口的处理性能。

在实际应用中，对这种多用户对话应用更常见的处理方式如下。

（1）增加用户管理的机制与功能，在服务端保存用户对话的历史与明细。这通常借助关系数据库来完成，比如 Postgres 或者 MySQL。

（2）在服务端的 API 中增加与用户管理对应的安全机制，能够识别客户端的用户（比如借助安全 token），并能够从数据库或缓存中获取对应的历史对话记录。可以使用类似于 Redis 这样的缓存数据库进行缓存，也可以使用 Agent 本身的记忆能力进行缓存。

（3）客户端只需要在每次调用时携带本次输入的问题，无须考虑历史对话记录的保存与形成，可以大大简化交互接口的复杂性。

以上面的应用为例，由于使用了 get_agent 函数在每次请求时都获得处理的 Agent，因此我们可以基于此对不同用户的 Agent 进行缓存，进而利用 Agent 自身的记忆能力，而不是在每次请求时都通过 get_agent 函数来获得新的 Agent。这样，一方面可以优化性能，另一方面可以在服务端理解用户对话历史的上下文（这需要少量服务端资源）。

可以尝试用最简单的缓存方式验证：

```
@lru_cache(maxsize=50)
def get_cached_agent(user_id: str) -> OpenAIAgent:
    return get_agent()
```

相关的细节与测试留给你自行完成。

第 13 章　新型 RAG 范式原理与实现

随着 RAG 在越来越多的场景中应用，从经典的 RAG 范式向模块化 RAG 范式演进成为普遍的共识。本章将介绍一些新型 RAG 范式的最新思想，并用介绍过的知识实现这些范式。

需要说明的是，这些新型 RAG 范式更多的是一种实验性的探索，自身处于不断演进之中，而非成熟可用的产品，但了解它们诞生的动机与原理将有助于更好地理解与优化 RAG 应用。

13.1　自纠错RAG：C-RAG

Corrective-RAG，简称为 C-RAG。C-RAG 是中国科学技术大学与 Google 研究院等的技术人员在发表的论文“Corrective Retrieval Augmented Generation”中提出的新型 RAG 范式。

13.1.1　C-RAG 诞生的动机

C-RAG 诞生的动机可以总结成一句话：尽可能提高检索出的上下文相关性。我们一直强调，在 RAG 应用中，尽可能提高召回知识块的精确度与相关性一直是各种优化策略的重点。不管是索引的选择、检索的算法还是查询的分析重写，其主要目的都是尽可能从大量的知识中筛选出有利于回答输入问题的上下文。

在经典的 RAG 范式中，即使在前期有过良好的考量与设计，也很难在真正运行时确保检索出的知识完全相关。因此，C-RAG 中的“C”，提供的就是一种事后纠错与调整的优化策略。

概括地说，C-RAG 就是在检索出相关知识后，能够自我评估这些检索出的知识的相关性，并根据评估结果进行自我纠错的一种 RAG 工作流程。这种纠错行为包括删除不相关的知识、查询转换并重新检索新的知识、借助搜索引擎补充外部知识等。

13.1.2 C-RAG 的原理

C-RAG 的原理并不复杂，如图 13-1 所示（基于论文中的思想做了适当简化，方便理解）。

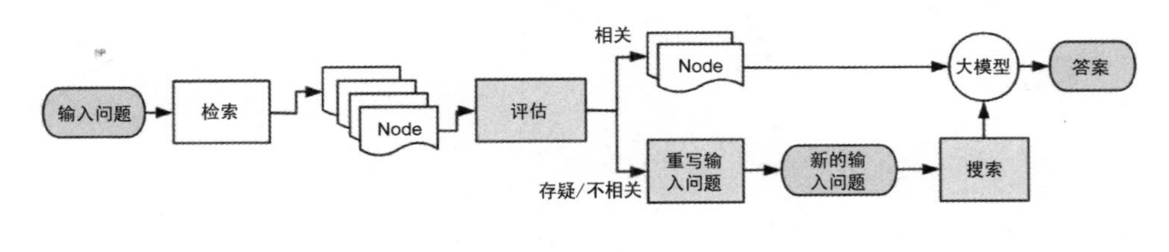

图 13-1

与经典的 RAG 范式相比，C-RAG 中增加了评估器模块、查询转换模块与搜索模块。在检索出相关的文档后，借助一个轻量级的评估器（通常是大模型），评估召回的相关知识的质量，将其分为相关知识、存疑知识、不相关知识，并根据评估结果进行相应的优化。

（1）对于相关知识，如果至少有一个 Node 是相关的，那么把其交给大模型用于生成。

（2）对于存疑知识/不相关知识，使用网络搜索或其他方式寻找相关知识进行补充，并在此之前重写输入问题，以期望获得更好的搜索结果。

所以，C-RAG 就是通过对检索出的知识做相关性评估，去除不相关知识，并尝试借助其他途径补充相关知识，从而提高输入的相关知识的质量，让回答更准确。

13.1.3 C-RAG 的实现

下面来实现一个简单的 C-RAG 的应用，实际体验与测试 C-RAG 和 RAG 的不同。

1. 准备 Prompt

首先，准备 3 个 Prompt（重写 LlamaIndex 框架内置的 Prompt，在实际应用时请根据模型与测试效果优化），分别用于生成答案、评估相关性，以及重写输入问题。

```
......
#生成答案
DEFAULT_TEXT_QA_PROMPT_TMPL = (
    "以下是上下文\n"
    "---------------------\n"
    "{context_str}\n"
    "---------------------\n"
    "请仅根据上面的上下文，回答以下问题，不要编造其他内容。\n"
    "如果上下文中不存在相关信息，请拒绝回答。\n"
    "问题：{query_str}\n"
    "答案："
)
text_qa_prompt = PromptTemplate(DEFAULT_TEXT_QA_PROMPT_TMPL)

#评估相关性
EVALUATE_PROMPT_TEMPLATE="""您是一个评分人员，评估检索出的文档与用户问题的相关性。
        以下是检索出的文档:
        ----------------
        {context}
        ----------------

        以下是用户问题:
        ----------------
        {query_str}
        ----------------
```

```
        如果文档中包含与用户问题相关的关键词或语义，且有助于解答用户问题，请将其评为相关。
        请给出 yes 或 no 来表明文档是否与问题相关。
        注意只需要输出 yes 或 no，不要有多余解释。
        """
evaluate_prompt = PromptTemplate(EVALUATE_PROMPT_TEMPLATE)

#重写输入问题
REWRITE_PROMPT_TEMPLATE= """你需要生成对检索进行优化的问题。请根据输入内容，尝试推理其中的语义意图/含义。
        这是初始问题：
        -----------------
        {query_str}
        -----------------
        请提出一个改进的问题："""
rewrite_prompt = PromptTemplate(REWRITE_PROMPT_TEMPLATE)
```

2. 函数：构造检索器

快速构造一个向量存储索引，用于实现语义检索，并返回检索器与查询引擎：

```
#构造检索器
def create_retriever(file):
    docs = SimpleDirectoryReader(input_files=[file]).load_data()
    index = VectorStoreIndex.from_documents(docs)
    return
index.as_retriever(similarity_top_k=3),index.as_query_engine()
```

3. 函数：相关性评估器

构造一个用于评估相关性的函数：该函数对语义检索出的 Node 与输入问题的相关性借助大模型进行评估，并返回其中相关的 Node 列表：

```
#评估检索结果
def evaluate_nodes(query_str:str,retrieved_nodes: List[Document]):

    #构造一个用于评估的简单查询管道，直接使用大模型也一样
```

```
    evaluate_pipeline = QueryPipeline(chain=[evaluate_prompt,
llm_openai])

    filtered_nodes = []
    need_search = False
    for node in retrieved_nodes:

        #对 Node 中的内容与输入问题评估相关性
        relevancy = evaluate_pipeline.run(
            context=node.text, query_str=query_str
        )

        #如果相关，则返回；否则，需要搜索
        if(relevancy.message.content.lower()=='yes'):
            filtered_nodes.append(node)
        else:
            need_search = True

    return filtered_nodes,need_search
```

4. 函数：重写输入问题

如果需要搜索来补充额外的知识上下文，那么首先会重写一次输入问题。这里借助简单的 Prompt 与大模型重写输入问题，如果有更复杂的需求，那么可以借助查询转换器组件：

```
#重写输入问题
def rewrite(query_str: str):
    new_query_str = llm_openai.predict(
        rewrite_prompt, query_str = query_str
    )
    return new_query_str
```

5. 函数：搜索工具

可以使用 LlamaIndex 框架中内置的供 Agent 使用的工具组件快速搜索。我们使用 Tavily 这个网络搜索工具（先到官方网站申请 API Key）：

```
#搜索
def web_search(query_str:str):
    tavily_tool = TavilyToolSpec(api_key="tvly-***")
    search_results = tavily_tool.search(query_str,max_results=5)
    return "\n".join([result.text for result in search_results])
```

6. 函数：生成答案

由于我们需要自行组装输入大模型的上下文，以结合语义检索的结果与网络搜索的结果，因此无法直接使用查询引擎，可以使用大模型直接生成答案：

```
#使用大模型直接生成答案
def query(query_str,context_str):
    response = llm_openai.predict(
        text_qa_prompt, context_str=context_str,
query_str=query_str
    )
    return response
```

7. 主程序

在做完上述准备工作后，就可以编写一个简单的主程序进行测试：

```
......
file_name = "../../data/citys/南京市.txt"

#构造检索器与查询引擎
retriever,query_engine = create_retriever(file_name)
query_str = '南京市的人口数量是多少与分布情况如何？参加 2024 年中考的学生数量是
多少？'

#先测试直接生成答案
response = query_engine.query(query_str)
print(f'------------------Response from query
engine--------------------')
pprint_response(response,show_source=True)

#测试 C-RAG 流程
```

```
#C-RAG: 检索
print(f'-----------------Response from CRAG-------------------')
retrieved_nodes = retriever.retrieve(query_str)
print(f'{len(retrieved_nodes)} nodes retrieved.\n')

#C-RAG: 评估检索结果，仅保留相关的上下文
filtered_nodes,need_search =
evaluate_nodes(query_str,retrieved_nodes)
print(f'{len(filtered_nodes)} nodes relevant.\n')
filtered_texts = [node.text for node in filtered_nodes]
filtered_text = "\n".join(filtered_texts)

#C-RAG: 如果存在不相关知识，那么重写输入问题并借助网络搜索
if need_search:
    new_query_str = rewrite(query_str)
    search_text = web_search(new_query_str)

#组合成新的上下文，并进行生成
context_str = filtered_text + "\n" + search_text
response = query(query_str,context_str)
print(f'Final Response from crag: \n{response}')
```

在上面的测试问题中，我们故意添加了一个无法在输入知识库中找到的实时信息问题（“参加 2024 年中考的学生数量是多少？”），用于测试相关性的判断与网络搜索的效果。直接查询的结果如图 13-2 所示。很显然，有部分信息由于没有参考知识，因此无法回答。

```
-----------------Response from query engine-------------------
Final Response: 南京市的常住人口数量为949.11万人，城镇人口占87.01%，其中15-
59岁人口占68.27%。2020年11月1日，常住人口931万，城镇人口808.52万。南京市的人口密度超过1240人每平方公里，人口相对
集中。南京市在校学生数量为35.8万人。2024年参加中考的学生数量根据提供的信息无法确定。
```

图 13-2

图 13-3 所示为 C-RAG 下的输出结果。首先，对检索出的 3 个 Node 进行了过滤，去除了 2 个不相关的 Node；然后，通过网络进行了实时信息的搜索并将其用于生成。最后的输出结果表明，由于加入了搜索结果，大模型能够更完整地回答输入问题。

```
------------------Response from CRAG-------------------
3 nodes retrieved.

1 nodes relevant.

Searched text:
南京市2024年中考招生政策问答. 1.中考总分是多少? . 考试有哪些形式? . 2024年中考成绩总分为700分。. 各学科
化学80分, 道德与法治、历史各60分, 体育40分。. 综合素质评价、艺术素质测评 ...
2024年中考报名即将开始. 我市2024年初中学业水平考试 (简称"中考") 暨高中阶段学校招生报名工作将于2023年11月
手续。. 一、 报名对象. 1.具有南京市初中学籍的初三年级学生; . 2.具有南京 ...
5月27日, 《南京市2024年高中阶段学校考试招生工作意见》正式发布。. 今年我市中招政策保持稳定, 中考文化考试
护人要根据自身情况综合分析, 慎重填报。. 考生已被正常投档但要求学校 ...
本文将围绕南京2024年高中招生人数的变化进行分析, 并结合近三年的数据进行对比, 为广大家长和学生提供参考。.
为6.6万人, 相较于前一年有所增加。. 而预计到了2025届, 中考人数可能会 ...
南京市2024年中招政策及问答来了. 近日, 南京市招生委员会审议批准了《南京市2024年高中阶段学校考试招生工作意
招考院发布了详细内容—. 1. 2024年体育考试, 恢复至疫情前的考试项目 ...

Final Response from crag:
南京常住人口约为949.11万人, 城镇人口占87.01%, 人口密度较高。2024年中考预计约有6.6万人参加。
```

图 13-3

C-RAG 是一种相对简单的 RAG 扩展范式，当然也有一定的局限性与提升空间。比如，借助大模型的相关性评估由于存在一定的不确定性与模型依赖性，因此有一定的错误过滤的可能性。另外，使用网络搜索在一些较严格的企业级应用场景中可能会引入风险。

13.2　自省式RAG：Self-RAG

Self-RAG（自省式 RAG）是华盛顿大学、IBM 人工智能研究院等机构的技术专家在论文“Self-RAG: Learning to Retrieve, Generate, and Critique through Self-Reflection”中提出的一种增强的 RAG 理论与范式。Self-RAG 在原型项目（开源）的测试中取得了显著的进步，在不同的测试任务集上有明显优于传统 RAG 范式的测试成绩。

13.2.1　Self-RAG 诞生的动机

尽管 RAG 给大模型带来了一种借助补充的外部知识来减少在完成知识密集型任务时产生事实性错误的方法，但即使抛开上下文长度与响应时间等技术方面的顾虑，也带来了以下负面问题，这正是 Self-RAG 试图优化的问题。

（1）过度检索。经典的 RAG 范式不加区分地对输入问题进行相关知识检索（top_K），可能会引入无用甚至偏离的内容，并影响输出结果。

（2）输出一致性问题。经典的 RAG 范式无法确保输出结果与检索知识中的事实保持一致，因为大模型本身不能绝对保证遵循提示，更何况也无法绝对保证知识的相关性。

下面用更通俗的方式描述这两个问题。如果说 RAG 是允许一个优秀学生（大模型）在考试时查阅参考书，那么这两个问题如下。

（1）不管考试的题目如何，学生都去查阅参考书找答案。这显然不是效率最高的方法。正确的方法应该是快速回答熟悉的问题，对不熟悉的问题才查阅参考书找答案。

（2）虽然学生查阅了很多参考书，但是有时候并不会严格地按照它们来回答（甚至可能看错知识），最终仍然会回答错误。

当然，在实际构建 RAG 应用时，一般会通过设计工作流程和精心调试 Prompt 在一定程度上解决这两个问题。比如：

（1）在检索之前借助大模型来判断是否需要检索。

（2）在 Prompt 中要求大模型严格按照参考知识回答。

（3）借助大模型评估答案，并通过多次迭代提高答案的质量。

尽管这些方案在很多时候不错，但会带来诸如增加复杂度、降低响应性能及引入更多不可控因素等潜在问题。Self-RAG 是怎么做的呢？

13.2.2 Self-RAG 的原理

Self-RAG 与 RAG 最大的不同之处在于：Self-RAG 通过在模型层微调，让大模型具备判断检索与按需检索的能力，进而通过与应用层配合，达到提高生成准确性与生成质量的目的。

1. 基本流程

Self-RAG 的基本工作流程如图 13-4 所示。

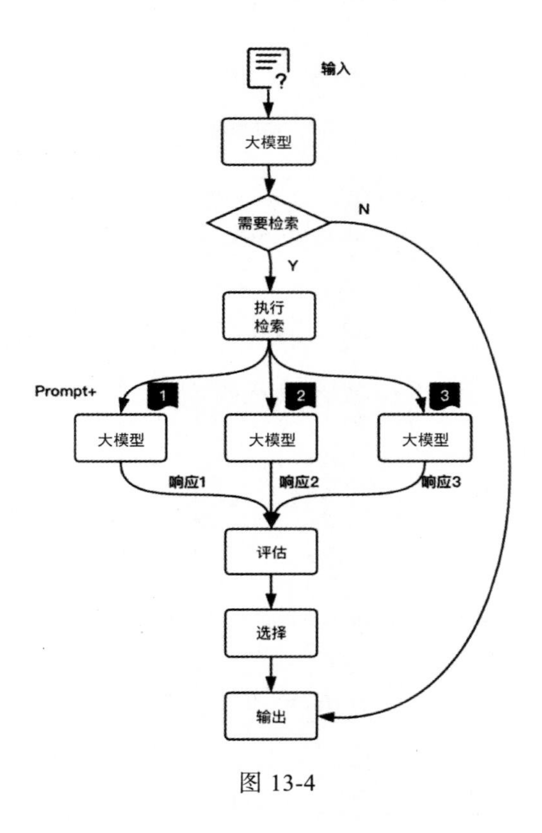

图 13-4

其步骤如下。

（1）判断检索。在经典的 RAG 范式中直接用输入问题检索相关的知识，而在 Self-RAG 中首先由大模型来判断是按需检索相关的知识，还是直接输出答案。

（2）按需检索。

① 如果不需要检索相关的知识（比如，给我创作一首歌颂母爱的诗歌），那么由大模型直接输出答案。

② 如果需要检索相关的知识（比如，介绍我们公司最受欢迎的产品），那么借助检索器执行检索动作，检索出最相关的前 K 个知识块。

（3）增强生成。逐个使用检索出的 K 个相关知识块与输入问题组装成 Prompt，用于生成 K 个输出答案。

（4）评估、选择与输出。对步骤（3）中增强生成的 K 个（图 13-4 中 K=3）输出答案进行评估，并选择一个最佳的输出答案作为最终输出答案。

2. 评估指标

你仔细看上面的流程，就会发现一共有两个阶段需要借助大模型进行评估。

（1）是否需要检索相关的知识以实现增强生成？

（2）如何对多个输出答案进行评估？

在这两个阶段中，技术专家给 Self-RAG 共设计了 4 种类型的评估指标，在原文中用了比较严谨的科学化定义，见表 13-1。

表 13-1

评估指标	输入	输出	定义
Retrieve	$x/x,y$	{yes, no, continue}	Decides when to retrieve with $\mathcal{R}$
IsREL	x,d	{relevant, irrelevant}	d provides useful information to solve x.
IsSUP	x,d,y	{fully supported, partially supported, no support}	All of the verification-worthy statement in y is supported by d.
IsUSE	x,y	{5, 4, 3, 2, 1}	y is a useful response to x.

我们用简单易懂的方式来翻译与解释这 4 种类型的评估指标。

1）Retrieve：是否需要检索相关的知识

该类型的指标表示大模型生成后面的答案是否需要检索相关的知识。该类型的指标的取值有以下 3 种。

（1）[No Retrieval]：无须检索，大模型直接生成答案。

（2）[Retrieval]：需要检索。

（3）[Continue to Use Evidence]：无须检索，继续使用之前的检索内容。

2）IsREL：知识相关性

该类型的指标表示检索出的知识是否提供了解决问题所需的信息。该类型的指标的取值有以下两种。

（1）[Relevant]：检索出的知识与需要解决的问题足够相关。

（2）[Irrelevant]：检索出的知识与需要解决的问题无关。

3）IsSUP：响应支持度

该类型的指标表示输出的答案被检索的知识的支持程度。该类型的指标的取值有以下 3 种。

（1）[Fully supported]：输出的答案被检索的知识完全支持。

（2）[Partially supported]：只有部分输出的答案被检索的知识支持。

（3）[No support / Contradictory]：输出的答案不被检索的知识支持（即编造）。

比如，提供的知识中只有"中国的首都是北京"，而输出内容中有"北京是中国的首都，北京最受欢迎的景点是长城"，那么后半部分输出内容在提供的知识中就没有得到支持，所以属于部分支持，即[Partially supported]。

4）IsUSE：响应有效性

该类型的指标表示输出的答案对于解决输入问题是否有用/有效。该类型的指标的取值如下。

[Utility : x]：按有效的程度 x 分成 1 ~ 5，即最高为[Utility:5]。

这 4 种类型的指标如何生成呢？在什么时候生成？

3. 指标生成

一种容易想到的指标生成方法是借助大模型与 Prompt 进行判断，比如把输入问题与检索的知识交给大模型，要求其判断两者的相关性，从而得出 IsREL，并用于后面评估。这种方法的好处是完全在应用层实现，更灵活，但缺点如下。

（1）过多这样的大模型交互阶段会带来响应性能下降与 token 成本升高。

（2）借助 Prompt 生成相关评估指标只能定性评估，不利于后面量化评估。

Self-RAG 采用了一种不同的方法：通过微调大模型，让大模型在推理过程中实现自我反省，直接输出代表这些指标的标记性 token，这里称为"自省 token"。

比如，大模型在响应时，可能会发现需要补充额外的知识，就会输出[Retrieval]并暂停，表示需要检索相关的知识；在获得足够的知识与上下文后，大模型会在输出答案时自我评估与反省，并插入[Relevant][Fully supported]等自省 token。下面看两个例子。

（1）以下大模型的输出答案中携带了知识相关性等几个指标。

```
Response: [Relevant] 字节调动的 Coze 是一个大模型的应用开发平台，提供了一站式开发大模型应用的相关工具、插件与编码环境. [Partially supported] [Utility:5]
```

（2）以下大模型的输出答案中携带了[Retrieval]，表示需要“求助”外部知识。

```
Response: 当然！[Retrieval]<paragraph>
```

通过微调给大模型引入自省 token，Self-RAG 让大模型更智能并适应后面工作流程的需要。当然，这样的模型需要特殊的训练。Self-RAG 的开源项目中对模型的训练数据与过程进行了详细的介绍，并且提供了一个在微调后可用的测试模型：selfrag_llama2_7b（需要借助 Hugging Face Hub 平台使用）。我们将借助这个模型来进行 Self-RAG 的实际应用测试。

4. 输出评估

有了大模型输出的这些自省 token，就可以看到模型的“自省”过程，但是如何量化比较与评估多个输出答案，并给它们打分呢（图 13-5 中的评估算法）？毕竟我们需要选择最高分的那个输出答案作为最后的答案。很显然，大模型输出的自省 token 并非量化指标。我们需要借助大模型推理结果中的一个字段——logprobs，也就是对数概率（大部分的大模型输出答案在展示给使用者时会被过滤，通常只展示最重要的输出文本）。

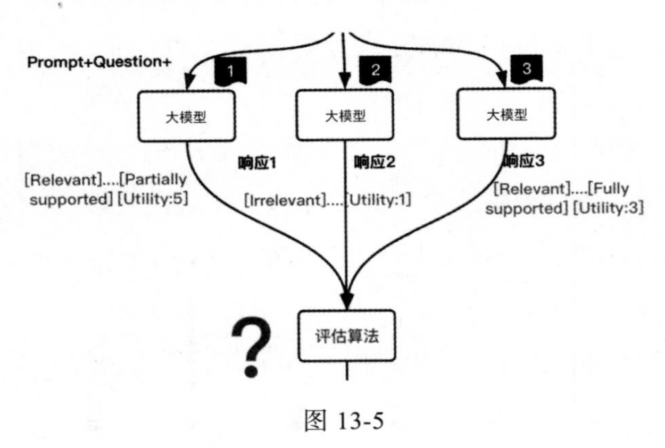

图 13-5

1）了解对数概率

大模型的输出其实就是根据提示预测下一个词元(token)并不断循环预测，直到全部完成（遇到代表结束的 token）的过程。它是怎么预测下一个 token 的呢？它并不确定下一个 token 应该是什么（如果是那样，每次输出的就是确定的结果），而是经过一系列复杂的运算与神经网络处理，最终输出含有多个可能的下一个 token 及其概率的列表，最后从其中选择一个 token 来输出。这个过程类似（简化了最复杂的推理部分）于图 13-6 所示。

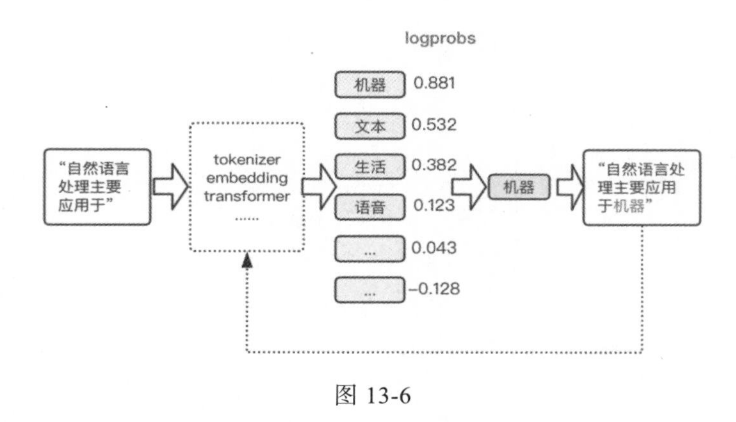

图 13-6

logprobs 字段用于保存每一步预测的多个可能的 token 的输出概率（取对数，所以叫对数概率）。

2）评估算法

对于上面所说的 Self-RAG 应用中大模型输出的自省 token，也一样可以找到对应的概率。比如，在一次输出中出现了[Fully supported]这个 token，那么说明大模型在推理时计算出了[Fully supported][Partially supported]等可能的 token 的输出概率，最后选择了[Fully supported]。因此，在评估这次输出的 IsSUP 的分数时，就可以基于 logprobs 字段中这些 token 的概率来计算（在上面的例子中，[Fully supported]这个 token 的输出概率越高，说明支持度越高）。

Self-RAG 给出了 3 种评估指标（注意：Retrival 无须量化）的评估算法，我们简单描述如下（具体可参考下面的实现代码）。

（1）【 IsREL 】：知识相关性。

计算[Relevant]token 的输出概率占该指标两种 token 的输出概率和的比例。

（2）【IsSUP】：响应支持度。

计算[Fully supported]token 的输出概率占该指标 3 种 token 的输出概率和的比例，加上[Partially supported]token 的输出概率所占的比例，但后者要乘以权重 0.5。

（3）【IsUSE】：响应有效性。

分别计算该指标的 5 种 token 的输出概率占总输出概率的比例乘以对应的权重（分别为从-1 到 1 不等），然后求和。

以 IsSUP 为例，参考官方项目中的测试代码，可以模拟对应的算法实现：

```
......
#IsSUP 的 3 种自省 token
_IS_SUPPORTED_TOKENS = [
    "[Fully supported]",
    "[Partially supported]",
    "[No support / Contradictory]",
]

#计算 IsSUP 得分
def _is_supported_score(
    pred_tokens: List[int], pred_log_probs_dict: List[Dict[str,
float]]
) -> float:

    #最终的得分
    is_supported_score = 0

    #首先找到输出的自省 token 的位置，然后退出，这个类型的指标的 token 只有一个
    token_appear_id = -1
    for tok_idx, token in enumerate(pred_tokens):
        if token in _IS_SUPPORTED_TOKENS:
            token_appear_id = tok_idx
            break

    #如果找到了自省 token 的位置，比如为[Fully supported]
    if token_appear_id > -1:

        #在这个位置上查找所有该类型的指标的 3 种自省 token 的输出概率
        #保存到 issup_score_dict 这个字典中
        issup_score_dict = {}
        for token in _IS_SUPPORTED_TOKENS:
```

```
            prob = pred_log_probs_dict[token_appear_id][token]
            issup_score_dict[token] = np.exp(float(prob))

        #用上面的计算公式计算最终得分
        is_supported_score = (
            issup_score_dict["[Fully supported]"]
            + 0.5 * issup_score_dict["[Partially supported]"]
        ) / np.sum(list(issup_score_dict.values()))

    return is_supported_score
```

整个算法比较清晰：在大模型输出中找到需要的自省 token 的位置，然后找到此位置的 token 预测时的对应概率，最后按照公式计算即可。需要说明以下两点。

（1）由于 logprobs 为对数概率，所以在计算时用指数函数 exp 将其转换为正常概率。

（2）在实际使用时，需要参考使用的推理工具（比如 Llama_cpp）文档，找到输出参数中的 pred_tokens 与 pred_log_probs_dict 这两个字段，将其内容作为这里的算法输入。

13.2.3　Self-RAG 的实现

在了解了 Self-RAG 的原理与相关的评估算法后，为了更直观地了解 Self-RAG，本节基于 Self-RAG 开源项目中发布的微调大模型（selfrag_llama2_7b）构建一个符合 Self-RAG 的原型应用。

Self-RAG 开源项目中主要介绍了如何微调一个能够输出"自省 token"的大模型，包括必要的数据准备方法与微调代码，但并没有提供应用层的框架，开发者需要参考项目中测试与推理部分的代码自行构建上层应用。

1. 模型测试

在构建完整的上层应用之前，我们直接测试与感受带有自省 token 输出能力的 selfrag_llama2_7b 模型，观察这个大模型的输出与其他大模型的输出的不同之处。下面使用 llama_cpp 作为本机的大模型推理工具（截至本章写完，Ollama 还不支持该模型）。

（1）安装 Llama_cpp 和 huggingface 的使用库（需要下载大模型）：

```
> pip install llama_cpp_python
> pip install huggingface-hub
```

（2）下载大模型，我们下载用于 llama_cpp 推理的 gguf 版本：

```
> huggingface-cli \
 download m4r1/selfrag_llama2_7b-GGUF \
 selfrag_llama2_7b.q4_k_m.gguf \
 --local-dir ./model \
 --local-dir-use-symlinks False
```

（3）运行以下代码，观察两个不同的输入问题的输出结果：

```
......
from llama_cpp import Llama

_MODEL_KWARGS = {"logits_all": True, "n_ctx": 2048,
"n_gpu_layers":200}
_GENERATE_KWARGS = {"temperature": 0.0,"top_p": 1.0,"max_tokens":
1024,"logprobs": 1000}

#大模型
llm=Llama(model_path="./model/selfrag_llama2_7b.q4_k_m.gguf",**_M
ODEL_KWARGS)

#格式化 Prompt，注意按照此格式输入问题和关联知识
def format_prompt(input, paragraph=None):
  prompt = "### Instruction:\n{0}\n\n### Response:\n".format(input)
  if paragraph is not None:
    prompt +=
"[Retrieval]<paragraph>{0}</paragraph>".format(paragraph)
  return prompt

#测试两个问题，一个无须检索知识，另一个需要检索知识
query_1 = "写一首歌颂母爱的小诗"
query_2 = "能否介绍一下字节跳动的 AI 平台 Coze? "
```

```
queries = [query_1, query_2]

#分别测试，并打印出结果(response)以及更详细的 token 输出细节
for query in queries:
  pred = llm(format_prompt(query),**_GENERATE_KWARGS)
  print("\nResponse: {0}".format(pred["choices"][0]["text"]))
  print('\nDetails:\n')
  print(pred["choices"][0])
```

下面来看第一个问题的输出结果：

```
Response: Mother love, so pure and true,
A bond that's stronger than any tie.[No Retrieval]You give your all,
without a thought,
Your love is the light in our lives.[No Retrieval]In you we find
strength and courage,
······follow its owners everywhere.[Utility:5]
```

第一个问题是一个创作问题，并不涉及具体事实，所以无须检索知识。可以看到，推理结果中带有[No Retrieval]的自省 token，此时应用知道无须额外检索，直接将 token 标记去除后输出内容即可。

再看第二个问题的输出结果：

```
Response: Certainly![Retrieval]<paragraph>
Coze is a platform that uses AI to help businesses automate customer
service.[Utility:5]
```

第二个问题是一个事实性问题。可以看到，在推理过程中，大模型会发现需要补充额外的知识，就会输出[Retrieval]的自省 token。此时，应用就可以执行检索动作，将知识上下文交给大模型处理。

（4）已经模拟完成了检索，带入相关的知识后再次观察大模型的输出结果：

```
......
#这是模拟的参考知识，提供给大模型
paragraph="""Coze 是字节跳动的大模型应用一站式开发平台。"""
from llama_cpp import Llama
```

```
_MODEL_KWARGS = {"logits_all": True, "n_ctx": 2048,
"n_gpu_layers":200}
_GENERATE_KWARGS = {"temperature": 0.0,"top_p": 1.0,"max_tokens":
1024,"logprobs": 1000}

llm=Llama(model_path="./model/selfrag_llama2_7b.q4_k_m.gguf",**_M
ODEL_KWARGS)

#此处默认输入参数 paragraph 为上面的知识
def format_prompt(input, paragraph=paragraph):
  prompt = "### Instruction:\n{0}\n\n### Response:\n".format(input)
  if paragraph is not None:
    prompt +=
"[Retrieval]<paragraph>{0}</paragraph>".format(paragraph)
  return prompt

query = "能否介绍一下字节跳动的 AI 平台 Coze? "

pred = llm(format_prompt(query),**_GENERATE_KWARGS)
print("\nResponse: {0}".format(pred["choices"][0]["text"]))
print('\nDetails:\n')
print(pred["choices"][0])
```

此时，大模型的输出结果如下：

```
Response: [Relevant]Coze is a platform developed by ByteDance, the
parent company of TikTok, for building and deploying large-scale AI
models.[Fully supported][Continue to Use Evidence]It provides an
all-in-one development platform that includes tools for training,
testing, and deploying AI models.[Utility:5]
```

可以看到，大模型根据带入的知识生成了输出结果，并且输出了若干自省 token，包括[Relevant][Fully supported][Utility:5]。

在实际测试中，由于大模型天然具有不确定性，因此你可能获得与这里不完全一样的输出结果。此外，还可以观察打印出来的 Details 信息中的 logprobs 字段，这就是前面说的用于进行最后评估使用的对数概率。

至此，对大模型的直接测试可以告一段落，其输出符合预期。接下来，将基于这个大模型直接构建一个简单的上层应用。

2. 应用测试

基于前面测试的微调大模型（selfrag_llama2_7b）可以简单地构建一个上层应用，演示一个符合 Self-RAG 的 RAG 应用的工作流程。这里为了重点展示 Self-RAG 的核心思想，即基于多次生成后的量化评估优选最终答案，简化了其他部分。在实际使用中，需要根据实际情况有针对性地增强优化。

1）构造自定义的查询引擎

由于在本 RAG 应用中需要对检索与生成过程进行更个性化的精确控制，所以构造一个自定义的查询引擎来实现 Self-RAG 的复杂查询过程：

```
from dataclasses import dataclass
from typing import Any, Dict, List,Tuple
import numpy as np

from llama_index.core.query_engine import CustomQueryEngine
from llama_index.llms.llama_cpp import LlamaCPP
from llama_index.core.base.base_retriever import BaseRetriever
from llama_index.core.response import Response
from llama_index.core.bridge.pydantic import Field
from llama_index.core.utils import print_text

#定义所有的自省 token
_TOKENS = {
    "retrieval": ["[No Retrieval]", "[Retrieval]", "[Continue to Use
Evidence]"],
    "relevance": ["[Irrelevant]", "[Relevant]"],
    "support": ["[Fully supported]", "[Partially supported]", "[No
support / Contradictory]"],
    "utility": ["[Utility:1]", "[Utility:2]", "[Utility:3]",
"[Utility:4]", "[Utility:5]"],
    "ctrl": [
        "[No Retrieval]","[Retrieval]","[Continue to Use Evidence]",
        "[Irrelevant]","[Relevant]",
        "[Fully supported]","[Partially supported]","[No support /
Contradictory]",
        "<paragraph>","</paragraph>",

"[Utility:1]","[Utility:2]","[Utility:3]","[Utility:4]","[Utility
```

```
:5]",
    ],
}

#用 CustomQueryEngine 生成新的查询引擎
class SelfRAGQueryEngine(CustomQueryEngine):
```

首先，初始化。这里做简单化处理。查询引擎至少需要使用两个组件，一个是检索器，另一个是生成器。因为使用 llama.cpp 作为大模型推理工具，所以使用 LlamaCPP 类型的 llm 对象作为生成组件直接初始化查询引擎：

```
......
  def __init__(
        self,
        llm: LlamaCPP,
        retriever: BaseRetriever,
    ) -> None:

        """初始化查询引擎"""
        super().__init__()
        self.llm = llm
        self.retriever = retriever
```

接下来，需要实现定制查询引擎的核心方法 custom_query（CustomQueryEngine 中定义的抽象接口）：

```
    ......
    def query(self, query_str: str) -> str:
            """
            自定义查询函数。
            参数:
            query_str (str): 查询字符串。
            返回:
            Response: 查询的响应结果。
            """
        #调用大模型获得响应结果
            response = self.llm.complete(_format_prompt(query_str))
            answer = response.text

            if "[Retrieval]" in answer:
```

```
            print_text("需要检索知识, 开始检索...\n", color="blue")
            documents = self.retriever.retrieve(query_str)
            print_text(f"共检索到 {len(documents)} 个相关知识\n",
color="blue")

            paragraphs = [
                _format_prompt(query_str, document.node.text) for
document in documents
            ]

            #使用检索内容重新生成结果并评估
            print_text("=====开始: 重新生成并评估====\n", color="blue")
            llm_response_per_paragraph,paragraphs_final_score = \
                self._regen_then_eval(paragraphs)
            print_text("===结束: 重新生成并评估====\n", color="blue")

            best_paragraph_id = max(
                paragraphs_final_score,
key=paragraphs_final_score.get
            )
            answer =
llm_response_per_paragraph[best_paragraph_id]
            print_text(f"已选择最佳答案: {answer}\n", color="blue")

        else:
            print_text("无须检索知识, 直接输出答案\n",color="green")

        answer = _postprocess_answer(answer)
        print_text(f"最终答案: {answer}\n", color="green")
        return str(answer)
```

（1）使用 llm.complete 方法调用大模型获得响应结果（使用_format_prompt 方法格式化）。

（2）如果响应结果中不包含[Retrieval]，那么直接输出答案，否则进入下一步。

（3）调用检索器对输入问题进行检索，得到最相关的前 K 个知识段落（知识块），并与原始问题组装成 Prompt 后放到 paragraphs 数组中。

（4）调用_regen_then_eval 方法重新生成结果并评估，这个方法会返回：

① llm_response_per_paragraph：每个知识段落对应的生成结果。

② paragraphs_final_score：每个知识段落中生成结果的得分。

（5）从_regen_then_eval 方法的输出结果中选择得分最高的那个生成结果进行输出。

（6）由于生成结果中带有特殊的自省 token，因此用_postprocess_answer 函数处理输出结果即可（去除其中的 token 标记）：

```
def _postprocess_answer(answer: str) -> str:
    for token in _TOKENS["ctrl"]:
        answer = answer.replace(token, "")
    if "</s>" in answer:
        answer = answer.replace("</s>", "")
    if "\n" in answer:
        answer = answer.replace("\n", "")
    if "<|endoftext|>" in answer:
        answer = answer.replace("<|endoftext|>", "")
    return answer
```

_format_prompt 方法在 13.2.2 节已经实现了，下面实现重点_regen_then_eval 方法：

```
......
    def _regen_then_eval(self, paragraphs: List[str])
->Tuple[Dict[int,str],Dict[int,float]]:
          """
          运行评估模块，调用大模型对给定的段落进行评估。
          参数：
          paragraphs (List[str])：包含要评估的段落的列表。
          返回：
          Tuple[Dict[int,str],Dict[int,float]]：包含生成的结果索引和
评估字典。
          """
          paragraphs_final_score = {}
          llm_response_text = {}

          for p_idx, paragraph in enumerate(paragraphs):
              #生成结果
              response = self.llm.complete(paragraph)
              pred = response.raw
              llm_response_text[p_idx] = response.text

              #从 raw 字段中取得 token 输出概率相关的信息
```

```
            #top_logprobs 字段保存每个位置上每个 token 的输出概率
            logprobs = pred["choices"][0]["logprobs"]
            pred_log_probs = logprobs["top_logprobs"]

            # 计算 IsREL 得分，相关性为第一个 token，直接传入 0
            isrel_score = _relevance_score(pred_log_probs[0])

            # 计算 IsSUP 得分
            issup_score = _is_supported_score(logprobs["tokens"],
pred_log_probs)

            # 计算 IsUSE 得分 .
            isuse_score = _is_useful_score(logprobs["tokens"],
pred_log_probs)

            #最终得分
            paragraphs_final_score[p_idx] = (
                isrel_score + issup_score + 0.5 * isuse_score
            )

            print_text(
                f"输入: {paragraph}\n 响应:
{llm_response_text[p_idx]}\n 评估:
{paragraphs_final_score[p_idx]}\n",
                color="blue",
             )
            print_text(
                f"已完成 {p_idx + 1}/{len(paragraphs)} 段落\n\n",
color="blue"
            )

        return llm_response_text, paragraphs_final_score
```

简单说明如下（大部分可以通过代码注释理解）。

（1）对传入的多个段落（包含原始问题与检索的知识），循环响应与评估。

（2）借助响应对象（此处注意打开 logits_all 参数选项）中的 raw 字段，获得 token 的输出概率。

（3）利用 logprobs 字段中的输出概率计算 3 个得分，对于评估算法请参考原理中的说明。

（4）计算总分，并将总分保存到 paragraphs_final_score 变量中输出。

由于在 13.2.2 节中介绍过_is_supported_score 函数的实现，这里给出_relevance_score 与_is_useful_score 两个函数的实现（注意参考评估算法说明）：

```
......
def _relevance_score(pred_log_probs: Dict[str, float]) -> float:
    rel_prob = np.exp(float(pred_log_probs["[Relevant]"]))
    irel_prob = np.exp(float(pred_log_probs["[Irrelevant]"]))
    return rel_prob / (rel_prob + irel_prob)

def _is_useful_score(
    pred_tokens: List[int], pred_log_probs_dict: List[Dict[str,
float]]
) -> float:
    isuse_score = 0
    utility_token_appear_id = -1
    #先找到位置
    for tok_idx, tok in enumerate(pred_tokens):
        if tok in _TOKENS["utility"]:
            utility_token_appear_id = tok_idx

    #在这个位置上获取不同 token 的输出概率
    if utility_token_appear_id > -1:
        ut_score_dict = {}
        for token in _TOKENS["utility"]:
            prob = pred_log_probs_dict[utility_token_appear_id]
[token]
            ut_score_dict[token] = np.exp(float(prob))

        #IsUSE 的得分需要加权计算
        ut_sum = np.sum(list(ut_score_dict.values()))
        ut_weights = [-1, -0.5, 0, 0.5, 1]
        isuse_score = np.sum(
            [
                ut_weights[i] * (ut_score_dict[f"[Utility:{i + 1}]"]
/ ut_sum)
                for i in range(len(ut_weights))
            ]
        )
    return isuse_score
```

这样，我们的自定义查询引擎就构造完了，简单回忆整个过程。

（1）使用大模型和检索器构造查询引擎。

（2）通过大模型输出，如果输出结果中带有检索标记，则调用检索器检索知识。

（3）对检索出的多个知识分别调用大模型重新生成结果并评估。

（4）选择得分最高的输出结果。

2）主程序

下面用一个简单的原型主程序来测试整个流程。这里简化了知识文档的加载与分割过程，直接使用 Document 对象构造一些简单的文档做嵌入的知识：

```
import os
from llama_index.llms.llama_cpp import LlamaCPP
from llama_index.core import Document, VectorStoreIndex
from llama_index.core.retrievers import VectorIndexRetriever
from pathlib import Path

#导入已经构造的自定义 Self-RAG 查询引擎
from selfrag_queryengine import SelfRAGQueryEngine

#注意打开 logits_all 参数选项
_MODEL_KWARGS = {"logits_all": True, "n_ctx": 2048, "n_gpu_layers":
-1}
_GENERATE_KWARGS = {
    "temperature": 0.0,
    "top_p": 1.0,
    "max_tokens": 1000,
    "logprobs": 32016,
}

# 之前下载并保存 selfrag_llama2_7b 模型的目录。
download_dir = "../../model"

# 构造简单的测试文档，此处直接构造 Document 对象，方便观察检索结果
documents = [
    Document(
        text="Xiaomi 14 is the latest smartphone released by Xiaomi.
It adopts a new design concept, the body is lighter and thinner,
equipped with the latest processor, and the performance is more
powerful."
    ),
```

```
    Document(
        text="Xiaomi 14 phone uses a 6.7-inch ultra-clear large screen,
with a resolution of up to 2400x1080, whether watching videos or playing
games, it can bring the ultimate visual experience."
    ),
    Document(
        text="Xiaomi 14 phone is equipped with the latest Snapdragon
888 processor, equipped with 8GB of running memory and 128GB of storage
space, whether it is running large games or multitasking, it can easily
cope."
    ),
    Document(
        text="Xiaomi 14 phone is equipped with a 5000mAh large-capacity
battery, supports fast charging, even if you are traveling or using
it for a long time, you don't have to worry about power issues."
    ),
    Document(
        text="Xiaomi 14 phone has a rear camera of 64 million pixels
and a front camera of 20 million pixels. Whether it is taking pictures
or recording videos, it can capture every wonderful moment in life."
    ),
    Document(
        text="Xiaomi 14 phone runs the latest MIUI 12 operating system.
This operating system has a beautiful interface, smooth operation,
and provides a wealth of functions and applications."
    ),
    Document(
        text="Xiaomi 14 phone supports 5G network, fast download speed,
low latency, whether watching high-definition videos or playing online
games, you can enjoy the ultimate network experience."
    ),
    Document(
        text="Xiaomi 14 phone supports facial recognition and
fingerprint unlocking, protects user privacy, and provides a more
convenient unlocking method."
    ),
    Document(
        text="Xiaomi 14 phone supports wireless charging and reverse
charging functions. Wireless charging can free you from the shackles
of data cables, and reverse charging can charge your other devices."
    ),
```

```
    Document(
        text="Xiaomi 14 phone is equipped with a 90Hz high refresh rate
screen, whether scrolling pages or playing games, it can bring a smooth
visual experience."
    ),
]

# 嵌入与索引
index = VectorStoreIndex.from_documents(documents)

# 构造一个检索器
retriever = VectorIndexRetriever(index=index,similarity_top_k=5)

# 构造一个大模型：使用 Llama_cpp 作为推理工具
model_path = Path(download_dir) / "selfrag_llama2_7b.q4_k_m.gguf"
llm = LlamaCPP(model_path=str(model_path),
model_kwargs=_MODEL_KWARGS, generate_kwargs=_GENERATE_KWARGS)

# 构造自定义的查询引擎
query_engine = SelfRAGQueryEngine(llm, retriever)

# 查询一：无须检索的创作问题
print("\nQuery 1: write a poem about beautiful sunset")
response = query_engine.query("write a poem about beautiful sunset")

# 查询二：需要检索的事实性问题
print("\nQuery 2: Tell me some truth about xiaomi 14 phone, especially
about its battery and camera?")
response = query_engine.query("Tell me some truth about xiaomi 14 phone,
especially about its battery and camera?")
```

在最后查询了两个问题。我们查询了一个无须检索知识的问题和一个需要基于文档知识来回答的事实性问题，观察两种情况的处理过程。

3）测试应用

下面运行这个程序并观察输出结果，可以看到对两个问题的处理过程的区别。

由于问题一是一个创作型的问题，因此大模型认为无须检索知识，直接输出答案，如图 13-7 所示。

```
Query 1: write a poem about beautiful sunset
无须检索知识，直接输出答案
最终答案: The sky is on fire,A canvas painted with hues of orange and red.The sun sets in th
ight takes over.But in my heart, I'll hold this moment dear,As I watch the sunset's beauty a
```

图 13-7

问题二是一个需要基于事实回答的问题，因此大模型认为需要检索知识。在检索知识后，大模型通过循环重新生成并评估（此处只展示了第一个）。比如，生成的第一个知识段落的得分为 1.7676576042966103，如图 13-8 所示。在所有检索出的知识都被重新生成并评估后，最终有个答案“脱颖而出”（即得分最高的答案），如图 13-9 所示。

```
Query 2: Tell me some truth about xiaomi 14 phone, especially about its battery and camera?
需要检索知识，开始检索...
共检索到 5 个相关知识
======================开始: 重新生成并评估======================
输入: ### Instruction:
Tell me some truth about xiaomi 14 phone, especially about its battery and camera?

### Response:
[Retrieval]<paragraph>Xiaomi 14 phone has a rear camera of 64 million pixels and a front cam
响应: [Relevant]The Xiaomi 14 phone has a battery capacity of 5000mAh, which can provide lo
评分: 1.7676576042966103
已完成 1/5 段落

输入: ### Instruction:
Tell me some truth about xiaomi 14 phone, especially about its battery and camera?
```

图 13-8

```
======================结束: 重新生成并评估======================
已选择最佳答案: [Relevant]The Xiaomi 14 phone has a 5000mAh battery that can last up to two days on a
最终答案: The Xiaomi 14 phone has a 5000mAh battery that can last up to two days on a single charge.
```

图 13-9

可以看到，应用测试的输出结果是基本符合我们的预期的。

13.2.4 Self-RAG 的优化

Self-RAG 借助在模型层的微调使大模型自身具备了自我判断检索与自我评估的能力，在很大程度上减少了应用层的复杂性，而且不会降低大模型自身的能力，令人耳目一新。在上面的原型应用中，还有一个比较明显的优化点是 Self-RAG 的多次生成动作是基于检索出的最相关的前 K 个知识块完成的，但是在实际测试中有以下两个问题。

（1）由于检索出的知识块经过了语义相似度排序，因此生成结果的得分排序在很多时候与语义相似度排序一致，这就丧失了评估的意义。

（2）由于在实际应用中知识结构复杂，因此在很多时候需要一次性把多个文档输入大模型用于生成，以保证答案的完整性并给予大模型更多的参考知识，而不是一次只输入一个文档。

因此，如果想充分利用 Self-RAG 的自我评估能力，最好能够根据实际需要改变检索策略，比如多次融合检索知识，并用多次检索的结果分别生成结果与评估，而不是用一次检索的多个文档生成结果与评估，这样既可以给大模型更多的上下文知识，也能利用 Self-RAG 的自省机制在多次生成中获取质量最高的输出结果。为了实现多次检索，你可以灵活选择不同的策略。比如：

（1）在查询重写后再次检索知识，并且使用不同的重写算法。

（2）使用不同的检索算法获得不同的相关知识。

（3）检索后使用不同的 Rerank 算法重排序以形成不同的知识重点。

更多的优化方法与策略还需要在实际应用中不断发现与完善。

13.3　检索树RAG：RAPTOR

本节介绍另一种 RAG 范式——RAPTOR，即树状检索的递归抽象处理。它来自斯坦福大学研究人员的公开论文“Raptor: Recursive Abstractive Processing for Tree-Organized Retrieval”。

13.3.1　RAPTOR 诞生的动机

RAG 应用通常面向知识密集型的应用场景，借助索引特别是向量存储索引召回的知识上下文来解答输入问题。但是，RAG 应用不只是针对知识的简单事实性问答。比如，有这样一个针对《西游记》的问题：孙悟空是如何从一只顽皮的猴子成长为斗战胜佛的？很显然，这个问题是可以在《西游记》中找到答案的，但是需要基于对整本书的阅读、理解与总结才能回答，而不是简单地召回一些章节就可以解决。

也就是说，经典的基于向量最相关的前 K 个知识块召回的 RAG 应用限制了对上下文整体信息的获取与理解，只能关注局部与细节，而无法关注整体与宏观语义（除非把所有知识全部输入并依赖理解超长上下文的大模型）。这也正是 RAPTOR 试图优化的问题：构造一个从上至下、从概要到细节、从宏观层到微观层的多层次的树状知识库，帮助大模型既能回答事实性的细节问题，也能回答需要理解更高层知识才能回答的问题。

13.3.2 RAPTOR 的原理

如何构造这样一个树状的知识库呢？RAPTOR 的原理如图 13-10 所示。

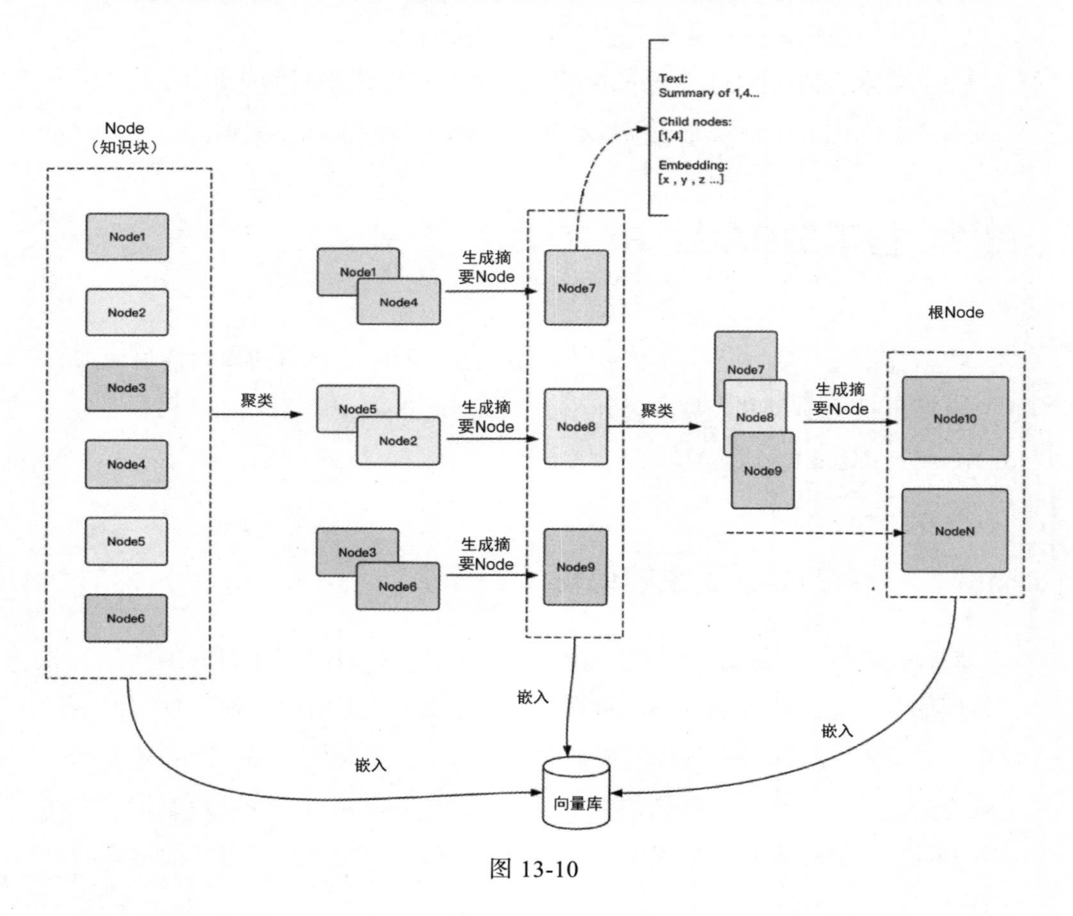

图 13-10

其基本思想如下。

（1）从基础 Node 开始（Leaf Node，对原始文档进行解析后得到的多个知识块，即 LlamaIndex 框架中的 Node，这里有 6 个）嵌入生成的向量。

（2）使用聚类算法对这些基础 Node 进行聚类（比如，这里分成了 3 组）。这一步可以简单地理解成把“相关”的文档分成一组，然后给每个分组 Node 生成摘要（Summary），并基于生成的摘要构造一组具备抽象程度与语义丰富度更高的知识块（3 个新 Node）。

（3）对这 3 个新 Node 递归执行前面的操作（嵌入→聚类→生成摘要 Node），直到没有新的聚簇产生（即无法对最后的 Node 再次进行分组）。

这样，就构造了一棵完整的 Node（知识块）树。从图 13-10 中可以看到，Node 树由从 1 到 10 共 10 个 Node 组成（在实际应用中会有更多 Node），其中 Node1 ~ Node6 是基础 Node，Node7 ~ Node9 是中间层 Node，Node10 是根 Node（注意：不一定只有一个根 Node），可以把高层的 Node 理解成低层若干 Node 的总结与精简版。同时，所有 Node 的嵌入向量信息会被存储到向量库中用于检索。

RAPTOR 的 RAG 应用中一般有两种检索模式。

一种是树遍历检索：从根 Node 开始，基于向量相似度与父子关系，逐层向下检索，最后检索出全部相关的 Node，将其作为最终的上下文知识，如图 13-11 所示。

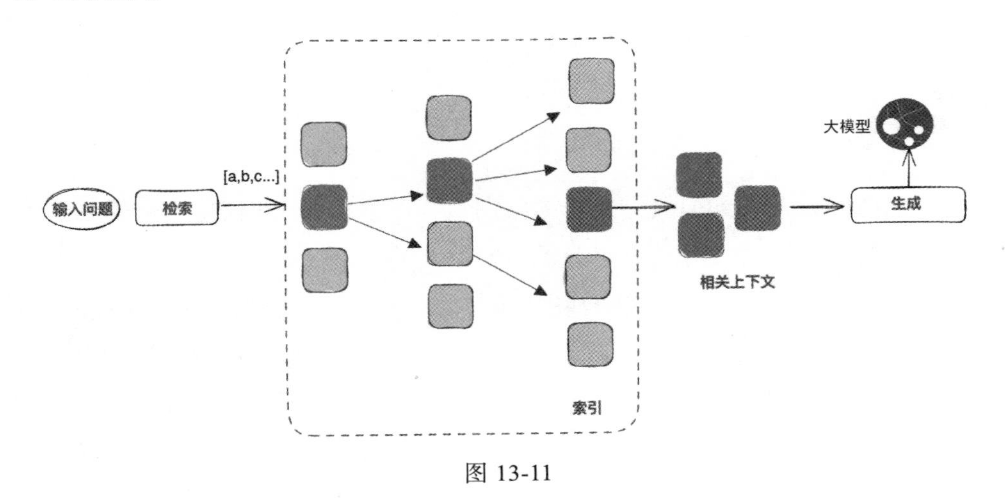

图 13-11

另一种是简单的全量检索：将树完全展开成单层，然后直接对所有 Node 进行向量相似度检索，检索出全部相关的 Node。这种模式更快且不会发生遗漏，如图 13-12 所示。

图 13-12

从上面的原理介绍中能看到，RAPTOR 的主要意义如下。

（1）在不同层次的多个级别上构造了语义表示并实施嵌入，提高了检索的召回能力。

（2）能有效地回答不同层次的问题，有的由低阶 Node 解决，有的则由高阶 Node 解决。

（3）适合解决需要理解多个知识块才能回答的输入问题，因此更好地支持解决综合性问题。

13.3.3 RAPTOR 的实现

RAPTOR 的实现涉及的关键阶段如下。

1. 构造索引

RAPTOR 采用的索引类型是普通的向量存储索引，因此构造索引的重点不在于索引的实现算法，而在于构造索引所需要的 Node，因为最终需要实现一个树状的索引结构，除了最初的基础 Node，还需要通过嵌入（embedding）→聚类（cluster）→生成摘要（summary）Node 这样的循环迭代来不断地生成“父”Node，最后形成完整的树，并在树的所有 Node 上构造向量存储索引。

RAPTOR 最核心的逻辑是把最原始的加载后形成的文档（Document）用算

法一步步构造上层的多级父 Node，并且将其加入向量存储索引中。

其核心代码如下（忽略部分异常处理阶段）：

```
······RaptorRetriever 的部分实现······
#基于文档列表构造多级树状的索引结构
async def insert(self, documents: List[BaseNode]) -> None:

        #嵌入模型/转换器
        embed_model = self.index._embed_model
        transformations = self.index._transformations

        #对传入的文档做 Node 分割，这是底层叶子 Node 的基础
        cur_nodes = run_transformations(documents, transformations,
in_place=False)

        #根据设置的树层次循环构造。在每一次循环后都将本轮生成的父 Node 作为当前
Node
        #继续循环处理
        for level in range(self.tree_depth):

            #给当前 Node 生成向量并暂存到 id_to_embedding 变量中
            embeddings = await embed_model.aget_text_embedding_batch(
                [node.get_content(metadata_mode="embed") for node in
cur_nodes]
            )

            id_to_embedding = {
                node.id_: embedding
                for node, embedding in zip(cur_nodes, embeddings)
            }

            # 聚类，将语义相近的 Node 聚类到一个聚簇中
            nodes_per_cluster = get_clusters(cur_nodes,
id_to_embedding)

            #给每个聚簇都生成摘要
            summaries_per_cluster = await \

self.summary_module.generate_summaries(nodes_per_cluster)

            # 把生成的摘要构造成新的 Node，即当前 Node 的父 Node
```

```
        new_nodes = [
            TextNode(
                text=summary,
                metadata={"level": level},
                excluded_embed_metadata_keys=["level"],
                excluded_llm_metadata_keys=["level"],
            )
            for summary in summaries_per_cluster
        ]

        # 处理当前Node，设置其parent_id为生成的父Node的id
        # 根据生成的向量信息设置embedding字段
        # 然后，把当前Node插入索引中，这样就完成了本层的索引构造
        # 同时生成了这一层的父Node
        nodes_with_embeddings = []
        for cluster, summary_doc in zip(nodes_per_cluster, new_nodes):
            for node in cluster:
                node.metadata["parent_id"] = summary_doc.id_
                node.excluded_embed_metadata_keys.append("parent_id")
                node.excluded_llm_metadata_keys.append("parent_id")
                node.embedding = id_to_embedding[node.id_]
                nodes_with_embeddings.append(node)
        self.index.insert_nodes(nodes_with_embeddings)

        # 以父Node作为新的当前Node，进入下一次循环
        # 注意：此时父Node还没有插入索引中
        cur_nodes = new_nodes

    #在达到迭代次数后，把最后一次的父Node插入索引中
    self.index.insert_nodes(cur_nodes)
```

2. 实现聚类

在上面的阶段中，需要实现generate_summaries方法和get_clusters方法，也就是生成摘要Node和根据向量进行聚类。向量可以通过嵌入模型生成，而摘要可以借助LlamaIndex框架中tree_summarize类型的响应生成器快速生成：

```
  ······生成每个聚簇的摘要Node，可增加并行处理······
async def generate_summaries(
        self, documents_per_cluster: List[List[BaseNode]]
```

```
    ) -> List[str]:

        #构造一个 tree_summarize 类型的响应生成器
        responses = []
        response_synthesizer = get_response_synthesizer(
            response_mode="tree_summarize", use_async=True, llm=llm
        )

        #对输入的多个聚簇循环：给每个聚簇中的 Node 都生成摘要
        jobs = []
        for documents in documents_per_cluster:
            with_scores = [NodeWithScore(node=doc, score=1.0)
                           for doc in documents]
            response = response_synthesizer.asynthesize(
                           self.summary_prompt, with_scores)
            responses.append(response )

        return [str(response) for response in responses]
```

其中较为复杂的是进行聚类，通常借助一些现成的 Python 模块来完成，比如 scikit-learn 这样的 Python 语言的机器学习工具，如图 13-13 所示。

图 13-13

3. 实现检索

按照前面的介绍，RAPTOR 可以支持两种检索模式，一种是树遍历检索，另一种是简单的全量检索。推荐的方式是简单的全量检索，由于 RAPTOR 在使用的索引上并无特殊之处，即普通向量存储索引，因此检索非常简单：

```
#实现简单的全量检索
async def collapsed_retrieval(self, query_str: str) -> Response:
```

```
    #直接对索引构造检索器后检索即可
    return await self.index.as_retriever(
                                similarity_top_k=3
                                ).aretrieve(query_str)
```

本章对C-RAG、Self-RAG、RAPTOR这些新型RAG范式诞生的动机、原理与实现进行了介绍。这些范式有着各自适合解决的问题与适用场景，并非所有问题的“万能解药”。学习这些范式的主要目的是学习其相关设计思想，并能在开发RAG应用时根据实际情况灵活使用。由于这些范式本身还在不断地完善，因此在使用时需要做充分的测试评估，切不可生搬硬套。

LlamaIndex官方的LlamaHub网络平台上的LlamaIndex Packs库中有一些关于这些范式的第三方实现代码包。它们是很好的学习与研究材料，你可以下载后研究与评估。

【高级篇小结】

虽然RAG的基本思想非常清晰易懂，但是容易让人产生误解：构建一个可用的RAG应用非常简单。在实际应用中，一个简单的RAG原型应用与一个满足复杂知识应用需求、可持续稳定运行与输出的生产级RAG应用往往相距甚远。在很多时候，需要深入理解RAG应用的内部原理，借助更多优化方法、技巧与工具，不断测试与评估，才可能真正地实现“生产就绪”。

本篇深入介绍了一些RAG应用的高级话题与优化方法，包括在高级RAG下的一些新的模块与算法、Agentic RAG的开发、RAG应用评估、RAG应用的常见优化策略等，并特别介绍了在企业应用环境中端到端RAG应用的架构与实现，最后介绍了一些新型RAG范式的思想与设计。

希望这部分内容能够帮助你实现RAG应用从简单到复杂、从能用到好用、从原型到生产的真正跨越！